微电子与集成电路技术丛书

国家集成电路人才培养基地专家指导委员会组编

Introduction of IC Design (2nd edition)

集成电路设计导论

（第2版）

罗 萍 编著

Luo Ping

清华大学出版社
北京

内容简介

本书是集成电路领域相关专业的一本入门教材,主要介绍与集成电路设计相关的基础知识。全书共分10章,以集成电路设计为核心,全面介绍现代集成电路技术。内容主要包括半导体材料与器件物理、集成电路制造技术、典型数字模拟集成电路、现代集成电路设计技术与方法学、芯片的封装与测试等方面的知识。本书主要涉及采用硅衬底、CMOS工艺制造的集成电路芯片技术,同时,简单介绍集成电路发展的趋势。

本书可作为高等院校集成电路、微电子、电子、通信与信息等专业高年级本科生和硕士研究生的教材或相关领域从业人员的参考书籍。

图书在版编目(CIP)数据

集成电路设计导论/罗萍编著. —2版. —北京:清华大学出版社,2016(2024.9重印)
(微电子与集成电路技术丛书)
ISBN 978-7-302-40454-5

Ⅰ. ①集… Ⅱ. ①罗… Ⅲ. ①集成电路—电路设计 Ⅳ. ①TN402

中国版本图书馆 CIP 数据核字(2015)第 126482 号

责任编辑:文 怡
封面设计:傅瑞学
责任校对:时翠兰
责任印制:宋 林

出版发行:清华大学出版社
  网 址:https://www.tup.com.cn,https://www.wqxuetang.com
  地 址:北京清华大学学研大厦 A 座   邮 编:100084
  社 总 机:010-83470000   邮 购:010-62786544
  投稿与读者服务:010-62776969,c-service@tup.tsinghua.edu.cn
  质量反馈:010-62772015,zhiliang@tup.tsinghua.edu.cn
  课件下载:https://www.tup.com.cn,010-83470236
印 装 者:三河市人民印务有限公司
经 销:全国新华书店
开 本:185mm×260mm 印 张:22   字 数:533 千字
版 次:2010 年 5 月第 1 版 2016 年 1 月第 2 版 印 次:2024 年 9 月第 12 次印刷
定 价:65.00 元

产品编号:063908-02

序一

王志华教授要我为《微电子与集成电路技术丛书》写序，使我联想起了两件往事。第一件：20 世纪 70 年代后期，集成电路由 LSI 发展到 VLSI 阶段，当时在国际同行间一个讨论的热点是："把什么内容和如何把这些内容放到这么一块小小的芯片上去？"即今后芯片上应集成哪些电路和怎么设计集成有如此多电路的芯片？第二件：在 20 世纪 80 年代初，中国电子学会半导体分会（当时叫半导体专业委员会）下成立了集成电路设计专业组（这是我国第一个集成电路方面的学术组织），成立大会暨第一次学术会议在青岛召开，中国电子学会理事长孙俊人出席会议并讲了话，王守武先生（院士）参加了会议，我本人在会上作了一个有关集成存储器的报告，参加会议和作报告的还有黄敞教授、唐璞山教授、夏武颖教授、林雨教授、洪先龙教授、叶以正教授等，记得王守觉先生也在会上作了学术报告。总之，会议开得很热烈、很成功。但参加会议的也就一百人左右，这大概也是当时我国搞集成电路技术的主要队伍。

迄今，这两件事已经过去近 30 年了，微电子技术已发展到了纳米 ULSI 阶段，

（李志坚院士为本丛书写的序言手稿）

集成电路产品也早已走出了 out of the shelf 的阶段，即数字电路只有若干标准逻辑门系列、存储器、初级的 CPU 等，模拟电路只有运放、VCO 和滤波器等少数标准产品的阶段，先后经过 ASIC、SOC，现今已进入了多核 CPU、含射频、模拟与混合信号处理和各种嵌入式模块的 SOC 时代了。这不仅表明集成电路技术的学术内涵已大大扩展，电路设计技术和设计工具的进步已非当日可比，更反映出微电子技术的强大内在潜力和时代对 IC 的持续而迫切的需求。同样，根据中国半导体行业协会企业名册，我国有规模的 IC 设计企业已达到一百几十家，由此估计从业人员应该以万计算了，技术上我们已能独立设计出诸如 3G 手机核心芯片、嵌入式和高性能的 CPU 以及高档的保密芯片等产品，这表明我国的集成电路设计产业

和技术队伍也有了相应的很大进步。

　　微电子和集成电路是现代信息技术发展的基石,集成电路产业关系到国家的经济命脉、人民生活品质和国防与国家安全。作为现代主要高科技之一,集成电路技术方面的国际竞争十分激烈:谁的产品功能强、质量优、推出早、成本低,谁就占领主要市场,为胜者;谁落后一步,往往会被无情淘汰。夸大一些说,这一竞争往往是"只有第一,没有第二"。微电子和集成电路技术要求的基础知识十分广博,又与众多的高新技术相互交叉。集成电路产品更新换代极其迅速,产品从研制到投产周期日益缩短。这一切都决定了从业人员必须要有极高的业务素质,其中技术人员的基础知识、专业水平,特别是技术团队的创新能力更有决定性的作用。技术人员的知识基础,特别是新知识的补充,越来越重要;不仅在学校学习很重要,在工作中不断学习、不断充实更有必要。我想,国家集成电路人才培养基地专家委员会支持这套"微电子与集成电路技术丛书"的出版,除了要达到提高在校学生专业课程教学质量的目的外,更有这方面的深层意义。

　　丛书各分册的内容涵盖了微电子、数字和模拟集成电路的基本原理和技术知识,还包括了 RF 和数模混合信号处理、嵌入式和高性能处理器、低功耗芯片设计、SOC 设计方法学、EDA 工具及应用等广泛的现代专门课题内容。选题广阔、全面,符合与时俱进的精神。本丛书由清华大学王志华教授领衔的编委员会组织编写,各册编写者主要是工作在第一线具有一定教学和实际工作经验的年轻学术骨干,同时聘请了一批国内同行中的资深专家为审稿人严格把关。我相信在这样老、中、青三代业内人士的共同努力下,本丛书的内容和质量是有保证的,它的出版一定会对我国集成电路人才培养和现有科技人员素质的提升起到促进作用。我更希望本丛书的编审一定要十分重视学术上的严谨性,并期盼,经过不断完善,至少有部分分册今后能成为教学的精品。

李志坚

2010 年 1 月 10 日

序二

我曾经说过，每当我拿起笔为年轻学者出版一套丛书或一本书写序的时候，心中总是怀有特别的喜悦，因为这意味着辛勤耕耘后的丰硕收获，也意味着年轻的学者在进步与发展的道路上又迈出了新的一步，所以我总是乐意而为之。

自 1958 年 TI 公司的 Jack S. Kilby 和 1959 年仙童公司的 Robert Noyce 发明集成电路和硅平面集成电路以来，50 年间，微电子和集成电路技术可谓发展神速，如同摩尔规律（Moore Law）所描述与预期的那样，按存储器算，集成度每 18 个月翻一番；就微处理器而言，集成度每两年翻一番；相应特征尺寸则缩小为上一技术节点的 0.7。当前集成电路的集成度已从发明时的 12 个元件（2 个晶体管、2 个电容和 8 个电阻）发展到今天的数十亿个元件。集成电路功能日新月异，而成本迅速降低，微处理器上晶体管的价格每年平均下降约 26%。2006 年，Intel 曾发表了一个很有意味的广告词："现在一个晶体管的价格大约与报纸上一个印刷字母的价格相当"。这就是说，人们只要买得起报纸，就消费得起集成电路。正因为如此，集成电路已广泛渗透到国民经济、国家安全建设和人民生活的各个领域，其应用的深度和广度远远超过了其他技术，是当代信息社会发展的基石。信息是人类社会三大资源之一，而且是目前利用得最不充分的资源。信息的本质是物质运动过程中的特征，信息技术包括信息的获取、传输、处理、存储、显示和随动执行等一系列的环节，而集成电路从狭义上讲则集信息处理、传输、存储等于一个小小的芯片中；从广义上讲，集成系统芯片（System on Chip，SOC）则集成了上述诸方面功能于一个芯片上或一个封装内的若干芯片（SiP）中，而这种可靠性高、功耗低的芯片又可以大批量、低成本地生产出来，因而势必大大地提高人们处理信息和应用信息的能力，大大地提高社会信息化的程度。它已如同细胞组成人体一样，成为现代工农业、国防装备和家庭耐用消费品不可分割的组成部分。集成电路科学技术的水平和它的产业规模也就理所当然地成为衡量一个国家或地区综合实力的重要标志之一，成为一个具有战略性的基础产业和高新科学技术领域。在过去的 50 年，在人类科学技术发展的沧海横流中，集成电路已经并正在不断显示其英雄本色。在人类社会步入信息化时代后，特别是在我国走"工业化带动信息化、信息化促进工业化"的具有中国特色的新型工业化道路中，在市场需求和国家中长期科学规划重大专项投入的双重促进下，我国集成电路科技和产业必将得到更多的发展机遇，带来更多的创新。

现代社会的科技竞争，包括微电子与集成电路技术的竞争，归根到底是人才的竞争。得人才者得天下，集人心者集大成，希望在人才。培育人才最重要的工作在于教育，只要人类社会存在，教育就是永恒的主题；只要人的生命存在，学习就是不竭的任务。不管是学校教育还是在实践基础上的自学进修都需要教材或称之为教本，所谓"教本、教本，乃教学之本"。

集成电路不是直接与消费者见面的最终产品，因而系统应用是使集成电路产生巨大增值的关键环节，而设计是微电子技术和集成电路产业链中最接近应用，也就是最接近市场的领域,具有巨大的创新与市场空间。50 年来集成电路的发展史是需求牵引和科学发现、技术发明推动相结合的历史,是一部技术创新和机制创新的历史。需求牵引往往由市场和系统应用提出,而设计首先就需要面对这种新的需求。一个好的算法、标准和设计往往可以引领市场的发展,为微电子和集成电路开拓一个崭新的领域。因此,《微电子与集成电路技术丛书》首批启动就将重点放在与设计相关的专业课程是十分恰当的。

《微电子与集成电路技术丛书》由国家集成电路人才培养基地专家委员会主持编写,第一批启动 16 册,第二批将再启动 10 余册,其内容涵盖了微电子及集成电路领域的主要范畴,尤以设计为主体。由年轻的学科带头人、清华大学王志华教授领衔丛书编委会,参加编写的有 30 多位年轻的学科带头人和学术骨干,这反映了我国年轻一代学者正在茁壮成长。同时,丛书还邀请了一批治学严谨的年长一代科学家和学者担任审稿工作,在这些学者的名单中我看到了在 20 世纪 80 年代就曾共事过的洪先龙教授、吉利久教授、张建人教授等老朋友。我坚信,由年轻学者执笔,由年长一代科学家把关,丛书学术内容的新颖性和严谨性就一定能得到可靠的保证。

这套丛书特别适合于微电子与集成电路专业高年级本科生、研究生阅读,也适合相关领域的工程技术人员作为参考书。我相信,阅读本丛书的学生和科技人员必将受益匪浅。

2010 年 1 月 5 日于北京大学

序三

有一个古老的中国寓言，说的是一个年轻的读书人看到一位仙翁用手指点一下石头，石头就能变成金砖，这是成语"点石成金"的来源。多年后的今天，人们常常只关注到那腐朽化神奇的"一点"而忘了故事寓意中最重要的一环，即练得此法术的方法和为此所需要付出的数十年的功德和修为。自 1995 年我从业以来，就一直惊叹微电子及集成电路是一个多么像"点石成金"的行业，而同时又是一个多么讲究方法，多么需要付出艰苦努力的领域！

多年来我和我在 Synopsys 公司的同事们一起在国内推广基于逻辑综合的自顶向下的集成电路设计方法，经历了逆向设计解剖版图的初始阶段，那时全国设计业产值不过上亿元人民币，设计企业不过数十家，从业人员以百十计，而现在，中国大陆已是全球最大的集成电路市场，全国设计业产值超过 300 亿（依然是方兴未艾），设计企业超过 500 家，从业人员数以万计；从那时开设集成电路设计课程并装备集成电路设计工具环境的寥寥几所高校，到目前 19 所院校建有集成电路工程特色专业、20 个（含在建）集成电路人才培养基地，约 40 个大学招收集成电路工程硕士，近 50 所大学（所、系）配置了我公司的 IC 设计工具的大学计划包。这真是个天翻地覆的变化。IC 设计是个智力密集型、创新密集型的行业。没有高素质、实践型的人才和人才培养支撑体系，就没有持续发展的可能。人才依然是我们发展过程中遇到的最大瓶颈之一，我们仍然感到缺少一套系统化的、覆盖该领域最新技术的微电子及集成电路教材。公司总部有一个教材指导委员会（Curriculum Advisory Board），他们基于多年的研究积累，针对本科生和研究生主持开发了一套微电子及集成电路课程体系，当我了解到相应的教学课程内容后，便立即想到如果以此为参考帮助国内开发一套微电子及集成电路领域的教材和参考书，应该是非常有意义的。此想法得到了时任国家集成电路人才培养基地专家委员会主任委员浙江大学严晓浪教授和委员会副主任委员清华大学王志华教授的赞同，也得到了 Synopsys 公司全球总裁陈志宽博士的积极支持。一年多后的今天，我们终于见到了这套丛书第一批 16 本的面世！这是主编王志华教授和 30 多位编审者们辛勤劳动的成果，也要感谢李志坚院士、王阳元院士这样德高望重的多位业界前辈对丛书编著选题的把握、对方向的关注、对内容的裁夺等。我也非常高兴我的同事和我的公司在这件事情上所做的微薄贡献。

一直以来，参与并推动中国集成电路产业的腾飞是我们的梦想。回望过去，中国每一天都在进步，中国集成电路产业每一年都在成长。世界范围内产业的大迁移、国内市场需求的强劲拉动、有利的产业政策和创业环境，正带给中国集成电路产业发展最佳的契机。而人才培养是最重要的环节和基础,是漫长的付出和努力,是艰辛的孕育和耕耘,是由量变到质变的积累,直到腾飞前的化蛹成蝶。在老中青几代人的共同努力下,相信在不久的将来我们的行业一定会创造出一座座的金山,一定会拥有一大批"点石成金"的手!"长风破浪会有时,直挂云帆济沧海"。我由衷地希望这套丛书的出版可以帮助实现我们共同的心愿,并殷切期待丛书下一批十多本著作的尽早面世!

2009 年 12 月于北京

主编序言

潘建岳先生和我是清华校友,一直以来,他和他的同仁对国内集成电路行业的发展给予了极大的关注和支持。2007 年初,时任 Synopsys 中国区总裁的潘建岳先生提出,将 Synopsys 公司教材指导委员会(Curriculum Advisory Board)主持开发的课程体系和一套以 IC 设计为主的教学课件赠送给国家集成电路人才培养基地专家委员会,期望对国内集成电路设计人才培养特别是教材建设有所帮助。当时,教育部和科技部已经批准在 20 所大学建立(含筹建)集成电路人才培养基地,国务院学位办已经批准在约 40 个大学招收集成电路工程领域的工程类硕士研究生,教育部也于 2007 年批准在 19 所院校建设微电子学专业集成电路领域的特色本科专业。除此之外,电子科学与技术、信息与通信工程、计算机科学与技术等学科的高层次人才,也都需要具备集成电路知识。受潘建岳先生的建议及赠送的材料的启发,集成电路人才培养基地专家委员决定编写《微电子与集成电路技术丛书》并委托我担任主编。

为做好丛书的编写工作,潘建岳先生和我一起专门拜访了王阳元院士,请求指导和支持。王阳元院士是我国杰出的教育家和科学家,为我国微电子事业的创立和发展做出了不可磨灭的功绩。得知我们计划编写一套《微电子与集成电路技术丛书》之后,王院士除了表示支持之外,还特别叮嘱我们关心图书的内容和质量。丛书要为读者提供完整的知识体系,提供正确和准确的技术内容,对于飞速发展和变化的微电子和集成电路领域,要力求反映最新的技术进展。但图书的价值,不仅体现在当前最新知识的传播上,在图书的技术内容过时之后,书籍依然承载着历史和文化的价值。

担任主编工作后我一直有一种忐忑不安的心情,主要是感到自己不足以把握日新月异的集成电路知识,更没有勇气面对王阳元院士讲的书籍的历史文化价值的承载作用。作为国家集成电路人才培养基地专家委员会中的一员,在诸多年高德劭的前辈的指派下,我诚惶诚恐地承担了这个任务。

我们邀请了国内在微电子和集成电路领域第一线工作的年轻学术骨干参加丛书编写。他们不但具有相当丰富的教学经验,而且活跃在相关科学研究的前沿,其中还有部分教师参加过国家集成电路人才培养基地专家委员会和国家外国专家局支持的技术培训。他们的知识、经验和奉献精神,是本丛书面世的基础;我们同时聘请了一批国内同行中的资深专家参加丛书编委会,他们除了为图书选题、内容取舍出谋划策之外,还作为审稿人对图书的技术内容、讲述方法甚至语言文字严格把关。他们的工作,不仅保证了图书编写质量,而且是对国内微电子和集成电路领域年轻才俊的大力扶持和帮助。感谢这些知识渊博、德高望重的前辈。感谢教育部高等教育司、科技部高新技术及产业化司、原信息产业部电子产品司的领导对图书编写和出版的支持,他们对教育、科技发展以及微电子行业需求的深入了解,使丛书的编写得以适应行业的需求。感谢浙江大学严晓浪教授,他作为国家集成电路人才培养基地专家委员会的主任委员,始终关心和指导着丛书编写的各个环节。

现在,《微电子与集成电路技术丛书》第一批 16 种图书终于面世了! 本丛书内容涵盖了微电子、数字和模拟集成电路的基本原理和技术知识,还包括射频电路设计、数模混合信号处理、嵌入式和高性能处理器、低功耗芯片设计、SOC 设计方法学、EDA 工具及应用等广泛的现代专门课题内容。我们期望丛书不辜负微电子和集成电路领域专家的期望,以全面的选题、丰富的内容、准确的知识、科学的表述传播微电子和集成电路领域的知识,满足我国集成电路领域人才培养的需求。如果该丛书能为我国微电子和集成电路领域的科技发展作出点滴贡献,功劳属于图书的编写者以及为图书的面世贡献了力量的众多无名英雄。

2009 年 11 月于北京清华园

前言

自 1947 年世界第一只晶体管的发明以及 1958 年世界第一块集成电路的诞生以来,集成电路技术迅猛发展,推动人类社会快速步入信息时代,其重要性越来越为世人瞩目。进入 21 世纪以来,我国制定了发展集成电路的各项优惠政策,集成电路产业,特别是集成电路设计业得以飞速发展,设计水平显著提高,产业规模迅速扩大。集成电路设计已成为提升我国自主创新能力、开创信息产业新局面的重要基础。为重点提升我国集成电路设计和制造水平,在 2006 年颁布的《国家中长期科技发展规划纲要(2006—2020 年)》确定的 16 个重大专项中,专门设立了"核心电子器件、高端通用芯片及基础软件"和"极大规模集成电路制造技术及成套工艺"两个专项;同时其他各专项中也有诸多涉及核心自主芯片的内容。

集成电路产业链的建设与完善,特别是设计业的发展,重中之重是人才的需求与培养。为满足我国集成电路产业发展对各类人才的需求,截至 2009 年,国家已批准在清华大学、北京大学等 20 所相关学科基础较好、教学和科研水平较高的高等院校成立国家集成电路人才培养基地,使其成为国内集成电路人才培养的主力军。全国已有十多个由国家或地方省市成立的集成电路产业化基地,聚集了几百个集成电路设计、制造、封装测试企业,企业需要更多的专业集成电路人才的加盟。为此编写一套相对完整,适合不同层次、不同方向人才培养需求,贴近集成电路产业实际的教材成为当务之急。鉴于此,在清华大学出版社的大力支持下,由国际知名 EDA 厂商新思科技赞助,国家集成电路人才培养基地专家指导委员会组编,出版了《微电子与集成电路技术丛书》。

本书系此套丛书之一,作为集成电路领域相关专业的一本入门教材,主要介绍与集成电路设计相关的基础知识。全书包括 10 章,其中第 1 章绪论,主要介绍半导体芯片的应用、集成电路的基本概念以及设计制造的基本流程和产业发展趋势等内容。第 2 章集成电路制造,介绍集成电路制造的基本要求、主要制造工艺,并以 CMOS 工艺为例简介集成电路的基本工艺流程。第 3 章 MOSFET,介绍目前应用最广的 CMOS 集成电路中的基础器件——MOSFET 的结构与特性,以及集成电路工艺尺寸缩小对 MOSFET 性能的影响,MOSFET 的寄生电容和器件模型等。第 4 章基本数字集成电路,介绍包括 CMOS 反相器、典型 CMOS 组合逻辑电路、CMOS 时序逻辑电路、扇入扇出、互联线电容与延迟等内容。第 5 章模拟集成电路基础,介绍模拟集成电路种类及应用、单管放大电路、多级放大电路、电流源、电压基准源和典型运算放大器等内容。第 6 章超大规模集成电路设计简介,介绍超大规模集成电路设计内容与设计规格、集成电路设计策略、VLSI 设计流程与设计挑战。第 7 章 VLSI 的 EDA 设计方法,介绍 EDA 历史与发展、VHDL 与 Verilog HDL 以及相关设计工具。第 8 章集成电路版图设计,介绍版图设计规则、全定制版图设计、自动布局布线、版图验证等知识。第 9 章测试技术,介绍芯片测试意义、测试过程、测试方法。第 10 章集成电路封装,介绍传统与现代芯片集成电路封装技术等。

本书第1版的第1~5章和第9章由电子科技大学罗萍教授负责编写,第6~8章和第10章由天津大学张为副教授负责编写。天津大学姚素英教授作为本书的主审,对书稿提出了许多宝贵的修改意见。清华大学微电子学研究所王志华教授在本书的编写过程中多次给予指导。本书作者凭借多年的教学和科研经验,针对产业需求,以准确精练的语言,深入浅出、重点突出,为读者提供了通俗易懂的集成电路设计所需的半导体基础理论、设计全流程以及流片制造、封装测试等诸多环节的内容。本书可作为高等院校集成电路、微电子、电子、通信与信息等专业高年级本科生和硕士研究生的教材或相关领域从业人员的参考书籍。

本书第1版出版后,得到了广大读者及出版社良好的反馈意见。鉴于集成电路设计技术的快速发展,有必要更新书中集成电路设计发展动态的内容;同时,作者在授课过程中发现第1版中尚存一些不足,有必要对其进行更正和提高。应出版社邀请,原书作者罗萍教授、张为副教授、姚素英教授均同意对原书进行修改,出版《集成电路设计导论》第2版。然而,张为副教授因工作原因无暇参与第2版的改编工作,第2版所有改编工作均由电子科技大学的罗萍教授完成。

本书第2版在第1版的基础上,增补了近5年IC业发展的新动态;精简了第2章 集成电路制造内容;充实了第3章 MOSFET 相关知识;对第4章和第5章中的基本电路案例做了少许调整;针对原第1章和第6章存在少部分内容交叉重叠的问题,对第6章内容进行了调整,并将第6章题目由原来的"集成电路设计简介"修改为"大规模集成电路设计简介";将第7章和第8章 $0.35\mu m$ 的工艺库换成了 $0.18\mu m$ 的工艺库,更吻合数字IC当前的工艺现状;同时,还将第1版中少数参变量的符号进行了更改,并修改了第1版中的笔误。

本书第2版修改过程中得到了天津大学姚素英教授、清华大学出版社文怡老师的大力支持;电子科技大学的韩晓波、何林彦、王康乐同学参加了本书部分文字内容校对和插图绘制工作,在此向他们及其他在本书编辑过程中给予帮助的所有人表示衷心的感谢。

集成电路技术发展迅速,加上编者的水平有限,书中难免有不足和错误之处,真诚欢迎读者批评指正。

作　者

2015 年 3 月

目录

第1章

绪　　论

1.1　集成电路的基本概念

　　1947 年 12 月 16 日,基于约翰·巴丁(John Bardeen)提出的表面态理论、威廉·肖克莱(William Shockley)给出的放大器基本设想以及沃特·布拉顿(Walter Brattain)设计的实验,美国贝尔(Bell)实验室第一次观测到具有放大作用的晶体管,为今天的微电子学奠定了基石,并引发了现代电子学的革命[1]。图 1.1 为肖克莱、巴丁、布拉顿发明的世界上第一支锗(Ge)点接触型 PNP 晶体管,该晶体管的诞生成为物理学史上的重大发明,具有划时代的意义。肖克莱、巴丁、布拉顿也因此获得了 1956 年的诺贝尔物理学奖。

　　1958 年 12 月 12 日,美国德州仪器公司(Texas Instruments Incorporated,TI)的杰克·基尔比(Jack S. Kilby)发明了全世界第一颗集成电路(Integrated Circuit,IC),包括一个双极性晶体管、三个电阻和一个电容器[2],如图 1.2 所示。这标志着世界从此进入了集成电路的时代。基尔比也因此获得了 2000 年的诺贝尔物理学奖。

图 1.1　最早的锗点接触晶体管

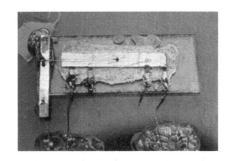

图 1.2　基尔比发明的全球第一颗集成电路

　　以上两项革命性的发明为微电子技术奠定了重要的里程碑,使人类社会进入一个以微电子技术为基础、以集成电路为根本的信息时代。50 多年来,集成电路已经广泛应用于军事、民用各行各业、各个领域的各种电子设备中,如计算机、手机、穿戴产品、电视、汽车、医疗设备、办公电器、太空飞船、武器装备等。集成电路的发展水平已成为衡量一个国家现代化水平和综合实力的重要标志。

1.1.1 集成电路的定义

所谓集成电路,是指采用半导体制造工艺,把一个电路中所需的晶体管、二极管、电阻、电容和电感等元件连同它们之间的连线在一块或几块很小的半导体晶片或介质基片上一同制作出来,形成完整的电路,然后封装在一个管壳内,成为具有特定电路功能的微型结构,如图 1.3 所示[3]。

集成电路的出现打破了电子技术中器件与线路分立的传统,晶体管和电阻、电容等元件及其连线都做在小小的半导体基片上,开辟了电子元器件与线路一体化的方向,为电子设备缩小体积、减小能耗、降低成本提供了新途径。

集成电路因体积小、重量轻、引出线和焊接点少、寿命长、可靠性高、性能好以及成本低、便于大规模生产等优点,一经出现,便得到迅速发展。作为信息产业基础的集成电路,已成为国家发展的重要物质与技术基础。

图 1.3 常见的集成电路的外形

1.1.2 集成电路的发展史

自从 20 世纪 40 年代,世界上第一个晶体管发明以来,人类历史就进入了一个以电子技术发展为标志的信息时代。晶体管的诞生,标志着人类历史开始进入半导体时代;集成电路的诞生,标志着人类历史开始进入微电子时代;微处理器的诞生,标志着人类历史开始进入数字技术时代;第五代微处理器与互联网的诞生,标志着人类历史开始进入电子智能化与信息化时代。今天,电子与信息时代的发展均是以集成电路的发展作为基石的,因此我们有必要回顾集成电路的发展历史[2]。

1947 年,美国贝尔实验室的肖克莱、巴丁、布拉顿发明了晶体管,成为微电子技术发展史中的第一个里程碑。

1950 年,面结型晶体管诞生。

1950 年,奥耳(Russel Ohl)和肖克莱发明离子注入工艺。

1951 年,场效应晶体管发明。

1956 年,富勒(C. S. Fuller)发明扩散工艺。

1958 年,仙童半导体公司(Fairchild Semiconductor)的罗伯特·诺依斯(Robert Noyce)与 TI 公司的基尔比间隔数月分别发明集成电路,开创了集成电路的历史。

1960 年,卢耳(H. H. Loor)和克里斯坦森(H. Christensen)发明外延生长工艺。

1962 年,美国无线电 RCA 公司(Radio Corporation of America)研制出金属-氧化物-半导体场效应晶体管(Metal-Oxide-Semiconductor Field Effect Transistor,MOSFET)。

1963 年,仙童半导体公司的 F. M. Wanlass 和 C. T. Sah 首次提出互补金属氧化物半导体技术,即 CMOS(Complementary Metal-Oxide-Semiconductor)技术,今天,95% 以上的集成电路芯片都是基于 CMOS 工艺。

1965 年,仙童半导体公司的戈登·摩尔(Gordon Moore)提出摩尔定律,预测晶体管的集成度每 18 个月将会增加 1 倍。戈登·摩尔在 1968 年与罗伯特·诺伊斯(Robert Noyce)、安迪·格鲁夫(Andy Grove)共同创立了今天的英特尔(Intel)公司。

1966 年,RCA 公司研制出 CMOS 集成电路,并研制出第一块门阵列(50 门)。

1970 年,斯皮勒(E. Spiller)和卡斯特兰尼(E. Castellani)发明光刻工艺。

1971 年,Intel 推出 1kB(kilo Byte,千字节)动态随机存储器(Dynamic Random Access Memory,DRAM),标志着大规模集成电路出现。

1971 年,全球第一个微处理器 4004 由 Intel 公司推出,采用的是 MOS 工艺,这是一个里程碑式的发明。

1974 年,RCA 公司推出第一个 CMOS 微处理器 1802。

1976 年,16kB DRAM 和 4kB 静态随机存储器(Static Random Access Memory,SRAM)问世。

1978 年,64kB DRAM 诞生,在不足 $0.5cm^2$ 的硅(Si)片上集成了 14 万个晶体管,标志着超大规模集成电路(Very Large Scale Integrated Circuits,VLSI)时代的来临。

1979 年,Intel 推出 5MHz(Mega Hertz,兆赫兹)8088 微处理器,之后,IBM 基于 8088 推出全球第一台个人电脑(Personal Computer,PC)。

1981 年,256kB DRAM 和 64kB CMOS SRAM 问世。

1985 年,80386 微处理器问世,主频为 20MHz。

1988 年,16MB(兆字节)DRAM 问世,在 $1cm^2$ 大小的硅片上集成有 3500 万个晶体管,标志着进入特大规模集成电路(Ultra Large Scale Integrated Circuits,ULSI)阶段。

1989 年,1MB DRAM 进入市场。

1989 年,486 微处理器推出,主频为 25MHz,采用 $1\mu m$(微米)工艺。

1992 年,64M(Million,10^6)位随机存储器问世。

1993 年,66MHz 奔腾处理器推出,采用 $0.6\mu m$ 工艺。

1995 年,Pentium Pro 问世,主频为 133MHz,采用 $0.6\sim0.35\mu m$ 工艺。

1997 年,300MHz 奔腾Ⅱ问世,采用 $0.25\mu m$ 工艺。

1999 年,奔腾Ⅲ问世,主频为 450MHz,采用 $0.25\mu m$ 工艺。

2000 年,1GB(Giga Byte,吉字节,10 亿)RAM 投放市场。

2000 年,奔腾 4 问世,主频为 1.5GHz,采用 $0.18\mu m$ 工艺。

2001 年,Intel 采用 $0.13\mu m$ 工艺取代了 $0.18\mu m$ 工艺。

2004 年,Intel 推出 90nm(纳米)工艺生产的 Pentium 4E 处理器。

2005 年,Intel 推出基于 65nm 工艺的处理器。

2007 年,Intel 正式发布 45nm 工艺的新处理器。

2008 年,Intel 公司进一步把芯片电路缩小至 32nm[4]。

2009 年,IBM 联盟展示了一块线宽为 22nm 的超紫外线(Extreme Ultraviolet,EUV)光刻检验芯片,表明集成电路工艺已进入 22nm 时代[5]。

2012 年,Intel 成功推出新一代 22nm 处理器之后,宣布 2013 年将发布 22nm 工艺的智能手机芯片。台联电、格罗方德(Global Foundries)也宣布在 2013 年实现 28nm 工艺的规模量产[6]。

2014 年,Intel 发布首款采用 14nm 工艺的新一代 CPU,该 CPU 为开发代码叫 Broadwell 的低电压版"酷睿 M"处理器[7]。

2015 年,Intel 高管表示 10nm 工艺会在 2017 年问世,7nm 工艺将于 2018 年问世,摩尔定律仍然有效[8]。

1.1.3　集成电路的分类

自 1958 年第一颗集成电路问世以来,集成电路取得了巨大的发展,形成了各种各样、门类繁多的产品。下面以硅基 IC 为例进行分类说明。

1. 按功能结构分类

集成电路按其功能、结构的不同,可以分为模拟集成电路(Analog IC)、数字集成电路(Digital IC)和数模混合集成电路(Mixed IC)三大类。

模拟集成电路又称线性电路(Linear Circuit),是用来处理各种连续变化的模拟信号的集成电路,如运算放大器(用于放大信号)、模拟滤波器等,其输入信号和输出信号成比例关系。而数字集成电路是对各种数字信号进行运算和处理的集成电路,例如 CPU(微处理器)、存储器、DSP(数字信号处理器)等。数模混合集成电路既包含数字电路,又包含模拟电路,随着集成电路集成度和功能的增加,数模混合集成电路将成为今后集成电路的主力军。

2. 按制作工艺分类

集成电路按集成工艺可分为半导体集成电路和膜集成电路。膜集成电路又分为厚膜集成电路和薄膜集成电路。

集成电路按半导体制造工艺可分为双极型(Bipolar,BJT)工艺、CMOS 工艺(能够在同一芯片上制作 NMOS 和 PMOS 器件的工艺)、BiCMOS 工艺(能够在同一芯片上制作 Bipolar 和 CMOS 器件的工艺)、BCD 工艺[能够在同一芯片上制作 Bipolar、CMOS 和 DMOS(Double-Diffused Metal-Oxide Semiconductor)器件的工艺]等。

3. 按集成度高低分类

半导体集成电路按集成度(Integration Level)高低的不同可分为小规模集成电路(Small Scale Integrated Circuits,SSI)、中规模集成电路(Medium Scale Integrated Circuits,MSI)、大规模集成电路(Large Scale Integrated circuits,LSI)、超大规模集成电路(Very Large Scale Integrated Circuits,VLSI)、特大规模集成电路(Ultra Large Scale Integrated Circuits,ULSI)和巨大规模集成电路(Gigantic Scale Integrated Circuits,GLSI)。

所谓集成电路的集成度,就是指单块芯片上所容纳的元件数目。集成度越高,所容纳的元件数目越多。随着集成度的提高,IC 及使用 IC 的电子设备的功能进一步增强,速度和可靠性进一步提高,功耗、体积、重量和产品成本进一步减小,因此集成度是 IC 技术进步的标志。表 1.1 给出了集成电路规模与集成度的关系。

表 1.1　集成电路规模与集成度的关系

年　代	集成电路规模	集　成　度
1960 年以前	分离元件	1
20 世纪 60 年代前期	小规模集成电路(SSI)	$<10^2$
20 世纪 60 年代中期	中规模集成电路(MSI)	$10^2\sim10^3$
20 世纪 60 年代后期到 70 年代中期	大规模集成电路(LSI)	$10^3\sim10^5$
20 世纪 70 年代中期到 80 年代后期	超大规模集成电路(VLSI)	$10^5\sim10^7$
20 世纪 90 年代	特大规模集成电路(ULSI)	$10^7\sim10^9$
21 世纪	巨大规模集成电路(GSI)[9]	$>10^9$

4. 按应用领域分类

集成电路按应用领域可分为标准通用集成电路和专用集成电路(Application Specific Integrated Circuits,ASIC)。所谓专用集成电路 ASIC,笼统来说,就是指为了某种或某些特定用途而为特定用户定制的 IC,如卫星芯片、某种玩具里的控制芯片、某电源的管理芯片等;不属于 ASIC 的标准件的 IC 就是通用 IC,如商用存储芯片(ROM、DRAM、SRAM)、CPU 等。

5. 按外形分类

集成电路按外形可分为圆型(金属外壳晶体管封装型,一般用于大功率器件)、扁平型(稳定性好,体积小,一般用于大功率器件)、双列直插型(适合于典型集成电路)和方形阵列型(适合于超大规模集成电路),如图 1.3 及图 1.4 所示。

图 1.4　集成电路的外形

1.2　集成电路的设计与制造流程

图 1.5 为未封装的集成电路[3],显然它与由分离元器件构成的板级电路有很大的差异,因此其设计制造过程与板级电路的设计、加工制作有很大不同。

集成电路从需求提出到生产出最终产品,需要经过电路设计、制造、封装、测试等几个步骤。

随着集成电路规模的急剧扩展,集成电路的复杂程度不断增加,集成电路设计的难度随之增加,因此需要一些专门致力于集成电路设计的技术人员加速电路开发周期、增强集成电路功能。另一方面,为了追求集成电路制造的最大利润,避免集成电路制造厂商生产能力的过剩,芯片制造单位承接不同客户设计的各种集成电路的工艺实现(代客户加工,简称代工),于是出现了无生产线(Fabless)的芯片设计单位和芯片制造代工厂(Foundry)的分工合

图 1.5　未封装的集成电路

作。这已成为当今集成电路产业的重要设计和制造模式。

1.2.1 集成电路的设计流程

所谓集成电路设计(IC Design)是指根据电路功能和性能的要求,在正确选择系统配置、电路形式、器件结构、工艺方案和封装形式的情况下,尽量减小芯片面积、降低集成电路设计制造成本、缩短设计周期,以保证集成电路全局最优的设计过程。

基于目前无生产线设计与代工制造的分离模式,在集成电路设计前,IC设计人员首先要选择好合适的代工厂。而代工厂需要将经过前期工艺开发调试后确定好的一套工艺设计文件(Process Design Kits,PDK)交给IC设计单位。PDK文件包括IC电路设计中模拟用的该工艺线上的器件参数模型,版图设计层次定义,设计规则,晶体管、电阻、电容等元件和通孔(Via)、焊点(Pad)的基本结构,与设计工具相关联的设计规则检查(Design Rule Check,DRC)、参数提取(EXTraction,EXT)和版图电路对照(Layout-Versus-Schematic,LVS)用的文件。

IC设计单位根据客户或研究项目提出的功能及性能指标的要求,在选择好合适的代工厂和封装形式之后,首先根据所设计电路在系统中的功能确定电路的架构,然后利用PDK提供的工艺参数和电子设计自动化(Electronic Design Automation,EDA)工具,进行具体电路的设计,包括电路结构和电路中元器件的参数设计;再通过电路仿真实现电路优化;接着完成版图设计、DRC、EXT、LVS的检查验证,最后生成第二代版图设计系统(Graphic Design System Ⅱ,GDS-Ⅱ)的版图文件,交给代工厂。

代工厂根据IC设计单位提供的GDS-Ⅱ格式的版图数据,首先制作芯片制造过程中需要的掩膜(Mask),将版图数据定义的图形固化到一套掩膜上。一张掩膜一方面对应于版图设计中的一层图形,另一方面对应于芯片制造中的一道或几道工序。利用掩膜,基于平面光刻工艺,代工厂将GDS-Ⅱ定义的图形有序地固化到芯片上,最终完成芯片的加工制造,该过程又称为"流片"。掩膜的数目、工艺线的特征尺寸、芯片的面积以及封装的形式决定了集成电路的制造成本(不计设计成本),而掩膜的数目、工艺线的自动化程度决定了芯片流片的周期,通常一次流片的周期为2~3个月。代工厂完成芯片加工后,将裸片(未封装的芯片)寄回给IC设计单位。

IC设计单位收到裸片后对其进行参数测试与性能评估,符合要求的进行封装,封装完成后还要进行老化测试等,合格的进入系统应用环节,从而完成一次集成电路的设计、制造、测试、封装直至应用全过程。而测试不合格时,则需要对电路进行改进、优化或重新设计。

整个集成电路的设计流程如图1.6所示。

集成电路在具体的IC设计过程中,首先

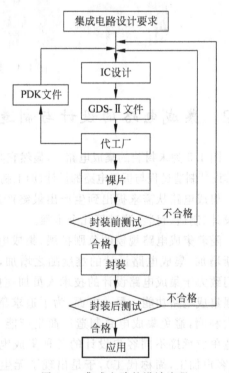

图1.6 集成电路的设计流程

要根据客户要求或项目研究目标确定所要设计的电路的详细功能、性能指标,即对所设计电路进行规格描述(Specification);然后选择合适的 EDA 设计工具进行集成电路设计。在 IC 设计过程中将产生如图 1.7 所示的系列文件[3],这些文件均对应同一集成电路,用于该电路的功能性能描述、电路原理设计验证、电路物理实现描述等。得到 GDS-Ⅱ文件后,便进行后续的流片。

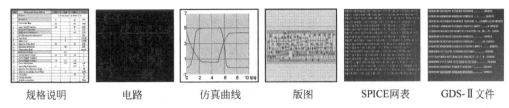

| 规格说明 | 电路 | 仿真曲线 | 版图 | SPICE网表 | GDS-Ⅱ文件 |

图 1.7　同一集成电路在其 IC 设计过程中产生的不同文件

从规格说明到 GDS-Ⅱ文件的产生,对于模拟集成电路和数字集成电路而言,其产生方法和过程有所不同。数字集成电路的设计过程通常包括功能级设计、行为级设计、逻辑综合、门级验证、布局布线等步骤,而模拟集成电路设计的一般过程包括电路设计、电路中元件参数设计、电路仿真优化、版图设计等步骤,具体细节见第 5 章、第 6 章。

1.2.2　集成电路制造的基本步骤

集成电路通常是在一片硅圆片上制作出来的,如图 1.8 所示。硅圆片上面的微芯片(Die)简称芯片,又称管芯,是未封装的集成电路,即前面提到的裸片,而硅圆片通常称为衬底。

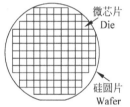

随着集成电路制造工艺的不断发展,硅片的直径从最初不到 1in(英寸)发展到今天的 8in(约 200mm)、12in(约 300mm),如图 1.9 所示。2013 年初 Intel 展示了 18in(约 450mm)的硅圆片[10]。随着硅圆片直径的不断增加,一片硅圆片上将能制出更多的芯片,从而使制造成本大幅降低。

图 1.8　含芯片的硅圆片

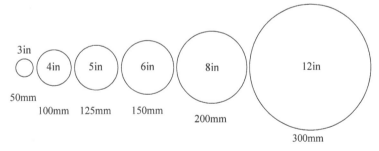

图 1.9　硅圆片尺寸的变化

集成电路的制造过程包括硅片制备、芯片制造、芯片测试/拣选、装配与封装、终测 5 个主要的制造阶段。

首先是硅片制造厂商将硅从原材料——沙中提炼出来,生产成硅锭,然后再切割成一片片可以用来制造芯片的薄硅圆片,如图 1.10 所示[3]。

裸露的硅圆片送到代工厂即可进行芯片制造。芯片制造便是通常所说的集成电路的流片过程。利用平面光刻工艺,通过清洗、制膜、光刻、刻蚀、掺杂等工艺步骤,将 GDS-Ⅱ文件对应的图形永久性地刻蚀在硅片上即完成了集成电路的芯片制造过程。

硅锭　　　　　　　硅圆片

图 1.10　硅锭与硅圆片

　　芯片制造完成后,硅片被送到测试、拣选区,在那里进行单个芯片的探测和电学检测。通过测试的芯片将进入后续工序。

　　测试合格的芯片,继续送往装配、封装厂,进行压焊、装配和封装。

　　为了确保芯片的功能,要对每一个封装好的集成电路进行各种严格的电气测试和老化试验,检测合格后方能成为商品流入市场。

　　图 1.11 给出了集成电路制造的基本过程[3]。

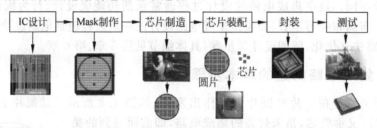

图 1.11　集成电路制造的基本过程

　　图 1.12 给出了更为直观和细致的集成电路工艺流程[11]。集成电路的制作工艺可分为晶圆制造、前道工艺和后道工艺 3 大环节,每个环节的主要工序都在图 1.12 圆环外标注出来了,而圆环内给出的是部分工艺需要配合的技术研究、供给、监测的相关环节。

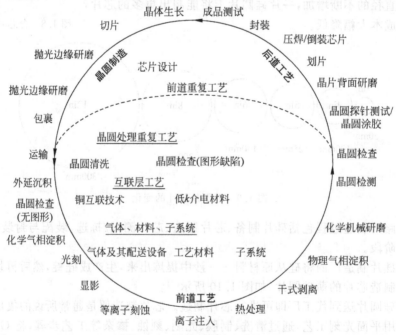

图 1.12　集成电路的工艺流程

1.2.3　集成电路工艺技术水平衡量指标

集成电路作为一个国家经济发展的基础产业,重要程度日益突出。集成电路的设计与加工制造能力,尤其是工艺技术水平,决定了一个国家的集成电路产业水平。通常衡量 IC工艺水平的指标包括以下 7 个方面。

1. 集成度

前已述及,集成度是指一个 IC 芯片所包含的元件数目(晶体管或门/数,包括有源和无源元件)。集成度越高表明相同芯片面积下集成的元件数越多、电路功能越强大,同时芯片速度和可靠性更高、功耗更低、体积、重量和成本下降,从而提高了性能/价格比,因此集成度是 IC 技术进步的标志。为了提高集成度,采取了增大芯片面积、缩小器件特征尺寸、改进电路及结构设计等措施。为节省芯片面积,普遍采用了多层布线结构,现已达到 9～10 层金属布线[12]。晶片集成(Wafer Scale Integration,WSI)和三维(3 Dimension,3D)集成技术也日趋成熟。正因为集成度的不断提高,集成电路已进入系统集成或片上系统(System on Chip,SoC)时代。

2. 特征尺寸

特征尺寸(Feature Size 或 Critical Dimension)定义为器件中最小线条宽度(对 MOS 器件而言,通常指器件栅电极所决定的沟道几何长度),也可定义为最小线条宽度与线条间距之和的一半。减小特征尺寸是提高集成度、改进器件性能的关键。特征尺寸的减小主要取决于光刻技术的改进。集成电路的特征尺寸向纳米发展,目前的规模化生产是 $0.13\mu m$、90nm 和 65nm 工艺。Intel 已推出 22nm 产品,2015 年 Intel 宣布了基于 14nm 的首款 CPU产品,正在挑战 10nm、7nm 工艺[8]。

3. 晶片直径(Wafer Diameter)

为了提高集成度,可适当增大芯片面积。然而,芯片面积的增大导致每个圆片内包含的芯片数减少,从而使生产效率降低,成本提高。采用更大直径的晶片可解决这一问题。这使得晶圆的尺寸不断增加,当前的主流晶圆的尺寸为 8in 和 12in,正在向 14in 晶圆迈进。

4. 芯片面积(Chip Area)

随着集成度的提高,每颗芯片所包含的晶体管数不断增多,平均芯片面积也随之增大。芯片面积的增大也带来一系列新的问题,如大芯片封装技术、成品率以及由于每个大圆片所含芯片数减少而引起的生产效率降低等。当然,随着封装技术和集成工艺的不断改进,上述问题总是可以得到解决的。

5. 封装(Package)

IC 的封装最初采用插孔封装(Through-Hole Package,THP)形式。为适应电子设备高密度组装的要求,表面安装封装(Surface-Mount Package,SMP)技术已广泛应用。在电子设备中使用 SMP 的优点是能节省空间、改进性能和降低成本,因 SMP 不仅体积小而且可安装在印制电路板的两面,使电路板的费用降低 60%,并使性能得到改进。近几年系统封装技术(System in Package,SiP)也得到迅速发展,SiP 能最大限度地优化系统性能、避免重复封装、缩短开发周期、降低成本、提高集成度。目前 SiP 主要用于低成本、小面积、高频高速,以及生产周期短的电子产品上,如功率放大器(Power Amplifier,PA)、全球定位系统、蓝牙模块(Bluetooth)、影像感测模块、记忆卡等可携式产品市场。

6. 电源电压及布线层数

对于大规模集成电路的制造而言,除了上述 5 个方面的衡量指标外,VLSI 的电源电压、单位功耗以及布线层数、I/O 引脚数也可以作为衡量集成电路工艺先进与否的标志。随着工艺尺寸的不断缩小,整个 VLSI 芯片所需电源电压也在不断降低,可以达到更低的功耗指标。由于芯片的集成度也不断增大,金属层数较少已不能实现器件的有效互连。为了解决上述问题,同时避免金属布线过于密集造成的线间寄生电容过大,金属层数也在不断地增多。因此,VLSI 的电源电压以及布线层数可以表征集成电路工艺的先进与否。

7. 成品率

随着集成电路技术的不断发展,尤其是进入亚微米和深亚微米工艺阶段后,集成电路制造中的关键问题是保持或提高集成电路的成品率。由于集成电路生产工艺中的扰动,在制造过程中,特别是光刻工艺中,晶圆上有可能会引入缺陷,即实际形成的图形与理想的图形之间有所偏差。缺陷是影响集成电路成品率与可靠性的主要因素。随着制造工艺的不断改进,超净室洁净度的不断提高,在很大程度上减少了缺陷密度。但集成电路复杂度与芯片面积的增加,特征尺寸和栅氧化层厚度的进一步减小,导致每个芯片上晶体管密度的增加,从而加剧了产生缺陷的几率。

决定半导体产品市场竞争和质量的重要因素是集成电路的成品率和可靠性。成品率低不可能有可靠性高的产品,可靠性高的产品必须由成品率高的工艺线来生产。因此如何定量地表征可靠性与成品率之间的关系,如何通过集成电路制造成品率对该生产线产品的失效做出有效估计,一直是科研工作者比较关注的问题。成品率预测对集成电路行业而言变得越来越重要。作为一个集成电路设计者,在电路的设计阶段不仅要给出电路正确的功能和性能设计,同时还要结合工艺线的能力和实际的工艺水平,实现电路可靠性和成品率的最优化设计。

1.3　集成电路的发展趋势

1.3.1　国际集成电路的发展趋势

目前,以集成电路为核心的电子信息产业超过了以汽车、石油、钢铁为代表的传统工业成为第一大产业,成为改造和拉动传统产业迈向数字时代的强大引擎和雄厚基石。作为当今世界经济竞争的焦点,拥有自主知识产权的集成电路已日益成为经济发展的命脉、社会进步的基础、国际竞争的筹码和国家安全的保障。

自发明了集成电路以来,电路集成已经有了巨大的增长。1965 年,Intel 公司的创始人之一戈登·摩尔提出了著名的摩尔定律(Moore's Law),该定律在过去的 30 多年里准确地代表着芯片技术的发展趋势。据预测,今后的 20 年左右时间内,集成电路的集成技术及其产品仍将遵循这一规律发展。图 1.13 给出了 2011 年国际半导体技术发展路线图(International Technology Roadmap for Semiconductors,ITRS)[13]。ITRS 是由美国半导体工业协会(Semiconductor Industry Association,SIA)出版的用于预测在未来 15 年内全球半导体集成电路技术发展的权威性报告,ITRS 报告每两年更新一次。图 1.13 中给出了单层单元(Single Level Cell,SLC)和多层单元(Multi Level Cell,MLC)两种闪存(Flash)以及 DRAM 的发展趋势。

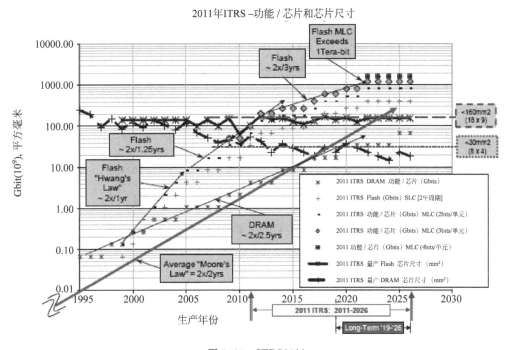

图 1.13　ITRS2011

图 1.14 是 ITRS 2011 年版报告中关于 MPU、高性能 ASIC 半节距(Half Pitch)和栅长趋势的预测[13]。MPU、ASIC M1 半节距继续定义为交叉接触的半节距,这和 DRAM 相同。DRAM 的发展趋势与 2009 年和 2010 年的 ITRS 趋势一致。然而,已经落后的 MPU、ASIC M1 的半节距以更快的 2 年/周期的步伐发展,并预期在 2012 年/32nm 的水平上超越赶上 DRAM 半节距,保持 2 年/周期的发展速度直至 2013 年/27nm,然后会回到 3 年/周期的发展速度。闪存产品的半节距继续定义为非接触的多晶硅半节距,在 2000 年和 2010 年 ITRS 的基础上进行了修改,将继续它 2 年/周期的发展步伐直至 2010 年/24nm,然后回到 4 年/周期的速度,直至 2020 年/10nm。图 1.15 为 2013 年版 ITRS 报告中关于频率进化路线图,ITRS 2013 显示自 2007 年以来,"可实现"的晶体管密度扩展变慢到每个节点的 1.6 倍,而非传统的 2 倍[14]。由此可以看出,集成电路从亚米尺寸经深亚米尺寸向纳米尺寸发展的时候,将会遇到一系列问题,例如,当集成电路的关键尺寸降到 90nm 以下时,信号传输延迟,交互干扰噪声以及互连线的功率消耗等问题成为了大规模集成电路发展的障碍[13]。事实上,集成电路元器件密度与能力的不断提高是以集成电路关键尺寸

的不断缩小和芯片内信号互连布线不断复杂化、布线层数的不断增加为代价的。随着器件尺寸不断按比例缩小(Scaling Down),晶体管的漏电流不断增大,进而晶体管的静态功耗也不断增大。

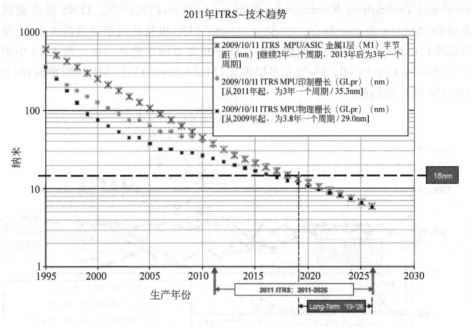

图 1.14　ITRS 2011 MPU/高性能 ASIC 半间距和栅长趋势

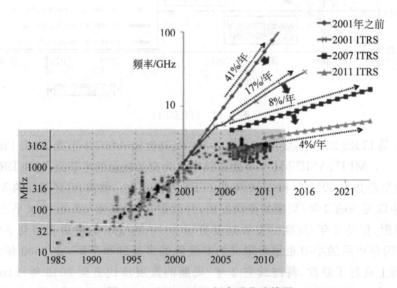

图 1.15　ITRS 2013 频率进化路线图

为了解决上述问题,可以采用具有更低电阻率的互连金属材料和较低介电常数的层间绝缘材料。如采用铜金属互连线不仅可以有效降低互连线的线宽,还可以降低互连线的厚度及同一层内互连线之间的电容,减小交互干扰噪声和电源功率消耗。同时,应变硅(Strained Silicon)技术、绝缘体上硅(Silicon on Insulator,SOI)技术也成为小线宽工艺下集成电路设计制造中的重要技术[14]。

"等效按比例缩小"工艺在铜和低 k 互连、应变硅、高 k/金属栅等技术的折中逐步完善着。兼顾性能和功耗管理的考虑,近年,MPU、DRAM 和 ASIC 物理栅长趋势在 2009 年、2011 年和 2013 年的 ITRS 中渐渐放慢了步伐。从 2009 年的 32nm 至 2026 年的 7.5nm 之间,技术周期放慢 3～4 年[14]。

虽然低 k 介电材料和铜导线能够显著地提高集成电路的性能,但低 k 材料所具有的与金属层粘结力较弱、机械强度较弱等材料特性,也为后续的半导体封装工艺带来了诸多困难。因此可制造性及可靠性问题对当前集成电路产业发展提出了新的挑战。

为了实现芯片集成度的不断提高和性能的进一步提升,新材料、新工艺和新方法已被广泛应用于现有工艺,呈现出如下几个方面的发展趋势[15]。

1. 设计开始向 DFT、DFM、IP 核复用方向发展

随着系统的集成度越来越高,传统的设计、制造、测试方面已经受到越来越大的限制,基于可测性设计(Design for Testability,DFT)和可制造性设计(Design for Manufacturability,DFM)的方案已经广泛应用于深亚微米制造工艺和 SoC 芯片中。在过去数年间,可制造性设计(主要是分辨率增强技术)一直是保证成品率的关键,为了获得更高的成品率,今后的发展方向是在设计和制造之间建立起更强健的纽带。集成电路设计与制造在进入纳米时代后已成为密不可分的一个整体,将成为一个前向设计与制造数据反馈相互融合的更加复杂的过程。

由于系统复杂性越来越高,以及对更短上市时间的追求,设计的复杂性也相应成指数增加,提高设计生产率已经成为集成电路设计业的主要目标。其中知识产权(Intellectual Property,IP)复用设计正在成为越来越多厂商的选择。

物理设计转向客户自有工具(Customer Owned Tool,COT)设计方法、电子设计自动化(EDA)转向电子设计最优化(Electronic Design Optimization,EDO)的转变将成为全新的集成电路设计思路[16]。

2. 浸入式光刻技术有了长足的进步

集成电路在制造过程中需经历材料制备、掩膜、光刻、清洗、刻蚀、掺杂、化学机械抛光等多个工序,其中,以光刻工艺最为关键,它决定着制造工艺的先进程度。随着集成电路由微米级向纳米级发展,光刻采用的光波波长也从近紫外(Near Ultra-Violet,NUV)区间的 436nm、365nm 波长进入到深紫外(Deep Ultra-Violet,DUV)区间的 248nm、193nm 波长。目前大部分芯片制造工艺采用了 248nm 和 193nm 光刻技术。其中 248nm 光刻采用的是 KrF 准分子激光,用于 $0.25\mu m$、$0.15\mu m$ 和 $0.13\mu m$ 制造工艺。193nm 光刻采用的是 ArF 激光,目前主要用于 $0.11\mu m$、$0.10\mu m$ 及 90nm 的制造工艺。

1999 年,ITRS 曾经预言在 $0.10\mu m$ 制造工艺中将需要采用 157nm 的光刻技术,但是目前 $0.10\mu m$ 制造工艺中并没采用 157nm 光刻。这主要归功于分辨率提高技术的广泛使用,其中尤以浸入式光刻技术(Immersion Lithography)最受关注。在传统的光刻技术中,镜头与光刻胶之间的介质是空气,而浸入式技术采用液体介质。实际上,浸入式技术利用光通过

液体介质后光源波长缩短来提高分辨率,其缩短的倍率即为液体介质的折射率[17]。基于193nm 的浸入式光刻技术在 2004 年以后取得了长足进展,已用于 65nm、45nm 和 32nm 工艺中。

3. 封装业积极应对无铅化要求

近年来集成电路封装技术发展非常迅速,很多新技术和新材料被引入。而当前集成电路封装业遇到的最大挑战之一就是如何应对欧盟自 2006 年 7 月 1 日开始执行的产品无铅化方案。

目前较为常用的无铅化封装主要是通过无铅焊膏来实现的,但是无铅焊接过程中预热和回流温度较高,因此需要更有力的清洗过程。而近年出现的 SiP、倒装芯片(Flip Chip)、晶圆级封装(Wafer Level Packaging)和层叠封装(Stacked Packaging)等,被应用在各种超小型封装、超多端子封装、多芯片封装领域。其中,系统封装主要受到便携式电子产品市场快速发展的驱动,同时也顺应了多芯片封装发展的趋势。

4. 测试技术面临 SoC 技术发展和可测性带来的挑战

由于 SoC 的复杂程度非常高,在一块芯片内不仅可能包含 CPU、DSP、存储器、模拟电路等多种功能电路,甚至还可能包含射频电路、光电器件、化学传感器等,因而作为 SoC 的测试系统应该能对数字逻辑、混合信号、存储器、射频等各种电路进行测试,同时各个模块之间又不能相互影响,这对测试系统提出了相当高的要求。其次是芯片的可测性,随着芯片复杂度和集成度越来越高,对芯片的可测性提出了更高要求,同时也要防止测试成本的指数增长。

应对芯片集成度和复杂度越来越高的趋势,较好的解决方法是在设计时就采用可测性设计,这可在一定程度上简化测试的复杂程度,对保证芯片的流片成功、提高量产成品率、降低芯片测试成本都有着重要的作用。

5. 新兴器件开始崭露头角

传统的 CMOS 器件随着特征尺寸逐步缩小,越来越显现出极限性。技术人员开始积极寻找新的替代产品,以便在更小的工艺线宽中超越体硅 CMOS 技术。

ITRS 中提出的非传统 CMOS 器件,有超薄体 SOI、能带工程晶体管、垂直晶体管、双栅晶体管、FinFET 等。

未来有望被广泛应用的新兴存储器器件,主要有磁性存储器(MRAM)、相变存储器(PRAM)、纳米存储器(NRAM)、分子存储器(Molecular Memory)等。

新兴的逻辑器件主要包括了谐振隧道二极管、单电子晶体管器件、快速单通量量子逻辑器件、量子单元自动控制器件、纳米管器件、分子器件等。某些形态的碳纳米管可在晶体管中取代硅来控制电子流,并且碳纳米管也可取代铜作为互连材料。据一份研究报告称,2009 年全球采用纳米技术的集成电路销售额达到 123 亿美元,2012 年增加到 648 亿美元,2014 年达到 1720 亿美元[15]。

鉴于上述集成电路的发展趋势,ITRS2005 报告中同时给出了图 1.16 所示的集成电路未来的发展方向[18]。在纵轴方向,那些用于数字信号处理的芯片,包括 CPU、存储器、逻辑电路等,将继续沿着摩尔定律以片上系统或系统芯片 SoC 的形式基于 CMOS 工艺向更小线宽方向发展,而当工艺线宽小到一定程度后,非常规 CMOS 器件将取代现行 CMOS 器件。这是集成电路发展的一维方向。在横轴方向,那些直接与外界接口的、难以数字化的模拟、射频、无源器件、高压功率、传感器、生物芯片等则以系统封装 SiP 的形式更小地集成在一起。这是集成电路发展的第二维方向。而斜向下方的集 SoC、SiP 于一体的集成电路设计方案则是未来高端集成电路发展的新方向。图 1.16 所示的集成电路未来发展方向在 ITRS2007、2009 和 2011 中一直沿用[13]。

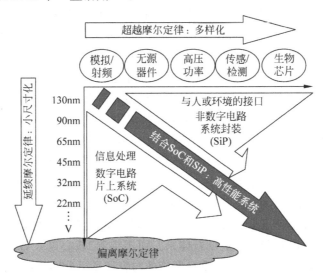

图 1.16　ITRS2005 给出的集成电路未来发展方向

1.3.2　我国集成电路的发展

我国集成电路产业诞生于 20 世纪 60 年代,经历了以下几个发展阶段[19]:

(1) 1965—1978 年:以计算机和军工配套为目标,以逻辑电路为主要产品,初步建立集成电路工业基础及相关设备、仪器、材料的配套条件。

(2) 1978—1990 年:主要引进美国二手设备,改善集成电路装备水平,在"治散治乱"的同时,以消费类整机作为配套重点,较好地解决了彩电集成电路的国产化。

(3) 1990—2000 年:以 908 工程、909 工程为重点,以 CAD 为突破口,抓好科技攻关和北方科研开发基地的建设,为信息产业服务,集成电路行业取得新的发展。

(4) 2000—2005 年:"十·五"期间,我国集成电路产业进入发展最快的历史阶段。2002 年 6 月,共有半导体企事业单位(不含材料、设备)651 家,其中芯片制造厂 46 家,封装、测试厂 108 家,设计公司 367 家,分立器件厂商 130 家,从业人员 11.5 万人。设计能力 0.18～0.25μm,700 万门,制造工艺为 8in、0.18～0.25μm,主流产品为 0.35～0.8μm[20]。

"十·五"期间,我国集成电路产业进入发展最快的历史阶段。2005 年,我国集成电路产业销售收入提高到 702 亿元,在世界集成电路产业中的份额从 2000 年的 1.2% 提高到 4.5%。芯片设计能力达到 0.18μm,芯片制造工艺水平达到 12in 0.13μm,光刻机、离子注入机等关键设备取得重要突破[21]。芯片设计制造业与封装测试业的比重之比从 2000 年的

31:69 提高到 2005 年 50.9:49.1,产业结构更趋合理。涌现出一批具备较强竞争力的集成电路骨干企业,并形成了以长江三角洲和京津地区为中心的产业集聚区。截至 2001 年 12 月 29 日,科技部依次批准了上海、西安、无锡、北京、成都、杭州、深圳共 7 个国家级 IC 设计产业化基地。2003 年 7 月,教育部、科技部发文批准了清华大学、北京大学、浙江大学、复旦大学、西安电子科技大学、上海交通大学、东南大学、电子科技大学、华中科技大学九所大学为首批国家集成电路人才培养基地的建设单位。2004 年 8 月,教育部又批准了北京航空航天大学、西安交通大学、哈尔滨工业大学、同济大学、华南理工大学和西北工业大学六所高校为国家集成电路人才培训基地的建设单位。国家集成电路人才培养基地计划的目标是通过 6~8 年的努力,培养 4 万名集成电路设计人才和 1 万名集成电路工艺人才[9]。

(5)"十一·五"期间,信息产业部制定了《集成电路产业"十一·五"专项规划》,提出"形成以设计业为龙头、制造业为核心、设备制造和配套产业为基础,较为完整的集成电路产业链"的总体思路,以进一步提高自主创新能力,增强竞争力[19]。

2006 年,科技部制定了《国家中长期科学和技术发展规划纲要(2006—2020 年)》,围绕国家目标,该"规划纲要"确定了核心电子器件、高端通用芯片及基础软件,极大规模集成电路制造技术及成套工艺,新一代宽带无线移动通信等 16 个重大专项。围绕着"极大规模集成电路制造技术及成套工艺"重大专项,"十一·五"期间重点实施的内容和目标分别是:重点实现 90nm 制造装备产品化,若干关键技术和元部件国产化;研究开发出 65nm 制造装备样机;突破 45nm 以下若干关键技术,攻克若干项极大规模集成电路制造核心技术、共性技术,初步建立我国集成电路制造产业创新体系。而围绕着"核心电子器件、高端通用芯片及基础软件"重大专项,"十一·五"期间重点实施的内容和目标分别是:重点研究开发微波毫米波器件、高端通用芯片、操作系统、数据库管理系统和中间件为核心的基础软件产品,提高计算机和网络应用、国家安全等领域整机系统产品和基础软件产品的自主知识产权拥有量和自主品牌的市场占有率[22]。

2006 年教育部批准天津大学、大连理工大学、福州大学三所高校筹建国家 IC 人才培养基地。至此,已有 18 所高校建设国家集成电路人才培养基地。2007 年教育部批准,19 所高校建立集成电路工程特色专业。

(6)"十二·五"期间,为了进一步优化软件产业和集成电路产业发展环境,提高产业发展质量和水平,2011 年 1 月,国务院颁布了《关于印发进一步鼓励软件产业和集成电路产业发展若干政策的通知》(国发[2011]4 号文件[23])。4 号文件延续了 18 号文件中针对集成电路设计企业和生产企业的所得税优惠,同时,为了推动集成电路设计企业做大做强,4 号文件及细则明确了"经认定的国家规划布局集成电路设计企业,可按减少 10% 的税率征收企业所得税",进一步加大对集成电路设计企业的支持力度。

工信部发布的《2013 年集成电路行业发展回顾及展望》指出,受 4G 通信、移动支付、信息安全、汽车电子、物联网等领域发展的带动,预计 2014 年我国集成电路产业销售额增幅将达到 20%,规模将超过 3000 亿元,产业增速将比 2013 年提高 5~10 个百分点,达到 15% 以上[24]。为加速发展国内电子信息产业,国家将成立 1200 亿元国家级芯片产业扶持基金,在此背景下,我国集成电路芯片从设备到设计,从制造到封装,各类产业均有望迎来高速发展。

未来一段时间,随着设备和材料水平的不断提升,集成电路产业链的各个环节的技术水平仍将保持较快发展。在设计方面,随着市场对芯片小尺寸、高性能、高可靠性、节能环保的要求不断提高,高集成度、低功耗的 SoC 芯片将成为未来主要的发展方向,软硬件协同设计、IP 复用等设计技术也将得到广泛应用。在芯片制造方面,随着存储器、逻辑电路、处理器等产品对更高的处理速度、更低的工作电压等方面的技术要求不断升级,12in 数字集成电路芯片生产线将成为主流加工技术,65nm、40nm 工艺技术得到大规模应用,32nm、22nm技术也将步入商业化;8in 及以下芯片生产线将更多地集中在模拟或模数混合集成电路等制造领域。在封装测试方面,球栅阵列封装(Ball Grid Array,BGA)、芯片倒装焊、堆叠多芯片技术、系统级封装 SiP、芯片级封装(Chip Scale Package,CSP)、多芯片组件(Multi Chip Module,MCM)等高密度封装形式将快速发展,高速器件接口、可靠性筛选方法、高效率和低成本的测试技术将逐步普及。在设备和专用材料方面,由于该环节处于集成电路产业链的顶端,其技术进步是直接推动产业链各环节进步的核心动力,12in 芯片生产线、满足新型封装测试技术重大设备成为开发的主要方向,高 k、低 k 介质、新型栅层材料、绝缘体上硅SOI、锗硅(SiGe)等新型集成电路材料将快速发展。2006—2020 年,国家信息化发展战略等重要文件中均将集成电路作为优先发展的重点领域。集成电路产业是电子信息产业的核心、基础和战略性产业,建立较为完善和具有竞争力的产业体系是实施信息产业强国战略的必然选择。未来一个时期,我国集成电路产业发展的过程中,要善于利用世界集成电路产业转移的机遇,既要重视引进外资企业的先进技术和装备,鼓励企业发展高水平的芯片制造业、封装测试业,更要针对产业链薄弱环节,优先发展芯片设计业,重视材料设备等支撑业的发展,着重提高自主创新能力,开发具有自主知识产权的核心技术和关键装备与材料[20]。

复习题

(1) 什么是集成电路?

(2) 集成电路是怎么分类的?

(3) 什么是集成电路的集成度和特征尺寸? 它们之间有何关系?

(4) 简述集成电路的设计流程。

(5) 集成电路制造有哪 5 个主要步骤? 简要描述每一个步骤。

(6) 衡量一个国家集成电路工艺技术水平的标准有哪些?

(7) 什么是摩尔定律? 它预测了什么?

(8) 集成电路的未来发展方向是什么?

(9) 为了提高 IC 的集成度,工艺技术上有哪些发展?

参考文献

[1]　何杰,夏建白. 半导体科学与技术. 北京:科学出版社,2007.

[2]　集成电路. http://baike. baidu. com/view/1355. htm.

[3]　Sci. D. ,Vazgen Melikyan. IC Design Introduction,07. 05-2006/2007 school year,1st semester.

[4]　英特尔中国新闻发布室. 英特尔完成下一代 32 纳米工艺过程开发工作. http://www. intel. com/cd/corporate /pressroom/apac/zho/410909. htm.

[5]　Aaron Hand. 联盟推进 22、15nm EUV 检验技术. Electronic Media-Semiconductor International. http:// article . sichinamag. com/2009-04/2009420044514. htm.

[6]　杨辉旭.只拼图形性能? 2012 年 CPU 产品技术回顾. http://cpu. zol. com. cn/330/3300565. html.

[7]　日经电子.英特尔发布首款采用 14nm 工艺 CPU. http://miit. ccidnet. com/art/32509/20140606/5489133_1. html.

[8]　Intel:14nm 已回正轨,7nm 工艺 2018 年问世. http://news. mydrivers. com/1/391/391052. htm.

[9]　集成电路. http://www. chinabaike. com/article/316/327/2007/2007022469128. html.

[10]　来见识见识世界第一块 450 毫米晶圆吧. http://news. mydrivers. com/1/252/252864. htm.

[11]　集成电路工艺流程图.半导体科技. http://www. solidstatechina. com/serve/icmp2009/.

[12]　闫洪. IC:摩尔定律驱动集成度和复杂度加速提高.中国电子报. http://news. ciw. com. cn/hotnews/200704 17111829. shtml.

[13]　International Technology Roadmap for Semiconductors 2011 Edition Executive Summary, http://www. itrs. net/ Links/2011ITRS/ExecSum2011. pdf.

[14]　黄庆红,黄庆梅.国际半导体技术发展路线图_ITRS_2013 版综述(1).中国集成电路. 2014,9(184):25-45.

[15]　杜渐.未来芯片中的应变硅、绝缘硅新技术. http://www. istis. sh. cn/list/list. aspx?id=1442.

[16]　半导体技术天地.集成电路发展趋势三:新材料、新工艺、新方法的不断应用极大提升了现有技术水平. http://www. 2ic. cn/html/63/t-333063. html.

[17]　面向未来的 IC 设计方法. http://www. sinrel. com/detail. asp?id=25.

[18]　光刻技术最新进展. http://www. elecfans. com/article/89/91/2006/200603131197. html.

[19]　International Technology Roadmap for Semiconductors 2005 Edition Executive Summary, http://www. itrs. net /Links/2005ITRS/ExecSum2007. pdf.

[20]　我国集成电路产业发展分析. http://www. chinairn. com/doc/70270/229278. html.

[21]　完善集成电路产业链,增强核心产业自主性——集成电路"十一五"专项规划解读. http:// www. china. com. cn/policy/txt/2008-01/10/content_9509005. htm.

[22]　集成电路技术发展趋势. http://www. bioon. com/popular/records/19413. shtml.

[23]　"核心电子器件、高端通用芯片及基础软件产品"和"极大规模集成电路制造装备及成套工艺"两个科技重大专项综合论证工作启动. http://www. most. gov. cn/gjkjzdzx/zdzxtpxw/2008 04/t20080402_60246. htm,科技部.

[24]　国务院关于印发进一步鼓励软件产业和集成电路产业发展若干政策的通知(国发(2011)4 号). http:// www. gov. cn/zwgk/2011-02/09/content_1800432. htm.

[25]　集成电路扶植政策陆续开启,市场爆发在即. http://www. eepw. com. cn/article/245994. htm.

第 2 章

集成电路制造

1958 年美国 TI 公司的杰克·基尔比以一块锗半导体材料为衬底,将一个晶体管和锗上的其他元件结合在一起,用单线连接制造出世界上第一块集成电路[1]。1959 年仙童公司的罗伯特·诺伊斯在平面硅材料上将不同的晶体管用金属铝连接起来,同时利用在硅上生长的氧化层作为将硅器件与金属导体隔离的绝缘体。罗伯特制作的集成电路成为硅芯片集成电路的第一个实用结构[2]。随后,半导体产业得到了迅速的发展。如今,半导体产业发展的一个重要挑战是半导体制造工艺的能力。

目前集成电路和各种半导体器件制造中所用的材料主要是硅、锗和砷化镓等单晶体,其中硅器件占世界上出售的所有半导体器件的 85% 以上[3],因此本章只介绍基于硅衬底的集成电路制造工艺。

2.1 集成电路制造的基本要素

2.1.1 集成电路制造的基本要求

集成电路制造过程也是微细加工的过程。微细加工要在严格控制颗粒纯度、温度、湿度和振动的条件下进行,如果不这样,微米尺度结构会被颗粒损坏,或者光刻工艺会被温度、湿度和振动的波动破坏,所以整个制备系统的净化,以及原材料的纯度对集成电路制造过程来说都是至关重要的[4]。

一般而言,集成电路的生产线即集成电路制造的整体环境,由净化厂房、工艺流水线和保证系统(供电、纯水、气体纯化和试剂)组成。集成电路发展到超大规模集成电路 VLSI 后,加工特征尺寸达到亚微米级,集成度上升到 10^6 以上,因而对各道工艺环节和制造环境的颗粒和微污染控制都很严格。今天,集成电路生产线把相关的工艺设备视为一个整体,在群体内实现高度的自动控制,并保证相应的净化条件。硅片在群体间由机器人或机械手传递,整个生产过程实现了无纸化、在线质量检测、统计分析以及信息的实时管理。当然建造这样一条生产线的费用也是相当高的,资金从最初的数千万美元已经上升到现在的 10 亿美元以上。

另外,对于这样一个庞大的系统,制造过程所需要的各种材料也涉及元素周期表中的大部分元素。许多有毒有害材料在制造过程中也被使用,包括

(1) 有毒元素掺杂物,例如砷、硼、锑和磷;

(2) 有毒化合物,例如砷化氢、磷化氢和硅烷;

(3) 易反应液体,例如过氧化氢、(发烟)硝酸、硫酸以及氢氟酸。

工作人员直接暴露在这些有毒物质下是有致命危险的。另外生产过程中的各种高能射线(如 X 射线)对工作人员的健康也存在潜在的危险。通常 IC 制造业高度自动化能帮助降低工作人员暴露于这一类物品下的风险。

对于半导体制造厂商来说,也面临一些严峻的挑战:

(1) 建厂投资问题。由于建厂投资资金比投资工厂的收入增长更快,许多公司难以负担,工艺越新则投资费用越昂贵,所要承担的风险也越大,因此也减缓了技术革新的进程。

(2) 投资回报周期问题。半导体市场的竞争很大部分取决于产品研制时间。

(3) 产品的多品种和小批量问题,也必然会增加产品的成本。

上面所提到的各方面挑战,对集成电路制造提出了一些基本的要求:

(1) 成品的高可靠性。

(2) 成本的高利用效率。

(3) 对工作人员人身安全的保证以及在环保标准上的达标。

(4) 产品生产的高复制性。

2.1.2　标准生产线的几大要素

要达到集成电路制造的基本要求,必须具有先进的集成电路生产线做保证。一条先进的集成电路生产线或称为标准生产线(Foundry),包括净化间、超纯水、高纯气体、超净高纯试剂、高纯度的单晶材料和人才几大要素。

1. 净化间

污染是可能将集成电路制造工业扼杀于摇篮中的首要问题之一。半导体工业起步于由航空工业发展而来的净化室技术。当然,那时候的技术水平无法满足大规模集成电路的发展。如今,大规模复杂的净化室辅助工业已经形成,净化室技术也与芯片的设计及线宽技术同步发展。净化室的污染源可以分成:微粒、金属离子、化学物质、细菌,这些污染源主要存在于空气、厂房设备、净化室的工作人员、工艺使用水、工艺化学溶液、工艺化学气体、静电。这些污染源的存在直接影响器件工艺的良品率、器件效能以及器件的可靠性。因此对于每种污染源都要进行特殊的控制以满足净化室的要求[5]。

工作人员在进入净化室前必须经过一系列处理以提高清洁程度,即要换上净化室专用净化服和鞋子,并用头套包住头发。图 2.1 显示了工作人员在净化室的工作情况。

2. 超纯水

超纯水可充当与杂质产生化学反应的介质,达到溶除污染物的目的。微电子行业中,各种清洗所用的有机溶剂和酸等一般不是最纯的,它们对硅片有沾污;而超纯水的纯度是最高的,因此最后一道清洗工序要用超纯水来完成。随着集

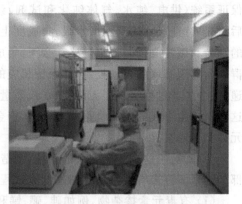

图 2.1　微细加工中心

成度的提高,不但制造器件需要清洗的次数增多,而且对水质的要求也越来越高。所谓超纯水,一般是指所含的悬浮颗粒直径在 $0.45\mu m$ 以下,细菌数在 $0\sim10$ 个/mL,25℃时电阻率 $10M\Omega\cdot cm$ 以上的水。将纯水在惰性气体的保护下经化学处理、蒸馏、膜滤及紫外线照射杀菌等方法处理后,便可获得超纯水。目前制出的超纯水纯度已能达到 99.99999%,水的电阻率已能达到 $18M\Omega\cdot cm$ 以上,但水中依然存在 $0.01mg/L$ 的杂质离子[6]。

另外,现代集成电路制造过程中,需要消耗大量的超纯水,一般一个大的集成电路加工厂一年要消耗 $10^6 m^3$ 的超纯水,因此如何节约用水,合理地利用资源,也是理论界的热门话题。

3. 高纯气体

从制备多晶硅到最终的退火工艺,集成电路的整个制造过程需要使用大量的气体,用到的气体大约有 30 多种。以外延工艺为例,使用的气体包括 Si 气体、掺杂气体、携带气体、还原气体等。如果气体中含有百万分之几的碳氢化合物或氧的杂质,就会在芯片上造成凹坑,影响后面工艺的生产质量;若气体中含有十亿分之几的重金属杂质,就会生成淀积物,电路性能就会发生变化。随着超大规模和超高速集成电路技术的出现,需要深亚微米和纳米电路结构,气体中微量杂质造成的影响更加明显,往往会使成品率显著下降。因此,需要有极高纯的气体,将气体内含杂质总量限制在 10^{-6} 或更少[6]。

4. 超净高纯试剂

超净高纯试剂主要用于硅单晶片的清洗、光刻、腐蚀工序中,其纯度和洁净度对集成电路的成品率、电性能、可靠性都有着重要的影响。超净高纯试剂通常由低纯试剂或工业品经过纯化精制而成,其工艺过程包括选料、提纯、过滤、分装、储存等重要环节。常用的高纯试剂有 20 多种,如高纯硫酸、高纯硝酸、高纯盐酸、高纯氢氟酸、高纯冰醋酸及各类有机溶剂等,它们的用途各不相同。

5. 高纯度的单晶材料

由于 VLSI 集成度的迅速提高和器件尺寸的减小,对于晶片表面沾污的要求更加严格,VLSI 工艺要求在衬底上吸附物不多于 500 个/m²×0.12μm,金属污染物小于 10^{10} 原子/cm²。晶片生产中每一道工序都存在潜在的污染,都可能导致缺陷的产生和器件的失效。例如,晶圆片中的金属杂质就是硅锭生长系统中的发热部分引入的,如多晶硅、石英坩埚、石墨等。由于大多数金属的分凝系数很小,在熔融的过程中硅晶体会得到一定程度的纯化。然而金属在硅中扩散得很快,它们会与晶体中的其他缺陷反应,生成缺陷簇。金属杂质还会影响到电子器件的功能,它会在硅原子间隙之间生成捕获中心,从而降低少数载流子的寿命和移动速率。因此为了得到高纯硅,需要对晶片进行清洗,清洗的洁净度直接影响 VLSI 向更高集成度、可靠性、成品率的发展,而这又涉及高净化的环境、水、化学试剂和相应的设备及配套工艺[4]。

6. 人才

随着 IC 产业的蓬勃发展,IC 人才需求及培养已成为业界人士共同关注的话题。当前,我国 IC 产业正在以前所未有的高速度发展着,人才已成为制约产业快速发展的重要因素。越来越多的境外集成电路产业界的技术及管理人才涌入我国,在各个 IC 企业中占据重要岗位。我国不少有识之士不断地呼吁重视本土人才的培养。实际上,每年都有大量的年轻人从不同的专业岗位来到这一生机勃勃的行业之中,希望能够尽快地成为 IC 产业的有用之才。然而 IC 行业对专业人才的专业技能要求非常高,通常需要有扎实的理论基础和多年的工作经验积累,才能独当一面,因此 IC 人才的培养和自身的修炼都非常重要。

2.2　主要制造工艺

2.2.1　集成电路制造的基本流程

集成电路产品的制造过程包括以下 5 个大的制造阶段,如图 2.2 所示[7]。

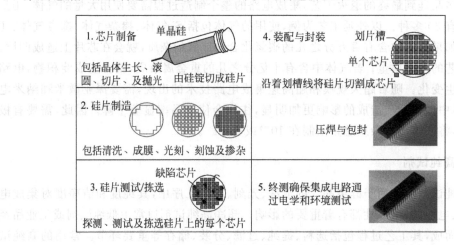

图 2.2　集成电路制造的 5 大阶段

1. 硅片制备

首先将硅从沙中提炼出来并纯化,然后经过单晶生长、单晶硅锭、单晶去头、径向研磨以及定位研磨,得到硅锭,硅锭的纯度可以达到 99.99%。接着将硅锭切割成用于制造芯片的薄硅片。硅制备的主要过程如图 2.3 所示[7]。硅片的制备通常是由专门从事晶体生长和硅制备的工厂完成的。

2. 芯片加工

裸露的硅薄片被送到芯片制造厂。目前,芯片制造厂更多的是指代工厂。这些代工厂根据集成电路设计公司提供的电路版图,在各种复杂昂贵的加工设备中经过各种物理、化学加工工序后,将这些图形,即需要集成的电路永久性地刻蚀在硅片上,这一过程称为芯片加工,这个阶段也是集成电路制造过程中的核心阶段。这些工序主要包括氧化、淀积、离子注入、溅射、光刻、刻蚀和清洗等。在半导体制造系统中,芯片加工过程最为复杂。

20 世纪 80 年代以来,不设计芯片、专为其他公司生产芯片的半导体制造代工厂越来越多,现在有相当多的芯片是由代工厂制造的。建造一座高性能的芯片加工厂的费用约为 15~30 亿美元,其中总费用的约 75% 用于设备。芯片加工涉及许多复杂工艺步骤,随着制造高性能集成电路复杂程度的提高,半导体产业也牵引着设备设计和制造技术前沿的发展。

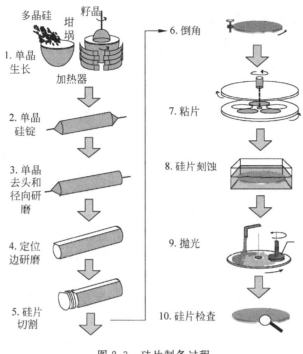

图 2.3　硅片制备过程

3. 芯片的测试/拣选

芯片制造完成后,芯片被送到测试/拣选区,在那里进行单个芯片的探测和电学检测。然后拣选出合格与不合格的芯片,并为有缺陷的芯片做标记,测试合格的芯片将继续后面的工序,而不合格的芯片则被淘汰掉。

4. 装配与封装

首先利用带金刚石尖的锯刃将每个硅片上的芯片分开,该过程也称为划片。测试合格的芯片经减薄后,粘在一个厚的塑料膜上,送到装配厂被压焊、抽真空形成装配包,稍后被密封在塑料或陶瓷管壳里。最终的实际封装形式随芯片类型及其应用场合而定。

5. 终测

为确保芯片的功能,要对每一个被封装的集成电路进行成品测试,以满足制造商的电学和环境特性参数要求。筛选后,满足要求的成品被发送给客户使用。

上述 5 个步骤又可以通过 3 个工序来划分,分别是前工序、后工序、辅助工序。

前工序:图形转换技术、薄膜制备技术及掺杂技术,即前面提到的 5 个步骤中的第 2 个步骤——芯片制造过程。

后工序:划片、封装、测试、筛选。

辅助工序:超净厂房技术;超纯水、高纯气体制备技术;光刻掩膜版制备技术;材料制备技术。

2.2.2　制造集成电路的材料

1952 年,第一只硅晶体管在锗基晶体管出现的 5 年后诞生。相比而言,锗的电子迁移率更大,晶体生长技术也更加完善,但是硅的能带隙为 1.12eV,可以适应更高的工作温度,反向电流也更小。20 世纪 50 年代后期,人们突破性地发现二氧化硅(SiO_2)可以作为半导体表面的钝化层,从而增加晶体管的可靠性。进而人们又发现 SiO_2 层可以作为扩散掩膜版,并且 SiO_2 是良好的绝缘体,可以使集成的金属膜绝缘。

硅的晶体生长很快赶上了锗的水平,从而使硅成为当今制造芯片的主要半导体材料。每年大约生产 1.5 亿片晶圆,其总面积大约为 $3\sim4km^2$,晶圆片的直径一般为 $100\sim300mm$,厚度为 $0.4\sim0.7mm$。随着集成电路特征尺寸的减小,硅晶圆片的直径越来越大,从 20 世纪 70 年代的 $50\sim76mm$,增大到 80 年代的 $100\sim150mm$,90 年代的 $150\sim200mm$,直到现在的 $300mm$[8]。目前,国际上的主流应用硅片直径是 12in($300mm$),$2010\sim2015$ 年间利用 300mm 晶圆的生产量将达到 87.5 亿 in^2 的规模。450mm 晶圆预计于 2018 年投入量产的时间表。对 450mm 晶圆生产最为积极的是 Intel、三星和台积电 3 家公司[9]。

集成电路的发展建立在硅材料发展的基础之上。没有硅材料的发展就没有现代集成电路。虽然化合物半导体在某些方面有着比硅材料更优越的性能,但经过几十年的研究和发展,它们仍然没有取代硅材料。因为与化合物半导体材料相比,硅材料具有一些极为突出的优势:

(1) 硅是地球上最丰富的元素之一,原材料成本低;

(2) 硅材料制作工艺成熟,提纯工艺相对简单;

(3) 硅材料没有毒性,不污染环境;

(4) 可以生长大直径、少缺陷的高质量晶体;

(5) 硅材料生产成本低,就同样芯片面积而言,砷化镓的生产成本是硅的 5 倍;

(6) 硅材料上可方便形成稳定的氧化层作集成电路的绝缘层。

这些优点是其他化合物半导体材料所不能比拟的。因此,在 21 世纪的前 $20\sim50$ 年,硅材料作为微电子的基础材料这一现实是不会发生改变的[8]。

1. 半导体级硅

为了开发用于制作芯片的硅,天然的硅必须要提炼成非常纯净的硅材料。在硅片上制作的芯片的最终质量与开始制作时所采用的硅片的质量有直接的关系,如果原始硅片上有缺陷,那么最终芯片上也肯定会存在缺陷。

用来做芯片的高纯度硅称为半导体级硅(Semiconductor-Grade Silicon,SGS),又称电子级硅[7]。从天然硅中获得达到半导体集成电路所需纯度的 SGS 的主要步骤如表 2.1 所示[10]。

表 2.1　制备半导体级硅(SGS)的过程

步骤	过 程 描 述	反 应 方 程 式
1	用碳加热硅石来制备冶金级硅	$SiC(s)+SiO_2 \longrightarrow Si(l)+SiO(g)+CO(g)$
2	通过化学反应将冶金级硅提纯以生产三氯硅烷	$Si(s)+3HCl(g)\longrightarrow SiHCl_3(g)+H_2(g)+加热$
3	利用西门子方法,通过三氯硅烷和氢气反应来生产 SGS	$2SiHCl_3(g)+2H_2(g)\longrightarrow 2Si(s)+6HCl(g)$

得到 SGS 的第一步是在还原气体环境中,通过加热含碳的硅沙石(SiC)来生产冶金级硅。

$$SiC(s) + SiO_2(s) \longrightarrow Si(l) + SiO(g) + CO(g) \tag{2-1}$$

在反应式(2-1)右边所得到的冶金级硅的纯度有 98%。然后将冶金级硅碾碎并通过化学反应生成含硅的三氯硅烷气体。

$$SiC(s) + 3HCl(g) \longrightarrow SiHCl_3(g) + H_2(g) + 加热 \tag{2-2}$$

含硅的三氯硅烷气体经过再一次化学反应过程并用氢气还原制备出纯度 99.9999999% 的半导体级硅[11]。这个方程式为

$$2SiHCl_3(g) + 2H_2(g) \longrightarrow 2Si(s) + 6HCl(g) \tag{2-3}$$

这种生产纯 SGS 的工艺称为西门子工艺[12]。三氯硅烷和氢气被注入到西门子反应器中,然后在加热的超纯硅棒上进行化学反应(温度在 1100℃左右)。几天后,工艺过程结束,将淀积的 SGS 棒切成用于硅晶生长的小片。

半导体级硅具有半导体制造要求的超高纯度,它包含少于 2ppm(parts per million,10^{-6})的碳元素和少于 1ppb(parts per billion,10^{-9})的Ⅲ、Ⅴ族元素[13]。不过,用西门子工艺生产的硅没有按希望的晶体顺序排列原子。

2. 晶体结构

不仅半导体级硅的超高纯度对制造半导体集成电路非常关键,近乎完美的晶体结构也是非常重要的,只有这样才能避免集成电路的电学和机械缺陷。

自然界中的固态物体可分为晶体和非晶体两大类。晶体类包括单晶体和多晶体。晶体和非晶体在内部结构、物理性质等方面都存在着明显的差别。

1)晶胞

晶体的重要特征为:组成晶体的原子、分子和离子是按一定规则周期排列着的。任一晶体都可以看成是由质点(原子、分子、离子)在三维空间中按一定规则作周期重复性排列构成的。晶体的这种周期性结构称为晶体格子,简称晶格。如果整个晶体由单一晶格连续组成,就称这种晶体为单晶体(Monocrystal,或 Single Crystal)。如果一个晶体由相同结构的很多小晶粒无规则地堆积而成,则称为多晶体(Ploy-crystal)。与硅技术有关的晶体结构是立方结构。图 2.4 给出了立方晶系的简单立方、体心立方和面心立方晶格。

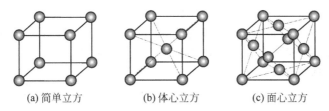

(a) 简单立方　　　　(b) 体心立方　　　　(c) 面心立方

图 2.4　3 种立方晶体结构

能够最大限度地反映晶体对称性质的最小单元称为晶胞[14]。晶胞在三维结构中是最简单的由原子组成的重复单元,它给出了晶体的结构。用于制备硅片的半导体级硅为单晶硅。硅的晶胞如图 2.5 所示。在图 2.4 所示的面心立方单元中心到顶角引八条对角线,在其中不相邻的四条中点各加一个原子,所得到的就是硅的晶胞结构,由这个晶胞所表示的晶

格结构称为金刚石结构。金刚石、硅和锗具有相同的晶格结构,但它们的晶胞边长不同。

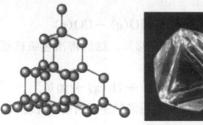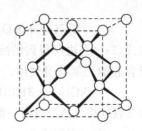

图 2.5　金刚石结构的立方体晶胞

2) 晶向

对于任何一种晶体来说,晶格中的原子总可以被看作是处在一系列方向相同的平行直线系上,这种直线系称为晶列,如图 2.6 所示。晶体中有无穷相互平行的晶列,它们通过所有的格点,没有遗漏,也没有重复,这些平行的晶列称为晶列簇,如图 2.7 所示[15]。同一晶体中存在许多不同的晶列,在不同取向的晶列上原子的排列情况一般是不同的。通常用“晶向”来表示晶体中晶列所指的方向。不同晶向的晶体的化学、电学和机械性质都不一样,因此晶向是一个非常重要的概念,它将影响半导体工艺条件和最终的器件电路性能。

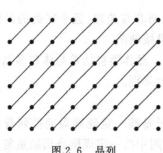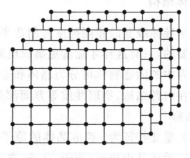

图 2.6　晶列　　　　　　　　　　　　　　图 2.7　晶列簇

为了表述晶向,以立方晶格晶胞为例,在晶体中建立三维坐标系,如图 2.8 所示。以晶格中任意格点为原点,以晶胞的 3 个边所在的方向为三维坐标系的坐标轴方向,则任何一个晶列的方向可由连接晶列中相邻格点的矢量来标记

$$\boldsymbol{A} = m_1 \boldsymbol{x} + m_2 \boldsymbol{y} + m_3 \boldsymbol{z} \tag{2-4}$$

式中,m_1、m_2、m_3 必须为互质的整数。对于任意一个确定的晶格来说,$\boldsymbol{x}$、$\boldsymbol{y}$、$\boldsymbol{z}$ 是确定的,因此可以只用 3 个互质的整数 m_1、m_2、m_3 来标记晶向,一般写作$[m_1 m_2 m_3]$,称为晶向指数。

图 2.8 中,$\boldsymbol{OA}$ 为连接晶列中相邻晶格点的矢量,它在 x、y、z 方向上的分量相等,都等于 a,所以有 $m_1 = m_2 = m_3 = 1$,则这个晶列的晶向指数就为$[1\ 1\ 1]$。实际上它就是立方体的对角线的方向,共有 8 个等价的方向,用$<111>$来概括这些等价方向。同理,可以用$<100>$表示立方晶系$[1\ 0\ 0]$、$[0\ 1\ 0]$、$[0\ 0\ 1]$和$[\bar{1}\ 0\ 0]$、$[0\ \bar{1}\ 0]$、$[0\ 0\ \bar{1}]$6 个性质完全相同的晶向。

图 2.8　晶向的表示法

3）晶面

晶格中的所有原子不但可以看作是处于一系列方向相同的平行直线上,而且也可以看作是处于一系列彼此平行的平面系上,这种平面称作为晶面。通过任意一个晶列都存在许多取向不同的晶面,不同晶面上的原子排列情况一般是不同的,因此,也应该对不同晶面做出标记。通常用相邻的两个平行晶面在矢量 x、y、z 上的截距来标记,它们总可以表示为 x/h_1、y/h_2、z/h_3。h_1、h_2、h_3 为整数且是互质的。通常就用 h_1、h_2、h_3 标记晶面,记作 $(h_1h_2h_3)$,并称之为晶面指数(或密勒指数)。图2.9给出了立方晶系的几个主要的晶面。可以看到<1 1 1>晶向是垂直于(1 1 1)晶面的。由于晶格的对称性,有些晶面是彼此等效的,例如(1 0 0),(0 1 0)等6种晶面等效,通常用花括号表示该{1 0 0}晶面族。

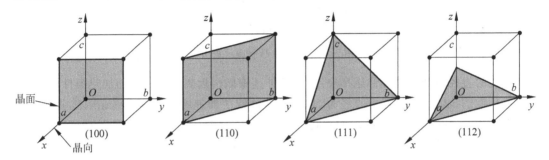

图2.9 立方晶系的几个晶面指数

用来制造 MOS 集成电路最常用的是(1 0 0)面的硅片,这是因为(1 0 0)面的界面态密度最低,表面状态更利于控制 MOS 器件开态和关态所要求的阈值电压[11]。(1 1 1)面的原子密度最大,所以更容易生长,其生产成本最低,经常用于双极型集成电路。砷化镓(GaAs)技术常用(1 0 0)晶面的硅片。

3. 单晶硅生长

1）直拉法生长单晶硅

单晶硅的生长是把半导体级硅的多晶硅转换成一块大的单晶硅。生长后的单晶硅被称为硅锭。现在用于生产硅片制备的单晶硅锭最普遍的技术是直拉法单晶生长(Czochralaki,CZ)法。直拉法生长单晶硅是把熔化了的半导体级硅液体(称为"熔体")变为有正确晶向并且被掺杂成 N 型或 P 型的固体硅锭。

直拉单晶生长法是把不掺杂的原料多硅晶块放入石英坩埚中,然后加入小片的掺杂硅或直接添加基本的掺杂剂磷(P)、硼(B)、锑(Sb)或砷(As),如图2.10所示。在单晶炉中加热熔化,再将一根直径只有10mm 的棒状晶种(称为籽晶)浸入熔体中。在合适的温度下,熔体中的硅原子会顺着晶种的硅原子排列结构在固液交界面上形成规则的结晶,称为单晶体。籽晶放在熔体表面并在旋转中缓缓向上提升,它的旋转方向与坩埚的旋转方向相反。随着籽晶在直拉过程中离开熔体,熔体上的液体会因为表面张力而提高,熔体中的硅原子就会在前面形成的单晶体上继续结晶,并延续其规则的原子排列结构。若整个结晶环境稳定,就可以周而复始地形成结晶,最后形成一根圆柱形的原子排列整齐的硅单晶晶体,即硅单晶锭。当结晶加快时,晶体直径会变粗,提高拉伸速率可以使直径变细,增加温度能抑制结晶速度。反之,若结晶变慢,直径变细,则通过降低拉伸速率和降温去控制。拉晶开始,先引出一定长度,直径为 3～5mm 的细颈,以消除结晶位错,这个过程叫作引晶。然后放大单晶体直径至工艺要求,进入等径阶段,直至大部分硅熔体都结晶成单晶锭,只剩下少量剩料。

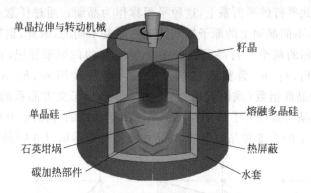

图 2.10　直拉单晶制造示意法

硅锭的直径由硅锭的拉伸速率决定,而拉伸速率则由远离结晶表面的加热条件所限制。大直径硅锭的拉伸速率较慢。直径为 200mm 的硅锭拉伸速率为 0.8mm/min,其典型的拉伸时间为 30h(小时),加热和冷却的时间再需要 30h。硅锭的长度是由硅锭的硅颈的屈服强度和坩埚的容量所决定的。其中,由于热突变和作用其上的扭转力,使得硅颈中的缺陷很多,不能作为良好的材料。

纯硅的电阻率大约是 $2.5 \times 10^2 \Omega \cdot cm$。为了制得一定电阻率的硅晶体,在制备硅单晶时要将一定量特定的杂质掺入硅熔体中。最常用的掺杂杂质是硼和磷,生产 P 型硅用三价硼,生产 N 型硅用五价磷,其掺杂浓度如表 2.2 所示。

表 2.2　硅掺杂浓度

杂质	材料类型	浓度(原子数/cm³)			
		$<10^{14}$ 极轻掺杂	$10^{14} \sim 10^{16}$ 轻掺杂	$10^{16} \sim 10^{19}$ 中掺杂	$>10^{19}$ 重掺杂
五价	N	N^-	N^-	N	N^+
三价	P	P^-	P^-	P	P^+

一方面,随着拉伸过程的进行,硅熔体的容量会降低,掺杂剂的浓度随之升高,因此硅锭中的掺杂度随着硅锭长度的增加而增加。而硅锭中氧的浓度会随着拉伸过程的进行而降低,因此氧浓度会沿着硅锭长度方向降低。另一方面,由于在生长过程中,晶体一直是旋转的,中间层和边缘层的厚度是不同的,这就造成放射状掺杂的不均匀性。同时硅熔液中的随机热波动会造成局部电阻率的不同。因此晶体生长中的杂质控制非常重要。

2) 区熔单晶生长(FZ法)

另一种单晶生长的方法是区熔单晶生长法。区熔单晶硅生长是利用悬浮区熔技术制备单晶硅。区熔单晶径向杂质分布均匀性较直拉法差,但氧、碳含量低,用高阻区熔单晶经过中子辐照可以得到杂质分布相当均匀的单晶材料,适宜于制作高压大功率器件。区熔法单晶主要用于高压大功率可控整流器件领域,广泛用于大功率输变电、电力机车、整流、变频、机电一体化、节能灯、电视机等系列产品。

4. 硅中的晶体缺陷

由单晶生长工艺得到的硅锭是半导体级的硅,可用于集成电路的制造。但这样的硅仍然存在一些缺陷。根据起因的不同,硅晶体中的缺陷可以分为生长引入缺陷和加工引入缺陷。生长引入缺陷是与原料及硅拉伸工艺有关的,而加工引入缺陷则是由切片加工(在晶圆片生产厂)和晶圆加工(在晶圆加工厂)引起的。

晶体缺陷(Crystal Defect)是指在重复排列的晶胞结构中出现了中断。晶体缺陷将影响硅片的成品率。所谓成品率是指在一块硅片上合格的芯片占芯片总数的百分比。

在硅片中主要存在 3 种普遍的缺陷形式[7]:

(1) 点缺陷:原子层面的局部缺陷;

(2) 位错:晶胞的错位;

(3) 层错:晶体结构的缺陷。

1) 点缺陷

点缺陷又称零维缺陷,存在于晶格的特定位置。图 2.11 显示了 3 种点缺陷。最基本的一种缺陷是间隙原子。间隙原子是指存在于硅晶格间隙中的硅原子。由于晶格振动的能量涨落,晶体中有少量的原子能获得足够的能量,离开正常格点位置进入间隙之中。表面的原子也可能进入附近的晶格间隙,成为间隙原子。另一种缺陷是空位。当晶格上的硅原子进入间隙,形成间隙原子的同时,它们原来的晶格位置上就失去原子,成为空格点,即为空位。当一个原子离开其格点位置并且产生了一个空位时,就会产生间隙原子-空位对,或称为弗仑克尔(Frenkel)缺陷。

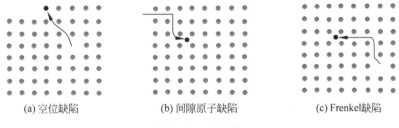

| (a) 空位缺陷 | (b) 间隙原子缺陷 | (c) Frenkel缺陷 |

图 2.11 点缺陷

随着集成电路变得越来越复杂,半导体硅中的点缺陷也越来越重要。在晶体生长中影响点缺陷产生的因素是生长速率(晶体拉伸的速率)和晶体熔体界面间的温度梯度(熔体和固体晶体之间的温度差)。如果晶体冷却速度得到控制,就会有效减少缺陷的产生。半导体制造中的热处理也能导致点缺陷的产生。另一种点缺陷是由于化学元素引入到格点里所产生的。

2) 位错

一维缺陷或线性缺陷又称位错。在单晶中,晶胞具有重复性结构。如果晶胞错位,这种情况就叫作位错,如图 2.12 所示。一种位错是层积缺陷,这是由于层的排列问题所造成的。位错可以在晶体生长和硅片制备过程中的任意阶段产生。然而,发生在晶体生长之后的位错通常由作用在硅片上的机械应力所造成,例如

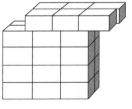

图 2.12 位错

不均匀地受冷或受热以及超过硅片承受范围的应力。

　　3) 面缺陷

　　晶体中的面缺陷称为二维缺陷。面缺陷包括堆垛层错、晶界和双晶界。多晶的晶粒间界就是最明显的面缺陷,晶粒间界是一个原子错排的过渡区。在密(集)堆积的晶体结构中,由于堆积次序发生错乱,称为堆垛层错,简称层错。

　　层错是一种区域性的缺陷,在层错内外的原子都是规则排列的,只是在两部分交界面处原子排列才发生错乱,所以它是一种面缺陷。产生层错的原因很多,例如衬底表面的损伤和沾污,外延温度过低,衬底表面残留有氧化物,外延过程中掺杂不纯,空位或者间隙原子的凝聚等。如芯片制作过程中硅片表面的氧化所引起的堆垛层错(Oxidion Induced Stacking Faults, OISF)就属于面缺陷。利用退火处理等技术可使硅晶体结构中层积缺陷和位错减到最少。

2.2.3　硅片制备

　　圆柱形的单晶硅锭要经过一系列的工艺处理过程,才能制备出符合硅器件和集成电路制作要求的单晶硅片。这些硅片制备步骤包括机械加工、化学处理、表面抛光和几何尺寸与表面质量检测等工序。硅片制备的基本流程如图 2.13 所示[7]。

　　由于芯片设计和制造要求的不断提高,硅片制备工艺必须能提供出满足更严格规范要求的硅片。这些要求包括硅片的几何尺寸(直径、平整度和翘曲度)、表面完美性(粗糙度和光的散射性)和洁净度(颗粒的源)。

1. 硅片制备基本过程

　　1) 整形处理

　　硅锭在拉单晶炉中生长完成后,接下来的第一步工艺就是整形处理。整形处理包括在切片前对单晶硅锭做的所有准备工作。

图 2.13　硅片制备的基本工艺步骤

　　首先把硅锭的两端去掉。两端通常称为晶端(籽端所在的位置)和非籽晶端(与籽晶端相对的另一端)。当两端去掉(切掉)后,可用四探针法测量其电阻从而确定整个硅锭是否达到合适的杂质均匀度。然后采用径向碾磨来产生精确的材料直径。由于在晶体生长中直径和圆度的控制不可能很精确,所以硅锭一般都要长得稍大一点以进行径向碾磨。接着在硅锭上做一个定位边来表明晶体结构和硅片的晶向,如图 2.14 所示。目前,在 200mm 及以上的硅片的定位边已被定位槽取代。具有定位槽的硅片在硅片上的一小片区域有激光刻上的关于硅片的信息。

　　2) 切片

　　切片也称切割,是硅锭生长后的第一个主要步骤。对于 200mm 及以内的硅片而言,切片用带有金刚石切割边缘的内圆切割机来完成。而对于 300mm 的硅片,由于直径大的原因,目前采用线锯来切片。

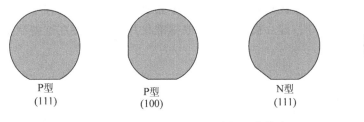

P型
(111)　　P型
(100)　　N型
(111)　　N型
(100)

图 2.14　硅片标识定位边

3）磨片和倒角

磨片是在研磨机上用白刚玉或金刚砂等配制的研磨液将硅片研磨成具有一定厚度和光洁度的工艺。有单面研磨和双面研磨两种方式。切片完成后，需要进行双面机械磨片以去除切片时留下的损伤，达到硅片两面高度的平行和平坦的要求。

倒角是指为了解决硅片边缘碎裂所引起的表面质量下降，以及光刻涂胶和外延的边缘凸起等问题而采用的边缘弧形工艺，它能使硅片边缘获得平滑的半径周线。

在硅片制备过程的众多步骤中，平整度是非常关键的参数。而硅片边缘的小裂缝和裂痕需要在硅片边缘抛光修整时处理好，否则，它们会在硅片上产生机械应力并导致位错。

4）刻蚀

在硅片整形过程中，硅片表面和边缘会受到损伤和沾污。为了消除硅片表面的损伤，可通过硅片刻蚀或化学刻蚀技术来改善表面质量并提高表面平整度。硅片刻蚀是一种利用化学刻蚀选择性去除表面物质的工艺。硅片经过湿法化学刻蚀工艺消除硅表面损伤和沾污。在刻蚀工艺中，通常要腐蚀掉硅片表面约 $20\mu m$ 的硅以保证所有的损伤都被去掉[11]。

5）抛光

制备硅片的最后一个步骤是化学机械抛光（Chemical Mechanical Planarization，CMP）。为了制备符合器件和集成电路制作要求的硅片表面，必须进行抛光，以除去残留的损伤层并获得一定厚度的高平整度的镜面硅片。对于 200mm 以及更小尺寸的硅片来说，CMP 通常仅对上表面进行抛光，背面保留化学刻蚀后的表面，其目的是提供一个粗糙表面以方便器件传送。对 300mm 硅片，用 CMP 进行双面抛光（Double-Sided Polished，DSP）。背面抛光也让厂商在把硅片提交给硅片制造厂之前能了解其洁净度。最后硅片的两面都会像镜子一样平整。

6）清洗

硅片在送往芯片制造厂之前还必须经过清洗以达到超净的洁净状态。目前清洗规范已经比较成熟，硅片经清洗后几乎可以达到没有颗粒和沾污的程度。

7）硅片评估

在包装硅片之前，会按照客户要求的规范来检查是否达到质量标准。最关键的标准关系到表面缺陷，例如颗粒污染和沾污。

8）包装

硅片在送往芯片制造厂的运输中如果出现损坏问题就会报废，因此硅片的包装是很考究的。通常硅片叠放在有窄槽的塑料片架或"船"里以支撑硅片。碳氟化合物树脂材料（如特氟纶）常被用于盒子材料使颗粒产生减到最少。另外，特氟纶还可作为导体释放产生的静电。所有的设备和操作工具都必须接地以释放可能积累的电荷。

一旦装满了硅片,片架就会放在充满氮气的密封小盒里以免在运输过程中被氧气和其他气体沾污。到达硅片制造厂时,硅片被转移到其他标准化片架里以便在这些制造设备的加工过程中传送和处理。

2. 质量测量

硅片在使用前必须进行质量检测,以保证达到质量参数要求。对于硅片测量来说,硅片的均匀性是关键,其他重要的质量要求还包括:物理尺寸、平整度、微粗糙度、氧含量、晶体缺陷、颗粒、体电阻率。随着集成电路工艺的发展,硅片的关键参数要求也得到提高,如表2.3所示[7]。

表 2.3　硅片要求

	年份(标准尺寸)			
	1995 (0.35μm)	1998 (0.25μm)	2000 (0.18μm)	2004 (0.13μm)
硅片直径/mm	200	200	300	300
位置平整度/μm	0.23	0.17	0.12	0.08
位置尺寸/(mm×mm)	(22×22)	(26×32)	(26×32)	(26×36)
上表面粗糙度(RMS)/nm	0.2	0.15	0.1	0.1
氧含量/ppm	≤24±2	≤23±2	≤23±1.5	≤22±1.5
体微缺陷/缺陷数/cm²	≤5000	≤1000	≤500	≤100
单位面积颗粒数/颗粒数/cm²	0.17	0.13	0.075	0.055
外延层厚度(±%均匀性)/μm	3.0(±5%)	2.0(±3%)	1.4(±2%)	1.0(±2%)

为了达到芯片生产中器件制造的要求以及适合硅片制造厂自动传送设备的要求,硅片必须规定物理尺寸。在硅片的制备中,为控制和检查尺寸需要测量许多指标,例如直径、厚度、晶向位置和尺寸、定位边(或定位槽)和硅片形变。造成硅片形变最可能的原因是切片工艺。

由于光刻工艺对局部位置的平整度非常敏感,因此平整度是硅片最主要的参数之一。硅片平整度可通过硅片的上表面和一个规定参考面的距离得到。对于一个硅片来说,如果它被完全平坦地放置,参考面在理论上就是绝对平坦的背面。平整度可以规定为硅片上一个特定点周围的局部平整度,它是在硅片表面的固定优质区(Fixed Quality Area,FQA)上整个硅片的平整度。固定优质区不包括硅片表面周边的无用区域。

微粗糙度是实际表面与规定平面的小数值范围的偏差。它是硅片表面纹理的标志。表面微粗糙度测量了硅片表面最高点和最低点的高度差别,其单位为纳米(nm)。粗糙度的标准用规定平面所有测量数值的平均值的平方根表示。硅片在磨片后要通过刻蚀来除去表面微粗糙度。

控制硅锭中的氧含量水平和均匀性是非常重要的。少量的氧能起到俘获中心的作用,它能束缚硅中的沾污物。然而,硅锭中过量的氧会影响硅的机械和电学特性。例如,氧会导致PN结漏电流的增加,也会增大MOS器件的漏电流。硅中的氧含量是通过横截面来检测的,它能对硅晶体结构进行成分分析。

为了使晶体缺陷减到最少,必须对硅加以控制。目前要求每平方厘米的晶体缺陷应少于 1000 个。横截面技术是一种控制晶体体内微缺陷的有效方法。

硅片表面颗粒的数量应该加以控制,使在芯片制造中的成品率损失降到最低。减少颗粒的主要方法是在硅工艺过程中尽量减少颗粒的产生,并且采用有效的清洗步骤去除颗粒。典型的硅片洁净度规范是在 200mm 的硅片表面每平方厘米少于 0.13 个颗粒(1300 个颗粒每平方米),测量到的颗粒尺寸要大于等于 $0.08\mu m$。

硅锭的体电阻率取决于在晶体生长前掺杂到硅熔体中的杂质浓度。当三价和五价杂质掺杂到硅中后,由于载流子迁移率的提高,硅材料的电阻率减小。通常,期望掺杂后整个体硅呈均匀电阻率分布。但是在实际的晶体生长过程中,沿半径方向存在温度梯度,使硅锭中心位置为最大值并由内到外逐渐减小。径向的温度梯度使硅锭沿半径方向的掺杂浓度不同。在硅锭两端去掉后,可利用四探针法测量硅锭的电阻率和均匀性。在某些情况下,需要硅片具有非常纯的与衬底相同晶体结构的硅表面,同时还能对杂质浓度和类型进行控制,以改变硅衬底材料的击穿电压和电阻率,这要通过在硅表面淀积一层外延层来达到。

2.2.4 氧化

在室温下,硅一旦暴露在空气中,就会在表面上形成几个原子层厚的氧化层,即 SiO_2 薄膜。SiO_2 薄膜相当致密,能阻止更多的氧气或水分子通过它继续氧化。同时,SiO_2 不仅对硅具有很好的依附性,而且具有良好的化学稳定性和电绝缘性。正是因为 SiO_2 的这些性质,20 世纪 50 年代,利用氧化物的掩蔽作用,通过光刻和刻蚀实现对硅衬底的扩散掺杂技术大大地推动了半导体平面工艺的发展。人们根据不同的需要利用各种方法制备 SiO_2 作为 MOSFET 的栅氧化层、器件的保护层以及电性能的隔离层、绝缘材料和电容器的介质膜等[14]。

1. SiO_2 的结构和主要性质

1)结构

SiO_2 又称为硅石,其结构分为结晶形和非结晶形(无定形),自然界中的石英(水晶)、方石英、磷石英等都是结晶形的 SiO_2。在硅器件与集成电路生产中经常采用热氧化方法制备的 SiO_2 是无定形的,它是一种透明的玻璃网络体。

无论是结晶形还是无定形 SiO_2 都是由 Si-O 四面体组成的,如图 2.15 所示。结晶形 SiO_2 是由 Si-O 四面体在空间的规则排列所构成的,每一个硅原子被 4 个氧原子包围着,每个氧原子也与相邻的两个 Si-O 四面体中心的硅形成共价键。无定形 SiO_2 虽然也是由 Si-O 四面体构成的,但是这些 Si-O 四面体在空间排列没有一定规律。其中,大部分氧原子都是与相邻的两个 Si-O 四面体中心的硅形成共价键,但也有一部分氧只与一个 Si-O 四面体中心的硅形成共价键。连接两个 Si-O 四面体的氧称为桥键氧,只与一个 Si-O 四面体连接的氧称为非桥键氧。桥键氧的数目越多,SiO_2 结合得就越紧密,否则就越疏松。由 SiO_2 的结构可以看出,硅原子要运动就需要"破坏"4 个 Si-O 键,但对于氧原子来说,只需要"破坏"2 个 Si-O 键,对非桥键氧而言只需"破坏"1 个 Si-O 键。因此,在无定形 SiO_2 网络中,氧原子的运动比硅原子更容易。硅在 SiO_2 中的扩散系数比氧的扩散系数小几个数量级。因此,在无定形 SiO_2 网络中出现硅空位相对困难。在 SiO_2 制备过程中,是氧气或水汽等氧化剂穿越 SiO_2 层,到达 Si-SiO_2 界面,与硅反应生成 SiO_2,而不是硅向 SiO_2 外表面运动,在表面与

氧化剂反应生成 SiO_2。

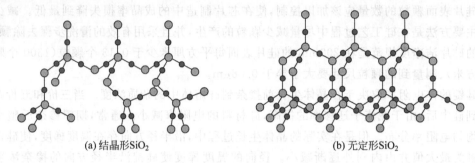

(a) 结晶形SiO_2 (b) 无定形SiO_2

图 2.15 SiO_2 二维结构示意图

2) 密度

密度是 SiO_2 致密程度的标志。无定形 SiO_2 的密度一般为 $2.20g/cm^3$。

3) 电阻率

SiO_2 电阻率的高低与制备方法及所含杂质数目等因素有关。高温干氧法制备的 SiO_2，电阻率可达 $10^{16}\Omega \cdot cm$ 以上。

4) 介电强度

介电强度为击穿电压参数，表示 SiO_2 薄膜作为绝缘介质时单位厚度所能承受的最小击穿电压，介电强度的单位是 V/cm。SiO_2 薄膜的介电强度的大小与致密程度、均匀性、杂质含量等因素有关，一般为 $10^6 \sim 10^7 V/cm$。

5) 介电常数

介电常数是表征电容性能的一个重要参数。对于 MOS 电容器来说，其电容量与结构参数的关系可表示为

$$C = \varepsilon_0 \varepsilon_{SiO_2} \frac{S}{d} \tag{2-5}$$

其中，S 为金属电极的面积，d 为 SiO_2 层的厚度，ε_0 为真空介电常数，ε_{SiO_2} 为 SiO_2 的相对介电常数。

6) 腐蚀

SiO_2 的化学性质非常稳定，只与氢氟酸发生化学反应，而不与其他酸发生反应。在集成电路工艺中利用 SiO_2 能与氢氟酸发生化学反应的性质，完成对 SiO_2 的腐蚀。SiO_2 腐蚀的速度与氢氟酸的浓度、温度、SiO_2 的质量以及含杂质的数量等情况有关。

另外，SiO_2 可与强碱溶液发生极慢的化学反应，生成相应的硅酸盐。SiO_2 的能带宽度约为 $9eV$。

2. SiO_2 层的作用

由于 SiO_2 层容易制备，且与硅衬底有着良好的界面，因此，氧化层在集成电路制造工艺中有以下几个方面的应用[7]：

(1) 保护硅片上集成的器件和电路免划伤和沾污；

(2) 限制带电载流子场区隔离(表面钝化)；

(3) 栅氧或储存器单元结构中的介质材料；

（4）掺杂中的注入掩蔽；

（5）金属导电层间的介质层。

SiO_2 是一种坚硬和无孔（致密）的材料，可作为有效阻挡层来隔离硅表面的有源器件。坚硬的 SiO_2 层将保护硅片免受在制造工艺中可能发生的划伤和损害。通常，晶体管之间的电隔离可以利用局部硅氧化（Local Oxidation of Silicon，LOCOS）工艺，在晶体管之间的区域热生长厚氧化层达到隔离目的。厚氧化层又称为场氧化层（Field Oxide layer，FOX），其典型厚度在 $2500\sim15\,000\text{\AA}(1\text{\AA}=10^{-10}\,\text{m})$ 之间，如图 2.16 所示。而对于 $0.25\,\mu\text{m}$ 或更小线宽尺寸的工艺，可通过浅槽隔离（Shallow Trench Isolation，STI）技术，用淀积的氧化物来做主要的介质材料。

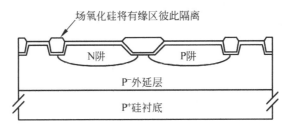

图 2.16 场氧化层

热生长氧化层的一个主要优点是可以通过束缚硅的悬挂键来降低硅的表面态密度，这种效果称为表面钝化，它能防止电性能退化并减少由潮湿、离子或其他外部沾污物引起的漏电流的通路。坚硬的 SiO_2 层可以保护 Si 免受在后期制作中可能发生的划伤和工艺损伤。在 Si 表面生长的 SiO_2 层可以将 Si 表面的电活性污染物束缚在其中。

MOS 工艺中 MOS 器件的栅氧是由极薄的 SiO_2 层介质充当的。栅氧一般是通过热生长获得的。SiO_2 具有高的电介质强度（$10^7\,\text{V/cm}$）和高的电阻率（约 $10^{17}\,\Omega\cdot\text{cm}$）。对于 $0.18\,\mu\text{m}$ 工艺，典型的栅氧厚度是 $20\pm1.5\text{\AA}$。在 VLSI 时代，其器件可靠性的关键是栅氧的完整性。

SiO_2 可作为硅表面选择性掺杂的有效遮蔽层，如图 2.17 所示。一旦硅表面形成氧化层，则需将遮蔽透光处的 SiO_2 刻蚀、形成窗口，才能通过此窗口对硅进行掺杂。在没有窗口的地方，SiO_2 可以保护硅表面避免杂质扩散，从而实现选择性杂质注入。薄氧化层也可以用于需要离子注入的区域，用来减小对硅表面的损伤，还可以通过减小沟道效应获得杂质注入来更好地控制结深。注入后，可以用 HF（氢氟酸）选择性地除去氧化物，使硅表面再次平坦。

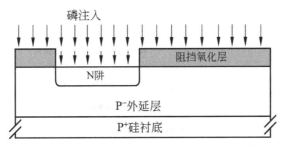

图 2.17 氧化层掺杂阻挡层

一般条件下 SiO_2 不能导电,因此 SiO_2 是集成电路中金属层间有效的绝缘体。SiO_2 能防止上层金属和下层金属间短路。通过掺杂,SiO_2 能够获得更好的流动性。更好地使沾污扩散减到最小。

表 2.4 概述了 SiO_2 在半导体制作中的应用[7]。

表 2.4　SiO_2 的应用

应　用	目　　的	结　构	说　明
自然氧化层	这种氧化硅是沾污并且通常是不希望的。有时用于存储器存储或膜的钝化	 氧化硅 P⁺硅衬底	在室温下生长速率是每小时 $15\sim40Å$
栅氧化层	用做 MOS 晶体管栅和源漏之间的介质	栅氧化层　栅 源　漏 晶体管位置 P⁺硅衬底	通常栅氧化膜厚度从大约 $20Å$ 到几百 $Å$。干热氧化是优选的生长方法
场氧化层	用做单个晶体管之间的隔离阻挡层使它们彼此隔离	场氧化层 晶体管位置 P⁺硅衬底	通常场氧化膜厚度从 $2500\sim15\,000Å$。湿氧氧化是优选的生长方法
阻挡氧化层	保护有源器件和硅免受后续工艺的影响	阻挡氧化层　金属 扩散电阻 P⁺硅衬底	热生长几百 $Å$ 的厚度
掺杂阻挡层	作为掺杂或注入杂质到硅片中的掩蔽材料	掺杂阻挡侧墙　离子注入 侧墙保护窄沟道免遭高能注入	通过选择性扩散掺杂物扩散到硅片未被掩蔽的区域
垫氧化层	做氮化硅缓冲层以减小应力	钝化层　氧化硅　垫氧　压点金属	热生长并非常薄

续表

应　用	目　的	结　构	说　明
注入屏蔽氧化层	用于减小注入沟道和损伤	离子注入　屏蔽氧化层 P+硅衬底 硅上表面大损伤|更强的沟道效应　硅上表面小损伤|更弱的沟道效应	热生长
金属层间绝缘阻挡层	用做金属连线间的保护层	压点金属　层间氧化物 钝化层	这种氧化硅不是热生长的,而是淀积的

3. 硅的热氧化生长

制备 SiO_2 的方法有很多,有热分解淀积法、溅射法、真空蒸发法、阳极氧化法、化学气相淀积法、热氧化法等。其中热氧化法生长的 SiO_2 质量好,是集成电路的重要工艺之一。

硅的热氧化法是指硅与氧或水汽等氧化剂,在高温下经化学反应生成 SiO_2。根据氧化剂的不同,热氧化法可分解为干氧氧化、水汽氧化和湿氧氧化。

1）干氧氧化

干氧氧化是指在高温下,氧气与硅反应生成 SiO_2,其化学方程式为

$$Si(s) + O_2(g) \longrightarrow SiO_2(s) \tag{2-6}$$

氧化温度为 $900 \sim 1200℃$。干氧氧化生成的 SiO_2,具有结构致密、干燥、均匀性和重复性好,遮蔽能力强,与光刻胶粘附性好等优点,而且也是一种理想的钝化膜。目前制备高质量的 SiO_2 薄膜基本上都采用这种方法,例如 MOS 晶体管的栅氧化层。干氧氧化法的生长速度慢,所以经常同湿氧氧化法结合生长 SiO_2。

2）水汽氧化

水汽氧化是指在高温下,硅与高纯水产生的蒸汽反应生成 SiO_2,其反应式为

$$Si(s) + 2H_2O(g) \longrightarrow SiO_2(s) + 2H_2(g) \tag{2-7}$$

由上式可以看到,每生成一个 SiO_2 分子,需要两个 H_2O 分子,同时产生两个 H_2 分子。产生的 H_2 分子沿 Si-SiO_2 界面以扩散的方式通过 SiO_2 层散离。

3）湿氧氧化

湿氧氧化的氧化剂是高纯水中的氧气。高纯水一般被加热到 $95℃$ 左右,高纯水的氧气携带一定量的水蒸气,所以湿氧氧化的氧化剂既含有氧,又含有水汽。由于水比氧在 SiO_2 中有更高的扩散系数和更大的溶解度,因此湿氧氧化具有较高的氧化速率,其速率介于干氧和水汽氧化之间,具体情况视氧气流量、水汽含量而定。氧气流量越大、水温越高,则水汽含量越大。

另外也可以用惰性气体(氮气或氩气)携带水汽进行氧化,也可以采用高温合成技术进行水汽氧化。在实际生产中,根据要求选择干氧氧化、水汽氧化或湿氧氧化。对于制备较厚的 SiO₂ 层来说,往往采用的是干氧-湿氧-干氧相结合的方式。这样既保证了界面质量的问题,又解决了速度问题。

无论是干氧还是水汽氧化或是湿氧工艺,SiO₂ 的生长都要消耗硅,如图 2.18 所示。硅消耗的厚度占氧化物总厚度的 45%,即每生长 1000Å 的氧化物,就有 450Å 的硅被消耗。

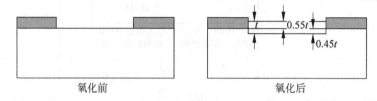

氧化前　　　　　　　　　　氧化后

图 2.18　在氧化中硅的消耗

在硅片和氧化物的界面处,通过控制氧化物的流动速度来控制氧化层的生长。对于连续生长氧化层,氧气必须进去和硅片接触紧密。然而,SiO₂ 将隔离开氧气和硅片。因此,热氧化过程实际是氧气或水汽穿过 SiO₂ 层到达 Si 表面并与 Si 发生化学反应生成 SiO₂ 的过程,该氧化过程可以由迪尔(Deal)格罗夫(Grove)的热氧化模型进行描述。热氧化时,在 SiO₂ 表面附近存在一个气体附面层,也称滞留层,附面层的厚度与气体流速、气体成分、温度以及 SiO₂ 表面等情况有关。

热氧化过程必须经历以下几个连续步骤:

(1) 氧化剂从气体内部以扩散的形式穿越附面层运动到气体-SiO₂ 界面;

(2) 氧化剂以扩散方式穿越 SiO₂ 层,到达 SiO₂-Si 界面;

(3) 氧化剂在 Si 表面与 Si 反应生成 SiO₂;

(4) 反应的副产物离开界面。

简化迪尔-格罗夫模型,硅的氧化过程可由线性和抛物线两个阶段进行描述:

SiO₂ 生长的最初阶段是线性阶段,硅片表面上硅的消耗与时间呈线性关系,即在硅内氧化层是随时间以线性速率生长的。用线性等式描述为[11]

$$X = \left(\frac{B}{A}\right)t \tag{2-8}$$

其中,X 表示氧化物生长厚度;$B/A = [k_s h/(k_s + h)] \cdot [C^*/N_1]$ 为线性速率系数,$A = 2D_{SiO_2}(1/k_s + 1/h)$,$B = 2D_{SiO_2} C^*/N_1$。$k_s$、$A$ 和 B 均为速率常数,h 为气相质量输运(转移)系数,C^* 为平衡情况下,SiO₂ 中氧化剂的浓度,N_1 为氧化过程中,每生长一个单位体积 SiO₂ 所需氧化剂的分子数,t 为生长时间。

在线性阶段,氧化随时间线性变换。线性阶段氧化物的厚度生长到 150Å 左右。线性区域的氧化过程主要是发生在 SiO₂-Si 界面上的氧化反应。对于大多数的氧化情况来说,气相质量输运系数 h 是化学反应常数 k_s 的 10^3 倍,因此,在线性氧化区间,SiO₂ 的生长速率主要取决于表面化学反应速率常数 k_s,即表面化学反应控制。温度升高,B/A 值会增加,这意味着氧化速率也会增大。

氧化生长的抛物线阶段是氧化生长的第二阶段,是在氧化物厚度大约 150Å 以后才开

始的。描述抛物线阶段的公式是

$$X = (Bt)^{0.5} \tag{2-9}$$

其中，X 代表氧化物生长厚度；$B = 2D_{SiO_2} C^* / N_1$ 是抛物线速率系数，D_{SiO_2} 为氧化剂在 SiO_2 中的扩散系数，t 为生长时间。

在抛物线阶段的氧化物生长要比线性阶段慢得多。这是因为当氧化层变厚时，参与反应的氧扩散必须通过更长的距离才能到达 SiO_2-Si 界面，所以反应受到通过氧化物的氧扩散速率的限制。正因为如此，氧化物生长的抛物线阶段被称为扩散控制。当抛物线速率系数变大时，氧化物生长的速率也会增大。

图 2.19 给出了氧化过程的线性和抛物线两个阶段的曲线。

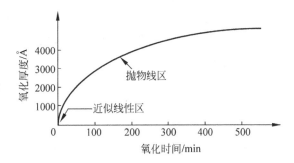

图 2.19　氧化生长的线性和抛物线曲线

氧化物在硅片上生长的快慢称为氧化物生长速率。氧化物的生长速率受温度、压力、氧化方式、硅的晶向和掺杂水平等因素的影响。

重掺杂的硅要比轻掺杂的硅氧化速率明显提高。但分凝系数不同的杂质对氧化速率的影响机制是不同的。在氧化过程中，杂质将在 SiO_2-Si 界面两边重新分布。对于在 SiO_2 中分凝系数小于 1 的慢扩散杂质硼，在分凝过程中将大量从硅中进入并停留在 SiO_2 中，因而使 SiO_2 中非桥键氧的数目增加，从而降低了 SiO_2 的结构强度。氧化剂不但容易进入 SiO_2 中，而且穿过 SiO_2 的扩散能力也增加，因此，抛物线区间的速率明显增大，而对于线性速率没有明显影响。当重掺杂磷的硅被氧化时，在分凝过程中只有少量的磷被分凝到 SiO_2 中，氧化剂在 SiO_2 中的扩散能力增加不大，因而抛物线区域的氧化速率只表现出适度的增加。大部分磷因分凝而集中在靠近硅表面的硅中，结果使线性氧化速率明显变大。

线性氧化速率依赖于晶向的原因是 (111) 面的硅原子密度比 (100) 面的大。因此，在线性阶段，(111) 硅单晶的氧化速率将比 (100) 稍快，但 (111) 的电荷堆积要多。

在抛物线阶段，抛物线速率系数 B 不依赖于硅衬底的晶向。对于 (111) 和 (100) 面，在抛物线阶段氧化生长速率没有差别，因为此阶段的氧化生长速率取决于氧的扩散，而不是界面的化学反应。

由于氧化层的生长速率依赖于氧化剂从气相运动到硅界面的速度，由式 (2-8) 可知 $B = 2D_{SiO_2} C^* / N_1$，而 $C^* = H p_g$，因此气体中的氧化剂分压 p_g 是通过 C^* 对 B 产生影响的，即 B 与 p_g 成正比关系。A 与氧化剂分压无关，因此 B/A 与气压的关系即是由 B 决定的线性关系，即氧化生长速率将随着压力增大而增大。根据氧化剂压力的不同，可分为高压氧化技术和低压氧化技术。高压氧化使得在降低温度的同时得到相同的氧化速率，或者在相同温度下获得更快的氧化生长。氧化生长的经验法则表明，每增加一个大气压，相当于炉温降低

30℃,以此可以降低热预算。

温度对抛物线区域氧化生长速率的影响是通过氧化剂在 SiO_2 中扩散系数 D_{SiO_2} 产生的。B 与温度之间呈指数关系。支配线性区域氧化生长速率的常数 B/A 的主要因素是 k_s,k_s 与温度的关系

$$k_s = k_{s0} \exp(-E_a/kT) \tag{2-10}$$

其中,k_{s0} 为试验常数,它与硅的可用键密度成正比,E_a 为化学反应激活能。

4. 氧化工艺

氧化的目的是按厚度要求生长无缺陷、均匀的 SiO_2 膜。用于特定硅片制造步骤的氧化工艺条件的类型取决于氧化层的厚度和性能要求。通常用干氧生长薄氧化层,如栅氧。用水汽氧化生长厚氧化层,如场氧。生长过程中的高压允许厚氧化物在合理的时间段降低温度。图 2.20 为典型的热氧化工艺流程。

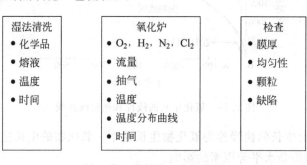

图 2.20　热氧化工艺流程图

要想获得高质量的氧化,硅片的清洗至关重要,因为颗粒和可动离子沾污(Movable Ion Contamination,MIC)等污染物对器件的性能和成品率影响极大。要避免 MIC 和颗粒造成的危害,需依靠维持系统处于高度清洁状态。维护炉体及相关设备的清洗、保持工艺中化学品的纯度、维持氧化气氛的纯度以及注意硅片的清洗和正确的操作是减少沾污的重要手段。

为了使热氧化发生,氧化炉设备中的某些工艺条件要遵循一定的特殊要求,即需要有工艺菜单。硅片制造中工艺菜单通常存储在软件数据库中。图 2.20 中间所示的内容即为栅氧化物干法氧化的工艺菜单所涉及的化学物理量。用于干法氧化生长的高质量氧化物具有均匀的密度、无针孔、可重复性的特点。一旦炉管装好硅片,炉温将从待机状态的 850℃ 以 20℃/min 的升温速率上升到 1000℃。硅片在 1000℃ 停留 5min。干法氧化中氧气束流以 2.5slm(标准状态升/分;标准状态 101325Pa,20℃)进入工艺腔。HCl 的流量为 67sccm(标准状态毫升/分),用来减少界面电荷和 MIC。在使电荷积累最小化的退火阶段,O_2 和 HCl 被关闭,N_2 被打开。但即使氧源被关闭,氧化物中仍存在着氧扩散,这将影响 SiO_2 的化学计量配比。最后有 5min 的卸片时间。

硅片在氧化生长之后需要进行质量检测。热氧化膜的质量检测内容包括氧化物的厚度、栅氧化物的完整性(Gate Oxide Integrity,GOI)、氧化膜内的颗粒数量及氧化膜下的颗粒数量。

2.2.5 淀积

硅芯片工艺是一个平面加工的过程,在平面工艺过程中会在硅片表面生长各种各样的薄膜,如 SiO₂ 薄膜。薄膜的生长可采用淀积的方法来实现。

图 2.21 给出了早期硅片上加工 NMOS 晶体管所需的淀积层。图 2.21 中器件的特征尺寸远大于 $1\mu m$,由于特征高度的变化,硅片上的各层并不平坦,从而限制了超大规模集成电路所需多层金属的高密度芯片制造的发展。

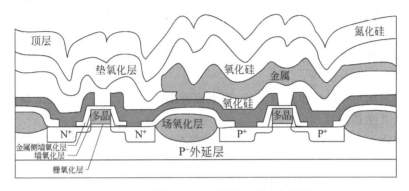

图 2.21 早期 NMOS 晶体管中的各层薄膜

随着硅芯片集成密度的提高、工艺特征尺寸的缩小,硅片加工过程所用材料和工艺都有了很大变化。现在,淀积层的厚度通常小于 $1\mu m$。为了获得良好的电学性能,器件的各种参数需要同比例缩小,由于器件密度的增加,所需的金属层数也应增加,金属薄膜层之间需要高级绝缘材料淀积层以提供充分的隔离保护。如图 2.22 所示为超大规模集成电路硅片上的多层薄膜。

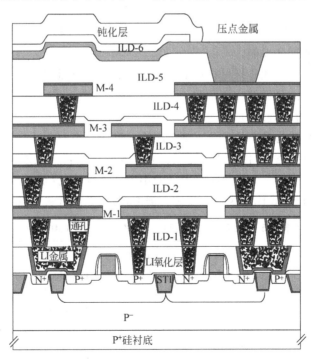

图 2.22 VLSI 硅片上的多层薄膜

对于集成电路制造而言,电路增加金属层的代价是很高的。据估计,在 CMOS 工艺中增加一层金属会增加大约 15% 的硅片制造成本。由于在硅片制造中增加金属层使得工艺更为复杂,因此减小缺陷以保证芯片成品率不受影响变得很重要。芯片设计者应在成本、复杂度、性能之间折中考虑。

集成电路中,需要淀积的薄膜层主要包括金属薄膜、绝缘薄膜、半导体薄膜等几种薄膜。

金属薄膜主要用于器件间的互连线,目前集成电路的金属薄膜材料仍然主要是铝合金。现在,工业界正在向采用铜金属薄膜作为互连线的方向过渡,以增加芯片速度并减少工艺步骤。然而,铜金属化技术受到以下问题的挑战:

(1) 铜很容易扩散到氧化硅和硅中,一旦铜扩散进硅的有源区,很容易引起硅或氧化硅漏电。

(2) 应用常规的等离子体刻蚀工艺,铜不容易形成图形,因为用干湿法刻铜时,在其化学反应期间不产生挥发性的副产品。

(3) 低温下($<200℃$)空气中,铜很快被氧化,而且不会形成保护层阻止铜进一步氧化。

金属铝淀积到整个硅片的表面,形成固态薄膜,然后进行刻蚀来定义互连线的宽度和间距。位于底层的金属层,通常其线条宽度会被刻蚀为器件特征尺寸宽度,而上层金属线宽会大些。窄线宽的金属层对于颗粒杂质很敏感,而上层的宽尺寸金属层对颗粒沾污不够敏感,但可能会影响芯片的速度和功耗。

介于硅上有源器件和第一层金属之间的电绝缘层称为金属前绝缘层(Pre-Metal Dielectric,PMD),也称为第一层层间介质层(First Interlayer Dielectric,ILD-1),典型的 PMD 层是一层掺杂的 SiO_2 或磷硅玻璃。金属层之间的介质称为层间介质(Interlayer Dielectric,ILD)。通常 ILD 是介电常数为 $3.9\sim4.0$ 的 SiO_2 材料。介质层的介电常数的大小直接影响电路的速度和性能。

非导电材料的介电常数是指材料在电场影响下存储电势能的有效性,也就是代表隔离材料作为电容的能力。最低的介电常数 k 值为 1,代表空气。高 k 介质可以存储更多的电能。热生长的 SiO_2 的 k 值大约是 3.9。

最普通的层间介质为掺杂的 SiO_2。然而,低 k 值的介电材料由于存储的电荷少,因此充放电的时间短,金属导线的传导速率更快。表 2.5 给出了目前大规模集成电路中可能用到的低 k 值的 ILD[7]。对于金属线间距很近的小尺寸器件,选择低 k 值的材料作为 ILD 至关重要。随着线宽减小,导体和线耦合效应会增加,用低 k 值材料可以补偿这一点。

表 2.5　大规模集成电路中可能的低 k 值的 ILD 材料

可能的低 k 值 ILD 材料	介电常数	处理温度(℃)	备　　注
氟硅玻璃(FSG)	$3.4\sim4.1$	不处理	FSG 和 SiO_2 有几乎一样的 k 值,氟会侵蚀钽阻挡层金属
HSQ(三氧化二硅烷)	2.9	$350\sim450$	硅基树脂聚合体可用在溶液中作为流动的 SiO_2(FOX)进行 SOG
纳米多孔硅	$1.3\sim2.5$	400	非有机材料,介电常数依赖于孔密度而且可调

续表

可能的低 k 值 ILD 材料	介电常数	处理温度(℃)	备 注
聚(芳香基)乙醚(PAE)	2.6～2.8	375～425	旋涂具有好的粘附性和可进行 CMP 抛光的芳香聚合物
a-CF(非晶氟化碳)	2.8	250～350	良好的 HDPCVD 材料,具有良好热稳定性和粘附性
聚对二甲苯 AF4	2.5	420～450	CVD 膜可达到粘附性和通孔电阻要求

另一方面,工业界也正在进行高 k 材料的研究,这主要是为了在 DRAM 存储器中的应用以及最终取代超薄栅氧(对于 $0.18\mu m$ 器件而言,栅氧厚度为 20Å)。同时,由于器件等比例缩小,目前器件的栅氧厚度变得非常薄,对 50nm 器件而言,栅氧厚度要求小于 10Å,这就需要有新的高 k 栅介质材料。在 MOS 器件中,栅介质需要承受栅衬之间很高的电压。薄的栅氧可能会导致电流隧通现象,因此高 k 材料的淀积显得越来越重要。

外延层是一种特殊的半导体薄膜淀积层。用于高速数字电路的外延层的典型厚度是 $0.5\sim5\mu m$,用于功率器件的外延层的典型厚度是 $50\sim100\mu m$。

硅表面的淀积物在硅片上将形成一层连续的薄膜,成膜物质来自外部源,可以是气体源通过化学反应生成薄膜,也可以是固态靶源。淀积的膜可以是无定形、多晶的或单晶的。起隔离作用的膜或金属膜通常是无定性或多晶的;在氧化物层上淀积的硅是多晶的。

薄膜的淀积法主要有利用化学反应的化学气相淀积法(Chemical Vapor Deposition, CVD)和利用物理现象的物理淀积法(Physical Vapor Deposition,PVD)。CVD 法是集成电路工艺中用来制备薄膜的一种重要方法,该方法把含有构成薄膜元素的气态反应剂或液态反应剂的蒸汽,以合理的流速引入 CVD 反应室,在衬底表面发生化学反应并在衬底表面上淀积薄膜[14]。CVD 法中有硅外延生长法、热 CVD 法和等离子 CVD 法。PVD 法指的是利用某种物理过程实现物质的转移,即原子或分子由源转移到衬底表面上并淀积成薄膜的方法。PVD 法有溅射法和真空蒸发法[16],如表 2.6 所示[7]。

1. 外延生长法

外延生长(Epitaxial Growth)就是在单晶衬底上淀积一层和单晶衬底的原子排列相同的单晶薄膜的过程。新淀积的这一层称为外延层。淀积硅外延最早的目的是为了提高双极型器件和集成电路的性能。在重掺杂的衬底上生长一层轻掺杂的外延层,可提高 PN 结的击穿电压,降低集电极电阻,在适中的电流强度下提高器件速度。随着器件尺寸的缩小,外延在 CMOS 集成电路中也越来越重要,因为外延层可以减少 CMOS 器件中的闩锁效应、避免硅层中 SiO_x 的沉积,且使硅表面更光滑,损伤最小。目前,一些研究正在利用外延层来进一步改善器件的性能,如在 CMOS 工艺中,通过在器件的源端、漏端和栅区淀积外延硅形成抬高的漏源结构以有效增加漏源的表面积,从而降低漏源接触电阻。

表 2.6   膜淀积技术

化 学 淀 积			物 理 淀 积		
化学气相淀积(CVD)	电镀	物理气相淀积	蒸发	旋涂
常压化学气相淀积(APCVD)	电化学淀积(ECD)	直流二极管	灯丝和电子束	旋涂玻璃(SOG)
亚常压化学气相淀积(SACVD)				
低压化学气相淀积(LPCVD)		射频(RF)		
等离子体辅助化学气相淀积	化学镀层		分子束外延(MBE)	旋涂绝缘介质(SOD)
等离子体增强化学气相淀积(PECVD)		直流磁电管		
高密度等离子体化学气相淀积(HDPCVD)		离子化金属		
气相外延(VPE)和金属-有机化学气相淀积		等离子体(IMP)		

外延层具有与衬底硅片相同的单晶结构,可以是 N 型也可以是 P 型,这并不依赖于原始硅片的掺杂类型。若外延层和衬底的材料相同(硅衬底上生长硅外延),则这样的外延生长称为同质外延。通常所说的外延都是指同质外延,外延技术中最重要、应用最广泛的是单晶硅的同质外延。若外延与衬底材料不一致,或者其生长化学组分、甚至物理结构与衬底不一样,则称为异质外延。异质外延的情况较少,如在蓝宝石或尖晶石上生长硅,就是异质外延,也称为 SOS(Silicon on Sapphire)技术。

根据外延生长过程中向衬底输送原子方式的不同,可以把外延生长分为 3 种类型:气相外延、液相外延和固相外延。相对而言,气相外延技术成熟,能很好地控制薄膜厚度、杂质浓度和晶体完整性,因此在硅工艺中一直占着主导地位。液相外延主要应用在Ⅲ-Ⅴ族化合物(如 GaAs 和 InP)的外延层制备中。而固相外延主要用于离子注入后的退火过程中,因为高剂量的离子注入往往会使注入区由晶体变为非晶区,非晶区可在低温退火过程中通过固相外延转为晶体。

2. 热 CVD 法

热 CVD 法可分为常压化学气相淀积法(Atmospheric Pressure Chemical Vapor Deposition,APCVD)和低压化学气相淀积法(Low Pressure Chemical Vapor Deposition,LPCVD)。

APCVD 是在大气压下进行淀积的系统,操作简单且能以较高的淀积速率进行淀积,特别适于介质薄膜的淀积,也适合同时进行多个晶圆片的处理[14]。APCVD 的淀积速率超过 1000Å/min,因此该工艺对淀积厚的介质层很有吸引力。但是 APCVD 易发生气相反应,产生微粒污染,而且以硅烷为反应剂淀积的 SiO_2 薄膜,其台阶覆盖性和均匀性比较差。精确控制单位时间内达到每个硅片表面及同一表面不同位置的反应剂量,对所淀积薄膜的均匀性起着重要作用。

LPCVD 系统淀积的某些薄膜在均匀性和台阶覆盖等方面比 APCVD 系统要好,而且污染也少。在真空及中等温度条件下,LPCVD 的淀积速率是受表面反应控制的,反应剂的质量输运不再是限制淀积速率的主要因素。LPCVD 可以用来淀积多种薄膜,包括多晶硅、氮化硅、二氧化硅、磷硅玻璃(Phosphosilicate Glass,PSG)、硼磷硅酸盐玻璃(也称硼磷硅玻璃,Borophosphosilicate Glass,BPSG)、钨等。LPCVD 系统的主要缺点是淀积速率相对较低,工作温度相对较高。增加反应剂来提高淀积速率易产生气相反应,降低淀积温度则将导致淀积速率更加缓慢。

用作栅电极的多晶硅通常采用热 CVD 法,将 SiH_4 或 Si_2H_6 气体在 650℃下热分解淀积而成。如 SiH_4 在 650℃下的热分解方程式为

$$SiH_4(g) \xrightarrow{650℃} Si(s) + 2H_2(g) \uparrow \tag{2-11}$$

适当控制压力,并引入反应的蒸汽,经过足够长的时间,便可以在硅表面淀积一层高纯度的多晶硅。

3. 等离子 CVD

多层金属布线间绝缘薄膜的淀积以及最后一道工序芯片保护膜的淀积必须在 450℃以下进行,以免损伤铝布线。等离子体增强化学气相淀积(Plasma Enhanced Chemical Vapor Deposition,PECVD)就是为此而研究的一种方法。PECVD 是目前最主要的化学气相淀积方法,与一般热 CVD 法相比,由等离子活化了的原子团可在低温下进行膜的淀积。APCVD 和 LPCVD 是利用热能来激活和维持化学反应的,PECVD 是通过非热能源的射频(RF)等离子体来激活和维持化学反应,受激发的分子可在低温下发生化学反应,且淀积速度很高。

PECVD 可低温淀积,因此,铝上淀积 SiO_2、氮化硅都是 PECVD 的典型应用例子。PECVD 淀积的薄膜具有良好的附着性、低针孔密度、良好的阶梯覆盖、良好的电学特性、可与精细图形转移工艺兼容以及污染小等优点,因此在大规模集成电路中广为应用。例如,在 200℃以下的低温中,用 SiN 和 NH_3 的混合气体,利用高频放电使气体分解,从而形成氮化硅淀积在硅片上。

$$3SiN_4(g) + 4NH_3(g) \xrightarrow{200℃} Si_3N_4(s) + 12H_2(g) \uparrow \tag{2-12}$$

4. 溅射法

溅射法是物理气相淀积薄膜的一种方法。溅射法使等离子体中的离子加速,撞击原料靶材,将撞击出的靶材原子淀积到对面的晶圆片表面形成薄膜。溅射法的特点是:

(1) 台阶部分的被覆盖性好;

(2) 可形成大面积的均质薄膜;

(3) 可获得和化合物靶材同一成分的薄膜;

(4) 可获得绝缘薄膜和高熔点材料的薄膜;

(5) 形成的薄膜层和下层材料具有良好的密接性能。

因此,电极和布线的铝金属(Al-Si,Al-Si-Cu)等都是利用溅射法形成的。

根据入射离子能量的不同,离子对物体表面轰击时,不仅可实现溅射淀积薄膜,也可能出现二次电子、反射离子或离子注入这 3 种物理现象,如图 2.23 所示[14]。因此控制好溅射时溅射粒子的速度、能量、溅射温度、入射角度都很重要。

5. 真空蒸发法

真空蒸发是在真空中,采用电阻加热,感应加热

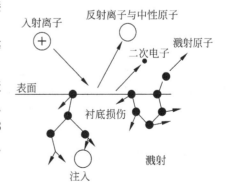

图 2.23　离子轰击物体表面时可能发生的物理过程

或者电子束加热法等将原材料蒸发淀积到晶圆片上的一种常用的成膜方法。真空蒸发法设备比较简单、操作容易,所制备的薄膜纯度比较高,厚度控制比较精确,成膜速率快。但是蒸发原料的分子或原子在真空中几乎不与其他分子碰撞,可直接到达晶圆片,到达晶圆片的原材料分子不具有在表面移动的能量,立即凝结在晶圆片的表面。因此,在具有台阶的表面上用真空蒸发法淀积薄膜时,表面的被覆盖性是不理想的。目前真空蒸发法基本被溅射法和CVD法所代替。

2.2.6　光刻

1. 光刻的概念及其工艺流程

光刻是一种图像复制技术,是集成电路工艺中至关重要的一项工艺。简单地说,光刻类似照相复制方法,即将掩膜版上的图形精确地复制到涂在硅片表面的光刻胶或其他掩蔽膜上面,然后在光刻胶或其他掩蔽膜的保护下对硅片进行离子注入、刻蚀、金属蒸镀等[17]。

光刻技术与芯片的价格和性能密切相关。光刻的最小线宽直接决定器件的最小特征尺寸,器件的特征尺寸越小,在一个硅片上就可以集成越多的器件。随着光刻的技术不断发展,线宽不断缩小,每个硅片上器件数目就越来越多,这样,单位器件的成本就不断降低,而且单个硅片上集成更多的器件也意味着可以使电子产品实现更多的功能以及更好的性能。当然这种比较是假定在各种光刻系统的成本不变,只考虑了单位硅片成本的基础上进行的。事实上,随着每一代线宽的改变,光刻机、掩膜版、光刻胶等的成本也在发生变化,而且对下一代的光刻工艺来说,其光刻系统的价格往往更加昂贵。即使如此,人们仍在不断追求越来越细的线宽,追求产品在性价比上的提升。目前,集成电路已经从20世纪60年代的每个芯片上仅几十个器件发展到现在的每个芯片上可包含约10亿个器件,其增长过程遵从摩尔定律,这与光刻技术的发展密不可分。

光刻技术的不断发展为集成电路技术的进步提供了三方面的保证:第一,大面积均匀曝光,在同一块硅片上能同时做出大量器件和芯片,保证了批量化的生产水平;第二,图形线宽不断缩小,集成度不断提高,生产成本持续下降;第三,由于线宽的缩小,器件的运行速度越来越快,集成电路的性能不断提高[18]。

一个典型的光刻工艺流程包括衬底制备、涂胶、前烘、曝光、显影、坚膜、腐蚀、去胶等,如图2.24所示。图中左边一列是正光刻胶,右边是负光刻胶,关于光刻胶,将在后面做具体介绍。

1) 衬底制备

衬底材料的表面清洁度、表面性质(疏水或亲水)和平面度对光刻工艺有着重要的影响,因此首先要对硅片进行清洗、脱水和表面处理,目的是保持硅片表面和光刻胶良好的粘性。去除硅片表面的颗粒污染也提高了器件的成品率。

2) 涂胶

在硅片表面均匀涂上光刻胶,一般应用旋转涂胶法。胶膜要做到膜厚符合设计的要求,同时膜厚要均匀,胶面上看不到干涉花纹;胶层内无缺陷(如针孔等);涂层表面无尘埃和碎屑等颗粒。

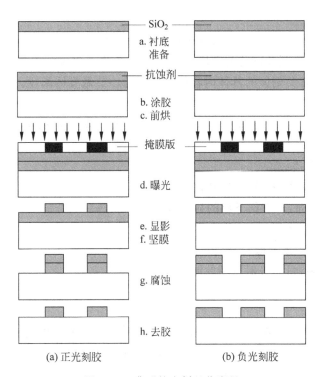

图 2.24 典型的光刻工艺流程

3）前烘

前烘是光刻的一道关键工序。前烘的工艺条件对光刻胶的溶剂挥发量和光刻胶的粘附特性、曝光特性、显影特性及线宽的精确控制都有较大的影响。如前烘的温度较低,溶剂挥发慢,显影速度就快,不容易控制线宽。反之,前烘温度较高时,光刻胶内溶剂的成分较少,就需要更大的曝光量,但有利于线宽的控制。

4）对准与曝光

对准与曝光是光刻工艺中最关键的工序,它直接关系到光刻的分辨率、留膜率、线宽控制和套准精度。由于集成电路工艺流程中有多层图形,每层图形与其他层的图形都要有精确的相互位置关系,所以在曝光之前,需要进行精确的定位,然后才能曝光,将掩膜版上的图形转移到光刻胶上,如图 2.24 所示。

5）烘烤

由于曝光时存在驻波效应,光刻胶侧壁会有不平整的现象,曝光后进行烘烤,可使感光与未感光边界的高分子化合物重新分布,然后达到平衡,基本上可以消除驻波效应。

6）显影

显影就是使用溶剂去除未曝光部分(负胶)或曝光部分(正胶)的光刻胶,在硅片上形成所需要的光刻胶图形。影响显影质量的因素有温度、时间和显影液的种类、浓度等。

7）坚膜

显影时胶膜会发生软化、膨胀,坚膜的目的是去除显影后胶层内残留的溶剂,使胶膜坚固。坚膜可以提高光刻胶的粘附力和抗蚀性[17]。

8) 刻蚀

刻蚀就是用化学方法或物理方法有选择性地从硅片表面去除掉不需要的材料的过程,也就是去掉顶层没有光刻胶覆盖的区域的材料。广义的光刻包含着刻蚀这个步骤,本小节只讨论狭义的光刻,有关刻蚀的具体内容将在后面的小节做具体阐述。

9) 去胶

刻蚀之后,图形成为硅片最表层永久的一部分。作为刻蚀阻挡层的光刻胶需要从表面去掉。

去胶的基本原则是:

(1) 去胶后硅片表面无残胶、残迹;

(2) 去胶工艺可靠,不损伤下层的衬底表面;

(3) 操作安全、简便;

(4) 无公害及生产成本低。

去胶的方法很多,目前普遍采用的湿法去胶[19]。

2. 光刻胶

光刻胶也称为光致抗蚀剂(Photoresist,P. R.),是由感光性树脂、增感剂、溶剂以及其他添加剂按一定比例配制而成的,一般作为刻蚀的阻挡层,存在正胶和负胶两种类型。

凡是在能量束(光束、电子束、离子束等)的照射下,以交联反应为主的光刻胶称为负性光刻胶,简称负胶,经过显影后被去除的是非曝光区域,最终所得的图形与掩膜的图形相反。凡是在能量束(光束、电子束、离子束等)的照射下,以降解反应为主的光刻胶称为正性光刻胶,简称正胶,经过显影被去除的是曝光区域,最终所得的图形与掩膜的图形相同,如图 2.24 所示。

光刻胶的主要性能:

1) 灵敏度

单位面积上入射的使光刻胶全部发生反应的最小光能量称为光刻胶的灵敏度,记为 S。S 越小,则灵敏度越高。通常以曝光剂量(单位 mJ/cm^2)作为衡量光刻胶灵敏度的指标,曝光剂量越小,代表光刻胶的灵敏度越高。灵敏度太低会影响生产效率,所以通常希望光刻胶有较高的灵敏度。但灵敏度太高会影响分辨率。通常负胶的灵敏度高于正胶。

2) 灵敏度曲线

图 2.25 给出了光刻胶的灵敏度曲线,其中,D_0 表示入射光强达到使光刻胶反应的临界点,D_{100} 表示入射光强使光刻胶完全反应的工作点。

3) 分辨率

分辨率即光刻工艺所能形成最小尺寸的有用图像。影响光刻工艺中分辨率的因素有:光源、曝光方式和光刻胶本身(包括灵敏度、对比度、颗粒的大小、显影时的溶胀、电子散射等)。这里只讨论光刻胶的影响,但这不是影响分辨率的主要因素。由于灵敏度越高,对于一定剂量的入射光量,得到的曝光区域越大,这样就使得分辨率越差,所以通常正胶的分辨率要高于

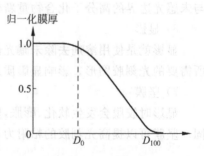

图 2.25　灵敏度曲线

负胶。

4）对比度

根据灵敏度曲线图，定义对比度为 $\gamma = (\lg(D_{100}/D_0))^{-1}$。

对比度是图 2.25 中对数坐标下对比度曲线的斜率，表示光刻胶区分掩膜上亮区和暗区的能力的大小，即对入射光剂量变化的敏感程度。灵敏度曲线越陡，D_0 与 D_{100} 的间距就越小，则 γ 就越大，这样有助于得到清晰的图形轮廓和高的分辨率。可见，对比度与光刻胶的分辨能力有相当密切的关系，即对比度高的分辨能力就强，通常正胶的对比度要高于负胶。一般光刻胶的对比度在 0.9～2.0 之间。对于亚微米图形，要求对比度大于 1。

5）光吸收度

即每 $1\mu m$ 厚度的光刻胶材料在曝光过程中所吸收的光能。若光刻胶材料的光吸收度太低，则光子太少而无法引发所需的光化学反应；若其光吸收度太高，则由于光刻胶材料所吸收的光子数目可能不均匀而破坏所形成的图形。通常光刻胶材料所需的光吸收度在 $0.4\mu m^{-1}$ 以下，这可通过光刻胶材料的化学结构得到适当的光吸收度及量子效率[17]。

此外影响光刻胶的性能还有耐刻蚀度、纯度、粘附性、留膜率等。

通过以上分析可以知道，由于决定光刻胶性能的因素很多，所以在光刻工艺中，对生产不同尺寸的线宽，光刻胶的选取也是复杂而至关重要的程序。

随着线条宽度的不断缩小，为了防止胶上图形出现太大的深宽比而限制图形的分辨率，同时提高对比度，应该采用很薄的光刻胶。但薄胶会遇到耐腐蚀性的问题。由此开发出了双层光刻胶技术，这也是所谓超分辨率技术的组成部分。

双层光刻胶工艺使用两层光刻胶，每一层的光刻胶性质不同。首先在硅片表面涂一层相对比较厚的光刻胶。典型的厚度为硅片最大图形梯度的 3～4 倍，以形成平坦的光刻胶表面。接着，在第一层光刻胶上面再涂一层相对比较薄的光刻胶，这一层薄光刻胶避免了厚胶的不利因素和硅片表面的反射光的影响，因此可以达到很好的分辨率。一般上面一层光刻胶作为辐射阻挡层，使下面的光刻胶层不会感光。具体的形成图像的程序如图 2.26 所示。

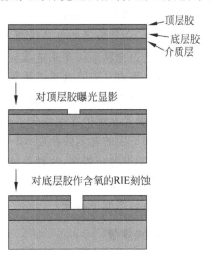

图 2.26 成像的程序

3. 光源与曝光系统

由于在光刻工艺中器件的特征尺寸及分辨率等因素的限制，对光刻过程中的光源和曝光系统的要求随着特征尺寸的不断缩小将会越来越严格。我们知道光线传输中的衍射现象，即当一个光学系统中的所有尺寸，如光源、反射器、透镜、掩膜版上的特征尺寸等，都远大于曝光波长时，可以将光作为在光学元件间直线运动的粒子来处理；但是当掩膜版上的特征尺寸接近曝光波长时，就应该把光的传输作为电磁波来处理，必须考虑衍射和干涉，由于衍射的作用，掩膜版透光区下方的光强减弱，非透光区下方的光强增加，从而影响光刻的分辨率。因此高分辨率光刻需要短波长的光子。

光刻过程中使用的各种波长的光源及其对应的波长如图 2.27 所示,其中 X 射线、电子束及离子束是目前研究的热门,属于下一代的光刻工艺。

1985 年以前,几乎所有光刻机都采用 g 线(436nm)光源,当时的最小线宽为 1μm 以上。1985 年以后开始出现少量 i 线(365nm)光刻机,相应的最小线宽为 0.5μm 左右。从 1990 年开始出现 DUV 光刻机,相应的最小线宽为 0.25μm 左右。从 1992 年起 i 线光刻机的数量开始超过 g 线光刻机。截止到 1998 年,g 线、i 线和 DUV

紫外线(UV) { g 线:436nm
              i 线:365nm

深紫外线(DUV) { KrF 准分子激光:248nm
                ArF 准分子激光:193nm

极紫外光(EUV),10~15nm

X 射线,0.2~4nm

电子束

离子束

图 2.27　光刻过程中使用的各种波长的光源及其对应的波长

光刻机的销售台数比例约为 1∶4∶2。目前常用的紫外光光源是高压弧光灯(高压汞灯),高压汞灯有许多尖锐的光谱线,经过滤光后使用其中的 g 线(436nm)或 i 线(365nm)。

对光源系统的要求:

(1) 有适当的波长。波长越短,可曝光的特征尺寸就越小。

(2) 有足够的能量。能量越大,曝光时间就越短。

(3) 曝光能量必须均匀地分布在曝光区。

光刻中的曝光系统即用来在光刻胶表面产生空间图像的系统,是现代光刻中最关键的元素之一。光学中的曝光工具,可以分成 3 个基本类型,即接触、接近和投影系统,其中,投影曝光在当今的大批量制造中被广泛使用。

接触式印刷是最老的也是最简单的曝光工艺,曝光时掩膜版(光刻版)直接与硅片上的胶层接触,透过掩膜版闪光来造成光刻胶的曝光。接触式曝光系统的优点是衍射效应小,分辨率高、设备便宜。但是这类系统无法用于复杂芯片的大批量生产,且由于掩膜版和光刻胶的直接接触,会对掩膜版和光刻胶都带来损伤,从而会大大缩短掩膜版的寿命。

接近式曝光系统极大地解决了接触曝光系统所带来的缺陷的问题,在接近式曝光系统中,掩膜版和下面的光刻胶相距 10~50μm,但由于衍射效应的存在,掩膜版和硅片的间隔将降低复制图形的分辨率,这种系统也不适合当前大多数芯片的制造。

投影曝光是如今硅片曝光的主要方法。这类系统有很高的分辨率,且没有接触式曝光的缺陷问题,当然成本最高。

4. 光刻掩膜版

在硅平面器件生产中,需要进行多次光刻。每次光刻都需要一块具有特定几何图形的光刻掩膜版。掩膜制造者根据器件的参数要求,按照选定的方法制备出生产上所要求的掩膜图形,并以一定间距和布局,将图形重复排列于掩膜基板上,进而复制批量生产用的掩膜版,供光刻工艺使用。可见,掩膜是光刻工艺加工的基准,掩膜质量的好坏直接影响光刻质量的优劣,从而影响晶体管或集成电路的性能和成品率。例如掩膜图形尺寸的变化会影响器件的性能,而掩膜版缺陷则是影响芯片成品率的主要因素。

影响掩膜质量的因素很多,主要有设备、材料、工艺方法、工作环境及操作人员的经验、水平等。只有严格控制好各个环节的质量,才能做出高质量的光刻掩膜。对光刻掩膜的质量要求归纳起来有以下几点[19]:

（1）图形的尺寸要准确，图形的大小和图形间距必须符合设计要求。

（2）整套光刻掩膜中的各块掩膜版能一一套准，套准的误差要尽量小，随着特征尺寸的不断缩小，对套准的要求越来越严格。

（3）版面图形上的针孔、小岛等缺陷应尽量少。

（4）掩膜的反差（光密度差）要高。不透明区应足以挡住紫外光的通过，透明区应能充分地透过紫外光线，进行定域曝光。

（5）图形边缘要光滑陡直，过渡区要小。

（6）掩膜要坚牢耐磨，不易变形，使用寿命要长。

更高密度和生产更精细特征尺寸的需要，继续挑战着光刻技术。于是，推出掩膜制造法来改善缺陷密度和分辨率。下面简单介绍现行或潜在的掩膜改进方法，包括保护薄膜、抗反射剂、相反差掩膜及光学邻近效应修正技术，其中保护薄膜已广泛使用。

在生产线上，掩膜版使用了很长一段时间以后，可能会有灰尘和划痕，从而造成硅片的成品率降低。掩膜版也可能在清洗时，由于清洗液受污染而造成划痕和破损。解决的办法是给光刻机的掩膜版蒙上一层保护薄膜，并使薄膜离开掩膜版表面约1cm。这样可使任何落在薄膜上的颗粒保持在光学系统的聚焦平面之外。另一种用于接触式光刻机的保护薄膜直接涂在掩膜版上，它可以使接触式光刻在保持高分辨率优点的同时，提高掩膜版的使用寿命，减少芯片上的缺陷[5]。光线在光刻掩膜版和透镜表面的部分反射会使光能受到损失。有些光线经多次反射后会打到硅片上，使图形质量受到影响。为了减小这种不良影响，可采用在掩膜版靠近镜头的一面加上10%的抗反射剂的一种新掩膜技术。

当掩膜版上的两个图形非常接近时，由于入射光波的相位相同，会发生衍射效应，衍射波在非曝光区发生叠加，从而使曝光区的光强减弱，而不需要曝光区域却吸收了小部分的光能量，影响了曝光的分辨率，如图2.27中普通掩膜所示。解决的方法就是利用相移掩膜技术。相移掩膜技术的关键是在掩膜的透光区相间地涂上相移层，并使用相干光源。这使透过相邻透光区的光线具有相反的相位，从而使其衍射部分因干涉作用而相互抵消，如图2.28中相移掩膜所示。

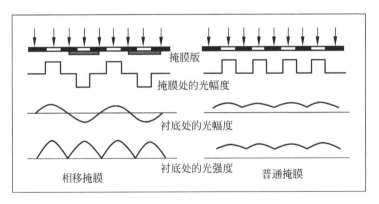

图2.28　相移掩膜与普通掩膜的对比

从雷利第一公式 $W_{min} = k_1 \lambda / NA$ 可知，提高分辨率不仅可以使用波长 λ 更短的光源和提高数值孔径（Numerical Aperture，NA），还可以改善 k_1 这个常数。对光刻胶和镜头等的改进只能稍微减小 k_1 值。而相移掩膜技术的发明使 k_1 突破性地下降了一半以上，从而使分辨率极限进入了亚波长范围,使 i 线和深紫外光的分辨率分别达到了 $0.35\mu m$ 和 $0.18\mu m$,并且已分别应用 64M DRAM 和 256M DRAM 的生产中,同时也使 X 射线光刻机的使用比原来预期的大大推迟。

当然,相移掩膜技术对制版技术提出了新的要求,如相移材料的选择、制备与加工,制版软件中对相移层图形的设计等。

5. 光刻工艺的评价

评价光刻工艺常用的 3 大主要指标为分辨率、对准精度和生产效率。

光刻技术即实现图形的转移,在原理上很简单,但是具体实现起来却是非常昂贵、非常复杂的,这主要是由施加在该项工艺上的各项要求——分辨率、曝光视场、图形放置精度、产率和缺陷密度等造成的。对分辨率的要求源于对更小器件结构的无休止的要求;曝光视场要求源于硅片尺寸不停地增加,而同时每次曝光又应曝出至少一个完整的芯片(越多越好);图形放置精度要求是每一层掩膜必须仔细地套准硅片上已经存在的图形;由于半导体产业自身的竞争,成品率和缺陷密度自然也在考虑之列。成品率将直接转成制造成本,缺陷可直接导致成品率降低,对于最终完成的芯片来说,也就导致较高的价格[21]。同时,对于工业化大生产,生产效率也是至关重要的,每开发一种曝光工具,最终能不能投入大批量的生产,还是要看其生产效率是否达到要求,这直接决定着企业的生存命运。

6. 下一代光刻工艺

微电子技术的出现和应用所产生的巨大影响给光刻技术的发展带来了一场产业革命,使之成为 21 世纪经济增长的新动力。据 Sematech 的最新报告指出,全球光学光刻设备产业在研发 157nm 光刻技术中已投入 50 亿美元,而在下一代光刻 EUV 设备的研发中,也已超过 74 亿美元,足见其高投入及高风险。实际上光刻技术的进展也是一个系统工程,需要半导体上、中、下游产学研机构等相互合作,包括掩膜材料、光刻胶及光刻设备等[18]。

通过使用大数值孔径的扫描步进光刻机和深紫外光源,再结合相移掩膜、光学邻近效应修正和双层胶等技术,光学光刻的分辨率已进入亚米波长,分辨率达到 $0.1\mu m$。若开发出适合 157nm 光源的光学材料,甚至可扩展到 $0.07\mu m$。但是这些技术的成本越来越昂贵,而且光学光刻的分辨率极限迟早会到来。目前已开发出许多新的光刻技术,如将 X 射线、电子束和离子束作为能量束用于曝光。这些技术统称为非光学光刻技术,或下一代光刻技术。由于最小线宽与波长成反比,因此它们的共同特点是使用更短波长的曝光能源。

光刻技术的发展方向,不管是采用缩短波长,或是增大透镜的数值孔径 NA,还是采用非光学方法等,关键在于成本。目前作为所谓后光学方式的候选技术有直写电子束光刻(Electron Beam Lithography,EBL)、投影电子束光刻(Scattering with Angular Limitation Electron Projection Lithography,SCALPEL)、接近式 X 射线光刻(X-ray Lithography,XRL)、反射投影极紫外光光刻(Extreme Ultraviolet Lithograph,EUVL)、直写和投影离子束光刻等。其中有些技术具有 $0.01\mu m$ 的能力,但每一种候选技术都有一些关键的技术难题需要解决。有专家呼吁应尽快达成共识,选择其中的一种技术加以重点发展。但也有人认为会出现几种不同技术以适应不同需求共存的局面。

2.2.7 刻蚀

在集成电路的制造过程中,通常需要在硅片上做出尺寸极小的图案,这些图案主要以刻蚀的方式完成,将光刻过程之后留下的光刻胶图案忠实地转移到硅片上,这一步骤在半导体集成电路制造过程中有着极为重要的地位。

刻蚀是用化学或物理方法有选择地从硅片表面去除不需要的材料的过程。刻蚀的基本目标是在涂胶的硅片上正确地复制掩膜图形。有图形的光刻胶层在刻蚀中不受到腐蚀源显著的侵蚀。这层掩蔽膜用来在刻蚀中保护硅片上的特殊区域而选择性地刻蚀掉未被光刻胶保护的区域,如图 2.29 所示。在通常的 CMOS 工艺流程中刻蚀都是在光刻工艺后进行的,因此,刻蚀可以看成在硅片上复制所想要的图形最后的主要图形转移工艺步骤。

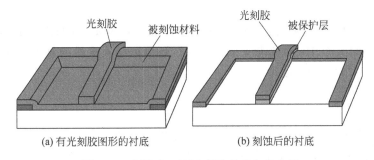

(a) 有光刻胶图形的衬底　　　　　(b) 刻蚀后的衬底

图 2.29　刻蚀在 CMOS 制造技术中的应用

刻蚀在工艺技术上一般分为干法刻蚀和湿法刻蚀。干法刻蚀是用等离子体通过没有光刻胶保护的区域,到达硅表面与 Si 发生物理或化学反应去掉暴露的表面材料,从而达到将光刻图形转移到晶片表面的技术。湿法刻蚀则是以液体化学试剂(酸、碱和溶剂等)将未被光刻胶保护的晶片部分分解,转换成可溶性的物质,从而去除硅片表面的材料。常用材料的腐蚀剂如表 2.7 所示[20]。

表 2.7　常用材料的腐蚀剂

待腐蚀材料	腐　蚀　剂	待腐蚀材料	腐　蚀　剂
Si（单晶）	CF_4，CF_4+O_2	Mo,W,Ta,Ti	CF_4+O_2
Si（多晶）	CF_4，$C_2F_6+Cl_2$，CCl_6+Cl_2	Cr,V	CF_4+O_2，Cl_2+O_2
SiO_2	CF_4+H_2，C_3F_8	Au,Pt	$C_2Cl_2F_4+O_2$，$C_2Cl_2F_4$
Si_3N_4	CF_4，CF_4+O_2，CF_4+H_2	WSi_2，$MoSi_2$	CF_4+O_2，SF_6+O_2，NF_2
Al	BCl_3+Cl_2，CCl_4+Cl_2	光刻胶	O_2

1. 干法刻蚀

在集成电路制造过程中需要多种类型的刻蚀,根据所刻材料的不同,干法刻蚀可分为对介质的刻蚀、对硅的刻蚀和对金属的刻蚀。随着特征尺寸的减小、较高的深宽比以及新材料的应用,这三种材料的刻蚀面临着新的挑战。

1）介质的刻蚀

（1）SiO_2 的刻蚀

刻蚀氧化物通常是为了制作通孔和接触孔,这些应用要求在 SiO_2 中刻蚀出具有很高深宽比的窗口。SiO₂ 的刻蚀通常在含有氟碳化合物的等离子体的环境中进行。从早期的 CF₄ 到现在的 CHF₃，或是 C₂F₆ 和 C₃F₈，都可以用作反应气体。常用气体是 CF₄，它有很高的反应速率但对多晶硅的选择比不好。一些缓冲气体，如 Ar 和 He 等通常被加入到刻蚀气体中。氩气具有用于物理刻蚀的相对大的质量，氦气则质量小，常用于稀释刻蚀气体以增强刻蚀的均匀性。

（2）氮化硅的刻蚀

在硅片制造过程中用到两种氮化硅。一种是硅片加工的初期，700～800℃下在已生长有一层薄的 SiO₂ 硅晶片上用 LPCVD 淀积的一层薄的 Si₃N₄，此 Si₃N₄ 在 STI 氧化物淀积过程中保护有源区，同时在化学机械抛光 CMP 过程中充当抛光的阻挡材料。另一种是低密度的氮化硅膜，是在低于 350℃ 下用 PECVD 淀积的，由于密度低，这种氮化硅膜的刻蚀速率很高。

在现在的半导体刻蚀制备过程中，大多数的干法刻蚀都采用 CHF₃ 与氯气所混合的等离子体来刻蚀 SiO₂。CHF₃ 具有很好的选择性。还可以加入少量的氧气来提高反应速率，这是因为提高了氟原子的浓度。

2）硅的刻蚀

（1）多晶硅的刻蚀

在 MOS 器件的应用中，栅的宽度必须严格控制，它决定了 MOS 沟道的长度并定义漏源电极的边界，与器件的特征信息密切相关，如图 2.30 所示。多晶硅栅的刻蚀工艺必须对下层氧化层有高的选择比，并具有很好的均匀性、可重复性以及很高的各向异性（Anisotropic）。

所谓各向异性刻蚀（Anisotropic Etching）是指刻蚀剂沿基底向各个方向以不同速度对基底进行刻蚀，在优先的方向上以较快的速度刻蚀。当用化学试剂进行刻蚀时，通常采用一些碱性溶液。相反，各

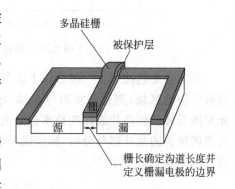

图 2.30　多晶硅导体长度

向同性刻蚀（Isotropic Etching）是指刻蚀剂沿基底向各个方向以相同速度对基底进行刻蚀。当用化学试剂进行刻蚀时，通常采用的试剂是一些酸性溶液。

传统上用来刻蚀多晶硅的化学气体是氟基气体，包括 CF₄、CF₄/O₂、SF₆、C₂F₆/O₂ 和 NF₃。氟原子能加快刻蚀速率，但刻蚀是各向同性，这可以通过增加离子的能量和减少氟原子的数量来改善，但是又会降低多晶硅对二氧化硅的选择比。同时轰击离子的能量又不能过高，以免溅射掉栅氧化层。为了解决这些问题，多晶硅刻蚀气体中通常会含有氯和溴。氯气与多晶硅的反应方程如下

$$Cl_2 \longrightarrow 2Cl \tag{2-13}$$

$$Si + 2Cl \longrightarrow SiCl_2 \tag{2-14}$$

$$SiCl_2 + 2Cl \longrightarrow SiCl_4 \tag{2-15}$$

反应产物之一 SiCl₂ 会形成一层保护膜，保护侧壁，造成各向异性刻蚀。氯产生各向异性的多晶硅刻蚀并对氧化硅有好的选择比，但刻蚀速率比氟原子慢得多。为了兼顾刻蚀速率和选择比，可以在 SF₆ 气体中添加 CCl₄ 和 CHCl₃，SF₆ 的比例越高刻蚀速率越快，而

CCl_4 或 $CHCl_3$ 的比例越高,对 SiO_2 的选择比越高,各向异性越好。溴对氧化硅的选择比比氯还高,在小于 $0.5\mu m$ 的制备中,栅极氧化层厚度小于 100Å,溴的应用更为重要。

（2）单晶硅刻蚀

单晶硅刻蚀主要用于制作沟槽,如器件隔离沟槽或高密度 DRAM IC 中垂直电容的制作。沟槽的制作使得在这些应用中可以占用较小的面积,对于特征尺寸 CD 不断减小的集成电路来说是非常重要的。

在沟槽的制作中,通过在刻蚀气体中加入碳来对侧壁钝化,防止侧壁被横向侵蚀。对于浅槽的等离子体干法刻蚀,可以使用氟气,因为它的刻蚀速率高并对光刻胶有足够的选择比。而对于深槽（如几微米深）常用氯基或溴基气体,这些气体有高的硅刻蚀速率和对氧化硅的高选择比。在高密度等离子体刻蚀中,溴气的应用越来越广泛,因为溴气不需要广泛使用碳来对侧壁进行钝化,可以减少污染的问题。

3）金属的刻蚀

（1）铝的刻蚀

通常用氯基气体来刻蚀铝,铝和氯反应生成具有挥发性的三氯化铝,可以随腔内气体抽走,残留物较少。纯氯刻蚀铝是各向同性的,为了获得各向异性的刻蚀,需要在刻蚀气体中加入聚合物来钝化侧壁,如加入 CHF_3 或从光刻胶中获得的碳。BCl_3 也是常用的添加气体,一方面,BCl_3 极易和湿氧中的氧和水反应,可以吸收腔内的水汽和氧气;另一方面,BCl_3 在等离子体中可以将铝合金表面的自生氧化层还原

$$O + BCl_3 \longrightarrow 2Cl + BOCl \tag{2-16}$$

由于在铝中加入了少量硅和铜,因此如何去除硅和铜也成为铝刻蚀是必须要考虑的问题。如果两者之一未能被刻蚀掉,留下来的硅和铜颗粒就会阻碍颗粒下面的铝的刻蚀,进而形成柱状的残留物。对于硅的刻蚀,可以在氯化物等离子体中进行,硅与氯生成挥发性很好的 $SiCl_4$。然而,$CuCl_2$ 的挥发性不好,铜无法用化学的方式去除,必须以物理方式的离子轰击去除 Cu,适当升高温度也可促使 $CuCl_2$ 的挥发。

金属刻蚀完后,任何在刻蚀工艺中残留的侵蚀性生成物都必须很快中和或从硅片表面去除。对铝刻蚀而言,主要的腐蚀性生成物是 $AlCl_3$ 或 $AlBr_3$,这些生成物会和水反应生成具有强腐蚀性的 HCl 或 HBr,它们会腐蚀铝。因而,在刻蚀工艺中严格控制水蒸气和氧气的含量也是很重要的。

（2）钨的刻蚀

钨的反刻是制作钨塞工艺的第一步。首先是在层间介质 SiO_2 中刻蚀出通孔窗口,然后在覆盖有 TiN 阻挡层的通孔窗口中淀积钨,最后进行干法等离子体反刻以刻蚀掉多余的钨覆盖层,制作出填满钨的通孔,如图 2.31 所示[7]。

干法刻蚀钨用的气体主要是氟基气体（如 SF_6 和 CF_4）或氯基气体（如 Cl_2 和 CCl_4）,例如 SF_6 在等离子体中可被分解,以提供氟原子和钨反应

$$W + 6F \longrightarrow WF_6 \tag{2-17}$$

WF_6 在常温下是气体,很容易被排除。但是,由于氟基气体对氧化硅的选择比差,而氯基气体对氧化硅的选择比好,因此常常在刻蚀气体中加入 N_2 来获得对光刻胶高的选择比,有时也加入氧气以减少碳的淀积。氯基气体能用来刻蚀钨并改善各向异性和选择比。

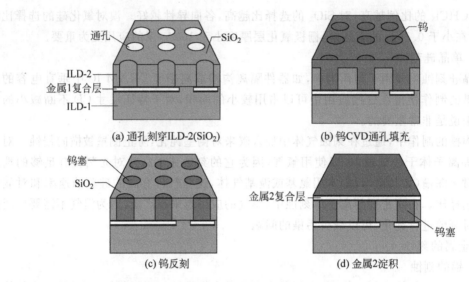

图 2.31　钨的刻蚀

(3) 接触金属的刻蚀

在硅片制造中,难熔金属与硅合金通常被用来制作硅化物,包括 $CoSi_2$、WSi_2、$TaSi_2$ 和 $TiSi_2$。SiO_2 不会与难熔金属形成合金,在接触金属刻蚀中没有反应的金属必须去除。在 MOS 器件制造中,接触金属的刻蚀是很关键的,因为尺寸的控制会影响器件的沟道长度。接触金属的刻蚀可以采用氟基气体或氯基气体。氟基气体在增大刻蚀速率的情况下具有良好的尺寸控制特性。由于形成接触是一个自对准过程,因此在接触金属刻蚀过程中不需要光刻胶做掩蔽层。

2. 湿法刻蚀

湿法刻蚀是半导体制造业最初使用的刻蚀方法,利用溶液与薄膜间的化学反应来去除薄膜未被保护的区域,达到刻蚀的目的。虽然湿法刻蚀现在已大部分被干法刻蚀所取代,尤其是在先进集成电路制作中,但它在漂去氧化硅、去除残留物、表层剥离以及大尺寸图形腐蚀应用方面仍起着重要的作用。

湿法刻蚀常利用氧化剂将刻蚀材料氧化,形成氧化物(如 SiO_2、Al_2O_3),再用另一种溶剂(如 HF、H_3PO_4)来将此氧化物溶解,并随溶液排掉,然后生成新的氧化层。

1) 二氧化硅的刻蚀

在室温下氢氟酸与 SiO_2 的反应速度比较快,是湿法刻蚀 SiO_2 的最佳溶剂。氢氟酸与 SiO_2 膜发生络合反应,反应方程式如下

$$SiO_2 + 6HF \longrightarrow H_2(SiF_6) + 2H_2O \tag{2-18}$$

显然,F^- 和 H^+ 的浓度越大,反应就越快。如果在腐蚀液中加入氟化铵,它电离出的氟离子会抑制 HF 的电离,使刻蚀速率降低,起到缓冲作用。因此,氟化铵称为缓冲剂。

2) 硅的刻蚀

硅的刻蚀可以用硝酸和氢氟酸的混合溶液来进行,其反应原理是硝酸先将材质表面的硅氧化成 SiO_2,然后用氢氟酸将生成的 SiO_2 除掉,反应方程式如下

$$Si + HNO_3 + HF \longrightarrow H_2SiF_6 + HNO_3 + H_2 + H_2O \qquad (2-19)$$

随着刻蚀级数的发展,对于刻蚀的深度和宽度要求越来越精确,这就需要加入缓冲剂来抑制组分的离解。刻蚀硅时常使用的缓冲剂是醋酸。加入醋酸后的刻蚀溶液要比单纯的 HNO_3-HF 溶液刻蚀出的硅片表面更平整。刻蚀速率的调整可以通过调整刻蚀溶液中各组分的比例或添加水稀释溶液来实现。

3) 氮化硅的刻蚀

氮化硅是一种不活泼的致密材料,它的刻蚀比较困难。

氢氟酸虽然可以刻蚀氮化硅,但其反应速率太慢,而且,氮化硅还经常作为 SiO_2 的覆盖层,如果使用氢氟酸刻蚀氮化硅,势必会对下层的 SiO_2 造成严重损伤。现在通常是利用浓度为 85%、温度为 $160\sim170°C$ 的磷酸溶液,采用回流蒸发器来刻蚀。热磷酸对氮化硅和 SiO_2 的选择比大于 20：1,刻蚀速率约为 $60Å/min$。反应方程式如下

$$Si_3O_4 + 4H_3PO_4 + 10H_2O \longrightarrow Si_3O_2(OH)_8 + 4NH_4H_2PO_4 \qquad (2-20)$$

高温磷酸溶液刻蚀氮化硅会造成光刻胶的脱落,所以,在进行有图案的氮化硅湿法刻蚀时,必须使用 SiO_2 作遮蔽层。

4) 铝的刻蚀

在半导体制造中,大多数电极的引线都是由铝膜形成的。在常温下,铝能生成一层氧化膜而稳定。一般来说,刻蚀铝或铝合金是用加热的磷酸、硝酸和醋酸混合溶液进行的,加热的温度是在 $35\sim60°C$ 之间,温度越高则刻蚀越快。反应机理是硝酸先将铝氧化成氧化铝,然后磷酸除去氧化铝。反应方程式如下

$$2Al + 6HNO_3 \longrightarrow Al_2O_3 + 3H_2O + 6NO_2 \qquad (2-21)$$

$$Al_2O_3 + 2H_3PO_4 \longrightarrow 2AlPO_4 + 3H_2O \qquad (2-22)$$

3. 干法与湿法的比较

与湿法刻蚀相比,干法刻蚀具有以下优点：

(1) 刻蚀剖面是各向异性的,具有非常好的侧壁剖面控制;

(2) 好的 CD 控制;

(3) 可以达到最小的光刻胶脱落或粘附问题;

(4) 好的片内、片间、批次间的刻蚀均匀性;

(5) 较低的化学制品使用和处理费用。

它的缺点是：对下层材料差的刻蚀选择比、等离子体带来的器件损伤和昂贵的设备。

而湿法刻蚀具有高的刻蚀选择比,能消除等离子体损伤。

4. 刻蚀技术新的发展

1) 四甲基氢氧化铵(TMAH)湿法刻蚀

TMAH 具有硅刻蚀速率高、晶向选择性好、低毒性和对 CMOS 工艺的兼容性好等优点,但它的价格高,并且在刻蚀表面会形成小丘,影响表面光滑性。

研究表明：TMAH 浓度在 5% 时,刻蚀表面会形成大量小丘,随着浓度的增加,小丘的密度会下降,浓度超过 22% 时,可以得到较为光滑的表面。但 TMAH 的刻蚀速率随浓度的增大而降低,因此要获得光滑的刻蚀表面,增加浓度与提高刻蚀速率形成一对矛盾。

2) 软刻蚀

相对于微制造领域中占主导地位的刻蚀而言,软刻蚀是微图形转移和微制造的一种新方法,其思路是把用昂贵仪器生成的微图形通过中间介质进行简便而又精确的复制,提高微制作的效率,包括微接触印刷、毛细微模塑、溶剂辅助的微模塑、转移微模塑、微模塑、近场光刻等。

软刻蚀一般通过在表面复制出有细微结构的弹性印章(或印模)来转移图形。可以用烷基硫醇"墨水"在金表面印刷,将印模作为模具直接进行模塑,将印模作为光掩膜进行光刻等,过程简单,效率高。软刻蚀不但可以在平面上制作图形,还可以转移图形到曲面表面。它还可以对图形表面的化学性质加以控制,方便地制作出具有特定官能团的图形表面。甚至能复制三维图形,精度达 100nm 以下,弥补了光刻方法的不足。

软刻蚀技术的核心是制作图形转移元件——弹性印章。制作弹性印章的最佳聚合物是聚二甲基硅氧烷(PDMS)。先用光刻的方法在基片上刻出精细图形,在其上浇上 PDMS,固化剥离得到表面复制精细图形的弹性印章。它的化学性质稳定、柔软,与其他材料不粘连。

2.2.8　离子注入

离子注入是一种向硅衬底中引入可控数量的杂质,以改变其电学性能的方法。图 2.32 给出了离子注入的原理图[7],它是一个物理过程,不发生化学反应,在现代硅片制造中有广泛的应用,其中最重要的应用是掺杂半导体材料。离子注入能控制掺杂的浓度和深度,已经成为 $0.25\mu m$ 特征尺寸和大直径硅片制造要求的标准工艺。在集成电路制造中,多道掺杂工序均采用离子注入技术,例如隔离工序中防止寄生沟道用的沟道拦截、调整阈值用的沟道掺杂、CMOS 阱的形成以及漏源区域的形成等主要工序都采用离子注入技术来掺杂,尤其是浅结的形成主要靠离子注入技术来完成。

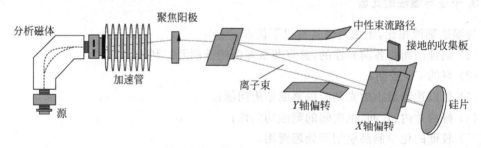

图 2.32　离子注入原理图

1. 离子注入优缺点

离子注入的优点是:

(1) 掺杂的均匀性好。离子注入是用扫描的方法控制杂质的均匀性。

(2) 温度低。注入是在中等温度(小于 125℃)下进行,可以使用像氮化硅、二氧化硅、铝和光刻胶等作掩膜。

(3) 可以精确控制杂质含量。注入剂量在 $10^{11}/cm^2 \sim 10^{17}/cm^2$ 的较宽范围内,同一平面内杂质均匀性和重复性可精确控制在 ±1% 内。

(4) 可以注入各种各样的元素。注入杂质的含量不受硅片平衡固溶度的限制,原则上各种元素均可成为掺杂元素,并可以达到常规方法所无法达到的掺杂浓度,但掺杂剂占据基质格点变为激活杂质是有限的。可以从几十种元素中挑选合适的 N 型或 P 型杂质进行掺杂。

(5) 横向扩展比扩散要小得多。由于离子注入的直进性,注入杂质是按掩膜的图形近乎垂直入射,横向效应比热扩散小得多,这一点有利于特征尺寸的缩小。

(6) 可以对化合物半导体进行掺杂。化合物半导体是两种或多种元素按一定的组分构成的,这种材料经高温处理后,组分可能已发生变化。采用离子注入技术基本不存在上述问题,可以实现对化合物半导体的掺杂。

(7) 注入的杂质离子可以穿过薄膜(如氧化物或氮化物),这就允许在生长栅氧化层之后进行 MOS 管阈值电压的调整,增大了注入的灵活性。

(8) 注入的离子是通过质量分析器选取出来的,离子纯度高,能量单一,从而保证了掺杂浓度不受源杂质浓度的限制。高真空保证了最小沾污。

(9) 离子注入的深度是由离子注入的能量决定的,随浓度的增加而增加。另外,在注入过程中可精确控制电荷量,从而精确控制掺杂的浓度。因此,通过控制注入的能量和剂量,以及多次注入相同或不同的杂质,可以得到各种形式的杂质分布。

离子注入的缺点是:

(1) 高能杂质离子注入会产生缺陷,甚至产生非晶层,必须经过高温退火加以改进;

(2) 产量较小;

(3) 注入设备复杂;

(4) 有不安全因素(如高压、有毒气体);

(5) 会引入沾污。

2. 离子注入的参数

1) 剂量

剂量 Q 是单位面积硅片上表面注入的离子数:

$$Q = \frac{It}{qnA} \tag{2-23}$$

式中,Q 为注入的剂量,单位是离子数每平方厘米(离子数/cm^2);I 为束流,单位为安培(A);t 为注入时间,单位为秒(s);q 为电子电荷量,单位为库伦(C);n 为离子电荷(如 P^{3+} 等于 3),A 为注入面积,单位为平方厘米(cm^2)。

2) 射程

射程是指离子注入的过程中,离子穿入硅片的距离。注入机的能量越高,意味着杂质原子穿入硅片越深,射程越大。由于控制结深就是控制射程,所以能量是注入机的一个很重要的参数。高能注入机的能量大于 200keV,甚至达到 2~3MeV。

注入离子在穿行硅片的过程中与硅原子发生碰撞,导致能量损失,并最终停留在某一深度,如图 2.33 所示[7]。两个主要的能量散失机制是电子阻碍和核阻碍。

电子阻碍是指杂质原子与靶材料自由电子以及束缚电子发生碰撞,并形成电子空穴对。由于两者质量相差非常大,在每次碰撞中,注入离子的能量损失很小,而且散射角度也非常小,虽然经过多次散射,注入离子的运动方向基本不变。

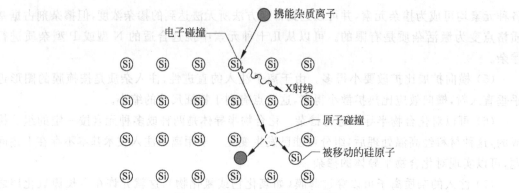

图 2.33　注入杂质原子能量损失

　　核阻碍是杂质原子与靶原子核发生碰撞,由于两者质量相差不大,一般为同一数量级,因此每次碰撞之后,注入离子都可能发生大角度散射,并失去一定的能量。同时,靶原子会因碰撞获得能量,如果获得的能量大于原子束缚能,就会离开原来所在的格点,进入晶格间隙,并产生一个空位,形成缺陷。

　　杂质原子在硅原子间穿过,会在晶体中产生一条受损伤的路径,损伤的情况取决于杂质原子的轻重。轻杂质原子擦过硅原子,损失的能量很少,并沿大角度偏转。而重杂质原子与硅原子碰撞会损失较多能量,散射角很小。

3. 辐射损伤和退火

1) 辐射损伤

　　在离子注入的过程中,衬底材料不可避免地要受到损伤。进入靶内的原子,通过碰撞把能量传递给靶原子核及其电子,杂质原子不断损失能量,最终会停留在某一深度。入射的杂质原子可以停留在间隙位置形成间隙杂质,也可以占据靶原子的位置成为替位杂质,同时靶原子会获得能量。如果靶原子获得的能量足够高,就会摆脱原来晶格的束缚,进入间隙位置,而原来的位置则会形成空位。这种情况下,靶的晶体结构就会出现局部的无序状态,产生缺陷。这种由离子注入导致的缺陷称为辐射损伤。

　　辐射损伤可以是一种级联过程,因为被转移的靶原子可以将能量依次传递给其他靶原子,形成更多的缺陷。当注入离子数目增多时,这种缺陷可能重叠和扩大形成复杂的损伤,再加上靶材料原来固有的缺陷,会形成更为复杂的损伤复合体。严重时晶体完全被打乱而形成无序的非晶层。图 2.34 为离子注入时形成级联过程的示意图。

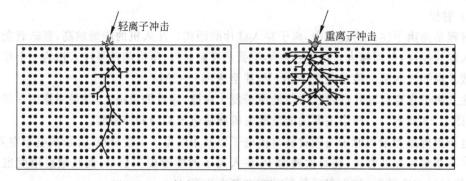

图 2.34　入射离子在硅靶内碰撞产生级联的过程

2）退火

采用离子注入进行掺杂的硅片,必须消除晶格损伤,并使注入的杂质转入替位位置以实现激活。在一定温度下,将注有离子杂质的硅片经过一定的热处理,硅片中的损伤就可能部分或大部分得到修复,注入的杂质也会按一定比例激活,这个过程称为退火。

修复晶格损伤大约需要 500℃,激活杂质原子大约需要 950℃。杂质的激活与温度和时间有关,温度越高,时间越长,杂质激活得越充分。

硅片退火有两种基本方法:高温炉退火和快速热退火。

高温炉退火是一种传统的退火方式,用高温炉将硅片加热到 800～1000℃ 并保持30min。在此温度下,硅原子重新回到晶格位置,杂质原子也能替代硅原子进入晶格,但是,在这样的温度和时间下进行热处理,会导致杂质的扩散。

快速热退火是用极快的升温和在目标温度(一般是在 1000℃)短暂的持续时间对硅片进行处理,通常是在通入 Ar 或 N_2 的快速热处理机中进行的。快速的升温和短暂的持续时间能够在激活杂质、修复晶格缺陷和最小化杂质扩散三者之间取得优化。

快速退火技术目前有脉冲激光、脉冲电子束与离子束、扫描电子束、连续波激光以及非相干宽带光源(如卤灯、电弧灯、石墨加热器、红外设备)等。它们都可以在瞬时将硅片的某个区域加热到所需温度,在较短时间(10^{-3}～10^{-2}s)内完成退火。

退火工艺的选择对器件的性能是至关重要的,不同的掺杂离子、掺杂剂量和注入时的温度所要求的退火工艺也不同。表 2.8 给出了一般情况下,在硅中进行离子注入后,不同的退火温度所能达到的目标[17]。

表 2.8　硅中进行离子注入后在不同温度下所能实现的目标

温度/℃	退火实现的目标
450	部分激活,迁移率为体内值的 20%～50%
550	低剂量 B(10^{15}/cm²)50% 被激活,其他元素部分激活
600	非晶体材料再结晶;大剂量 P(10^{15}/cm²)及 As(10^{14}/cm²)50% 被激活;迁移率为体内值的 50%
800	大剂量 B(10^{15}/cm²)20% 被激活;所有其他元素 50% 被激活
950	全部激活;达到体内迁移率数值;少子寿命完全恢复

4. 发展趋势

在可预见的未来一段时间内,离子注入还将在半导体掺杂中保持重要的地位。

在超低能量领域,传统的离子源难以产生需要的粒子速流。等离子体源可以提供大的粒子束流,从而可在低能量下进行大剂量的注入。但其缺点是不能进行离子分选,因此多种粒子的复合物被注入到硅片内。尽管有此缺点,等离子体源离子注入作为高剂量、低能量的掺杂方法仍在研究当中。

通过杂质层的扩散来获得极浅的结仍具有极大的吸引力,因为它不像注入损伤会带来瞬时增强扩散的问题。通过掺杂过渡层的外扩散形成 MOS 器件的超浅顶层或扩散区。掺入的杂质受固溶度的限制,由于不会伴随着损伤,因此有可能提供最小的结深[21]。

2.3 CMOS 工艺流程

2.3.1 基本工艺流程

集成电路制造最基本的 4 个工艺是氧化、光刻(广义的光刻包含刻蚀)、掺杂(扩散和离子注入)与淀积,我们可将它们分成横向工艺和纵向工艺。横向工艺即图形的发生和转移,又称为光刻,包括曝光、显影、刻蚀等;纵向工艺包含掺杂、热氧化、淀积等。微电子技术发展到今天,CMOS 工艺占据着主流的位置。因此,本节将整合各个单项工艺技术简单介绍一个完整的 N 阱 CMOS 工艺流程,以此加深对单项工艺技术的理解。该例中所使用的光刻胶都是正胶。

CMOS 制造的主要步骤如下:

1. N 阱的形成

利用氧化光刻工艺在硅片上定义出 N 阱区,并在所定义的 N 阱区域扩散或离子注入 N 型杂质,如图 2.35 所示。

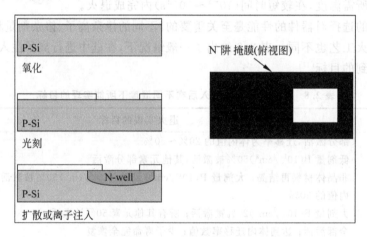

图 2.35 定义 N 阱区

2. 定义有源区

在硅片上生长一层薄的 SiO_2 层,然后在 SiO_2 薄层上淀积一层 Si_3N_4 层。生长 SiO_2 的目的是为了减小 Si_3N_4 层对硅衬底的应力。利用氧化光刻工艺定义出有源区,所定义的有源区包括晶体管区域(即 NPN 和 PNP 区域)、栅区以及源漏区,如图 2.36 所示。

3. 沟道调节离子注入

利用光刻工艺,在 N 阱区域使用光刻胶进行掩蔽,接着采用硼离子注入来调整 NMOS 器件的阈值电压 V_{th},这一步称为沟道调节离子注入,如图 2.37 所示。类似使用光刻胶掩蔽制作 NMOS 器件的区域,对 N 阱进行沟道调节离子注入,调整的是 PMOS 的阈值电压。

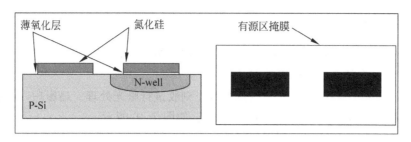

图 2.36 定义有源区

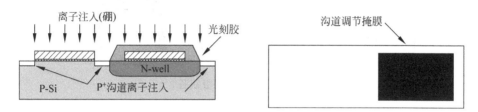

图 2.37 沟道调节离子注入

4. 局部硅氧化

去除上面步骤中使用的光刻胶,重新在硅圆片上长一层厚的 SiO_2 层。这一步中,凡是硅圆片上面覆盖 Si_3N_4 的区域都不会发生氧化反应。这步工艺被称为局部硅氧化(LOCal Oxidation of Silicon,LOCOS)工艺,如图 2.38 所示。

5. 生长栅氧化层

腐蚀剩余 Si_3N_4 和硅片上薄的 SiO_2 层,然后再重新生长一层更薄的 MOS 器件栅氧化层,如图 2.39 所示。之所以要去除后再重新生长,是因为原来的那层氧化层虽然也称为薄氧化层,但是作为栅氧化层仍然太厚,而且在前面的工艺中已经承受了离子注入的轰击,使得氧化层中存在各种缺陷和损伤。

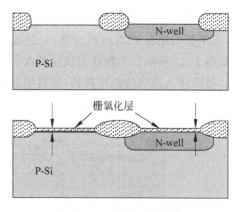

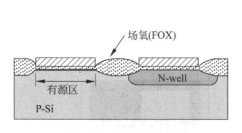

图 2.38 局部硅氧化

图 2.39 生长栅氧化层

6. 制备多晶硅栅极

在硅圆片上先淀积多晶硅薄膜,然后使用一层无掩蔽层的离子注入工艺对多晶硅层进行掺杂,以形成具有较低薄层电阻的多晶硅层。

在硅圆上旋涂光刻胶,利用光刻胶掩膜对光刻胶进行曝光处理。显影后,刻蚀掉不需要的多晶硅薄膜,定义出 NMOS 和 PMOS 的栅极,如图 2.40 所示。

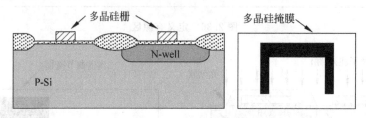

图 2.40　多晶硅栅极制备

7. 制备 PMOS

采用对准工艺在 N 阱里面制备 PMOS。首先利用光刻胶对 NMOS 区域进行保护,然后对 PMOS 区域进行 P 型杂质注入(硼),这样就在 N 阱里面形成 PMOS 漏源区,如图 2.41 所示。

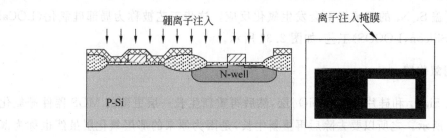

图 2.41　制备 PMOS

8. 制备 NMOS

采用类似制备 PMOS 的步骤,只是这次对硅表面操作的区域不一样,注入的杂质是 N 型,如图 2.42 所示。一般在完成这两次离子注入之后,还要进行退火处理,激活注入的各种杂质,消除注入造成的晶格损伤,并将源漏区 PN 结推进到最终所需的深度。

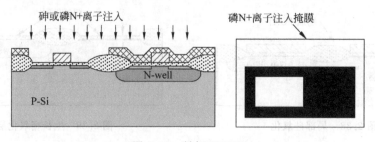

图 2.42　制备 NMOS

9. 接触孔的形成

在制作接触孔之前,先在整个硅圆片表面沉积一层新的 BPSG 厚氧化层,BPSG 有低的回流温度,可以为后续层提供更平坦的表面。然后利用光刻工艺定位,需要做接触孔区域的氧化层被刻蚀到硅表面,以此来形成接触孔,如图 2.43 所示。

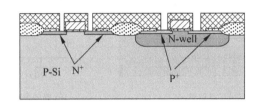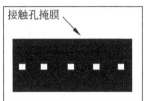

图 2.43 形成接触孔

10. 互连布线的形成

在晶圆上淀积金属铝或铜,然后利用光刻工艺将不需要的部分刻蚀掉,这就形成了该层金属布线,如图 2.44 所示。现代 CMOS 一般都是多层布线,使用的方法类似以上介绍的接触孔和形成互连布线这两个步骤。

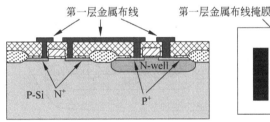

图 2.44 互连布线

2.3.2 闩锁效应及其预防措施

由于 CMOS 逻辑电路近乎于零的静态功耗使得 CMOS 工艺应用日益广泛。然而,在 CMOS 电路中会产生一个严重的问题,就是闩锁效应。如图 2.45 所示的 CMOS 器件,很容易产生寄生 PNP 双极型晶体管 Q1 和寄生 NPN 晶体管 Q2。由于 N 阱和衬底均有一定的电阻,因而 Q1 和 Q2 的基区分别与电源 V_{DD} 和地 GND 之间存在一个非零的电阻。此等效寄生电路如图 2.45(b)所示。Q1 和 Q2 形成正反馈环路。当有电流注入 $R_{p\text{-}sub}$,使 Q2 的基极电位增加,I_{C2} 增大,$R_{N\text{-}well}$ 上的压降增加,$|I_{C1}|$ 增大,导致 $V_{RP\text{-}sub}$ 进一步上升。如果环路增益大于或等于 1,这种现象将持续下去,直至两个晶体管都完全导通,从 V_{DD} 抽取很大的电流,此时称该电路被闩锁[17]。

闩锁效应通常发生在使用大尺寸数字输出缓冲器的情况下,这种电路容易通过晶体管较大的漏结电容向衬底注入大电流,或通过正偏源衬二极管向衬底注入大电流。

为了防止闩锁效应,需要在设计时确保图 2.45(b)中的环路增益小于 1。适当选择掺杂浓度和分布以及版图设计规则可以保证寄生电阻和双极晶体管的电流增益都很小。此外,

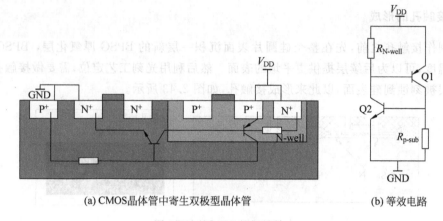

(a) CMOS晶体管中寄生双极型晶体管　　　　(b) 等效电路

图 2.45　CMOS 的闩锁效应

电路的版图包括衬底接触孔和 N 阱接触孔的间隔都应该相当小,以便使其接触电阻最小; NMOS 和 PMOS 器件应该保持一定距离并采用厚氧化层隔离;也可以在 NMOS 和 PMOS 器件外加上保护环来避免闩锁效应的产生,如图 2.46 所示。

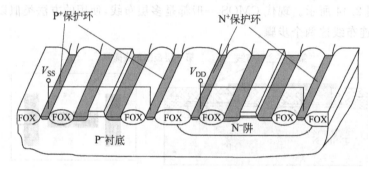

图 2.46　闩锁效应的防止措施

复习题

(1) 集成电路制造的基本要求是什么?

(2) 简述集成电路制造的基本流程。

(3) 什么是半导体级硅? 如何得到半导体级硅?

(4) 什么叫晶胞、晶向、晶面?

(5) CZ 单晶生长法和 FZ 单晶生长法得到的单晶硅有何不同?

(6) 硅中的晶体缺陷主要有哪 3 种? 各自产生的原因是什么?

(7) 简述硅片制备的基本过程。

(8) 请画出 SiO_2 四面体的结构简图,并简述 SiO_2 的主要性质。

(9) 比较硅的干氧氧化和湿氧氧化的异同。

(10) 目前铜金属化技术不能使铜取代铝成为集成电路中的主要金属薄膜的原因是什么?

(11) 什么叫同质外延? 什么叫异质外延?

(12) 不同的 CVD 淀积法的特点是什么?

（13）一个典型的光刻工艺的流程是什么？

（14）什么是正光刻胶？什么是负光刻胶？各自有什么优势？

（15）对光刻掩膜版的质量要求有哪些？

（16）下一代光刻工艺的趋势是什么？

（17）什么是干法刻蚀？什么是湿法刻蚀？二者的特点是什么？

（18）离子注入的作用有哪些？

（19）为什么离子注入后需要退火？

（20）请绘出 N 衬底硅栅 PMOS 管制作过程各步骤中结构变化的剖面图。

（21）什么是 CMOS 晶体管的有源区？可采用什么工艺来调整 CMOS 的阈值电压？

（22）什么是 CMOS 的闩锁效应？如何进行预防？

参考文献

[1] Texas Instruments. The chip that Jack Kilby changed the world. Texas Instruments，September 1997. www. ti. com/corp/docs/kilbyctr/jackbuilt. shtml.

[2] G. Moore. The role of Fairchild in silicon technology in the early days of 'Silicon Valley' Proc. IEEE，1998,86(1)：62～63.

[3] Michael Quirk，Julian Serda. Semiconductor Manufacturing Technology. Prentice Hall，United States Ed edition,2000.

[4] Sami Franssila 著.刘景全，朱军，程秀兰等译.微加工导论.北京：电子工业出版社,2006.

[5] Peter Van Zant 著.赵树武等译.芯片制造——半导体工艺制成实用教程.第四版.北京：电子工业出版社,2004.

[6] 刘玉岭，李薇薇，周健伟.微电子化学技术基础.北京：化学工业出版社,2005-07：109～115.

[7] Michael Quirk，Julian Serda 著.韩郑生译.半导体制造技术.北京：电子工业出版社,2004.

[8] 何杰，夏建白.半导体科学与技术.北京：科学出版社,2007.

[9] 世界 300mm 晶圆生产和 450mm 晶圆发展大势.电子产品世界,http://www. eepw. com. cn/article/144485. html.

[10] C. Pearce. Crystal Growth and Wafer Preparation. VLSI Technology,2nd ed. Boston：McGraw -Hill,1988.

[11] S. Sze. VLSI Technology. 2nd Ed. ，New York：McGraw Hill Co. 1994：102.

[12] K. Bachman. The Materials Science of Mocro-electronics. New York：VCH Publishers,1995.

[13] S Society of Chemical Engineers of Japan, eds. , Introduction to VLSI Process Engineering. New York：Chapman and Hall,1993.

[14] 关旭东.硅集成电路工艺基础.北京：北京大学出版社,2003.

[15] 晶列、晶面和密勒指数. spe. sysu. edu. cn/course/course/10/build/lesson1-4. htm.

[16] 蔡懿慈，周强.超大规模集成电路设计导论.北京：清华大学出版社,2005.

[17] 张亚非.半导体集成电路制造技术.北京：高等教育出版社,2006.

[18] 杨向荣，张明，王晓临，曹万强.新型光刻技术的现状与进展.材料导报,2007,21(5)：102～104.

[19] 庄同曾.集成电路制造技术—原理与实践.北京：电子工业出版社,1987.

[20] 李薇薇，王胜利，刘玉岭.微电子工艺基础.北京：化学工业出版社,2007.

[21] （美）Plummer,J. D. 等著.严利人等译.硅超大规模集成电路工艺技术——理论、实践与模型.北京：电子工业出版社,2005.

第 3 章

MOSFET

场效应晶体管(Field Effect Transistor,FET,又称场效应管)由多数载流子参与导电,也称为单极型晶体管。它属于电压控制型半导体器件,是集成电路中的一种重要微电子器件。通常分为三大类:结型栅场效应晶体管(Junction Field Effect Transistor,JFET)、肖特基势垒栅场效应晶体管(又称金属-半导体场效应晶体管 Metal-Semiconductor Field Effect Transistor,MESFET)和绝缘栅场效应晶体管(Insulated Gate Field Effect Transistor,IGFET)。与双极型晶体管相比,场效应晶体管有以下优点:

(1) 输入阻抗高;

(2) 温度稳定性好;

(3) 噪声较小;

(4) 没有少子存储效应,开关速度快;

(5) 大电流情况下,跨导稳定性好;

(6) 功耗低;

(7) 制造工艺简单。

当 IGFET 采用 SiO_2 作为绝缘层时,又称金属-氧化物-半导体场效应晶体管,简称 MOSFET。实际上现在许多 IGFET 的栅都采用多晶硅材料,绝缘层也不一定是 SiO_2,但这种 IGFET 仍然被习惯称为 MOSFET。

随着集成电路的发展,CMOS 集成电路所占市场份额越来越大,MOSFET 器件的重要性也更显突出,本章将介绍 MOSFET 的基本结构与特性,为后续集成电路的分析与设计奠定基础。

3.1 MOSFET 的结构与特性

3.1.1 MOSFET 结构

根据 MOSFET 器件沟道材料掺杂类型的不同,MOS 器件又分为 N 型 MOS 器件和 P 型 MOS 器件,简称 NMOS 和 PMOS。本节以 NMOS 为例,首先简单介绍 MOSFET 的结构与特性。NMOS 器件的简化模型如图 3.1 所示,器件制作在 P 型衬底(衬底也称作 Bulk 或 Body)上,两个重掺杂的 N 型区(N^+ 区)形成源端(Source,S)和漏端(Drain,D),源端和漏端为对称结构,重掺杂的多晶硅区作为栅极(Gate,G),一层薄 SiO_2 将栅和衬底隔离。栅氧下的衬底区是 MOSFET 器件的有效作用区。沿着源漏方向的栅的长度称为栅长 L,与之垂直的栅的尺寸称为栅宽 W。由于在制作过程中存在源漏结的横向扩散,使源漏间的距离略小于 L。为了避免混淆,定义 $L_{eff} = L_{drawn} - 2L_D$,式中 L_{eff} 称为有效沟道长度,L_{drawn} 称为沟道总长度,而 L_D 是横向扩散长度,L_{eff} 和栅氧厚度 t_{ox} 对 MOS 电路的性能起着非常重要的作用。因此,MOS 技术的不断发展源于在不使 MOS 器件其他参数退化前提条件下,一代一代地减小其栅长和栅宽的尺寸。在本书中,除非特别说明,以后均用 L 来表示有效沟道长度。

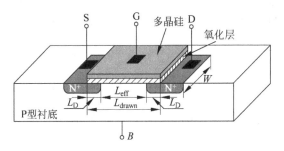

图 3.1 MOS 器件的结构

虽然 MOS 器件是对称的,但两个 N^+ 区的作用是不一样的,定义两个 N^+ 区中提供载流子(例如在 NMOS 中源端提供电子)的区域为源区,收集载流子的 N^+ 区为漏区。当 MOS 器件 D、S、G 3 个端子的电压变化时,源端和漏端是可以互换的。

实际上,衬底的电位对器件的性能也具有重要的影响,衬源/衬漏结二极管都必须反偏才不致使衬底产生贯穿整个芯片的衬底漏电流,所以 MOSFET 应该是一个四端器件,在 NMOS 中衬底要接最低电位,而 PMOS 衬底要接最高电位[1]。

第一个 MOSFET 器件诞生于 1960 年,当时采用的是热氧化硅衬底,器件沟道长度为 $25\mu m$,栅极氧化层厚度为 100nm。虽然目前 MOSFET 尺寸已经大幅度减小,然而第一个 MOSFET 所采用的硅基以及热氧化 SiO_2 仍然是最佳组合[2]。

3.1.2 MOSFET 电流-电压特性

1. 阈值电压

考虑如图 3.2 所示的 NMOS 器件,当栅极电压 V_G 从 0V 开始上升时,P 型衬底中的空穴被赶离栅氧化层下面的衬底表面,留下的受主负离子,正好镜像栅极上的正电荷,形成一个耗尽层。这时,由于没有载流子的流动,电流为零。

随着栅极电压的增大,耗尽层纵向宽度增加、栅氧化层与硅界面处的电位升高,从某种意义上讲,这种结构类似两个电容的串联:栅氧化层电容和耗尽区电容。当界面电势足够高时,电子从源端流向硅表面,并最终流到漏端。这时源漏之间及栅氧层下的硅衬底表面层便形成了载流子的通道,晶体管导通,通常称之为界面"反型"。形成沟道所对应的栅极电压称为"阈值电压",用 V_{th} 表示。如果 V_G 进一步增加,耗尽区的电荷保持相对稳定,而沟道电荷密度进一步增加,导致源漏电流继续增大。

阈值电压又称开启电压,是 MOSFET 器件的重要参数。在半导体物理学中,V_{th} 定义为半导体表面处的平衡少子浓度等于体内的平衡多子浓度时的栅极电压:

$$V_{th} = \phi_{MS} + 2\phi_F - Q_{ox}/C_{ox} - Q_S/C_{ox} \qquad (3-1)$$

式中,ϕ_{MS} 是多晶硅或金属栅和衬底的功函数差,$\phi_F = (kT/q)\ln(N_{sub}/n_i)$ 为衬底的费米能势,q 是电子电荷(其值为 1.602×10^{-19} C),N_{sub} 是衬底掺杂浓度,C_{ox} 是单位面积的栅氧化层电容,Q_{ox} 是栅氧化层内的有效电荷面密度,Q_S 是半导体中的电荷面密度,可分为反型层中的少子电荷面密度 Q_n 和耗尽区中的多子电离子电荷的面密度 Q_A,即 $Q_S = Q_n + Q_A$,通常情况下 $Q_n \ll Q_A$,故 $Q_S \simeq Q_A$。其中,$Q_A = -\sqrt{4q\varepsilon_i|\phi_F|N_{sub}}$,$\varepsilon_i$ 表示硅的相对介电常数。在器件的制造过程中可通过向沟道区注入杂质来调整阈值电压,其实质是改变氧化层界面处衬底的掺杂浓度。

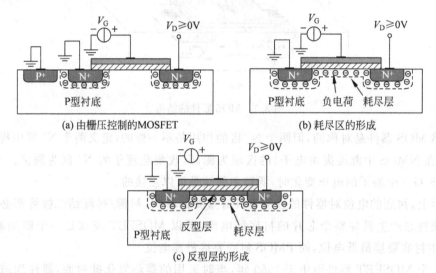

图 3.2   NMOS 器件导通过程

PMOS 器件的导通过程类似于 NMOS,只是其所有的极性都是相反的,如图 3.3 所示,如果栅源电压足够"负",在氧化层与硅界面处就会形成一个由空穴组成的反型层,从而为源漏之间提供一个导电通道。

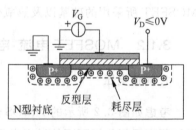

图 3.3   PMOS 器件结构示意图

2. 线性区与饱和区

针对图 3.2 所示的 NMOS 器件,首先考虑在栅极上施加一正偏电压,并在半导体表面产生反型。若在漏极施加一个较小的正电压,电子将会由源极经沟道流向漏极,沟道的作用就如同电阻一样,漏极电流 I_D 与漏极电压成比例,如图 3.4(a)右侧恒定电阻直线所示的线性区(Linear Region)或三极管区(Triode Region)。

当漏极电压持续增加时,在靠近漏区,也即 $y = L$ 处的反型层厚度 x_i 将趋近于零,如图 3.4(b)所示,此处称为夹断点 P(Pinch-off Point)。发生夹断的漏极的电压定义为饱和漏电压 $V_{DS(sat)}$,也有资料记作 V_{on},当 $V_{DS} = V_{DS(sat)} = V_{on}$ 时,MOS 管开始进入饱和区(Saturation Region)。超过夹断点后,漏极的电流基本上维持不变,称漏极电流达到饱和,因为即使增加漏极电压,I_D 几乎为一常数,主要的差别只是 L 缩减为 L',如图 3.4(c)所示。

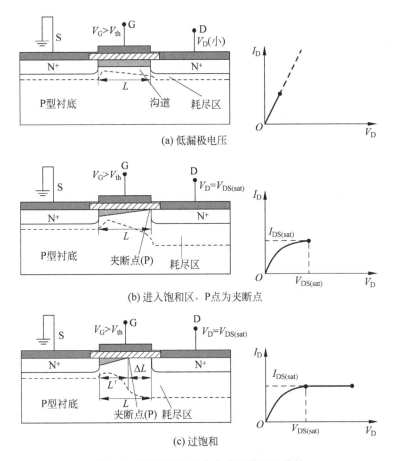

图 3.4 MOSFET 工作方式及其 I-V 特性

3. MOSFET 器件的 I-V 特性

众所周知,电流等于沿电流方向的电荷密度 Q_d(C/m)与电荷移动速度 v(m/s)的乘积

$$I = Q_d v \qquad (3\text{-}2)$$

假设初始时刻 NMOS 的源端和漏端都接地,在 $V_{GS} = V_{th}$ 时开始反型,当 $V_{GS} \geqslant V_{th}$ 时,在沟道内产生反型电荷,该电荷与栅电荷镜像,设沟道电荷均匀,其电荷密度(单位长度电荷)为

$$Q_d = W C_{ox}(V_{GS} - V_{th}) \qquad (3\text{-}3)$$

式中,C_{ox} 与 W 相乘表示单位长度的栅氧化层电容。

当漏极电压大于 0V 时,沟道电势从源极的 0V 变化到漏极的 V_D,栅和沟道之间局部电压差从 V_G 变化到 $V_G - V_D$。因此,沿沟道 x 点处的电荷密度可表示为

$$Q_d(x) = W C_{ox}(V_{GS} - V_{th} - V(x)) \qquad (3\text{-}4)$$

式中,$V(x)$ 为 x 点处的沟道电势。

将式(3-4)代入式(3-2)中可得到

$$I_D = -W C_{ox}[V_{GS} - V(x) - V_{th}]v \qquad (3\text{-}5)$$

式(3-5)中负号是因为载流子电荷为负,v 表示沟道电子的漂移速度。又因为 $v = \mu E$,$E =$

$-\mathrm{d}V/\mathrm{d}x$,可得

$$I_{\mathrm{D}} = WC_{\mathrm{ox}}[V_{\mathrm{GS}} - V(x) - V_{\mathrm{th}}]\mu_{\mathrm{n}}(\mathrm{d}V/\mathrm{d}x) \tag{3-6}$$

利用边界条件:$V(0)=0$ 和 $V(L)=V_{\mathrm{DS}}$。两边积分可得

$$\int_0^L I_{\mathrm{D}}\mathrm{d}x = \int_0^{V_{\mathrm{DS}}} WC_{\mathrm{ox}}\mu_{\mathrm{n}}[V_{\mathrm{GS}} - V(x) - V_{\mathrm{th}}]\mathrm{d}V \tag{3-7}$$

由于 I_{D} 沿沟道方向是常数,所以

$$I_{\mathrm{D}} = \mu_{\mathrm{n}}C_{\mathrm{ox}}\frac{W}{L}\left[(V_{\mathrm{GS}} - V_{\mathrm{th}})V_{\mathrm{DS}} - \frac{1}{2}V_{\mathrm{DS}}^2\right] \tag{3-8}$$

式中,L 为有效沟道长度,$(V_{\mathrm{GS}} - V_{\mathrm{th}})$ 被称为"过驱动电压(Overdrive Voltage,记为 V_{OV})",W/L 则被称为"宽长比"。

假定 V_{GS} 为常数,则 I_{D} 与 V_{DS} 之间为一抛物线的函数关系,显然极值发生在 $V_{\mathrm{DS}}=V_{\mathrm{GS}}-V_{\mathrm{th}}$ 时,且峰值电流为

$$I_{\mathrm{Dmax}} = \frac{1}{2}\mu_{\mathrm{n}}C_{\mathrm{ox}}\frac{W}{L}(V_{\mathrm{GS}} - V_{\mathrm{th}})^2 \tag{3-9}$$

当 $V_{\mathrm{DS}}<V_{\mathrm{GS}}-V_{\mathrm{th}}$ 时,MOSFET 器件工作于线性区,如图 3.4(a)所示。由式(3-8)可以看出,如果 $V_{\mathrm{DS}}\ll 2(V_{\mathrm{GS}}-V_{\mathrm{th}})$,则

$$I_{\mathrm{D}} \approx \mu_{\mathrm{n}}C_{\mathrm{ox}}\frac{W}{L}(V_{\mathrm{GS}} - V_{\mathrm{th}})V_{\mathrm{DS}} \tag{3-10}$$

此时称 MOSFET 器件工作于"深线性区"或"深三极管区"。源漏之间的沟道可以用一个线性电阻来表示,这个电阻为

$$R_{\mathrm{on}} = \frac{1}{\mu_{\mathrm{n}}C_{\mathrm{ox}}\dfrac{W}{L}(V_{\mathrm{GS}} - V_{\mathrm{th}})} \tag{3-11}$$

这样,MOSFET 就可以作为一个阻值由过驱动电压控制的电阻(只要满足 $V_{\mathrm{DS}}\ll 2(V_{\mathrm{GS}}-V_{\mathrm{th}})$),图 3.5 表达了这一概念。

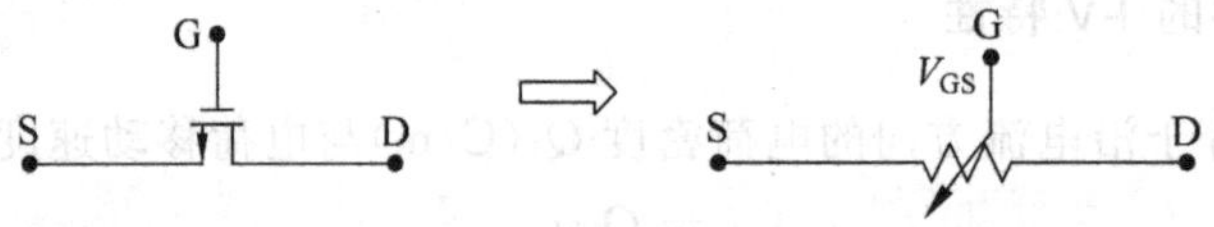

(a) MOSFET的一般表示法　　(b) MOSFET用于可控线性电阻的等效表示法

图 3.5　用于可控线性电阻的 MOSFET

当 $V_{\mathrm{DS}}\geqslant V_{\mathrm{GS}}-V_{\mathrm{th}}$ 时,器件工作于"饱和区",I_{D} 相对稳定,如图 3.4(b)所示。随着 V_{DS} 进一步增大,夹断点 P 逐渐向源端移动。对式(3-7)积分得到

$$I_{\mathrm{D}} = \frac{1}{2}\mu_{\mathrm{n}}C_{\mathrm{ox}}\frac{W}{L'}(V_{\mathrm{GS}} - V_{\mathrm{th}})^2 \tag{3-12}$$

其中,L'是 P 点的位置。如果 L'近似等于 L,则 I_{D} 与 V_{DS}无关。

对于 MOSFET 器件而言,一般认为 L'近似等于 L。于是总结上述分析,可得 NMOS 器件的漏电流与漏源电压的 I-V 特性如下:

(1) 截止区

条件:$V_{\mathrm{GS}}<V_{\mathrm{th}}$

$$I_{\mathrm{D}} = 0 \tag{3-13}$$

（2）线性区

条件：$V_{GS} \geqslant V_{th}, V_{DS} < V_{GS} - V_{th}$

$$I_D = \mu_n C_{ox} \frac{W}{L} \left[(V_{GS} - V_{th}) V_{DS} - \frac{1}{2} V_{DS}^2 \right] \tag{3-8}$$

（3）饱和区

条件：$V_{GS} \geqslant V_{th}, V_{DS} \geqslant V_{GS} - V_{th}$

$$I_D = \frac{1}{2} \mu_n C_{ox} \frac{W}{L} (V_{GS} - V_{th})^2 \tag{3-14}$$

图 3.6 给出了 NMOS 器件的 I-V 特性曲线。

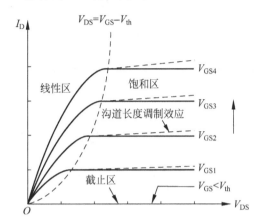

图 3.6　NMOS 器件的 I-V 特性曲线

对于 PMOS 器件，式（3-8）和式（3-14）分别表示为

$$I_D = -\mu_p C_{ox} \frac{W}{L} \left[(V_{GS} - V_{th,P})^2 V_{DS} - \frac{1}{2} V_{DS}^2 \right] \tag{3-15}$$

$$I_D = -\frac{1}{2} \mu_p C_{ox} \frac{W}{L} (V_{GS} - V_{th,P})^2 \tag{3-16}$$

式（3-15）和式（3-16）中的负号是由于假定漏电流从漏极流向源极，而空穴沿相反的方向移动。由于空穴的迁移率是电子的 $1/2 \sim 1/4$，所以，与 NMOS 相比，PMOS 具有较低的电流驱动能力。

MOSEFET 工作于饱和区时，其电流受栅过驱动电压的控制，定义一个性能系数来表征电压转换电流的能力，该性能系数称为跨导 g_m，定义为漏电流的变化量与栅源电压变化量的比值。

$$g_m = \left. \frac{dI_D}{dV_{GS}} \right|_{V_{DS,const}} = \mu_n C_{ox} \frac{W}{L} (V_{GS} - V_{th}) \tag{3-17}$$

g_m 也可以表示成

$$g_m = \sqrt{2 \mu_n C_{ox} \frac{W}{L} I_D} = \frac{2 I_D}{V_{GS} - V_{th}} \tag{3-18}$$

4. 沟道调制效应

当图 3.4(c) 中 L' 与 L 有较大差异时，即当栅和漏之间的电压差增大时，MOSFET 实际

的反型沟道长度 L' 减小程度增加,这说明式(3-12)中 L' 实际上是 V_{DS} 的函数。这一效应称为"沟道调制效应"。

定义 $L'=L-\Delta L$。对式(3-12)两边求导,有

$$\frac{\mathrm{d}i_D}{\mathrm{d}v_{DS}} = -\frac{k'W}{2L'^2}(v_{GS}-V_{th})^2\frac{\mathrm{d}L'}{\mathrm{d}v_{DS}} = \frac{I_D}{L'}\frac{\mathrm{d}\Delta L}{\mathrm{d}v_{DS}} \equiv \lambda I_D \tag{3-19}$$

式中,$k'=\mu_n C_{ox}$,$\lambda = \dfrac{\mathrm{d}\Delta L}{L'\mathrm{d}v_{DS}}$ 称为沟道长度调制系数。于是,在饱和区,我们可以得到考虑沟道调制效应的 MOSFET 的 I-V 特性,可由式(3-20)表示

$$i_D \approx I_{D(v_{DS}=V_{on})} + \frac{\mathrm{d}i_D}{\mathrm{d}v_{DS}}v_{DS} = I_{D(v_{DS}=V_{on})}(1+\lambda V_{DS})$$

$$= \frac{1}{2}\mu_n C_{ox}\frac{W}{L}(V_{GS}-V_{th})^2(1+\lambda V_{DS}) \tag{3-20}$$

如图 3.6 所示,沟道调制效应使得 I_D-V_{DS} 特性曲线在饱和区出现非零斜率,使漏源之间的电路非理想。参数 λ 表示给定的 V_{DS} 增量所引起的沟道长度的相对变化量。对于较长沟道,λ 值较小。图 3.6 中,$V_{GS4}>V_{GS3}>V_{GS2}>V_{GS1}$。

考虑到沟道长度调制,g_m 的某些表达式也要进行修正。式(3-17)和式(3-18)第一式被修正为

$$g_m = \mu_n C_{ox}\frac{W}{L}(V_{GS}-V_{th})(1+\lambda V_{DS}) \tag{3-21}$$

$$g_m = \sqrt{2\mu_n C_{ox}\frac{W}{L}I_{DS}(1+\lambda V_{DS})} \tag{3-22}$$

而式(3-18)第二式保持不变。

5. 衬偏效应(体效应)

在图 3.4 的分析过程中,未加说明地假设 MOSFET 的衬底和源端都是接地的。如果 NMOS 的衬底电压减小到低于源电压时,如图 3.7 所示,将会发生什么情况呢?

假设 $V_S=V_D=0$,而且 V_G 略小于 V_{th} 以使栅下形成耗尽层,但没有反型层。当 V_B 变得更负时,将有更多的空穴被吸引到衬底电极,而同时留下大量的负电荷,这使耗尽层变得更宽。由于

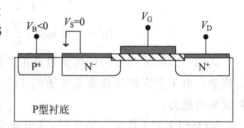

图 3.7 衬底加负电压的 NMOS 器件

阈值电压是耗尽层电荷 Q_d 总数的函数,因为在反型层形成之前,栅极电荷必定镜像 Q_d,因此,随着 V_B 的下降,Q_d 增加,V_{th} 也增加。这称为"衬偏效应"或"体效应"或"背栅效应"。

可以证明,在考虑了衬偏效应后,V_{th} 为

$$V_{th} = V_{th0} + \gamma(\sqrt{|2\phi_F+V_{SB}|}-\sqrt{|2\phi_F|}) \tag{3-23}$$

式中,V_{th0} 为无衬偏效应下的阈值电压,由式(3-1)给出;$\gamma = \sqrt{2q\varepsilon_{si}N_{sub}}/C_{ox}$,称为体效应系数;$V_{SB}$ 是源衬电势差;系数 γ 的典型值在 $0.3\sim0.4\mathrm{V}^{1/2}$ 之间。

产生衬偏效应,并不需要改变衬底电势 V_B,源电压相对于 V_B 发生变化,会产生同样的现象。例如,考虑图 3.8 所示的电路,开始先忽略衬偏效应。我们可以看到,当 V_{in} 变化时,

由于漏电流等于 I_1，因此 V_{out} 会紧随输入变化。实际上，有

$$I_1 = \frac{1}{2}\mu_n C_{\text{ox}} \frac{W}{L}(V_{\text{in}} - V_{\text{out}} - V_{\text{th}})^2 \tag{3-24}$$

因此，由式(3-24)可得，如果 I_1 恒定，则($V_{\text{in}}-V_{\text{out}}$)也恒定(如图 3.8(b))所示。

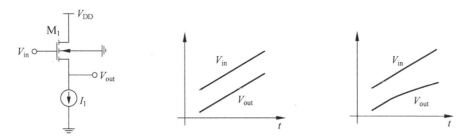

(a) 源衬电压随输入电平变化　(b) 不考虑衬偏效应的输入输出电压　(c) 考虑衬偏效应的输入输出电压

图 3.8　衬偏效应对共源电路输入输出电压的影响

现在假设衬底接地，而且衬偏效应显著。那么当 V_{in} 增加时，V_{out} 会变得更正，源和衬底之间的电压差将增大，导致 V_{th} 的值增大。式(3-24)表明为了保持 I_1 恒定，($V_{\text{in}}-V_{\text{out}}$)必须增加(如图 3.8(c)所示)。

衬偏效应通常是我们所不希望有的，因为阈值电压的变化经常会使集成电路的设计复杂化，但是个别情况下，我们也会利用衬偏效应设计特殊电路。

3.1.3　MOSFET 开关特性

MOSFET 在高密度数字集成电路中可以用来传输和控制逻辑信号，在许多方面都非常像一个理想开关。图 3.9 给出了单独的 NMOS 和 PMOS 器件在各种输入情况下的操作，图 3.9 中的 $V_{\text{th,N}}$ 和 $V_{\text{th,P}}$ 分别表示 NMOS 和 PMOS 的阈值电压。源端、漏端作为输入输出，而栅端作为输入控制。图 3.9(a)显示了 NMOS 在控制输入为 V_{DD} 时可以成功传递 0V 电压。类似地，PMOS 在控制输入为 0V 时可以成功地传递 V_{DD}，如图 3.9(b)所示。然而，NMOS 和 PMOS 在传输相反电平时都存在问题。图 3.9(c)中 NMOS 在传送 V_{DD} 时有困难，因为输出上升到 $V_{\text{DD}}-V_{\text{th}}$ 时，管子会关断，这完全是由体效应引起的。PMOS 在传送低电平时有类似的问题，如图 3.9(d)所示。当控制输入关断了器件时，输出进入高阻状态，如图 3.9(e)和图 3.9(f)所示。

NMOS 器件对不同电平具有不同的传输能力，其原因可以通过对比图 3.9(a)和图 3.9(c)来理解。对于 NMOS，漏端是两个有源区中电压较高的一个。由于 NMOS 是一个对称器件，漏端和源端只能在节点电压分配好之后才能确定。在图 3.9(c)中，漏端接到了 V_{DD}，因为这样可以确保它是电压最高的节点。如果源端开始为 0V，该器件就是导通的，且工作在饱和区。电流从漏端流到源端给输出电容充电，源端电压开始增大，一直增大到 $V_{\text{GS}}=V_{\text{th,N}}$ 为止。在这一点上，输出电压是 $V_{\text{DD}}-V_{\text{th,N}}$。在图 3.9(a)中，源端和漏端是颠倒的，$V_{\text{GS}}$ 的值保持为 V_{DD}。这样该器件总是开启的，且将使输出节点电压下降到 $V_{\text{DS}}=0V$ 为止，此时，输出电压是 0V。

同理，对于 PMOS 器件，可以对图 3.9(b)和图 3.9(d)进行同样的分析。此时将源漏的定义颠倒过来，因为电压较高的是源端，较低的是漏端。在图 3.9(b)中，漏端电压初始为 0V，随着 PMOS 器件对输出电容进行充电而上升到 V_{DD}。因为 V_{GS} 是一个 $-V_{\text{DD}}$ 的常量，这

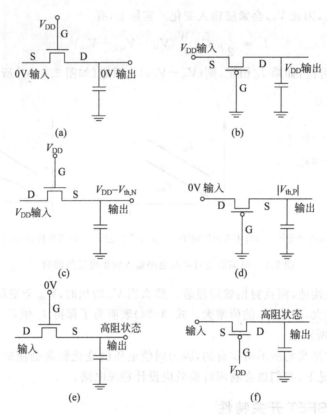

图 3.9 NMOS 和 PMOS 传输管

意味着 PMOS 器件总是导通的,所以输出可以达到 V_{DD}。在图 3.9(d)中,源节点初始电压是 V_{DD},随着输出电容的放电而降低,直到 $V_{GS} = |V_{th,P}|$ 为止,此时该器件关闭。因此,输出能达到的最低电压是 $|V_{th,P}|$[3]。

1. 噪声容限

电路节点上电压或电流出现非设计所期望的变化就称电路中存在噪声。噪声限制了一个电路能够处理的最小信号电平,影响电路的性能。我们希望定义一种衡量的标准,来评估电路中噪声的影响。过去,噪声主要来自芯片外部的噪声源,如今,噪声也来源于芯片内部的噪声源,这主要是由集成电路中互联结构的本质引起的。电容耦合、电感耦合、集成电路制造工艺的容差、温度变化、电源变化和输出负载变化都可能引起输出值发生变化。

图 3.10(a)所示电压传输特性给出了反相器的理想特性。翻转发生在 $V_{DD}/2$,在这一点上,输出从 V_{DD} 转换成低电平 GND(图中的 0 电压)。对于理想反相器,输入电压的范围很大(在 $0 \sim V_{DD}/2$ 或 $V_{DD}/2 \sim V_{DD}$ 之间变化),而输出电压的范围很小(仅为 V_{DD} 或 0 值的极小误差范围)。如果一个逻辑电路具有大输入范围和小输出范围,就具有理想的抗噪声特性。

实际中的逻辑电路都不具有如图 3.10 所示的理想特性。图 3.11(a)所示为一个反相器的实际电压传输特性。在实际的反相器中,低输出电压 V_{OL} 可能达不到 GND 理想的 0V,高输出电压 V_{OH} 也可能达不到 V_{DD}。输出不会在 $V_{DD}/2$ 时由 V_{DD} 突变为 GND。定义 V_S 为 $V_{in} = V_{out}$ 的点。

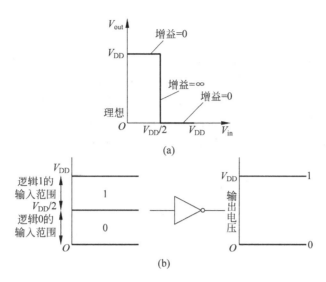

图 3.10 反相器的理想电压传输特性

非理想反相器的输入输出范围如图 3.11(b)所示。输出逻辑 0 对应的输入范围在 $0V \sim V_{IL}$ 之间,而输出逻辑 1 对应的输入范围在 $V_{DD} \sim V_{IH}$ 之间。在 V_{IL} 和 V_{IH} 之间存在一个间隔,我们将其定义为未知区域或不确定区域。对于输出逻辑 0,输出范围是 $V_{OL} \sim V_{OUL}$ 之间;对于输出逻辑 1,输出范围是 $V_{OUH} \sim V_{OH}$。其中,V_{OUL} 和 V_{OUH} 是对应增益为 1(即 $dV_{out}/dV_{in} = -1$)的输出电压值,因此,图 3.11(a)中的Ⓐ和Ⓑ点又称为单位增益点。

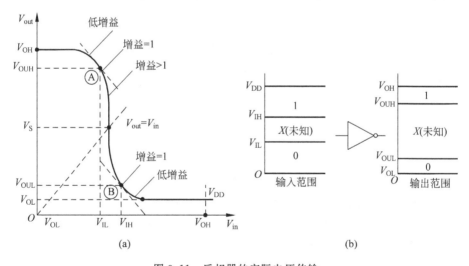

图 3.11 反相器的实际电压传输

利用两个单位增益点所对应的输入电平值和输出高低电平值定义噪声容限如下:

$$N_{MH} = V_{OH} - V_{IH} \tag{3-25}$$

$$N_{ML} = V_{IL} - V_{OL} \tag{3-26}$$

只要输入在噪声容限范围内,电路就会正常工作。因此,我们通常希望噪声容限范围越大越好。

2. 瞬态特性

从反相器的实际电压传输特性可以推知,实际逻辑电路存在一定的上升和下降延迟。同样,由于逻辑门电路的关联电容和电阻的存在,也会引起信号从输入到输出的传输延迟时间(简称传输时间)。这些延迟限制了电路的性能。沿着信号的传输路径,延迟的变化可能会在输出端引起短时脉冲干扰,也就是说,由于输入信号到达时间的不同,将会在输出端引起一个意外的短时脉冲干扰。因此,研究逻辑电路的转换特性,首先要对转换时间和传输延迟时间进行明确的定义。

数字电路延迟时间的标准定义如图 3.12 所示。

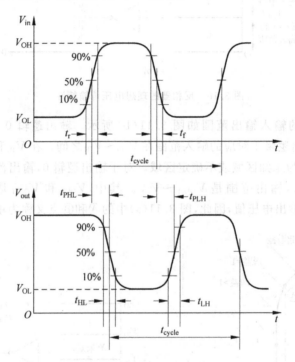

图 3.12　转换时间和延迟时间的定义

上升时间 t_r 和下降时间 t_f 定义为反相器或门的输入电压在总电压的 10% 和 90% 这两点之间转换的时间。一个门输出端由高到低和由低到高的转换时间定义为 t_{HL} 和 t_{LH},它们同样定义在 10% 和 90% 这两点之间。从输入端到输出端的延迟时间定义为 t_{PHL} 和 t_{PLH},表示输入和输出脉冲波形的 50% 所对应的两点之间的时间。

3.2　短沟道效应

第 3.1 小节在推导 MOSFET 长沟道器件直流 I/V 特性方程的过程中,做了一系列假设,例如采用沟道缓变近似,反型层内的载流子迁移率为常数等。但是伴随着 MOSFET 的沟道长度的减小,许多原来可以忽略的效应就变得显著起来,甚至会成为主导因素,结果导致器件的特性与长沟道模型发生偏离,这种偏离即短沟道效应。

实际情况中可以认为当 MOSFET 源、漏结耗尽层宽度与沟道长度相当时，短沟道效应就开始出现。此时，沟道内的电势分布依赖横向电场和纵向电场，并且反型层内的载流子迁移率将退化，因此短沟道效应导致器件性能变坏，且工作描述更加复杂。

图 3.13 给出了 MOSFET 单位沟道宽度的漏极电流 I_D/W 与沟道长度的倒数 $1/L$ 之间的关系。

可以看到：对于长沟道 MOSFET 区，即垂直虚线的左边，I_D/W 几乎正比于 $1/L$；但对于短沟道 MOSFET，I_D/W 偏离了正比于 $1/L$ 的关系。当 L 缩短时，I_D/W 虽仍继续增大，但增大的速度较长沟道缓慢。一般认为当 $I_D/W-1/L$ 关系偏离线性关系的 10% 时为短沟道效应的开始。必须指出，长沟道与短沟道 MOSFET 的区别并不单纯在于沟道长度的长短，而是在于"电特性"的变化。当 MOSFET 的沟道长度缩短时，如果在其他方面采取适当的措施，可以避免短沟道效应的出现[4]。

图 3.14 给出了 N 沟道 MOSFET 的剖面，图中规定了沟道内横向电场 E_y 以及纵向电场 E_x 的方向，以及漏、栅、源、衬的电位，其中 $V_{DS}>0$，$V_{GS}>0$。

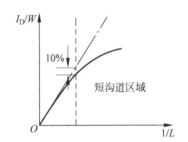

图 3.13　MOSFET I_D/W 与 $1/L$ 的关系

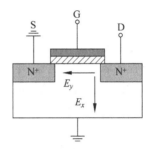

图 3.14　NMOS 剖面图

下面以 NMOS 为例进行分析短沟道效应，假设各种符号方向规定与图 3.14 一致。P 沟道 MOSFET 可以得到相同的结论。

3.2.1　载流子速率饱和及其影响

MOSFET 最严重的短沟道效应就是反型层内的载流子达到速率饱和，其主要原因是沟道里面的横向电场 E_y 太大。由于沟道里的横向电场可以近似地认为是 V_{DS}/L，所以较小的沟道长度及较大的漏源电压将导致较大的横向电场。N 沟道里面横向电场强度 E_y 对电子平均漂移速率 v_d 的影响规律是：在 E_y 小于 $10^3\,V/cm$ 的低场区，v_d 是与 E_y 成线性关系；随着 E_y 的提高，v_d 的增加逐渐变得缓慢，(v_d-E_y) 关系偏离线性关系；当 E_y 超过临界电场 E_C 时，v_d 不再增加，而是维持一个称为散射极限速率或饱和速率的恒定值，以 v_{dmax} 表示，如图 3.15 所示。利用一阶近似分析来描述 N 沟道里面 (v_d-E_y) 的关系可表示为

$$v_d = \frac{\mu_n E_y}{1+E_y/E_C} \qquad (3\text{-}27)$$

式中，μ_n 为电子的迁移率，表征单位电场下电子的平均

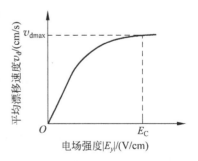

图 3.15　电子平均漂移速率与电场强度的关系

漂移速率。

在短沟道 MOSFET 的漏端附近会有很强的电场,因为漏、衬底、源的材料分别是 N[+]、P、N[+],对于 $V_{DS} > 0$,漏衬反偏,而源衬同电位,所以 V_{DS} 电压主要是降在漏端附近的耗尽层,产生强电场。对于一定的 V_{DS},沟道越短,漏端附近的电场越强,导致沟道漏端附近的电场强度可能在沟道被夹断之前就先达到速率饱和的临界电场 E_C,从而使该处的电子漂移速率达到饱和速率,结果致使长沟道直流电流-电压特性不再适用,因此,有必要对其进行修正。

根据 $I_D = WQ_I v(y)$ 及 $E(y) = dV/dy$ 和式(3-27),整理后可得

$$I_D \left(1 + \frac{1}{E_C} \frac{dV}{dy} \right) = WQ_I(y)\mu_n \frac{dV}{dy} \tag{3-28}$$

对式(3-28)沿着沟道积分有

$$\int_0^L I_D \left(1 + \frac{1}{E_C} \frac{dV}{dy} \right) dy = \int_0^{V_{DS}} WQ_I(y)\mu_n dV \tag{3-29}$$

积分后可得

$$I_D = \frac{\mu_n C_{ox} W}{2 \left(1 + \frac{V_{DS}}{E_C L} \right) L} \left[2(V_{GS} - V_{th}) - V_{DS} \right] V_{DS} \tag{3-30}$$

从式(3-30)可以看出,当 $E_C \to \infty$,即达到理想的速度饱和的极限情况时,该式就与长沟道模型三极管区域的直流电流-电压方程相同;当存在速度饱和时,从式(3-30)中也可以看出,该式所得到的三极管区域的器件的漏极电流低于速度未饱和时所预测的值。

在分析长沟道器件时,定义 MOSFET 器件进入饱和区的表征是漏极电流出现饱和,即漏极电流 I_D 不随漏源电压 V_{DS} 的变化而变化(这里忽略了沟道长度调制效应)。同样,对于短沟道器件,也认为当漏源电压大于 $V'_{DS(sat)}$ 后,晶体管进入饱和区,因此漏极电流与漏源电压无关,即 $dI_D/dV_{DS} = 0$。

利用式(3-30)有

$$\frac{dI_D}{dV_{DS}} = \frac{\mu_n C_{ox}}{2} \frac{W}{L} \left\{ \frac{\left(1 + \frac{V_{DS}}{E_C L} \right) \left[2(V_{GS} - V_{th}) - 2V_{DS} \right] - \dfrac{\left[2(V_{GS} - V_{th})V_{DS} - V_{DS}^2 \right]}{E_C L}}{\left(1 + \frac{V_{DS}}{E_C L} \right)^2} \right\} \tag{3-31}$$

令式(3-31)为零,得

$$\left(1 + \frac{V_{DS}}{E_C L} \right) \left[2(V_{GS} - V_{th}) - 2V_{DS} \right] - \frac{\left[2(V_{GS} - V_{th})V_{DS} - V_{DS}^2 \right]}{E_C L} = 0 \tag{3-32}$$

整理得

$$\frac{V_{DS}^2}{E_C L} + 2V_{DS} - 2(V_{GS} - V_{th}) = 0 \tag{3-33}$$

解式(3-33)的二次方程,由于 NMOS 漏源电压 $V_{DS} > 0$,可得到出现速度饱和时的漏源电压

$$V'_{DS(sat)} = V_{DS} = E_C L \left(\sqrt{1 + \frac{2(V_{GS} - V_{th})}{E_C L}} - 1 \right) \tag{3-34}$$

假设当 E_C 足够大时,$x = (V_{GS} - V_{th})/E_C L \ll 1$,根据泰勒展开式

$$\sqrt{1 + 2x} = 1 + x - \frac{x^2}{2} + \cdots \tag{3-35}$$

因此式(3-34)可以近似为

$$V'_{\mathrm{DS(sat)}} = (V_{\mathrm{GS}} - V_{\mathrm{th}})\left(1 - \frac{V_{\mathrm{GS}} - V_{\mathrm{th}}}{2E_{\mathrm{C}}L} + \cdots\right) \tag{3-36}$$

从式(3-36)中可以看出,当 $E_{\mathrm{C}} \to \infty$ 时,即理想情况下, $V'_{\mathrm{DS(sat)}} \to (V_{\mathrm{GS}} - V_{\mathrm{th}})$,与长沟道模型相同;当速度发生饱和时, $V'_{\mathrm{DS(sat)}} < (V_{\mathrm{GS}} - V_{\mathrm{th}})$,且随着 L 的减小, $V'_{\mathrm{DS(sat)}}$ 的值也不断地减小。上面的分析表明短沟道效应发生时,反型层内电子速度饱和也可以导致漏极电流饱和,且随着沟道长度的减小,饱和压降也下降。

为了得到短沟道器件饱和区直流电流-电压方程,可将式(3-34)代入式(3-30)中,整理后可得

$$I_{\mathrm{D}} = \frac{\mu_{\mathrm{n}} C_{\mathrm{ox}}}{2} \frac{W}{L} \left[V'_{\mathrm{DS(sat)}}\right]^2 \tag{3-37}$$

由于 $V'_{\mathrm{DS(sat)}} < (V_{\mathrm{GS}} - V_{\mathrm{th}})$,所以当短沟道效应发生时,饱和漏极电流小于长沟道模型得到的饱和漏极电流。

当速度完全饱和时,即取极限情况 $E_{\mathrm{C}} \to 0$ 进行分析时,此时 $v_{\mathrm{dmax}} \to \mu_{\mathrm{n}} E_{\mathrm{C}}$,将(3-34)式代入式(3-37)有

$$\lim_{E_{\mathrm{C}} \to 0} I_{\mathrm{D}} = \mu_{\mathrm{n}} C_{\mathrm{ox}} W (V_{\mathrm{GS}} - V_{\mathrm{th}}) E_{\mathrm{C}} = W C_{\mathrm{ox}} (V_{\mathrm{GS}} - V_{\mathrm{th}}) v_{\mathrm{dmax}} \tag{3-38}$$

可见,此时饱和漏极电流不再是过驱动电压的平方根的关系,而是线性的关系。

当 MOSFET 器件沟道缩短到一定程度时,由于反型层内的载流子受强电场作用发生电子平均漂移速度饱和,导致其漏极电流(包括三极管区域和饱和区域)小于长沟道所得到的漏极电流;且随着沟道的不断缩小,由三极管区过渡到饱和区的临界漏源电压也不断地下降;另外,当假设出现速度完全饱和时,漏极电流将与过驱动电压成线性关系。总之,反型层内电子的速度饱和导致直流电流电压方程偏离了长沟道效应。

短沟道效应还会影响器件的小信号参数,这里以受影响最最严重的跨导为例加以说明。将式(3-34)代入式(3-37),有

$$g_{\mathrm{m}} = \frac{\mathrm{d} I_{\mathrm{D}}}{\mathrm{d} V_{\mathrm{GS}}} = W C_{\mathrm{ox}} v_{\mathrm{dmax}} \frac{\sqrt{1 + \dfrac{2(V_{\mathrm{GS}} - V_{\mathrm{th}})}{E_{\mathrm{C}} L}} - 1}{\sqrt{1 + \dfrac{2(V_{\mathrm{GS}} - V_{\mathrm{th}})}{E_{\mathrm{C}} L}}} \tag{3-39}$$

其中, $v_{\mathrm{dmax}} = \mu_{\mathrm{n}} E_{\mathrm{C}}$,下面讨论两种极限情况。

当 $E_{\mathrm{C}} \to \infty$ 时,利用 $x = (V_{\mathrm{GS}} - V_{\mathrm{th}})/E_{\mathrm{C}} L \to 0$ 及式(3-35),得

$$\lim_{E_{\mathrm{C}} \to \infty} g_{\mathrm{m}} = \mu_{\mathrm{n}} C_{\mathrm{ox}} \frac{W}{L} (V_{\mathrm{GS}} - V_{\mathrm{th}}) \tag{3-40}$$

显然与长沟道模型相同。

当 $E_{\mathrm{C}} \to 0$,即电子速度完全饱和时,

$$\lim_{E_{\mathrm{C}} \to 0} g_{\mathrm{m}} = W C_{\mathrm{ox}} v_{\mathrm{dmax}} \tag{3-41}$$

可见此时跨导与栅源电压 V_{GS} 及沟道长度 L 无关。这也说明此时再增加 V_{GS} 或缩短 L ,均无法使跨导增大,这也称为跨导的饱和[5]。

3.2.2　阈值电压的短沟道效应

由式(3-1)知:当 $V_{\mathrm{S}} = V_{\mathrm{B}} = 0$ 时,阈值电压为

$$V_{\mathrm{th}} = \phi_{\mathrm{MS}} + 2\phi_{\mathrm{FP}} - (Q_{\mathrm{ox}} + Q_{\mathrm{A}})/C_{\mathrm{ox}}$$

其中,$Q_{\mathrm{A}} = -qN_{\mathrm{A}}x_{\mathrm{dmax}} = -\sqrt{4q\epsilon_i N_{\mathrm{A}}|\phi_{\mathrm{FP}}|}$,$x_{\mathrm{dmax}}$ 为最大耗尽层宽度,ϕ_{FP} 为 P 型衬底的费米能势。

推导上面的公式时,假定了源、漏区电势对沟道耗尽区没有影响,即沟道耗尽区的电荷完全受 V_{GS} 控制,与源、漏区无关。又由于 V_{th} 表达式中的各类参数都与沟道长度无关,所以 V_{th} 应与沟道长度无关。但是实验却发现,当 MOSFET 的沟道长度缩短到可与源、漏区的结深 x_j 相比拟时,阈值电压 V_{th} 将随沟道长度的缩短而减小,这就是阈值电压的短沟道效应。如图 3.16 所示。

为了分析引起阈值电压短沟道效应的原因,在这里将通过一个简单的电荷分享模型来进行分析,如图 3.17 所示,从图中可以清楚地看出在沟道长度 L 的范围内,一部分电力线来自于栅极,而沟道两边少部分的电力线来自于源、漏区。因此,电荷分享模型将沟道耗尽区总电荷 Q_{AT}^*(这里表征的是电荷总量,之所以加了 * 上标,是为了区别于电荷密度)分成两部分,即

$$Q_{\mathrm{AT}}^* = Q_{\mathrm{AG}}^* + Q_{\mathrm{Aj}}^* \tag{3-42}$$

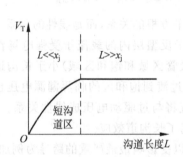

图 3.16　阈值电压的短沟道效应

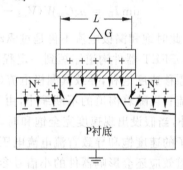

图 3.17　电荷控制分享模型

其中,Q_{AG}^* 代表沟道区耗尽层内受栅极控制的电离受主电荷,它接受源于栅极上正电荷的电力线,这部分空间电荷对阈值电压有贡献;Q_{Aj}^* 代表受源、漏区电势影响,它接受源于源、漏施主电荷的电力线,这部分空间电荷对阈值电压无贡献。当分析长沟道时,由于 $Q_{\mathrm{AG}}^* \gg Q_{\mathrm{Aj}}^*$,所以可以近似地认为沟道里面的电荷全部来源于 Q_{AG}^*,即忽略源、漏区电势对沟道耗尽区电荷的影响,认为阈值电压与沟道长度无关。然而,当沟道长度不断地缩小,直到可以与源、漏区的结深相比拟时,Q_{Aj}^* 这部分电荷逐渐成为了沟道总电荷的重要来源,不得不对其进行考虑,这样就使得 Q_{AG}^* 对阈值电压的贡献减小,从而让沟道反型所需要的栅压变小,结果使得阈值电压减小,且随着沟道长度的缩短,阈值电压下降得越厉害。

电荷分享模型给出的短沟道 MOSFET 在 $V_{\mathrm{S}} = 0$,$V_{\mathrm{B}} = 0$ 时的阈值电压为[4]

$$(V_{\mathrm{th}})_{短} = \phi_{\mathrm{MS}} + 2\phi_{\mathrm{FP}} - \frac{Q_{\mathrm{ox}}}{C_{\mathrm{ox}}} - f\frac{Q_{\mathrm{A}}}{C_{\mathrm{ox}}} \tag{3-43}$$

式中

$$f = \left\{ 1 - \frac{x_j}{L}\left[\left(1 + \frac{2x_{\mathrm{dmax}}}{x_j}\right)^{1/2} - 1 \right] \right\} \tag{3-44}$$

系数 f 代表衡量短沟道效应的阈值电压偏离长沟道模型的程度。

由式(3-44)可以看出,当 $L \gg x_j$ 时,可以视为长沟道模型,此时 $f \approx 1$,V_{th} 与 L 无关;当 $L < x_j$ 时,随着 L 的缩短,f 减小,从而使 V_{th} 减小。从公式中还可以看出减小阈值电压短沟道效应的措施是:减小源、漏区结深 x_j;提高衬底的掺杂浓度以减小 x_{dmax};还可以通过减薄栅氧化层的厚度 t_{ox},因为这样可以提高 C_{ox},从而使得式(3-43)中 $f \dfrac{Q_A}{C_{ox}}$ 这一项的影响变弱。

另外,当外加漏源电压 V_{DS} 后,漏 PN 结的耗尽区将扩大,使漏区对沟道耗尽区电荷的影响更大,所以在短沟道 MOSFET 中,阈电压 V_{th} 除了随 L 的缩短而减小外,还将随 V_{DS} 的增加而减小[4]。

短沟道效应发生时,还有两个重要的效应会对阈值电压产生影响,分别是边缘感应势垒降(Fringing-Induced Barrier Lowering, FIBL)效应和漏场感应势垒降(简称漏致势垒降,Drain-Induced Barrier Lowering, DIBL)效应。下面简单阐述二者影响阈值电压的机理。分析这两种效应的方法类似上面的电荷分享模型,这里应用电力线分享进行说明。

边缘感应势垒降 FIBL 效应:当 MOSFET 沟道减小,使得沟道长度可以和栅氧化层厚度 t_{ox} 相比拟时,栅氧化层的电容就不能简单用平行板电容来等效,而必须考虑边缘效应的影响。由于一部分电力线从边缘由栅极直接到达源、漏扩展区,导致到达栅极正下方沟道区的电力线减少。对于长沟道器件,这部分到达源、漏扩展区的电力线可忽略不计;对于短沟道器件,就必须考虑它们的影响,因为这部分电力线成为了栅极出发的电力线的重要来源,这样就削弱了栅极对沟道的控制能力。沟道越短,栅氧化层厚度越大,边缘效应的影响越显著。在 FIBL 的影响下,沟道中电势下降(沟道中电势下降也是 FIBL 这个名字的由来),而源、漏扩展区中电势上升,结果使得电子从源运动到漏的势垒高度降低,导致了 MOSFET 的亚阈区漏电流增加,从而使相应的阈值电压下降。

漏致势垒降 DIBL 效应:正偏漏源电压 V_{DS} 使漏 PN 结反偏,源 PN 结正偏,因此对于长沟道 MOSFET,V_{DS} 几乎全部降在漏 PN 结上,对源 PN 结没什么影响;但在短沟道 MOSFET 中,由于沟道很短,起源于漏的电力线将有一部分贯穿沟道区终止于源区,从而使源、漏之间的势垒高度降低,这一现象称为漏致势垒降效应。沟道越短,漏源电压 V_{DS} 越大,贯穿的电力线就越多,势垒高度的降低也就越多。同样势垒高度的降低导致了 MOSFET 的亚阈区泄漏电流增加,从而使相应的阈值电压下降。

3.2.3 迁移率退化效应

迁移率表征单位电场下载流子的平均漂移速度,表达式为 $\mu = v_d / |E|$,式中电场 E 的方向与电子的平均漂移速度方向相反,与空穴平均漂移速度方向相同。前面我们讨论了出现短沟道效应时横向电场 E_y 对器件特性的影响,最主要的特征就是出现反型层内载流子速率饱和。那么根据迁移率的表达式,也可以认为,横向电场影响着载流子的迁移率,即在低横向电场时,速率未饱和,v_d 随 E_y 增大而增加,二者成线性关系,所以迁移率近似为常数;当横向电场增大到一定程度时,v_d 逐渐趋于饱和,这时迁移率将随 E_y 的增大而减小,如图 3.12 所示。为了理解迁移率的这种退化效应,从式(3-27)和表达式 $\mu = v_d / |E|$ 的对比中,可以认为当沟道内存在强的横向电场 E_y 时,电子迁移率表达式可修正为 $\dfrac{\mu_n}{1 + E_y / E_C}$,其中 $1 + E_y / E_C$ 为迁移率退化系数。可见 E_y 越增加,电子迁移率退化越严重。

　　在一定的栅衬电压和漏源电压下，MOSFET 的尺寸减小不仅仅会使横向电场增加，同时也会使纵向电场 E_x 增加，那么沟道的纵向电场又是如何影响载流子迁移率的呢？

　　由于这里研究的对象是表面反型层里面的载流子，因此其迁移率区别于体迁移率，主要表现在反型层载流子迁移率要受表面电场的强烈影响。反型层内的载流子主要受到 3 种散射结构的影响：

　　(1) 带电中心引起的库仑散射；

　　(2) 晶格振动引起的声子散射；

　　(3) 表面散射。

　　因此反型层载流子的有效迁移率的表达式可由下式给出

$$\frac{1}{\mu_{\text{eff}}} = \frac{1}{\mu_{\text{ph}}} + \frac{1}{\mu_{\text{sr}}} + \frac{1}{\mu_{\text{coul}}} \tag{3-45}$$

式中，μ_{ph}、μ_{sr}、μ_{coul} 分别反映了声子散射作用、表面散射作用和库仑散射作用。实验表明，在衬底掺杂浓度为 $10^{15} \sim 10^{18}\ \text{cm}^{-3}$ 的范围内，当由 V_{GS} 产生的表面垂直电场 E_x 小于 $1.5 \times 10^5\ \text{V/cm}$ 时，强反型层内电子和空穴迁移率约为各自体内迁移率的 1/2。但是当 E_x 大于上述值时，电子和空穴的迁移率将随 E_x 的增加而减小，这就是表面散射 μ_{sr} 进一步增加的结果[4]。为了更直观地理解纵向电场对反型层内载流子迁移率的影响，可以认为增加的纵向电场迫使反型层内载流子更靠近硅表面，而硅表面的不平整性将阻碍载流子从源到漏的运动，从而降低了迁移率。模拟这种影响的一个经验公式是

$$\mu_{\text{eff}} = \frac{\mu_{\text{o}}}{1 + \theta(V_{\text{GS}} - V_{\text{th}})} \tag{3-46}$$

其中，μ_{o} 表示低纵向电场下的迁移率，θ 是拟合参数，约为 $(10^{-7}/t_{\text{ox}})\ \text{V}^{-1}$[5]。

　　考虑了纵向电场的影响，三极管区域的 I/V 特性方程可以修改为

$$
\begin{aligned}
I_{\text{D}} &= \frac{\mu_{\text{eff}} C_{\text{ox}} W}{2L}[2(V_{\text{GS}} - V_{\text{th}}) - V_{\text{DS}}]V_{\text{DS}} \\
&= \frac{W}{2L} \frac{\mu_{\text{o}} C_{\text{ox}}}{1 + \theta(V_{\text{GS}} - V_{\text{th}})}[2(V_{\text{GS}} - V_{\text{th}}) - V_{\text{DS}}]V_{\text{DS}}
\end{aligned}
\tag{3-47}
$$

　　综合上面分析可知，当 MOSFET 器件的尺寸缩小时，使得沟道内的横向电场 E_y 和纵向电场 E_x 增加；而增加的 E_y 和 E_x 又各自分别从不同侧面影响着反型层内载流子迁移率，使得迁移率退化，进而影响着器件的直流 I/V 特性，使得其与长沟道特性发生偏离。综合考虑这两种影响，可以近似将 N 沟道 MOSFET 的直流 I-V 特性修改为

$$I_{\text{D}} = \frac{W}{2L} \frac{\mu_{\text{o}} C_{\text{ox}}}{\left(1 + \dfrac{V_{\text{DS}}}{E_{\text{C}}L}\right)[1 + \theta(V_{\text{GS}} - V_{\text{th}})]}[2(V_{\text{GS}} - V_{\text{th}}) - V_{\text{DS}}]V_{\text{DS}} \tag{3-48}$$

式中，$\left(1 + \dfrac{V_{\text{DS}}}{E_{\text{C}}L}\right)$ 是考虑横向电场的影响而做出的调整；$[1 + \theta(V_{\text{GS}} - V_{\text{th}})]$ 是考虑纵向电场的影响而做出的调整。对于长沟道，这两项皆可忽略。

　　MOSFET 尺寸缩小所致沟道内的强电场不仅仅影响着器件的直流 I-V 特性，还会产生另外两个严重的后果：其一，强电场导致器件漏端发生雪崩倍增效应，当电场达到一定程度时，器件击穿；其二，强电场使得漏端附近的载流子能量增加，当能量足够大时，载流子就会越过 SiO_2-Si 势垒(3.1eV)注入到栅氧化层内，导致器件的性能退化，寿命缩短。

短沟道 MOSFET 漏区附近的强电场使得载流子速率出现饱和,这时的载流子也称为热载流子。热载流子以极高的速率"撞击"硅原子,发生碰撞电离,产生新的电子-空穴对,其中电子流向漏区,空穴流向衬底,这就是所谓的衬底电流。这类似于 PN 结的雪崩效应,当电场足够大时,就产生雪崩击穿。只要漏源电压足够大,这种漏端 PN 结的雪崩现象也存在于长沟道器件,但是短沟道器件会更严重,因为短沟道器件存在横向击穿现象。对于短沟道器件,更大的衬底电流是由于漏端雪崩现象更严重所致,更大的衬底电阻是由于衬底的尺寸缩小所致的。

另外,短沟道器件也更容易发生漏源穿通。由于沟道长度太短,当漏源电压大到一定程度时,沟道全耗尽,出现漏源穿通,使器件失效。如前所述,强电场下,载流子的平均速率易达到饱和,但载流子的瞬时速率会不断增大,因而其动能会不断增大,尤其是在向漏极运动时,这些载流子被称为"热"载流子。当热载流子获得足够高的能量时,就有可能越过 SiO_2-Si 势垒,进入栅氧化层。陷入栅氧化层电子陷阱中的电子是不能逸出的,随着时间的增长,陷阱中的电子会积累得越来越多,这样最终会使 MOSFET 失效。

3.3 按比例缩小理论

自 1965 年 Intel 公司的 Moore 提出著名的"摩尔定律"以来,集成电路的发展一直遵循着这个定律,即集成电路每 3 年更新一代,每一代器件尺寸缩小 1/3,电路规模提高 4 倍,而单位成本呈指数下降[6]。目前 MOSFET 的栅极长度已小至 20nm。集成电路发展之所以具有这样的趋势,主要是基于两个动力:

(1) 减小尺寸可以提高硅片上器件的集成度,即可以在一个硅片上集成更多的器件或电路,这样就提高了芯片的性价比;

(2) 尺寸的缩小使得器件总寄生电容下降,这样就提高了晶体管的特征频率,优化了有源器件的频率特性。

集成电路的发展之所以一直能够遵循"摩尔定律",而未受到短沟道效应的限制,是由于采取了其他方面的措施抑制短沟道效应的到来。最具代表性的措施是恒电场按比例缩小。理想的恒电场按比例缩小理论保证了 MOSFET 在沟道长度缩小的同时,沟道里面的电场保持不变,进而使得几何上的短沟道器件能够保持"电学上"的长沟道特性。

1974 年由 Dennard 提出了恒电场按比例缩小理论,即器件内部电场不变的缩小规律,称为恒电场(Constant Electrical field,CE)理论。理想的恒电场理论必须遵循三条规则:

(1) 纵、横向尺寸,包括沟道长度、宽度、结深、栅介质层厚度及引线孔等按比例缩小;

(2) 掺杂浓度按比例增加;

(3) 电源电压及阈值电压按比例缩小。

这里假设一个没有量纲的比例系数 α,根据上面三条规则,按比例缩小后可以得到

$$L' = \frac{L}{\alpha}, \quad W' = \frac{W}{\alpha}, \quad t'_{ox} = \frac{t_{ox}}{\alpha}, \quad x'_j = \frac{x_j}{\alpha}$$

$$N'_A = \alpha N_A, \quad N'_D = \alpha N_D$$

$$V'_{GS} = \frac{V_{GS}}{\alpha}, \quad V'_{DS} = \frac{V_{DS}}{\alpha}, \quad V'_{BS} = \frac{V_{BS}}{\alpha} \tag{3-49}$$

式中,L 表示沟道长度,W 表示沟道宽度,t_{ox} 表示栅介质层厚度,x_j 表示结深,N_A、N_D 分别

表示 P 型和 N 型半导体掺杂浓度，V_{GS} 表示栅源电压，V_{DS} 表示漏源电压，V_{BS} 表示源衬电压；加撇的上标符号表示按比例缩小后的 MOSFET 的相应参数。

结两边的耗尽层宽度由下式给出

$$x_d = \sqrt{\frac{2\varepsilon_s}{q}\left(\frac{1}{N_A} + \frac{1}{N_D}\right)(\phi_B + V_R)} \tag{3-50}$$

式中，$\phi_B = V_{th}\ln\left(\frac{N_A N_D}{n_i^2}\right)$ 为结内建电势，V_R 表示反向偏置电压。

假设 $V_R \gg \phi_B$，那么根据前面提到的规则按比例缩小后可得

$$x_d' \approx \sqrt{\frac{2\varepsilon_s}{q}\left(\frac{1}{\alpha N_A} + \frac{1}{\alpha N_D}\right)\left(\frac{V_R}{\alpha}\right)} \approx \frac{1}{\alpha}\sqrt{\frac{2\varepsilon_s}{q}\left(\frac{1}{N_A} + \frac{1}{N_D}\right)(V_R)} \approx \frac{x_d}{\alpha} \tag{3-51}$$

可见结的耗尽层宽度近似缩小到原来的 $1/\alpha$。因此可以得出：当存在较大的反偏电压时，源、漏结的耗尽区宽度和沟道下耗尽区的最大宽度都分别都缩小到原来的 $1/\alpha$。

耗尽区宽度的改变使得源、漏区及沟道区单位面积的结电容扩大了 α 倍。

另外，当 t_{ox} 和 V_{GS} 按比例缩小到原来的 $1/\alpha$，如不考虑栅氧化层中的正电荷，则栅氧化层与半导体界面处的纵向电场强度与原来的相同；当 L 和 V_{DS} 按比例缩小到原来的 $1/\alpha$，沟道中的横向电场强度与原来的相同。因此可以近似认为沟道中电子迁移率及漂移速率与沟道中保持相同。

按比例缩小后，阈值电压的公式为

$$V_{th}' = \phi_{MS} + 2\phi_{FP}' - \frac{t_{ox}}{\alpha\varepsilon_{ox}}\left(Q_{ox} - q\alpha N_A \frac{x_{dmax}}{\alpha}\right) \tag{3-52}$$

因为在铝栅和 N 型硅栅的 N 沟道 MOSFET 中，功函数差 ϕ_{MS} 和 P 型衬底的费米能势 ϕ_{FP}' 符号相反，可以近似认为两者抵消，于是

$$V_{th}' \approx \frac{V_{th}}{\alpha} \tag{3-53}$$

根据前面得到的结果，可以得出一系列结论：

(1) 按比例缩小后 MOSFET 饱和电流的平方律关系为

$$I_D' = \frac{1}{2}\mu_n(\alpha C_{ox})\left(\frac{W/\alpha}{L/\alpha}\right)\left(\frac{V_{GS}}{\alpha} - \frac{V_{th}}{\alpha}\right)^2 = \frac{1}{2}\mu_n C_{ox}\frac{W}{L}(V_{GS} - V_{th})^2 \frac{1}{\alpha} \tag{3-54}$$

从公式中可以看到，饱和电流下降到原来的 $1/\alpha$，同样对线性区的电流也可以得到同样的结果。

(2) 按比例缩小后 MOSFET 的跨导为

$$g_m' = \left(\frac{W/\alpha}{L/\alpha}\right)\mu_n(\alpha C_{ox})\left(\frac{V_{GS}}{\alpha} - \frac{V_{DS}}{\alpha}\right) = \frac{W}{L}\mu_n C_{ox}(V_{GS} - V_{DS}) \tag{3-55}$$

即跨导 g_m 保持不变。

(3) 由于按比例缩小后，环绕源、漏区域的耗尽层宽度减小到原来的 $1/\alpha$，所以 $\Delta L/L$ 保持不变。$\lambda = \frac{(\Delta L/L)}{V_{DS}}$，$\lambda$ 为沟道长度调制系数，故按比例缩小后 λ 增加为原来的 α 倍。所以

$$r_o' = \frac{1}{(\alpha\lambda)\dfrac{I_D}{\alpha}} = \frac{1}{\lambda I_D} \tag{3-56}$$

因此,MOSFET 的本征增益 $g_m r_o$ 保持不变。

(4) MOS 集成电路的门延迟时间正比于 RC 时间常数,按比例缩小后不变的输出电阻 r_o 和缩小到原来的 $1/\alpha$ 的寄生总电容可以使晶体管的延迟时间缩小为原来的 $1/\alpha$;分别缩小到原来的 $1/\alpha$ 的漏源电压和漏源电流,使晶体管的导通损耗缩小为原来的 $1/\alpha^2$;另外,缩小到原来的 $1/\alpha$ 的晶体管尺寸,也使单位面积的器件数增加为原来的 α^2 倍。

上面的分析可以看出按恒电场比例缩小法则,缩小后的器件的不仅在电学上保持了长沟道器件的特性(如图 3.18 所示),而且还带来单个器件功耗和延迟时间方面极大的优化。由于按比例缩小的 MOSFET 的集成度高、速度快、功耗低,因此特别适宜于 MOS 大规模集成电路。

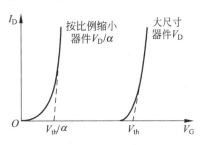

图 3.18　长沟道器件和按比例缩小器件的漏特性比较

虽然如此,恒场按比例缩小理论在实际应用中仍具有很大的局限性,特别是随着器件的缩小,局限性就越来越严重。局限性主要体现在:

(1) 阈值电压在实际器件中不能太小。阈值电压太小会使得器件很容易受外界干扰而误开启,因此过小阈值电压会严重影响器件的噪声容限。

(2) 漏、源耗尽区宽度不可能按比例缩小,因为前面的推导过程中忽略了内建电势 ϕ_B 的影响,而当电源电压缩小到一定程度时,它的影响将不能再被忽略。

(3) 电源电压标准的改变会带来很大的不便。因为电源电压的减小,最大允许的电压摆幅下降,会减小电路的动态范围。

(4) 整个硅片的功耗会极大增加。前面指出单位面积的器件数量增加为原来的 α^2 倍,而单个器件的功耗减少为原来的 $1/\alpha^2$,所以单位面积里所有器件的总功耗维持不变。但是由于尺寸变小,接触孔的面积按比例缩小为原来的 $1/\alpha^2$,所以金属与半导体的接触电阻将增加 α^2 倍;而且引线尺寸的缩小,也迅速增加了引线电阻,这些寄生电阻不可避免地带来的功耗方面的问题。

(5) 迁移率退化。迁移率与晶格振动散射有关,所以掺杂的提高将使迁移率发生退化。

(6) 工艺实现存在的问题。

(7) 尺寸太小会出现量子隧穿现象。

由于恒电场按比例缩小存在上述局限性,实际情况中必须寻找更灵活的按比例增减措施。

另外一种按比例缩小理论是恒电压按比例缩小理论,即保持电源电压和阈值电压不变,对器件的其他参数进行等比例调整。恒电压按比例缩小理论最大的局限性是会使沟道内的电场大大增加,这会使电路性能退化,前面的短沟道效应小节中很详细地阐述了这个问题。那么,之所以要提出恒电压按比例缩小,是因为实际电路具有电源电压标准,而这个标准一般是不改变的,即使变化也只是很小的调整。

目前使用最多的方法是对恒电场按比例缩小和恒电压按比例缩小两种理论的折中考虑,也称为准恒定电场按比例缩小理论。当然,器件根据准恒电压按比例缩小会比根据恒电场按比例缩小具有更强的沟道电场,然而可以通过优化器件结构来缓解这方面的矛盾。

3.4 MOSFET 电容

图 3.19 所示为 MOSFET 器件的结构示意图。由于 MOSFET 的漏源与衬底之间存在 PN 结、栅下面存在沟道区域,因此在 MOS 管中存在如图 3.19 所示的寄生电容。其中, $C_1 = WLC_{ox}$ 为栅和沟道之间的氧化层电容, C_{ox} 为单位面积的栅氧化层电容; $C_2 = WL \sqrt{q\varepsilon_{Si} N_{sub}/|4\phi_F|}$ 为衬底和沟道之间的耗尽层电容; C_3 和 C_4 为栅与源漏的交叠而产生的电容。因为边缘电力线的缘故, C_3、C_4 不能简单记作 $WL_D C_{ox}$,而通常用单位宽度的交叠电容 C_{ov} 表示[1]。漏/源区与衬底之间存在结电容,单位面积下结电容的大小为 $C_j = C_{j0}/[1 + V_R/\phi_B]^m$,式中 V_R 是结的反向电压,ϕ_B 是结的内建电势,m 为大小介于 $0.3 \sim 0.4$ 之间的系数。实际上,这些电容中的每一个电容的值都由晶体管的偏置情况决定。

当漏源交流短接,增加栅电压 V_{GS} 时,沟道内的载流子电荷将产生相应的变换,这相当于一个电容,定义为栅极电容 C_G,即

$$C_G = -\frac{dQ_{ch}}{dV_{GS}}\bigg|_{v_{DS}=常数} \tag{3-57}$$

MOS 管开启工作后,由于反型层在栅和衬底之间起了"屏蔽"作用,因此栅-衬底电容通常被忽略,工作沟道内自由电荷的增加是通过电子从源、漏两极流入沟道来实现的,这相当于对 C_G 的放电电流,该放电电流包括电容 C_{gs} 放出来电流 I_2 和从栅漏电容 C_{gd} 放出来的电流 I_1 两个部分。如图 3.20 所示包含了寄生电容的 MOS 等效电路。

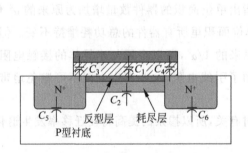

图 3.19   MOS 器件电容

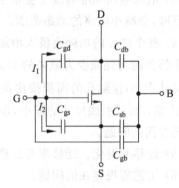

图 3.20   MOS 电容

在栅源对交流短路的情况下,当漏源电压发生变化时,沟道内载流子电荷的变化引起电流 I_1。定义

$$C_{gd} = \frac{dQ_{ch}}{dV_{DS}}\bigg|_{V_{GS}=常数} \tag{3-58}$$

在栅漏对交流短路的情况下,当栅源电压发生变化时,沟道内载流子电荷的变化引起电流 I_2。定义

$$C_{gs} = \frac{dQ_{ch}}{dV_{GS}}\bigg|_{V_{DS}-V_{GS}=常数} \tag{3-59}$$

由于 $I_g = I_1 + I_2$,故有

$$C_G = C_{gs} + C_{gd} \tag{3-60}$$

考虑到 MOS 管的寄生电容,其高频等效电路如图 3.21 所示。

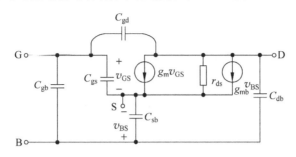

图 3.21 MOS 管高频等效电路

3.5 MOS 器件小信号模型

式(3-13)、式(3-8)和式(3-14)表示的 MOSFET 器件的 I-V 特性,构成了 MOSFET 的大信号模型。在对信号产生显著影响偏置工作点的电路分析时,尤其在考虑非线性效应的情况下,大信号模型被证明是不可缺少的。相反,如果信号对偏置影响小,那么就可以用小信号模型简化计算。小信号模型是工作点附近的大信号模型的近似。对于用作开关的 MOS 晶体管,式(3-11)所决定的线性电阻和器件电容等价于一个粗糙的 MOS 小信号模型。对于用在模拟电路中的 MOSFET 器件,由于其主要工作在饱和区,这里我们导出 MOSFET 工作在饱和区的小信号模型。

我们可以通过在偏置点上产生一个小的增量,并计算它所引起的其他偏置参数的增量来得到小信号模型,也可通过对大信号模型求偏导得到 MOSFET 的小信号模型。如对考虑了衬偏效应的 MOSFET 的 I-V 特性表达式(3-20)中各电压变量求偏导,得到式(3-61)

$$i_d \approx \frac{\partial i_D}{\partial v_{GS}}\bigg|_Q v_{gs} + \frac{\partial i_D}{\partial v_{BS}}\bigg|_Q v_{bs} + \frac{\partial i_D}{\partial v_{DS}}\bigg|_Q v_{ds}$$

$$= g_m v_{gs} + g_{mbs} v_{bs} + g_{ds} v_{ds} \tag{3-61}$$

式中,g_m、g_{mbs}、g_{ds} 分别为 MOSFET 的跨导、衬偏跨导、输出电导。它们的定义式分别如式(3-62)、式(3-63)、式(3-64)所示

$$g_m \equiv \frac{\partial i_D}{\partial v_{GS}}\bigg|_Q = \mu_n C_{ox} \frac{W}{L}(V_{GS} - V_{th}) = \sqrt{2\beta I_D} \tag{3-62}$$

$$g_{mbs} \equiv \frac{\partial i_D}{\partial v_{BS}}\bigg|_Q = \left(\frac{\partial i_D}{\partial v_{th}}\right)\left(\frac{\partial v_{th}}{\partial v_{BS}}\right)\bigg|_Q = \frac{(-g_m)(-\gamma)}{2\sqrt{2|\phi_F|-V_{BS}}} = \eta g_m \tag{3-63}$$

$$g_{ds} \equiv \frac{\partial i_D}{\partial v_{DS}}\bigg|_Q = \frac{\lambda i_D}{1+\lambda v_{DS}} \approx \lambda i_D \tag{3-64}$$

上式中,$\beta = \dfrac{\mu_n C_{ox} W}{L}$,$\eta = \dfrac{g_m \gamma}{2\sqrt{2|\phi_F|-V_{BS}}}$,通常有 $g_m \approx 10 g_{mbs} \geqslant 100 g_{ds}$。设 MOSFET 的输出电阻为 r_{ds},则由式(3-64)可得静态工作点 Q 下的输出电阻为

$$r_{ds} \overset{\Delta}{=} \frac{1}{g_{ds}} = \frac{1}{\lambda I_D} \tag{3-65}$$

根据式(3-62)、式(3-63)、式(3-65)可绘出 MOSFET 的小信号电路模型,如图 3.22 所示。

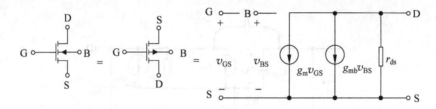

(a) 考虑衬偏效应的小信号电路模型

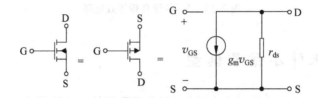

(b) 忽略衬偏效应的小信号简单模型

图 3.22　MOSFET 的小信号电路模型

图 3.21 给出了考虑 MOS 管寄生电容的完整小信号模型。一般情况下,电容 C_{gb}、C_{db}、C_{sb} 都可以忽略不考虑,于是可以得到如图 3.23 所示的考虑了寄生电容的 MOSFET 高频小信号简化模型。

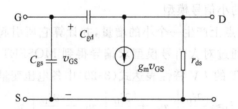

图 3.23　MOSFET 高频小信号电路简化模型

3.6　MOS 器件 SPICE 模型

在第 1 章所介绍的集成电路设计流程中已知集成电路的设计需要借助 EDA 仿真工具,而在仿真过程中离不开代工厂提供的 PDK 文件中的器件参数模型。精确的器件模型是电路设计的先决条件。为了在电路仿真中描述晶体管的特性,电路仿真 SPICE 软件提供了每个器件的精确模型。其中,SPICE2 为 MOSFET 提供了 3 级模型,用 LEVEL 变量加以指定。LEVEL=1 代表一阶模型;LEVEL=2 代表二维解析模型;LEVEL=3 代表半经验模型。

3.6.1　LEVEL 1 模型

LEVEL1 模型又称为 Shichman-Hodges 模型,其模型如图 3.24 所示[4]。该模型在 $0.5\mu m$ 典型工艺下参数的典型值如表 3.1 所示[1]。

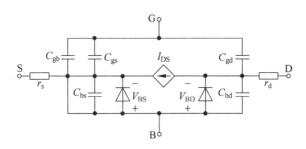

图 3.24 LEVEL1 模型

表 3.1 MOS 管的一级 SPICE2 模型

NMOS 模型			
LEVEL =1	VTO=0.7	GAMMA=0.45	PHI=0.9
NSUB=9e+14	LD=0.08e−6	UO=350	LAMBDA=0.1
TOX=9e−9	PB=0.9	CJ=0.56e−3	CJSW=0.35e−11
MJ=0.45	MJSW=0.2	CGDO=0.49e−9	JS=1.0e−8
PMOS 模型			
LEVEL =1	VTO=−0.8	GAMMA=0.4	PHI=0.8
NSUB=5e+14	LD=0.09e−6	UO=100	LAMBDA=0.2
TOX=9e−9	PB=0.9	CJ=0.94e−3	CJSW=0.32e−11
MJ=0.5	MJSW=0.3	CGDO=0.3e−9	JS=0.5e−8

这些参数的定义如下：

VTO：	$V_{SB}=0$ 时的阈值电压	（单位：V）
GAMMA：	体效应系数	（单位：$V^{1/2}$）
PHI：	$2\phi_F$	（单位：V）
TOX：	栅氧厚度	（单位：m）
NSUB	衬底掺杂浓度	（单位：cm^{-3}）
LD：	漏-源侧扩散长度	（单位：m）
UO：	沟道迁移率	（单位：$cm^2/(V \cdot s)$）
LAMBDA：	沟道长度调制系数	（单位：V^{-1}）
CJ：	单位面积的漏/源结电容	（单位：F/m^2）
CJSW：	单位长度的漏/源侧壁结电容	（单位：F/m）
PB：	源-漏结内建电势	（单位：V）
MJ：	CJ 公式中的幂指数	（无单位）
MJSW：	CJSW 等式中的幂指数	（无单位）
CGDO：	单位宽度的栅-漏交叠电容	（单位：F/m）
CGSO：	单位宽度的栅-源交叠电容	（单位：F/m）
JS：	源-漏结单位面积的漏电流	（单位：A/m^2）

由于空穴的迁移率比电子的小，导致 PMOS 器件的电流驱动能力和跨导较 NMOS 低。另外，对于给定的器件尺寸和偏置电流，NMOS 管呈现出较高的输出电阻，为放大器提供更

理想的电流源和更高的增益。

LEVEL1 基于下面的等式

$$I_D = \frac{1}{2}\mu C_{ox} \frac{W}{W-2L_D}[2(V_{GS}-V_{th})V_{DS}-V_{DS}^2](1+\lambda V_{DS}) \qquad 线性区 \qquad (3-66)$$

$$I_D = \frac{1}{2}\mu C_{ox} \frac{W}{W-2L_D}(V_{GS}-V_{th})^2(1+\lambda V_{DS}) \qquad 饱和区 \qquad (3-67)$$

式中,$V_{th}=V_{th0}+\gamma(\sqrt{2\phi_F-V_{BS}}-\sqrt{2\phi_F})$。

线性区,电容 C_{gs} 和 C_{gd} 等的表达式为

$$C_{gs} = \frac{2}{3}WLC_{ox}\left\{1-\frac{(V_{GS}-V_{DS}-V_{th})^2}{[2(V_{GS}-V_{th})-V_{DS}]^2}\right\}+WC_{ov} \qquad (3-68)$$

$$C_{gd} = \frac{2}{3}WLC_{ox}\left\{1-\frac{(V_{GS}-V_{th})^2}{[2(V_{GS}-V_{th})-V_{DS}]^2}\right\}+WC_{ov} \qquad (3-69)$$

$$C_{gb} = 0 \qquad (3-70)$$

当器件工作在临界饱和区,则有:$V_{GS}-V_{DS}=V_{th}$,$C_{gs}=(2/3)WLC_{ox}+WC_{ov}$,$C_{gd}=WC_{ov}$。LEVEL1 模型对于沟道长度小于大约 $5\mu m$ 的器件,能给出合理的 I/V 精度,但其预计的饱和区输出阻抗的精度仍很差。

3.6.2 LEVEL 2 模型

当 MOS 管的几何尺寸缩小到一定程度后,就会出现一系列二阶效应。在沟道长度小于 $5\mu m$ 时,LEVEL1 模型的精度就不够了,这时采用 LEVEL2 模型可以反映出许多高阶效应。

当 MOS 管的沟道长度较短时,应考虑漏源区对沟道耗尽区电荷的影响。LEVEL2 模型采用梯形沟道耗尽区剖面形状来近似模拟这种效应,如图 3.25 所示[4]。

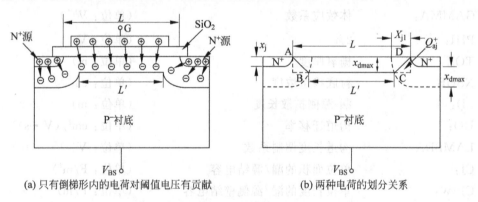

(a) 只有倒梯形内的电荷对阈值电压有贡献　　　　(b) 两种电荷的划分关系

图 3.25　梯形沟道耗尽区

此时体效应系数 γ 改为 γ_s,

$$\gamma_s = \gamma\left\{1-\frac{x_j}{L_0-2X_{j1}}\left[\left(1+\frac{2x_{dmax}}{x_j}\right)^{\frac{1}{2}}-1\right]\right\}$$

式中,X_{j1} 代表横向扩散参数。而阈值电压为

$$V_{th} = V_{th0}+\gamma_s(\sqrt{2\phi_F-V_{BS}}-\sqrt{2\phi_F}) \qquad (3-71)$$

随着漏源电压 V_{DS} 的增加,漏衬 PN 结的耗尽区会增加,导致阈值电压进一步降低。在

LEVEL2 模型中,常用窄沟道效应系数的经验参数 δ 来拟合实验数据,将阈值电压修正成

$$V_{th} = V_{FB} + 2\phi_F + \gamma_s \sqrt{2\phi_F - V_{BS}} + \delta \frac{\pi\varepsilon_s}{4C_{ox}W}(2\phi_F - V_{BS}) \tag{3-72}$$

式中,V_{FB} 为平带电压[4],W 表示沟道宽度。

LEVEL2 还考虑了沟道区垂直电场引起的迁移率退化,迁移率的计算公式为

$$\mu_s = \mu_0 \left(\frac{\varepsilon_{si}}{C_{ox}} \frac{E_C T_{ox}}{V_{GS} - V_{th} - E_y V_{DS}} \right)^{E_e} \tag{3-73}$$

式中,E_C 表示栅-沟道间纵向临界电场,E_y 为横向电场系数,其值在 $0 \sim 0.5$ 之间,E_e 代表迁移率下降的临界指数系数,约为 0.15。

此时,线性区漏极电流修正为

$$I_D = \beta \left\{ \left(V_{GS} - V_{BIN} - \eta\frac{V_{DS}}{2} \right) V_{DS} - \frac{2}{3}\gamma_s \left[(V_{DS} + 2\phi_F - V_{BS})^{\frac{1}{2}} - (2\phi_F - V_{BS})^{\frac{3}{2}} \right] \right\} \tag{3-74}$$

式中,$\beta = \mu C_{ox}\dfrac{Z}{L_0 - 2X_{j1}}$,$\eta = 1 + \delta\dfrac{\pi\varepsilon_s}{4C_{ox}W}$,$V_{BIN} = V_{FB} + 2\phi_B + \delta\dfrac{\pi\varepsilon_s}{4C_{ox}W}(2\phi_B - V_{BS})$,$\eta$ 为静电反馈系数。

考虑到短沟道效应和窄沟道效应后,将临界饱和漏极电压 $V_{DS(sat)}$ 修正为

$$V'_{DS(sat)} = \frac{V_{GS} - V_{BIN}}{\eta} + \frac{1}{2}\left(\frac{\gamma_s}{\eta} \right)^2 \left\{ 1 - \left[1 + 4\left(\frac{\gamma_s}{\eta} \right)^2 \left(\frac{V_{GS} - V_{BIN}}{\eta} + 2\phi_F - V_{BS} \right) \right]^{\frac{1}{2}} \right\} \tag{3-75}$$

当 $V_{DS} > V'_{DS(sat)}$ 后,MOS 的沟道夹断点从漏端向源方向移动,使有效沟道长度缩短 ΔL,这就是沟道调制效应。LEVEL2 模型中,$\Delta L = \lambda(L_0 - 2X_{j1})V_{DS}$,其中,$\lambda$ 为沟道长度调制系数。有效沟道长度为

$$L_{eff} = L_0 - 2X_{j1} - \Delta L \tag{3-76}$$

在 LEVEL2 模型中,还考虑了短沟道的速率饱和效应和亚阈值导电效应,因此 LEVEL2 模型能提供更为准确的 I/V 特性,但是在提供输出阻抗以及线性区与饱和区的过渡点方面会出现较大误差。另外,对于长而窄的器件,该模型也不准确。

3.6.3　LEVEL 3 模型

LEVEL3 模型是一个半经验模型,引入了很多经验方程和经验参数来改进模型的精度和降低计算的复杂程度。LEVEL3 适用于沟道长度小于 $1\mu m$ 的 MOS 器件。

该模型中阈值电压的计算公式为

$$V_{th} = V_{th0} + F_S\gamma\sqrt{2\phi_F - V_{BS}} + F_n(2\phi_F - V_{BS}) + \xi\frac{8.15 \times 10^{-22}}{C_{ox}L_{eff}^3}V_{DS} \tag{3-77}$$

式中,F_S、F_n 分别表示短沟道、窄沟道效应,ξ 模拟漏致势垒降低效应。

考虑到沟道纵向和横向电场效应,迁移率为

$$\mu_1 = \frac{\mu_{eff}}{1 + \dfrac{\mu_{eff}V_{DS}}{\nu_{max}L_1}} \tag{3-78}$$

式中

$$\mu_{eff} = \frac{\mu_0}{1 + \theta(V_{GS} - V_{th})} \tag{3-79}$$

ν_{max} 是沟道区中载流子的最大速率,μ_{eff} 模拟纵向电场的影响,μ_1 反映横向电场的影响。

漏极电流表示为

$$I_\mathrm{D} = \mu_1 C_\mathrm{ox} \frac{W_\mathrm{eff}}{L_\mathrm{eff}} \left[V_\mathrm{GS} - V_\mathrm{th0} - \left(1 + \frac{F_\mathrm{s}\gamma}{4\sqrt{2\phi_\mathrm{F} - V_\mathrm{BS}}} + F_\mathrm{n} \right) \frac{V'_\mathrm{DS}}{2} \right] V'_\mathrm{DS} \qquad (3\text{-}80)$$

式中,V'_DS表示沟道夹断和速率饱和时的漏源电压。

LEVEL3 模型与 LEVEL2 模型一样,对于宽而短的器件精度较好,而对于长而窄的器件误差较大。特别是在线性边界 I_D 对 V_DS 导数不连续,使输出阻抗误差较大。

SPICE LEVEL1-LEVEL3 的模型都比较粗糙,适合于大线宽工艺下电路的仿真设计。为了提高深亚微米 MOSFET 电路的仿真精度,加州大学伯克利分校电气工程和计算机科学系的研究人员 1984 年提出了 BSIM1 模型。BSIM 为 Berkeley Short-Channel IGFET Model 的缩写。

BSIM1 模型以多参数曲线拟合实验方式进行建模,模型用了 60 个参数描述 MOSFET 的直流性能,其中采用了大量的经验参数来简化方程,该模型适用于 $0.7\mu\mathrm{m}$ 的工艺中,其不足之处是与器件的工作原理失去了联系。1990 年开发的 BSIM2 模型大约使用了 70 个参数,适合于沟道长度大于 $0.25\mu\mathrm{m}$ 的器件。BSIM3 在保留 BSIM1 和 BSIM2 许多特性的同时,又回到了器件工作的物理原理上,它利用 180 个参数,对沟道长度为 $0.25\mu\mathrm{m}$ 的器件工作在亚阈值和强反型区域均可提供合理的精度。BSIM3v3 模型目前已成为工业界标准的 MOSFET 器件模型[7]。作为 BSIM3 模型的扩展,BSIM4 标志着对 MOSFET 物理机理的精确描述进入亚 100nm 时代[8]。

复习题

(1) 什么叫场效应晶体管? 与双极型晶体管相比,它有哪些优点?

(2) 请简单描述 MOSFET 的种类及各自的 I/V 特性。

(3) 什么是 MOS 晶体管的阈值电压,其值受哪些因素的影响?

(4) 采用表 3-1 给出的器件参数,假设 $W/L=50/0.5$,$|I_\mathrm{D}|=0.5\mathrm{mA}$,计算 NMOS 管和 PMOS 管的跨导和输出阻抗,以及本征增益 $g_\mathrm{m}r_\mathrm{o}$。

(5) 分别画出 MOS 晶体管的 I_D-V_GS 曲线:(a)以 V_DS 作为参数;(b)以 V_BS 作为参数,并在特性曲线中标出夹断点。

(6) 图 3.26 所示 NMOS 电路中 $V_\mathrm{DD}=5\mathrm{V}$,$V_\mathrm{th}=0.7\mathrm{V}$,对于以下输入电压,分别求出输出电压 V_out。(a)$V_\mathrm{in}=10\mathrm{V}$;(b)$V_\mathrm{in}=3.5\mathrm{V}$;(c)$V_\mathrm{in}=0.7\mathrm{V}$。

(7) 如图 3.27 所示的 NMOS 采样开关电路,假设 $\lambda=0$,计算以时间为参变量的函数 V_out。

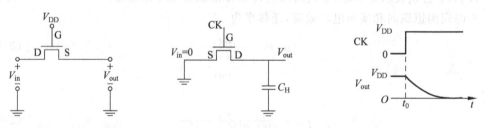

图 3.26　NMOS 电路　　　　　　　　图 3.27　NMOS 开关电路

（8）如图 3.28 所示的 NMOS 采样开关电路，假设 $V_{in}=V_{DD}$，计算以时间为参变量的函数 V_{out}。

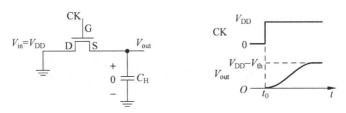

图 3.28 NMOS 采用开关的最大输出电平

（9）什么是反相器的噪声容限？什么是反相器的上升时间和下降时间？请用图示表示。

（10）什么是 MOS 器件的短沟道效应？

（11）请解释短沟道效应下的边缘电感势垒降效应。

（12）请解释短沟道效应下的漏致势垒降效应。

（13）输入阻抗为 50Ω 的共栅极电路，按（恒场）比例缩小时，如果 $\lambda=\gamma=0$，求输入阻抗。

（14）MOSFET 的特征频率（Transit Frequency）f_T 定义为源和漏端交流接地时，器件小信号电流增益小将为 1 的频率。证明：

$$f_T = \frac{g_m}{2\pi(C_{GD}+C_{GS})}$$

参考文献

[1] 毕查德·拉扎维著.陈贵灿,程君,张瑞智等译.模拟 CMOS 集成电路设计.西安:西安交通大学出版社,2002.

[2] 施敏(美)著.赵鹤鸣,钱敏,黄秋萍译.半导体器件物理与工艺.2 版.苏州:苏州大学出版社,2002.

[3] 霍奇斯(Hodges,D. A)等著.蒋安平等译.数字集成电路分析与设计——深亚微米工艺.3 版.北京:电子工业出版社,2005.

[4] 陈星弼,张庆中.晶体管原理与设计.2 版.北京:电子工业出版社,2006.

[5] Paul R. Gray. Analysis and design of analog integrated circuits. 4 版.北京:高等教育出版社,2003.

[6] 马群刚,李跃进,杨银堂.按比例缩小技术在微纳米中的挑战和对策.固体电子学研究与进展,2003,23(4):464-469.

[7] http://www-device. eecs. berkeley. edu/bsim/bsin_ent. htmlBSIM3v3 Manual.

[8] 先进 MOS 模型. http://www.docin.com/p-460856016.html.

第4章

基本数字集成电路

4.1 CMOS 反相器

互补金属氧化物半导体（Complementary Metal Oxide Semiconductor,CMOS）是将增强型 NMOS 和增强型 PMOS 结合在一起、使其工作在互补模式下的 MOS 电路结构。CMOS 数字集成电路由于具有低功耗、大噪声容限以及易设计等固有特点,在开发研制专用集成电路 ASIC、随机存取存储器 RAM、微处理器和数字信号处理器 DSP 等芯片方面得到了广泛的应用。

反相器是所有数字设计的核心。一旦清楚了它的工作原理和性质,设计诸如逻辑门、加法器、乘法器和微处理器等比较复杂的结构就大大简化了。这些复杂电路的电气特性几乎完全可以由反相器中得到的结果推断出来。反相器的分析可以延伸来分析比较复杂的门(如NAND、NOR 或 XOR)的特性,它们又可以以不同的组合方式构成如乘法器、处理器等电路。

4.1.1 CMOS 反相器结构与工作原理

图 4.1 为一个标准 CMOS 反相器的电路图,其中 NMOS 管 MN 为驱动管,PMOS 管 MP 为负载管,C_L 为负载容。其工作原理是:当输入电压 V_{in} 为高电平并等于电源电压 V_{DD} 时,MN 导通,MP 截止。此时在输出端 V_{out} 和地之间形成一个经 MN 管的直接通路,使输出电压几乎为 0V,呈低电平状态。相反,当输入电压 V_{in} 为低电平(接近于 0V)时,MN 关断,而 MP 导通。在 V_{DD} 和 V_{out} 之间,经 MP 管形成一个通路,此时,输出高电平[1]。

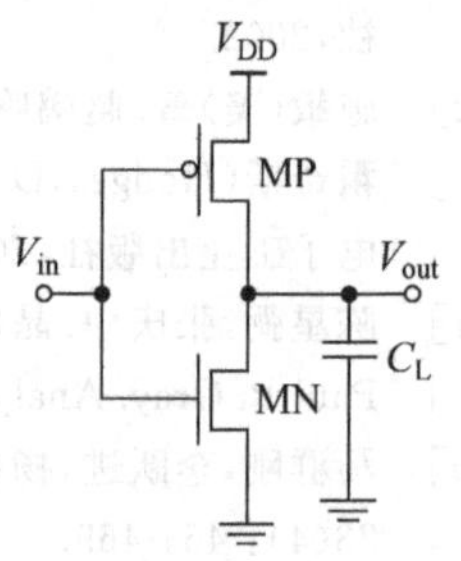

CMOS 反相器的输入电阻极高,这是因为 MOS 管栅极实际上是一个完全的绝缘体,而反相器的输入节点只连接到 MOS 管的栅极上,所以稳态输入电流几乎为零。

图 4.1 CMOS 反相器

在对 CMOS 反相器的工作过程进行分析之前,需要先对这个门的瞬态特性进行定性分析。这一响应主要由输出端的负载电容 C_L 决定,它包括 NMOS 和 PMOS 晶体管的漏扩散电容、连线电容以及扇出门的输入电容。我们可以利用 CMOS 反相器的简化模型来得到一个近似的瞬态响应。首先考虑输出端由低电平到高电平过渡的情形。门的响应时间是由 PMOS 的导通电阻和输出负载电容 C_L 决定的,如图 4.2(a)所示,电路的传播延时正比于时间常数 $R_p C_L$。因此一个快速门的设计可以通过减小输出电容或晶体管的导通电阻来实现。同样,在输出由高电平到低电平时,响应时间正比于时间常数 $R_n C_L$,如图 4.2(b)所示。

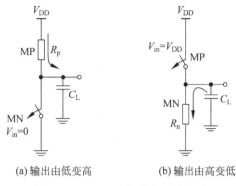

(a) 输出由低变高　　　　　(b) 输出由高变低

图 4.2　CMOS 反相器的开关模型

4.1.2　静态特性

为了对 CMOS 反相器有更深入的认识,我们须要对 CMOS 反相器的静态特性、动态特性和功耗特性有所了解。

CMOS 反相器的静态特性可通过其电压传输特性(Voltage Transfer Characteristic, VTC)的分析得到。定义反相器的 VTC 曲线为输出电压 V_{out} 随输入电压 V_{in} 从 0V 逐渐增大到 V_{DD} 获得的曲线,如图 4.3 所示为一个理想反相器的 VTC。翻转发生在 $V_{DD}/2$,在这一点上,输出由 V_{DD} 转换成 0V。图 4.3 中的增益为电压传输特性的斜率。从图 4.3 可以得出理想反相器的三个增益区:两个零增益区和一个无穷大增益区。这个无穷大的增益区将高输出从低输出中分离出来。

图 4.4 所示为一个反相器的实际电压传输特性曲线。在实际的反相器中,低输出电压可能达不到 0V,并且高输出电压也可能达不到 V_{DD}。输出不会在输入为 $V_{DD}/2$ 时由 V_{DD} 转换成 0V,所以,翻转点定义成 $V_{out}=V_{in}$ 时的点,此时 $V_{out}=V_S$。这种反相器并没有两个零增益区和一个无穷大增益区,而是随着 V_{in} 从 0 逐渐增大到 V_{DD},先出现一个低增益区,然后是高增益区,接着又是一个低增益区。对于一个有效的门,高增益区的增益必须大于1,低增益区的增益必须小于1。

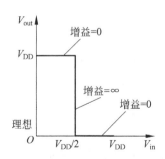

图 4.3　CMOS 反相器的理想电压
　　　　传输特性曲线

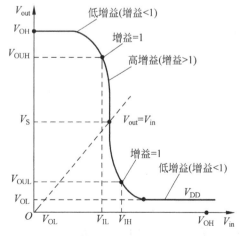

图 4.4　CMOS 反相器的实际电压传输特性曲线

下面给出反相器的主要静态特性。

1. 开关阈值

V_S 又称为开关阈值,为 $V_{out}=V_{in}$ 点的输出电压,其值可以通过图解法由 VTC 和直线 $V_{out}=V_{in}$ 的交点求得,也可利用下面的解析法进行求解。在开关阈值点有 $V_{out}=V_{DS}=V_{in}=V_{GS}$,PMOS 和 NMOS 管都是饱和的,忽略沟道调制效应,有

$$\frac{\beta_n}{2}(V_S - V_{th,N})^2 = \frac{\beta_p}{2}(V_{DD} - V_S - |V_{th,P}|)^2 \tag{4-1}$$

两边除以 β_p,并取平方根得到

$$\sqrt{\frac{\beta_n}{\beta_p}}(V_S - V_{th,N}) = V_{DD} - V_S - |V_{th,P}| \tag{4-2}$$

于是解得

$$V_S = \frac{V_{DD} - |V_{th,P}| + \sqrt{\frac{\beta_n}{\beta_p}} V_{th,N}}{1 + \sqrt{\frac{\beta_n}{\beta_p}}} \tag{4-3}$$

式中,$\beta_n = \mu_n C_{ox} \frac{W_n}{L_n} = k'_n \frac{W_n}{L_n}$,$\beta_p = \mu_p C_{ox} \frac{W_p}{L_p} = k'_p \frac{W_p}{L_p}$,$\frac{\beta_n}{\beta_p} = \frac{k'_n W_n / L_n}{k'_p W_p / L_p}$。

由于 k'_n、k'_p 在工艺过程中确定,因此 MOS 管的尺寸决定了切换点 V_S。需要注意的是 NMOS 和 PMOS 具有不同的迁移率,根据工艺的不同,他们的典型比值为 $k'_n / k'_p = 2 \sim 3$。

改变 PMOS 宽度 W_p 对 NMOS 宽度 W_n 的比值可以使 VTC 的过渡区平移。增大 W_p 或 W_n 使 V_S 分别移向 V_{DD} 或 0V。这一特性非常有用,因为不对称的传输特性在某些实际设计中是希望得到的。例如,在图 4.5 所示的例子中[1],V_{in} 的零值受噪声干扰严重。若使这一信号通过一个对称的反相器,则会产生错误的输出值,如图 4.5(a)所示。这种情况可以通过提高反相器的开关阈值来解决,如图 4.5(a)所示,将 V_S 提高到 V'_S,结果得到一个正确的响应,如图 4.5(b)所示。

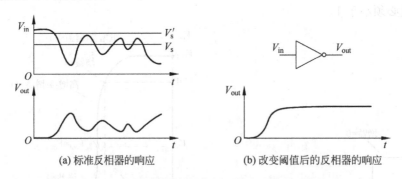

(a) 标准反相器的响应   (b) 改变阈值后的反相器的响应

图 4.5   改变反相器的阈值可以提高电路的可靠性

2. 噪声容限

噪声容限用来描述电路正常工作的电压范围。众所周知,噪声会影响电路的运行状态。为了了解噪声对反相器的影响,图 4.6 给出了一个具有两个噪声源的三级反相器链。假设

3 个反相器都是相同的,并且第一个反相器的输入电压为低电平 V_{OL},则它的输出为高电平 V_{OH}。如果在由第一个反相器的输出传输到第二个反相器的输入过程中引入了噪声信号 V_n,假设 V_{OH} 与 V_n 叠加的结果仍然是一个高电平的信号,则第二个反相器能输出正确的低电平逻辑信号;假设 V_{OH} 与 V_n 叠加的结果使第二个反相器的输入端得到的是一个低电平信号,则其输出将是错误的高电平逻辑。为此,为了确保第二级反相器输出正确的低电平逻辑信号,需要限制其高电平输入电压的最小允许值 V_{IH}。同理,为了确保第三级反相器输出正确的高电平逻辑信号,需要限制其低电平输入电压的最大允许值 V_{IL}。V_{IL} 和 V_{IH} 反映了这个反相器链对噪声的承受能力。

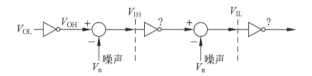

图 4.6 多级反相器链

通常,总是希望噪声在各级反相器的传输过程中被削弱。为了确定一种适合于多噪声源情况的噪声衡量标准,先假设噪声很小。对于一个没有噪声的系统,可以写出其中一个反相器的输出方程

$$V_{out} = f(V_{in}) \tag{4-4}$$

加入噪声 V_n 后,产生一个新的输出

$$V_{out'} = f(V_{in} + V_n)n \tag{4-5}$$

式中,n 为反相器级联的个数。

输出函数的泰勒级数展开式如下

$$V_{out'} = f(V_{in}) + V_n \frac{dV_{out}}{dV_{in}} + (V_n)^2 \frac{d^2V_{out}}{dV_{in}^2} + (V_n)^3 \frac{d^3V_{out}}{dV_{in}^3} + \ldots \tag{4-6}$$

对式(4-6),可简单理解为

$$有噪声时的输出电压 = 无噪声时的输出 + 噪声 \times 增益 + 高次项 \tag{4-7}$$

如果忽略高次项,那么输出就简单地等于无噪声时的输出值加上噪声与反相器增益的乘积。有了这个结果,可以建立一种基于反相器增益的衡量标准,因为增益控制着噪声经过反相器的放大情况。

基于上面的分析,可以通过 VTC 上的点来定义更有用的噪声容限,即将增益为 1 的点确定为转折点。在图 4.4 中的 VTC 中有两个单位增益点,在这两种情况下曲线的斜率均为 -1。第一个单位增益点出现在 $V_{in} = V_{IL}$ 和 $V_{out} = V_{OUH}$ 处。当 $V_{in} < V_{IL}$ 时,仍然认为输出是高电平。如果 $V_{in} > V_{IL}$,增益超过单位值,输出开始明显下降。因此,输入可以在 V_{OL} 和 V_{IL} 之间安全地摆动,输出不会明显下降,噪声也不会明显增加。同样,第二个单位增益点出现在 $V_{in} = V_{IH}$ 和 $V_{out} = V_{OUL}$ 处。当 $V_{in} > V_{IH}$ 时,认为输出是有效的低电平。然而,如果 $V_{in} < V_{IH}$,输出值会经过单位增益点开始上升。因此,输入可以在 V_{OH} 和 V_{IH} 之间安全地摆动,而输出不会显著地上升。

用两个单位增益点和输出高低电平值定义高电平噪声容限(NM_H)和低电平噪声容限(NM_L)如下

$$NM_H = V_{OH} - V_{IH} \tag{4-8}$$

$$NM_L = V_{IL} - V_{OL} \tag{4-9}$$

只要输入在这个范围内,电路就能正常工作。一般而言,高低两种逻辑状态对应的噪声容限是不同的,必须经过计算得到。

4.1.3 动态特性

数字集成电路的动态特性决定了整个系统的工作速度。以 CMOS 反相器为例,CMOS 反相器的传输延时取决于它分别通过 PMOS 和 NMOS 管对负载电容 C_L 充、放电所需的时间。所以,减小 C_L 是实现高性能 CMOS 电路的关键。

如果对一个 CMOS 电路的每一个电容分别进行考虑,那么对这个电路的手工分析几乎是不可能进行的。MOS 晶体管模型中的诸多非线性电容的存在使分析更加复杂。为了简化电路的分析,我们假设所有的电容集总成一个电容 C_L,它处于 V_{out} 和地之间。

负载电容实际上是由图 4.7 所示的 3 种电容组成[2],即自身负载电容 C_{self}、连线电容 C_{wire} 以及扇出电容 C_{fanout}。可利用式(4-10)所示的负载集总电容计算数字集成电路的动态延时

$$C_L = C_{self} + C_{wire} + C_{fanout} \tag{4-10}$$

1. 门扇出电容

由后级门的输入引起的本级门的扇出电容是要考虑的第一种负载电容。这个电容取决于该逻辑门驱动的扇出个数,并且可以是比较大的,总扇出电容是每个后级门的输入电容 C_G 的总和[2]。

$$C_{fanout} = \sum C_G \tag{4-11}$$

假设每一个扇出全都是反相器,其电容分布如图 4.8 所示[2]。因为要驱动 V_{in} 这个信号,所以有必要对与 V_{in} 有关的各项参数进行研究。每一个晶体管都有一个由薄氧化层引入的电容,以及由栅与源漏的交叠引入的另外两个电容。必须考虑的电容是 C_{Gn}、C_{Gp} 和 C_{OL}。

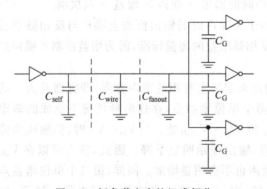

图 4.7　门负载电容的组成部分

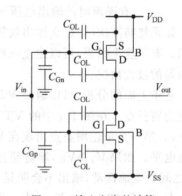

图 4.8　输入电容的计算

反相器总的输入电容是图 4.8 中所有部分的和

$$
\begin{aligned}
C_G &= C_{Gn} + 2C_{OL} + C_{Gp} + 2C_{OL} \\
&= C_{ox}LW_n + 2C_{ol}W_n + C_{ox}LW_p + 2C_{ol}W_p \\
&= (C_{ox}L + 2C_{ol})(W_n + W_p) \tag{4-12}
\end{aligned}
$$

式中,各项参数均由具体的工艺决定,比如对于 $0.13\mu m$ 工艺,C_{ox} 的值为 $1.6\times10^{-6}\mathrm{F}/\mu m^2$,单位宽度的交叠电容近似为 $C_{ol}=0.25\mathrm{fF}/\mu m^{[2]}$。设 C_{ox} 为 $1\mu m$ 沟道长度下的 C_{ox},定义栅极电容 C_g 为

$$C_g = C_{ox} + 2C_{ol} = 1.6\mathrm{fF}/\mu m + 2\times0.25\mathrm{fF}/\mu m = 2\mathrm{fF}/\mu m \tag{4-13}$$

薄氧化层和交叠电容引起的全部电容总和约为 $2\mathrm{fF}/\mu m$,在过去的 20 多年里这个值一直保持为常数,可以用 C_g 乘以器件的宽度来获得栅极的总电容。

对于一个反相器,

$$C_G = C_g W = 2\mathrm{fF}/\mu m \times (W_n + W_p) \tag{4-14}$$

如果驱动 n 个相同的反相器,且每个反相器都有一个相同的输入电容 C_G,则总的扇出电容为

$$C_{fanout} = \sum C_G = n\times C_G = n\times \sum C_g W \tag{4-15}$$

如果有 n 个不同的反相器,只须按如下方式将每个反相器的输入电容加起来

$$C_{fanout} = C_g \times (W_{n1} + W_{p1} + W_{n2} + W_{p2} + \cdots) \tag{4-16}$$

式中,W_{n1}、W_{p1} 为第一个反相器的宽度,W_{n2}、W_{p2} 为第二个器件的宽度。

对于与非门、或非门或者其他复杂的门电路,也可以简单地使用上述公式将被驱动管的宽度相加得到总的扇出电容

$$C_{fanout} = C_g \times (W_{n1} + W_{p1} + W_{n2} + W_{p2} + \ldots) \tag{4-17}$$

式中,W_{n1}、W_{p1} 为第一个门的宽度,W_{n2}、W_{p2} 为第二个门的宽度。

2. 自身电容

自身电容是指连接到输出端的所有电容之和。如图 4.9 所示为一个反相器自身电容所包含的重要参数项。

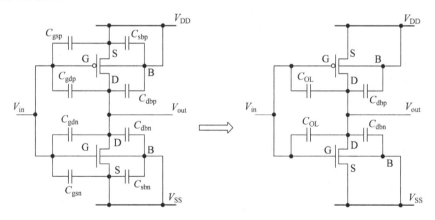

图 4.9　输出电容的计算

每一个晶体管都有 4 个重要的电容:C_{gs}、C_{gd}、C_{db} 和 C_{sb}。因为 C_{gsn}、C_{gsp}、C_{sbn} 和 C_{sbp} 没有连接到输出端,所以在计算自身电容时可以不考虑。

假设输入是一个任意方向的阶跃信号,则必然是一个管子导通且处于饱和区,另一个管子截止。由于 C_{gd} 在 MOS 器件工作在截止区和饱和区时电容值的大小都为 $0^{[2]}$,因此可以忽略 C_{gd}。所以只剩下栅到漏的交叠电容,以及每一个器件的结电容 C_{dbn} 和 C_{dbp}。

因为交叠电容 C_{OL} 是从输入连接到输出的,如图 4.10(a)所示。当输入从 0V 转变成 V_{DD} 时,输出从 V_{DD} 转换成 0V,所以交叠电容经历了一个 $2V_{DD}$ 的电压幅度。利用密勒效应 (Miller Effect)等效关系可以得到如图 4.10(b)所示的等效电路图。

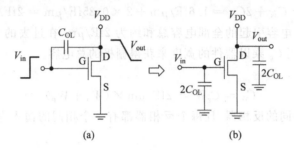

图 4.10　用密勒效应处理交叠电容

将结电容和由边缘及侧面扩散引起的交叠电容相加即可得到反相器的自身电容

$$C_{self} = C_{dbn} + C_{dbp} + 2C_{OL} + 2C_{OL}$$
$$= C_{jn}W_n + C_{jp}W_p + 2C_{ol}(W_n + W_p)$$
$$= C_{eff}(W_n + W_p) \tag{4-18}$$

C_{eff} 为单位宽度有效电容,C_j 为单位宽度结电容。结电容依赖于掺杂浓度、结类型、电压变化和源漏区的面积。对于 $0.13\mu m$ 工艺,单位宽度下,这两个结的平均结电容为 $0.5fF/\mu m$,交叠电容大约为 $0.25fF/\mu m$ [2],因此,

$$C_{eff} = C_j + 2C_{ol} \approx 0.5fF/\mu m + 2 \times 0.25fF/\mu m \approx 1fF/\mu m \tag{4-19}$$

总的自身电容可以通过将 C_{eff} 乘以器件的宽度来计算。

3. 连线电容

负载电容的第三部分是连线电容,或称为互联电容。随着集成电路工艺线宽越来越小,器件也做得越来越小,互连线相对较长,其互连电容对电路的影响越来越不容忽略。对于非常短的连线,比如小于几微米的连线,可以忽略其连线电容。超过几微米的连线就需要把互联电容考虑在内。对于非常长的连线,还要考虑分布的 RC 效应和电容耦合效应。连线电容的计算公式如下 [2]

$$C_{wire} = C_{int}L_w = 0.2fF/\mu m \times 连线长度 \tag{4-20}$$

4. 延迟时间的计算

第 3 章已经给出了反相器延迟时间的定义,包括输出端由高到低和由低到高的转换时间 t_{HL} 和 t_{LH},从输入端到输出端的延迟时间 t_{PHL} 和 t_{PLH}。利用图 4.1 所给出的 CMOS 反相器的结构以及图 3.12 所示出的 t_{HL}、t_{LH}、t_{PHL} 和 t_{PLH} 的定义,可计算出延迟时间的大小。

根据负载电容 C_L 充放电的平均电流 $I_{avg,LH}$、$I_{avg,HL}$,可得 t_{PHL} 和 t_{PLH} 计算公式为

$$t_{PHL} = \frac{C_L(V_{OH} - V_{50\%})}{I_{avg,HL}} \tag{4-21}$$

$$t_{PLH} = \frac{C_L(V_{50\%} - V_{OL})}{I_{avg,LH}} \tag{4-22}$$

而平均电流由高到低变化时,可用开始和结束时的电流变化值来计算

$$I_{\text{avg,HL}} = \frac{1}{2}(i_{C|V_{\text{in}}=V_{\text{OH}},v_{\text{out}}=V_{\text{OH}}} + i_{C|V_{\text{in}}=V_{\text{OH}},v_{\text{out}}=V_{50\%}}) \tag{4-23}$$

同样,由低到高变化时的电容平均电流为

$$I_{\text{avg,LH}} = \frac{1}{2}(i_{C|V_{\text{in}}=V_{\text{OL}},v_{\text{out}}=V_{50\%}} + i_{C|V_{\text{in}}=V_{\text{OL}},v_{\text{out}}=V_{\text{OL}}}) \tag{4-24}$$

4.1.4 功耗

随着集成电路集成度的增加,集成电路的功耗也在不断增加,尤其对于数字集成电路而言,功耗是集成电路设计非常重要的考虑因素,因为功耗影响着芯片的工作温度范围、封装和可靠性。功耗由从电源经器件到地流过的电流决定。一般把电流分为直流电流(DC)和交流电流(AC)两部分,所以功耗也分为(直流)静态功耗和动态功耗,即

$$P = P_{\text{DC}} + P_{\text{dyn}} \tag{4-25}$$

对于靠电池供电的设备或便携式设备,尤其要求产品的低功耗。静态功耗是一个很重要的设计考虑因素。静态功耗有 3 个基本来源:亚阈值漏电、PN 结漏电和输出低状态的直流待机电流,其中,亚阈值漏电是最主要的。近几年,随着器件尺寸越做越小,亚阈值漏电电流越来越大。这就产生了一个寄生双极晶体管——衬底为其基极,源极漏极分别充当寄生晶体管的发射极和集电极。亚阈值电流方程如下

$$I_{\text{sub}} = I_s e^{[q(V_{\text{GS}}-V_{\text{th}})/nkT]}[1 - e^{(-qV_{\text{DS}}/kT)}] \tag{4-26}$$

源漏结的反相偏置也会带来泄漏电流,但这一部分所占比重相当小。二极管的 $I\text{-}V$ 方程为

$$I_{\text{pn}} = I_0[e^{(q/kT)V_{\text{SB}}} - 1] \tag{4-27}$$

反偏时,二极管的 $I\text{-}V$ 方程则为

$$I_{\text{pn}} = I_o = A \cdot J_s \tag{4-28}$$

亚阈值漏电流和 PN 结漏电流之和称为漏电流

$$I_{\text{leak}} = I_{\text{sub}} + I_{\text{pn}} \tag{4-29}$$

由于 NMOS 和 PMOS 具有不同的漏电流,所以,I_{leak} 是上拉路径和下拉路径的平均漏电流。总的静态功耗为

$$P_{\text{DC}} = (I_{\text{sub}} + I_{\text{pn}})V_{\text{DD}} \tag{4-30}$$

动态功耗包括电容充放电产生的功耗、门状态翻转时从电源到地流过的短路电流产生的短路功耗、以及输出波形中短时脉冲波形干扰引起的功耗。为了计算动态功耗,考虑图 4-11(a)中的反相器在充电过程使 C_L 的电压变为 V_{DD},这相当于在电容上储存了电荷,其值为

$$Q = C_L V_{\text{DD}} \tag{4-31}$$

当该电容通过 NMOS 放电时会失去同样数量的电荷,如图 4.11(b)所示。在一个周期 T 内的平均功耗为

$$P_{\text{av}} = V_{\text{DD}} I_{\text{DD}} = V_{\text{DD}}\left(\frac{Q}{T}\right) \tag{4-32}$$

忽略短路功耗(电路设计应避免短路)和干扰引起的功耗,将式(4-31)代入式(4-32)得动态功耗为

$$P_{\text{dyn}} = P_{\text{av}} = C_L V_{\text{DD}}^2 f_{\text{av}} \tag{4-33}$$

式中,f_{av} 为反相器的平均转换频率。

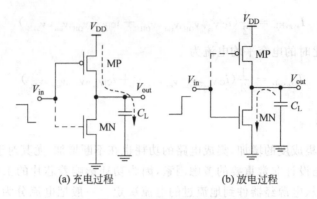

(a) 充电过程   (b) 放电过程

图 4.11　CMOS 反相器的动态过程

将式（4-30）和式（4-33）代入式（4-25），即将静态功耗和动态功耗合并得到总功耗

$$P = (I_{sub} + I_{pn})V_{DD} + C_L V_{DD}^2 f_{av} \tag{4-34}$$

通常在总功耗中动态功耗占主要部分，这说明了一个很重要的问题：功耗与信号频率成正比。也就是说，速度快的电路消耗更多的功率。如果开关速度加倍，则功耗也加倍。

4.1.5　CMOS 环形振荡电路

图 4.12 所示是一个三级理想反相器的级联。第三级反相器的输出与第一级反相器的输入相连。这样，三级反相器形成了一个电压反馈环路，可以容易地验证出该电路没有稳定的工作点。当所有反相器输入输出电压等于开关阈值，也即逻辑门限电压 V_S 时，唯一的直流工作点是不稳定的，任何节点的电压受到干扰都会使电路的直流工作点产生漂移。事实上，奇数个反相器的闭环串联连接呈现出不稳定状态。例如，一旦反相器的输入或输出偏离不稳定的工作点 V_S，电路就产生振荡，因此这个电路被称为环形振荡器。这里定性地介绍该电路的特点。

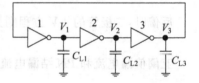

图 4.12　由理想反相器构成的
三级环形振荡电路

图 4.13 给出了三级反相器在振荡时的典型输出电压波形。当第一级反相器的输出电压 V_1 从 V_{OL} 上升到 V_{OH} 时，它使第二级反相器的输出电压 V_2 从 V_{OH} 下降到 V_{OL}。注意 V_1 和 V_2 分别达到 50% 时的时间差称为第二级反相器的信号传输延迟 t_{PHL2}。当第二级反相器输出电压 V_2 下降时，它使第三级反相器的输出电压 V_3 从 V_{OL} 上升到 V_{OH}。同样，V_2 和 V_3 分别达到 50% 时的时间差称为第三级反相器的信号传输延迟 t_{PHL3}。从图 4.13 中可以看出，每级反相器推动串接的下一级反相器，最后一级反相器又推动第一级反相器，这样维持了振荡。

在这个三级反相电路中，任一反相器输出电压的振荡周期 T 可表示为 6 个传输延迟的总和，如式（4-35）所示。假设三个闭环串联的反相器是相同的，且输出电容相等（$C_{L1} = C_{L2} = C_{L3}$），我们可以用平均传输延迟 t_P 表示振荡器周期

$$\begin{aligned}
T &= t_{PHL1} + t_{PLH1} + t_{PHL2} + t_{PLH2} + t_{PHL3} + t_{PLH3} \\
&= 2t_P + 2t_P + 2t_P \\
&= 6t_P
\end{aligned} \tag{4-35}$$

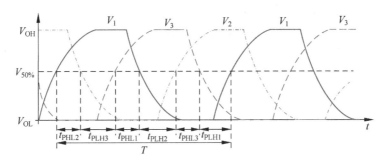

图 4.13 三级反相器的典型输出电压波形

事实上,由任何奇数个(n 个)串联连接的反相器的关系可以得到其振荡频率 f 为

$$f = \frac{1}{T} = \frac{1}{2 \cdot n \cdot t_{\mathrm{P}}} \tag{4-36}$$

所以,振荡频率是反相器的平均传输延迟的简单函数。式(4-36)用来度量典型的具有最小电容负载反相器的平均传输延时,只要将 n 个反相器构成一个环形振荡电路并精确确定其振荡频率,从式(4-36)可以得到

$$t_{\mathrm{P}} = \frac{1}{2 \cdot n \cdot f} \tag{4-37}$$

通常,为了使电路的振荡频率保持在合适的范围内,组成电路的级数 n 一般要远大于三级或五级。环形振荡电路也可以用作简单的脉冲发生器,其输出波形可用作简单的片内时钟发生器。不过,为了获得高精度和稳定度的振荡频率,通常使用片外晶体振荡器。

4.2 典型组合逻辑电路

组合逻辑电路又称门电路,是指在多输入变量下进行布尔运算、输出由输入变量的布尔函数决定的电路或门[1]。组合逻辑电路是所有数字系统的基本电路模块。本章采用正逻辑约定,布尔(逻辑)值"1"表示高电压 V_{DD},布尔(逻辑)值"0"表示低电压 0。在组合逻辑电路中,组合逻辑门的 VTC 反映了电路直流特性的重要信息,临界电压值(如 V_{OL} 或 V_{th})、电路的动态(瞬态)响应特性、电路的芯片面积以及静态和动态功耗是数字组合逻辑电路所须关注的重要设计参数。

4.2.1 带耗尽型 NMOS 负载的 MOS 逻辑电路

1. 耗尽型 MOSFET

第 3 章所介绍的 MOSFET 器件在零栅极偏压时没有传导沟道形成,此类 MOSFET 称为增强型 MOSFET。如非特殊强调,本书中的 MOSFET 器件均指增强型 MOSFET。另一方面,如果 MOSFET 在制造过程中选择适当的离子注入沟道,可改变 MOSFET 的阈值电压,如使 NMOS 的阈值电压变成负值,这意味着 NMOS 晶体管在 $V_{\mathrm{GS}}=0$ 时存在电导沟道,只要 V_{GS} 大于负的阈值电压,源极和漏极之间就有传导电流。这种器件称为耗尽型 MOSFET 器件。除了负的阈值电压,耗尽型 NMOS 和增强型 NMOS 具有相同的电特性。

同样,除了正的阈值电压,耗尽型 PMOS 和增强型 PMOS 也具有相同的电特性。图 4.14 给出了耗尽型 MOSFET 的电路符号和转移特性曲线。

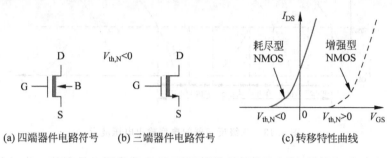

(a) 四端器件电路符号　　(b) 三端器件电路符号　　(c) 转移特性曲线

图 4.14　耗尽型 NMOS 的电路符号及其转移特性曲线

2. 两输入或非门

带耗尽型 NMOS 负载的两输入或非门如图 4.15 所示。图 4.15 (a)为其电路图,其中,M_A 和 M_B 为增强型 NMOS 管,M_L 为耗尽型 NMOS 管。图 4.15 (b)为对应的逻辑符号和逻辑真值表。当输入电压 V_A 或 V_B 等于逻辑高电平时,对应的驱动管导通,并在输出节点和地之间形成通路,因此输出电压变低。当 V_A 和 V_B 都是高电平时,在输出节点和地之间形成两个并联通路,因此输出电压也是低电平。反之,如果 V_A 和 V_B 都是低电平,则两个驱动管都截止,输出节点的电压将通过耗尽型 NMOS 负载管上拉到逻辑高电平。

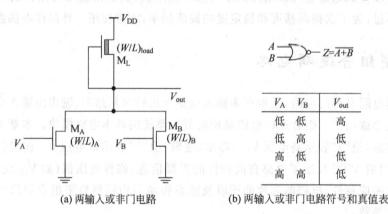

(a) 两输入或非门电路　　　　(b) 两输入或非门电路符号和真值表

图 4.15　带耗尽型 NMOS 负载的两输入或非门

当输入电压 V_A 和 V_B 都比对应驱动管的阈值电压低时,驱动管截止,没有漏极电流产生(忽略除了亚阈值泄漏电流以外的电流),这样,工作在线性区的负载器件漏极电流也为零,因此其线性区电流方程为

$$I_{\mathrm{DS,load}} = \frac{k_{\mathrm{n,load}}}{2}\big[2\mid V_{\mathrm{th,load}}(V_{\mathrm{OH}})\mid (V_{\mathrm{DD}} - V_{\mathrm{OH}}) - (V_{\mathrm{DD}} - V_{\mathrm{OH}})^2\big] = 0 \qquad (4\text{-}38)$$

由式(4-38)可解得该"或非"门的输出电平为逻辑"1"时的最大电压 $V_{\mathrm{OH}} = V_{\mathrm{DD}}$。

为了计算出输出电平为逻辑"0"时的最小输出电压 V_{OL},考虑以下 3 种情况:

(1) $V_A = V_{\mathrm{OH}}, V_B = V_{\mathrm{OL}}$;

(2) $V_A = V_{\mathrm{OL}}, V_B = V_{\mathrm{OH}}$;

(3) $V_A = V_{OH}, V_B = V_{OH}$。

对于情况(1)和(2)，"或非"电路转变成简单的耗尽型 NMOS 负载反相器。设两个增强型驱动管的阈值电压相等，即 $V_{th0,A} = V_{th0,B} = V_{th0}$，对应开启驱动管工作在线性区，而负载管工作在饱和区，于是

$$\frac{k_{driver}}{2}\left[2(V_{OH} - V_{th0})V_{OL} - V_{OL}^2\right] = \frac{k_{load}}{2}\left[-V_{th,load}(V_{OL})\right]^2 \tag{4-39}$$

由上式可求解出情况(1)和(2)下输出低电压 V_{OL} 的值

$$V_{OL} = V_{OH} - V_{th0} - \sqrt{(V_{OH} - V_{th0})^2 - \frac{k_{load}}{k_{driver}} \mid V_{th,load}(V_{OL}) \mid^2} \tag{4-40}$$

如果两个驱动管的宽长比相等，即 $(W/L)_A = (W/L)_B$，则上述情况(1)和情况(2)的输出低电压(V_{OL})的值相等。

对于情况(3)，两个驱动管都导通，饱和负载电流是两个线性模型驱动器电流之和

$$I_{DS,load} = I_{DS,driverA} + I_{DS,driverB} \tag{4-41}$$

即

$$\frac{k_{load}}{2} \mid V_{th,load}(V_{OL}) \mid^2 = \frac{k_{driver,A}}{2}\left[2(V_A - V_{th0})V_{OL} - V_{OL}^2\right] + \frac{k_{driver,B}}{2}\left[2(V_B - V_{th0})V_{OL} - V_{OL}^2\right] \tag{4-42}$$

因为两个驱动管的门电压相等($V_A = V_B = V_{OH}$)，所以选择结构等效的两个驱动管，可解得此时输出电压为

$$V_{OL} = V_{OH} - V_{th0} - \sqrt{(V_{OH} - V_{th0})^2 - \left(\frac{k_{load}}{k_{driver,A} + k_{driver,B}}\right) \mid V_{th,load}(V_{OL}) \mid^2} \tag{4-43}$$

比较式(4-43)和式(4-40)，显然，情况(3)下所得到的 V_{OL} 的值要低一些，因此静态运行最坏的情况下应取情况(1)或(2)所得到的最高 V_{OL}。反之，在设计电路时，设计必须达到给定的最坏情况(即只有一个输入是高电平的情况)下的 V_{OL} 最大值。并由式(4-40)解得驱动管和负载管的栅宽比。通常选择

$$k_{driver,A} = k_{driver,B} = k_r k_{load} \tag{4-44}$$

这样选择两个相同的驱动管，从而保证最坏情况下需要的 V_{OL} 值。式中，k_r 为驱动管和负载管的栅宽比

$$k_r = \frac{k_{driver,A}}{k_{load}} = \frac{k_{driver,B}}{k_{load}} = \frac{k'_{driver,A}\left(\dfrac{W}{L}\right)_A}{k'_{load}\left(\dfrac{W}{L}\right)_{load}} \tag{4-45}$$

图 4.16(a)为考虑了寄生电容时的两输入或非门的电路图，将节点①的等效电容用集总电容 C_L 来表示，即可得到图 4.16(b)所示的等效电路

$$C_L = C_{gd,A} + C_{gd,B} + C_{gd,load} + C_{db,A} + C_{db,B} + C_{sb,load} + C_{wire} \tag{4-46}$$

此时，或非门的静态特性与等效带耗尽型负载的反相器的静态特性一致，而或非门的瞬态响应特性要比等效反相器慢。

3. 两输入与非门

带耗尽型 NMOS 负载的两输入与非门如图 4.17 所示。图 4.17 (a)为其电路图，其中，

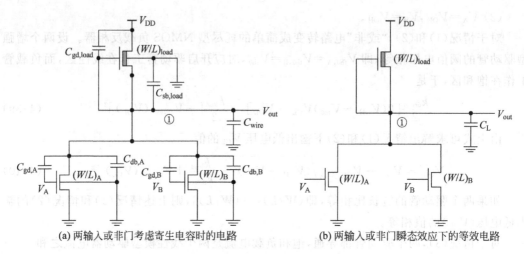

(a) 两输入或非门考虑寄生电容时的电路　　　(b) 两输入或非门瞬态效应下的等效电路

图 4.16　两输入或非门瞬态效应下的电路

M_A 和 M_B 为增强型 NMOS 管,M_L 为耗尽型 NMOS 管。图 4.17(b)为对应的逻辑符号和逻辑真值表。仅当输入电压 V_A 或 V_B 都为逻辑高电平时,即两个驱动管都导通时,输出节点和地之间才有通路,这时,输出电压为低电平。否则,一个或两个驱动管截止,耗尽型 NMOS 负载管将输出拉到逻辑高电平。

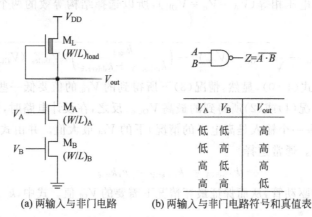

(a) 两输入与非门电路　　　(b) 两输入与非门电路符号和真值表

V_A	V_B	V_{out}
低	低	高
低	高	高
高	低	高
高	高	低

图 4.17　带耗尽型 NMOS 负载的两输入与非门

在与非门电路中,除了最下面与地相邻的晶体管外,其余所有管子都存在衬底偏置效应。对于使输出电压为逻辑高的 3 种输入组合而言,其对应的 $V_{OH} = V_{DD}$。

当两个驱动管输入电压都是高电平时,电路中所有晶体管的漏极电流彼此相等

$$I_{DS,load} = I_{DS,driverA} = I_{DS,driverB} \qquad (4-47)$$

即

$$\frac{k_{load}}{2} \mid V_{th,load}(V_{OL}) \mid^2 = \frac{k_{driver,A}}{2}[2(V_{GS,A} - V_{th0,A})V_{DS,A} - V_{DS,A}^2]$$

$$= \frac{k_{driver,B}}{2}[2(V_{GS,B} - V_{th0,B})V_{DS,B} - V_{DS,B}^2] \qquad (4-48)$$

假设两个驱动管的栅源电压等于 V_{OH},为了简化问题,忽略驱动管 A 的衬底偏置效应,

并假设 $V_{th0,A} = V_{th0,B} = V_{th0}$，则两个驱动管的漏源电压由式(4-43)解得

$$V_{DS,A} = V_{OH} - V_{th0} - \sqrt{(V_{OH} - V_{th0})^2 - \left(\frac{k_{load}}{k_{driver,A}}\right) | V_{th,load}(V_{OL}) |^2} \qquad (4-49)$$

$$V_{DS,B} = V_{OH} - V_{th0} - \sqrt{(V_{OH} - V_{th0})^2 - \left(\frac{k_{load}}{k_{driver,B}}\right) | V_{th,load}(V_{OL}) |^2} \qquad (4-50)$$

若设计用两个相同的驱动管，即 $k_{driver,A} = k_{driver,B} = k_{driver}$，则输出电压 V_{OL} 等于两驱动管漏源电压之和

$$V_{OL} \approx 2\left(V_{OH} - V_{th0} - \sqrt{(V_{OH} - V_{th0})^2 - \left(\frac{k_{load}}{k_{driver}}\right) | V_{th,load}(V_{OL}) |^2}\right) \qquad (4-51)$$

当两个驱动管的栅源电压等于 V_{OH}，且假设 $V_{th0,A} = V_{th0,B} = V_{th0}$ 时，两个驱动管都工作在线性区域，此时漏极电流可写为

$$I_{DS,A} = \frac{k_{driver}}{2}\left[2(V_{GS,A} - V_{th0,A})V_{DS,A} - V_{DS,A}^2\right] \qquad (4-52)$$

$$I_{DS,B} = \frac{k_{driver}}{2}\left[2(V_{GS,B} - V_{th0,B})V_{DS,B} - V_{DS,B}^2\right] \qquad (4-53)$$

因为 $I_{DS,A} = I_{DS,B}$，这个电流也可表示为

$$I_{DS} = I_{DS,A} = I_{DS,B} = \frac{I_{DS,A} + I_{DS,B}}{2} \qquad (4-54)$$

利用 $V_{GS,A} = V_{GS,B} - V_{DS,B}$，式(4-54)可表示为

$$I_{DS} = \frac{k_{driver}}{4}\left[2(V_{GS,B} - V_{th0})(V_{DS,A} + V_{DS,B}) - (V_{DS,A} + V_{DS,B})^2\right] \qquad (4-55)$$

令 $V_{GS} = V_{GS,B}$ 和 $V_{DS} = V_{DS,A} + V_{DS,B}$，则漏极电流表达式可重写为

$$I_{DS} = \frac{k_{driver}}{4}\left[2(V_{GS} - V_{th0})V_{DS} - V_{DS}^2\right] \qquad (4-56)$$

这样，两输入与非门中两个串联的 NMOS 驱动管与同栅电压栅宽比 $k_{eq} = 0.5k_{driver}$ 的一个 NMOS 管效果相同。对于两输入与非门，通常使每个驱动管的宽长比是等效反相器驱动管的两倍，即能得到满足 V_{OL} 值要求的驱动管和负载管的栅宽比。如果耗尽型负载管所占面积忽略不计，而且两输入与非门与等效反相器具有相同的静态特性，则两输入与非门结构所占面积近似等于等效反相器所占面积的 4 倍，且大的宽长比也会导致大的寄生电容。

图 4.18 为考虑了寄生电容时的两输入与非门的电路图，同样可将节点①的等效电容用集总电容 C_L 来表示，而 C_L 的值取决于输入电压的情况。例如，若输入 $V_A = V_{OH}$，而 V_B 从 V_{OH} 跳变到 V_{OL}，这时，输出电压 V_{out} 和内部节点的电压都升高。结果导致

$$C_L = C_{gd,A} + C_{gd,B} + C_{gd,load} + C_{gs,A} + C_{db,A} + C_{db,B} + C_{sb,A} + C_{sb,load} + C_{wire} \qquad (4-57)$$

若 $V_B = V_{OH}$，而 V_A 从 V_{OH} 跳变到 V_{OL}，这时，输出电压 V_{out} 将升高，由于底部驱动管导通，导致内部节点①仍然保持低电平。这时，集总输出电容为

$$C_L = C_{gd,A} + C_{gd,load} + C_{db,A} + C_{sb,load} + C_{wire} \qquad (4-58)$$

此时，负载电容比前一种情况要小。可见，连接到底部晶体管的信号 V_B 从高到低的开关延迟要比连接到顶部晶体管的信号 V_A 从高到低的开关延迟要大。

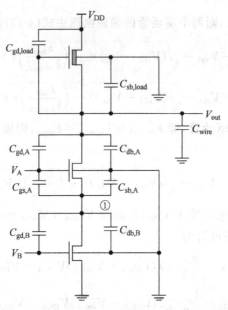

图 4.18　考虑了寄生电容时的两输入与非门的电路图

4.2.2　CMOS 逻辑电路

1. CMOS 两输入或非门

CMOS 组合逻辑电路的设计和分析可以依据前面的耗尽型 NMOS 负载逻辑电路的一些基本原则。图 4.19(a)显示了两输入 CMOS 或非门的电路图。需要注意的是电路是由并联的 N 型网络和串联的具有互补性的 P 型网络组成。输入电压 V_A 和 V_B 分别加到一个 NMOS 管和一个 PMOS 管的栅极。

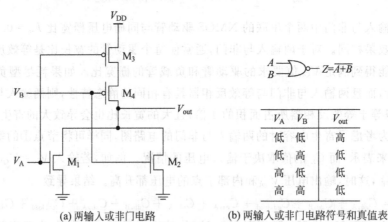

(a) 两输入或非门电路　　　　(b) 两输入或非门电路符号和真值表

图 4.19　两输入 CMOS 或非门的电路图

两输入 CMOS 或非门电路运行时输入输出的逻辑关系和电路符号如图 4.19(b)所示。由于电路的对偶或互补结构,在任意输入组合下都不会出现 V_{DD} 和地之间的直流通路。

下面分析 CMOS 门电路的切换门限电压 V_{tr}。假设两个输入同时切换,即 $V_A = V_B$,且同类器件尺寸相同,即有 $(W/L)_{n,A} = (W/L)_{n,B}$ 和 $(W/L)_{p,A} = (W/L)_{p,B}$。为简化起见,忽略

PMOS 管的衬底偏置效应。定义输出电压等于输入电压,并等于门限切换电压,即

$$V_A = V_B = V_{tr} = V_{out} \tag{4-59}$$

此时,因为 $V_A = V_B = V_{tr} = V_{out}$,故两个并联的 NMOS 管是饱和的,其总的漏极电流为

$$I_{DS} = k_n(V_{tr} - V_{th,N})^2 \tag{4-60}$$

于是可以得到门限电压 V_{tr} 的第一个方程

$$V_{tr} = V_{th,N} + \sqrt{\frac{I_{DS}}{k_n}} \tag{4-61}$$

图 4.19(a)所示的 PMOS 管 M_3 工作在线性区,而 M_4 则工作在饱和区,因为 $V_B = V_{out}$,即 M_4 管的栅、漏同电位。于是

$$I_{DS3} = \frac{k_p}{2}\left[2(V_{DD} - V_{tr} - |V_{th,P}|)V_{SD3} - V_{SD3}^2\right] \tag{4-62}$$

$$I_{DS4} = \frac{k_p}{2}(V_{DD} - V_{tr} - |V_{th,P}| - V_{SD3})^2 \tag{4-63}$$

两个 PMOS 管的漏极电流相等,即 $I_{DS3} = I_{DS4} = I_{DS}$。有

$$V_{DD} - V_{tr} - |V_{th,P}| = 2\sqrt{\frac{I_{DS}}{k_p}} \tag{4-64}$$

从而得到门限电压 V_{tr} 的第二个方程。结合式(4-64)和式(4-61),可得到

$$V_{tr}(NOR2) = \frac{V_{th,N} + \frac{1}{2}\sqrt{\frac{k_p}{k_n}}(V_{DD} - |V_{th,P}|)}{1 + \frac{1}{2}\sqrt{\frac{k_p}{k_n}}} \tag{4-65}$$

如果 $k_n = k_p$,且 $V_{th,N} = |V_{th,P}|$,则 NOR2 的门限电压为

$$V_{tr}(NOR2) = \frac{V_{DD} + V_{th,N}}{3} \tag{4-66}$$

而相同参数下,CMOS 反相器的门限电压等于 $V_{DD}/2$。如果为了使 NOR2 获得与反相器相同的转换门限电压值,则需设置 $V_{th,N} = |V_{th,P}|$ 和 $k_p = 4k_n$。

图 4.20 给出了带有寄生电容时的 CMOS 两输入或非门的电路图。

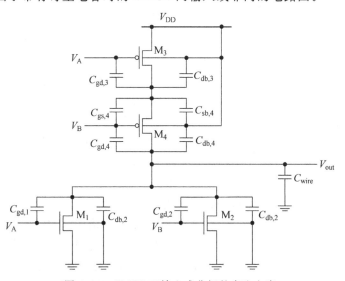

图 4.20 CMOS 双输入或非门的寄生电容

2. CMOS 两输入与非门

图 4.21 显示了两输入 CMOS 与非门的电路图。与带耗尽型 NMOS 管的两输入 MOS 与非门一样,只有当两个输入电压都是逻辑高电平,即等于 V_{OH} 时,由两个串联 NMOS 管组成的 N 型网络在输出节点和地之间形成通路,此时两个并联的 PMOS 管断开,输出低电平;其余输入组合,有一个或两个 PMOS 管将导通,但 NMOS 是断开的,因此输出高电平。

利用对 NOR2 门进行的类似的分析,很容易计算出两输入 CMOS 与非门的切换门限电压。假设每个模块的器件尺寸相同,即 $(W/L)_{n,A} = (W/L)_{n,B}$ 和 $(W/L)_{p,A} = (W/L)_{p,B}$,那么 NAND2 门的切换门限电压为

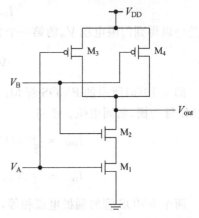

图 4.21　两输入 CMOS 与非门电路图

$$V_{tr}(NAND2) = \frac{V_{th,N} + 2\sqrt{\dfrac{k_p}{k_n}}(V_{DD} - |V_{th,P}|)}{1 + 2\sqrt{\dfrac{k_p}{k_n}}} \tag{4-67}$$

从式(4-67)中可以看出,在 NAND2 中设定 $V_{th,N} = |V_{th,P}|$ 和 $k_n = 4k_p$,可得到切换门限电压为 $V_{DD}/2$。

3. CMOS 复合逻辑电路

将上面介绍的简单"或非"门和"与非"门的基本电路结构进行扩展很容易得到复合逻辑电路。这里以 CMOS 逻辑电路为例,简单介绍多输入变量的复合逻辑电路的设计方法。

例如,设计实现如下布尔函数的 CMOS 逻辑电路

$$Z = \overline{A(B+C) + DE} \tag{4-68}$$

对电路拓扑的研究,可以首先给出下拉网络的简单设计原理:

(1) "或"运算用并联驱动管实现;

(2) "与"运算用串联驱动管实现;

(3) "非"逻辑可由 MOS 电路工作特性提供。

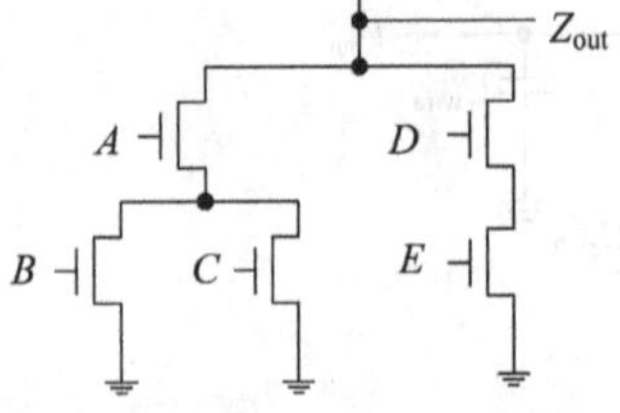

两输入 CMOS 逻辑电路的设计原理可扩展到复合逻辑电路的子模块,布尔"或"和"与"运算可以用嵌套电路结构来实现。这样,我们就可以得到如图 4.22 所示的由串联和并联分支组成的电路拓扑。

在图 4.22 的下拉网络中,左边的 NMOS 驱动分支由 3 个驱动管组成,用来实现 $A(B+C)$ 逻辑关系,右边的分支表示函数 DE,将两个分支并联联系,在输出节点和电压源 V_{DD} 之间放入上拉网络,即可得到式(4-68)给出的复合

图 4.22　实现式(4-68)布尔函数的 CMOS 逻辑电路

函数,每个输入变量仅分配给一个驱动管。

对复合逻辑门的分析和设计可以使用更简单的"或非"和"与非"等效反相器通路来简化,如果所有输入变量都是逻辑高电平,下拉网络的等效驱动管的宽长比由 5 个 NMOS 管组成

$$\left(\frac{W}{L}\right)_{\text{eq}} = \cfrac{1}{\cfrac{1}{\left(\dfrac{W}{L}\right)_{\text{A}}} + \cfrac{1}{\left(\dfrac{W}{L}\right)_{\text{B}} + \left(\dfrac{W}{L}\right)_{\text{C}}}} + \cfrac{1}{\cfrac{1}{\left(\dfrac{W}{L}\right)_{\text{D}}} + \cfrac{1}{\left(\dfrac{W}{L}\right)_{\text{E}}}} \qquad (4\text{-}69)$$

为了计算逻辑低电平 V_{OL},必须考虑不同的情况,因为 V_{OL} 的值依赖于各种情况下导通的 NMOS 管的数量和电路连接法,所有可能的连接法如下:

$A\text{-}B$	1 级
$A\text{-}C$	1 级
$D\text{-}E$	1 级
$A\text{-}B\text{-}C$	2 级
$A\text{-}B\text{-}D\text{-}E$	3 级
$A\text{-}C\text{-}D\text{-}E$	3 级
$A\text{-}B\text{-}C\text{-}D\text{-}E$	4 级

给每一种电路接法分配一个级别,它反映了从 V_{out} 节点到地的电流通路的总电阻。

假设所有的驱动管具有相同的宽长比,一级路径如($A\text{-}B$)有最大的串联电阻,二级和三级等串联电阻依次减小。因此,对应于每一级的逻辑低电平有以下顺序(这里的下标数字代表级别)

$$V_{\text{OL1}} > V_{\text{OL2}} > V_{\text{OL3}} > V_{\text{OL4}} \qquad (4\text{-}70)$$

复合逻辑门的设计和"或非"、"与非"门的设计思想相同。通常先规定一个最大的 V_{OL} 值。设计目标就是要确定驱动管和负载管的尺寸,使得在最坏情况下,复合逻辑门也能获得规定的 V_{OL} 值。首先用给定的 V_{OL} 值确定等效反相器的 $(W/L)_{\text{load}}$ 和 $(W/L)_{\text{driver}}$;接下来,必须在电路中指出最坏情况路径,确定在这些最坏情况路径下的晶体管尺寸,使每个一级路径都具有相同的等效驱动管 $(W/L)_{\text{driver}}$ 比。

在本例中,这种设计方案给出了 3 种最坏情况路径,得到下列比值

$$\left(\frac{W}{L}\right)_{\text{A}} = \left(\frac{W}{L}\right)_{\text{B}} = 2\left(\frac{W}{L}\right)_{\text{driver}}$$

$$\left(\frac{W}{L}\right)_{\text{A}} = \left(\frac{W}{L}\right)_{\text{C}} = 2\left(\frac{W}{L}\right)_{\text{driver}} \qquad (4\text{-}71)$$

$$\left(\frac{W}{L}\right)_{\text{D}} = \left(\frac{W}{L}\right)_{\text{E}} = 2\left(\frac{W}{L}\right)_{\text{driver}}$$

对于所有其他的输入组合,上面所得到的晶体管尺寸能保证其逻辑低输出电压比制定的 V_{OL} 值小。

完成了 NMOS 下拉网络的设计,PMOS 上拉网络的设计原则是 PMOS 上拉网络必须是 NMOS 下拉网络的对偶网络。即,NMOS 下拉网络中所有并联对应 PMOS 上拉网络的串联,下拉网络的串联对应着上拉网络的并联,如图 4.22 所示。

4.2.3　CMOS 传输门

传输门(Transmission Gate,TG)是集成电路中经常用到的一种简单开关电路。CMOS 传输门由一个 NMOS 管和一个 PMOS 管并联而成,提供给这两个晶体管的栅电压为互补信号,如图 4.23 所示。这样 CMOS TG 是在节点 A 和 B 之间的双向开关,它受信号 C 控制。

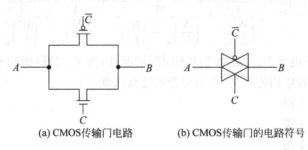

(a) CMOS传输门电路　　　　(b) CMOS传输门的电路符号

图 4.23　CMOS 传输门

　　如果控制信号 C 是逻辑高电平,即等于 V_{DD},那么两个晶体管都导通,并在节点 A 和 B 之间形成一个低阻电流通路。反之,如果控制信号 C 是低电平,那么两个晶体管都截止,节点 A 和 B 之间是开路的,这种状态也称作高阻状态。

　　当输入节点 A 与一恒定的逻辑高电平相连时,$V_{in}=V_{DD}$。控制信号也是逻辑高电平,这样确保两个晶体管都导通。图 4.24 给出了 CMOS 传输门用输出电压的函数表示的工作区域。

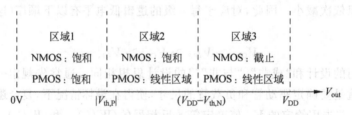

图 4.24　CMOS 传输门的偏置情况和工作区域

　　从图 4.24 可以看出,NMOS 管的漏源电压和栅源电压为

$$V_{DS,N} = V_{DD} - V_{out}, \quad V_{GS,N} = V_{DD} - V_{out} \tag{4-72}$$

这样,当 $V_{out} > V_{DD} - V_{th,N}$ 时,NMOS 管断开;当 $V_{out} < V_{DD} - V_{th,N}$ 时,NMOS 工作在饱和区。PMOS 管的漏源电压和栅源电压为

$$V_{DS,P} = V_{out} - V_{DD}, \quad V_{GS,P} = -V_{DD} \tag{4-73}$$

所以,当 $V_{out} < |V_{th,P}|$ 时,PMOS 工作在饱和区;当 $V_{out} > |V_{th,P}|$ 时,PMOS 工作在线性区域。不管输出电压 V_{out} 为何值,PMOS 管都保持导通。

　　根据图 4.24 所示 CMOS 传输门输出电压的大小,可将 CMOS 传输门划分为三个工作区域。流过传输门总的电流为

$$I_{DS} = I_{DS,N} + I_{DS,P} \tag{4-74}$$

在三个不同的区域,两个器件的等效电阻分别为

1) 区域 1

$$R_{eq,n} = \frac{2(V_{DD} - V_{out})}{k_n (V_{DD} - V_{out} - V_{th,N})^2} \tag{4-75}$$

$$R_{\text{eq,p}} = \frac{2(V_{\text{DD}} - V_{\text{out}})}{k_{\text{p}}(V_{\text{DD}} - |V_{\text{th,P}}|)^2} \tag{4-76}$$

2）区域 2

$$R_{\text{eq,n}} = \frac{2(V_{\text{DD}} - V_{\text{out}})}{k_{\text{n}}(V_{\text{DD}} - V_{\text{out}} - V_{\text{th,N}})^2} \tag{4-77}$$

$$R_{\text{eq,p}} = \frac{2(V_{\text{DD}} - V_{\text{out}})}{k_{\text{p}}[2(V_{\text{DD}} - |V_{\text{th,P}}|)(V_{\text{DD}} - V_{\text{out}}) - (V_{\text{DD}} - V_{\text{out}})^2]}$$
$$= \frac{2}{k_{\text{p}}[2(V_{\text{DD}} - |V_{\text{th,P}}|) - (V_{\text{DD}} - V_{\text{out}})]} \tag{4-78}$$

3）区域 3

$$R_{\text{eq,n}} = \infty \tag{4-79}$$

$$R_{\text{eq,p}} = \frac{2}{k_{\text{p}}[2(V_{\text{DD}} - |V_{\text{th,P}}|) - (V_{\text{DD}} - V_{\text{out}})]} \tag{4-80}$$

于是可以画出如图 4.25 所示 CMOS 传输门的总电阻的图形，它是输出电压 V_{out} 的函数。

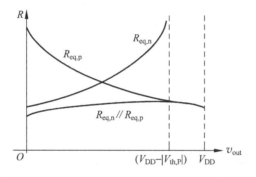

图 4.25　CMOS 传输门的总电阻

可见，TG 的总等效电阻保持相对稳定，即它的值几乎不受输出电压大小的影响。然而，NMOS 管和 PMOS 管各组的等效电阻受 V_{out} 的影响较大。当逻辑高电平的控制信号使 CMOS 传输门导通时，它可以用如图 4.26 所示的 CMOS 传输门的等效电路来代替。

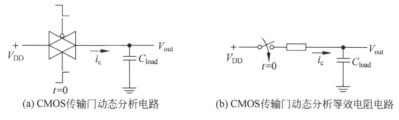

(a) CMOS传输门动态分析电路　　　　　(b) CMOS传输门动态分析等效电阻电路

图 4.26　CMOS 传输门导通瞬间的电路

4.3　典型 CMOS 时序逻辑电路

上节所述组合逻辑电路没有记忆功能，输出仅与当前的输入状态有关，而跟先前电路的工作状态无关。这类输出与输入之间无反馈关系的电路称为非再生电路。

另一类逻辑电路，其输出信号不仅取决于当前的输入信号，还取决于先前电路的工作状态,这类电路称为时序逻辑电路,也称为再生电路,具有存储功能。基本再生电路包括双稳态电路、单稳态电路和非稳态电路。其中,双稳态电路是目前应用最广泛和最重要的一种,它有两种稳定状态或工作模式,典型的双稳态电路包括 RS、JK 和 D 锁存器(Latch)与触发器(Flip-Flop)。

4.3.1　RS 锁存器

典型的 RS 锁存器的电路结构如图 4.27 所示,其中 S(置位)和 R(复位)是两个触发输入,电路由两个 CMOS 两输入或非门组成。每一个或非门的其中一个输入端与另一个或非门的输出端交叉相连,另一个输入端用来触发电路。RS 锁存器也称为 RS 触发器。

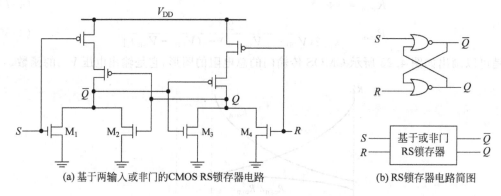

(a) 基于两输入或非门的CMOS RS锁存器电路　　　(b) RS锁存器电路简图

图 4.27　基于两输入或非门的 RS 锁存器

RS 锁存器有两个互补输出 Q 和 $\bar{Q}$。定义当输出 Q 为逻辑"1"且 $\bar{Q}$ 为逻辑"0"时,锁存器处于置位状态;相反,当输出 Q 为逻辑"0"且 $\bar{Q}$ 为逻辑"1"时,锁存器处于复位状态。由两个两输入或非门组成的 RS 锁存器的电路结构和相应的电路符号如图 4.27(a) 和 4.27(b) 所示。

当两个输入端均为逻辑"0"时,电路保持原来的稳定输出状态。如果置位输入(S)为逻辑"1",复位输入(R)为逻辑"0",则输出端 Q 为逻辑"1",$\bar{Q}$ 为逻辑"0",即此时,不管原来处于什么状态,RS 锁存器都被置位。同理,如果 S 等于"0",R 等于"1",则输出端 Q 为逻辑"0",$\bar{Q}$ 为逻辑"1",此时,不管电路原来处于什么状态,锁存器都被复位。当两个输入端都为逻辑"1"时,两个输出均为"0",这显然与 Q 和 $\bar{Q}$ 的互补性是矛盾的。因此,在正常工作时,这种输入组合是不允许的、无效的。考虑 4 个 NMOS 管 M_1、M_2、M_3、M_4 的工作模式,表 4.1 给出了基于或非门 RS 锁存器电路的真值表。

表 4.1　基于或非门 RS 锁存器电路的真值表

S	R	Q_n	$\bar{Q}_n$	工作状态	工作模式
0	0	Q_{n-1}	$\bar{Q}_{n-1}$	保持	M_1 和 M_4 截止,M_2 或 M_3 导通
1	0	1	0	置位	M_1 和 M_2 导通,M_3 和 M_4 截止
0	1	0	1	复位	M_1 和 M_2 截止,M_3 和 M_4 导通
1	1	0	0	无效	

除了图 4.27 给出的基于两输入或非门的 RS 锁存器，RS 锁存器还有其他结构。例如，图 4.28 给出的基于两输入与非门的 RS 锁存器。R、S 输入端的小圆圈表明了电路是低电平有效的。表 4.2 给出了基于与非门 RS 锁存器电路的真值表。

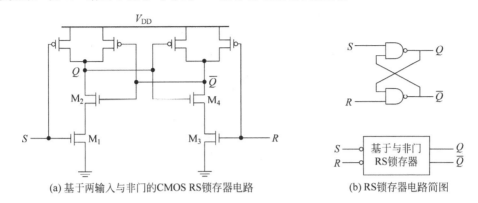

(a) 基于两输入与非门的CMOS RS锁存器电路　　(b) RS锁存器电路简图

图 4.28　基于两输入与非门的 RS 锁存器

表 4.2　基于与非门 RS 锁存器电路的真值表

S	R	Q_n	$\bar{Q}_n$	工作状态
0	0	1	1	无效
1	0	0	1	复位
0	1	1	0	置位
1	1	Q_{n-1}	$\bar{Q}_{n-1}$	保持

4.3.2　D 锁存器和边沿触发器

D 锁存器和触发器是数字集成电路中应用非常广泛的两种电路。图 4.29 给出了一种 D 锁存器的结构，它由一个 RS 锁存器和一些逻辑门电路组成。D 锁存器只有一个信号输入端。从图 4.29 所示的 D 锁存器的电路结构中可以看出，当时钟脉冲有效，即 $CK=$ "1" 时，输出 Q 就等于输入的 D 的值。当时钟信号变为 "0" 时，输出将保持其状态不变。因此，CK 信号使数据输入到 D 锁存器。

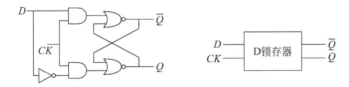

图 4.29　D 锁存器的原理图和逻辑符号

D 锁存器在数字电路中主要用来临时存储数据或作为一个延迟单元使用。图 4.30 给出了一种基于反相器和 CMOS 传输门（TG）所构成的 D 锁存器。当时钟信号为高电平时，输入信号将输入（锁存）到电路中；当时钟信号为低电平时，反相器环路的状态将保持不变。图 4.31 出了不同时钟电平下 D 锁存器的等效工作状态。

图 4.31 所示的 D 锁存器不是边沿触发的存储元件，其输出依赖于输入，且当时钟信号

为高时,锁存器开启。这种 D 锁存器不适合用于计数器和一些数据存储器中。图 4.32 给出了一种两级主从触发器电路,它由两个基本 D 锁存器电路级联而成。

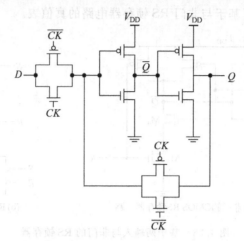

图 4.30　CMOS 锁存器

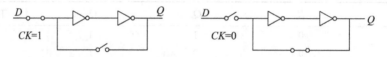

图 4.31　CMOS 传输门构成的 D 锁存器的电路状态简图

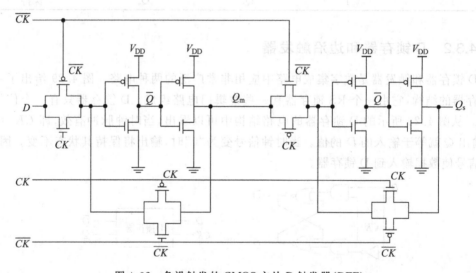

图 4.32　负沿触发的 CMOS 主从 D 触发器(DFF)

当时钟信号为高电平时,主触发器状态与 D 输入信号一致,而从触发器则保持其先前值。当时钟信号从逻辑"1"跳变到逻辑"0"时,主锁存器停止对输入信号采样,在时钟信号跳变时刻存储 D 值。同时,从锁存器变到开启状态,使主锁存器存储的 Q_m 传输到从锁存器的输出 Q_s,因为主锁存级与 D 输入信号隔离,所以输入不影响输出。当时钟信号再次从"0"跳变到"1"时,从锁存器锁存主锁存器的输出,主锁存器又开始对输入信号进行采样。电路只在时钟信号的下降沿对输入进行采样,故此电路为负沿触发的 D 触发器。图 4.33 给出了负沿触发的 CMOS 主从 D 触发器(DFF)的时序图。

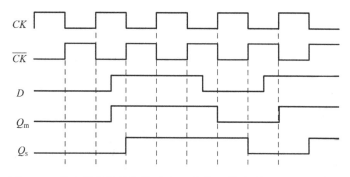

图 4.33　给出了负沿触发的 CMOS 主从 D 触发器(DFF)的时序图

4.3.3　施密特触发器

施密特触发器是一种具有两个逻辑门限电压的反相器,可用于数字开关信号的整形。图 4.34 给出了一种由 CMOS 传输门构成的施密特触发器。

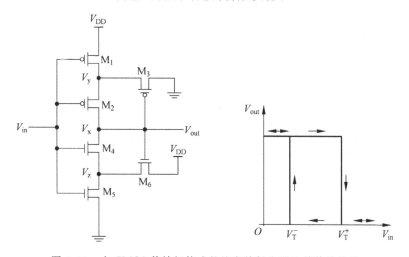

图 4.34　由 CMOS 传输门构成的施密特触发器及其传输特性

假定 $W_1=1\mu m$,$L_1=1\mu m$,$W_2=2.5\mu m$,$L_2=1\mu m$,$W_3=3\mu m$,$L_3=1\mu m$,$W_4=2.5\mu m$,$L_4=1\mu m$,$W_5=1\mu m$,$L_5=1\mu m$,$W_6=3\mu m$,$L_6=1\mu m$,$V_{th,N}=|V_{th,P}|=1V$,$\gamma=0.4$,$k_n=2.5e-5$,$k_p=1.0e-5$,$V_{DD}=5V$。在输入电压由 0 增大到 V_{DD} 的过程中:

1) 当 $V_{in}=0V$ 时

M_1、M_2 均导通,故

$$V_x = V_y = V_{DD} = 5V \tag{4-81}$$

同时,M_4 和 M_5 截止,M_3 截止,M_6 导通并工作在饱和区。考虑衬偏效应,假设 M_6 管的阈值电压为 $V_{th,6}=1.5V$ 时,则 M_6 的源极电压为

$$V_z = V_{DD} - V_{th,6} = 3.5V \tag{4-82}$$

2) 当 $V_{in}=V_{th,N}=1.0V$ 时

M_5 开始导通,M_4 仍然截止,

$$V_x = 5V \tag{4-83}$$

3) 当 $V_{in} = 2.0V$ 时

假设 M_4 截止,而 M_5、M_6 均工作在饱和区

$$\frac{1}{2}k'\left(\frac{W}{L}\right)_5 (V_{in} - V_{th,N})^2 = \frac{1}{2}k'\left(\frac{W}{L}\right)_6 (V_{DD} - V_z - V_{th,6})^2 \tag{4-84}$$

根据式(4-84),可解得此时 $V_z = 2.976V$。

4) 当 $V_{in} = 3.5V$ 时

V_z 继续减小,假设 M_5 工作在线性区,M_6 工作在饱和区,有

$$\frac{1}{2}k'\left(\frac{W}{L}\right)_5 [2(V_{in} - V_{th,N})V_z - V_z^2] = \frac{1}{2}k'\left(\frac{W}{L}\right)_6 (V_{DD} - V_z - V_{th,6})^2 \tag{4-85}$$

求解式(4-85),可得此时的 $V_z = 2.2V$,$V_{DS4} = V_x - V_z = 5 - 2.2 = 2.8V$,$V_{GS4} = V_{in} - V_z = 3.5 - 2.2 = 1.3V$,由于 M_4 的衬偏效应,$V_{th,4} > 1.0V$,因此,$V_{th,4}$ 可能在 1.3V 附近,此时,M_4 导通,$V_{out} = V_x$ 翻转为低电平,致使 M_6 关断,M_3 导通。

在输入电压由 V_{DD} 减小至 0 的过程中,

1) 当 $V_{in} = 5.0V$ 时

M_4、M_5 均导通,故输出电压 $V_x = 0V$,PMOS 晶体管 M_1、M_2 截止,M_3 饱和,因此

$$\frac{1}{2}k'\left(\frac{W}{L}\right)_3 (0 - V_y - V_{th,3})^2 = 0 \tag{4-86}$$

解得

$$V_y = 1.5V \tag{4-87}$$

2) 当 $V_{in} = 4.0V$ 时

M_1 即将导通,M_2 截止,M_3 饱和。输出电压 $V_y = 1.5V$ 仍然不变。

3) 当 $V_{in} = 3.0V$ 时

M_1 导通并工作在饱和区,M_3 也工作在饱和区,故

$$\frac{1}{2}k'\left(\frac{W}{L}\right)_1 (V_{in} - V_{DD} - |V_{th,P}|)^2 = \frac{1}{2}k'\left(\frac{W}{L}\right)_3 (0 - V_y - V_{th,3})^2 \tag{4-88}$$

由式(4-88),解得此时 $V_y = 2.02V$。

4) 当 $V_{in} = 1.5V$ 时

如果 M_2 仍截止,M_1 工作在线性区,M_3 工作在饱和区,则

$$\frac{1}{2}k'\left(\frac{W}{L}\right)_1 [2(V_{in} - V_{DD} - |V_{th,P}|)(V_y - V_{DD}) - (V_y - V_{DD})^2] = \frac{1}{2}k'\left(\frac{W}{L}\right)_3 (0 - V_y - V_{th,3})^2 \tag{4-89}$$

求解式(4-89),可得此时 $V_y = 2.79V$,$V_{SD2} = 2.79V$,$V_{SG2} = 2.79 - 1.5 = 1.29V$,在 $V_{th,2}$ 附近,此时 PMOS 晶体管 M_2 应该导通,因此,输出电压被上拉至 V_{DD}。

4.4 扇入扇出

在特定的逻辑电路中,门电路所具有的输入端的数目被称为该逻辑电路的扇入(Fan-in)。理论上,CMOS 与非门和或非门都可以有很多个输入端,但实际上串联晶体管导通电阻的累积增加限制了 CMOS 门扇入的个数。典型的情况下,或非门最多可以有 4 个输入,与非

门最多可以有 6 个输入[1]。

随着输入端数目的增加,CMOS 门电路的设计者可以通过增大串联晶体管的尺寸进行补偿,这样可以减小其电阻和相应的开关延迟。但从某种角度来看,这样做会变得无效或者不切实际。较多输入的门电路可用较少输入的门电路级联实现,从而使其更快、更小。图 4.35 所示为一个 8 输入的与门。

在设计标准 CMOS 逻辑门时应当注意,对于输入数量多的门,即高扇入门,存在串联堆叠电阻大的代价。例如,对于超过 3 个或 4 个输入门的情况,会出现电阻太高或者面积太大的问题。考虑一个 8 输入与门的情况,实现这种门的最好方法是什么呢? 当然不是采用一个简单的 8 输入与非门加一个反相器。因为 8 个串联 NMOS 器件的面积会很大从而使电阻降低,如图 4.35 所示。然而,由于每个晶体管都存在电阻和自举电容,所以串联堆将像阶梯电路那样工作,从而导致电路的延迟仍然不可接受。

实现高扇入门的一种选择是利用摩根定律和伪 NMOS 或非门代替与门。摩根定律的基本形式可以描述成[2]

$$\overline{a + b} = \bar{a} \cdot \bar{b} \tag{4-90}$$

$$\overline{a \cdot b} = \bar{a} + \bar{b} \tag{4-91}$$

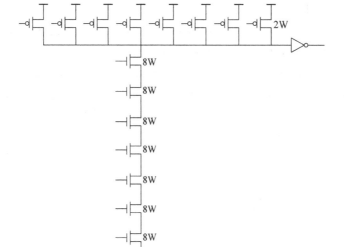

图 4.35　8 输入与门

对于 8 输入与门,摩根定律的应用如图 4.36(a)所示。此处与门的输入端都是反相的。每个输入端都要加一个反相器,图中未给出。这样与门就转换成 8 输入或非门。其伪 NMOS 实现如图 4.36(b)所示。这个门比静态工作状态下消耗更多的功率,并且会呈现出更大的 t_{PLH}。但是相对于 8 输入的 CMOS 与门,因为这里只有一个上拉器件,下拉器件也少了很多,所以其面积大大减小了,并且 t_{PHL} 也明显降低了。因为 CMOS 与门存在的这些缺点,我们仅在极少必需使用高扇入门的地方才会使用。

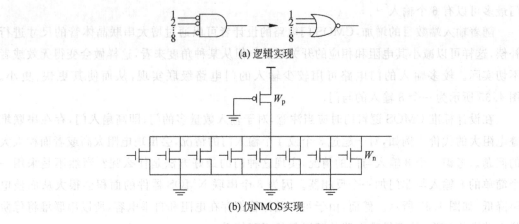

(a) 逻辑实现

(b) 伪NMOS实现

图 4.36　利用摩根定律将 AND 门转换成 NOR 门

实现高扇入门的另一种选择是构造一个多级逻辑电路来实现与功能,而不是用一级门实现。例如,一个可能的电路是 4 输入与门-反相器-2 输入与非门-反相器的结构,如图 4.37(a) 所示。这种结构显然比 8 输入与非门加反相器结构更有效,并且可以设计成具有更短延迟的电路。

也可以用其他的电路结构实现同样的逻辑功能。如图 4.37(b)所示为一个 2 输入与非门-2 输入或非门-2 输入与非门-反相器级联的情况。对于给定的设计要求,应该从时序、功耗和面积各方面折中考虑,从而得到最佳的设计方案。

逻辑门的扇出(Fan-out)是指该门电路在不超出其最坏情况负载规格的条件下,能驱动的输入端个数,如图 4.38 所示,驱动 4 个相同反相器的反相器叫作 4 扇出(FO4)反相器。扇出不仅依赖于输出端的特性,还依赖于它驱动的输入端的特性。扇出的计算必须考虑输出的两种状态:高电平状态和低电平状态。

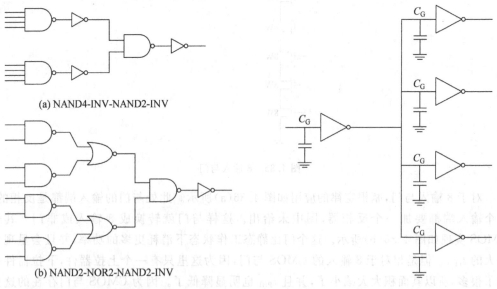

(a) NAND4-INV-NAND2-INV

(b) NAND2-NOR2-NAND2-INV

图 4.37　8 输入与函数的多级逻辑实现

图 4.38　一个反相器驱动 4 个相同的扇出

例如,表 4.3 所示的驱动 CMOS 输入的高速 CMOS(High-Speed CMOS,HC)系列门电路在低态输出时,最大输出电流 I_{OHmax} 为 0.02mA(即 20μA)。前面谈到,任何状态下 HC 系列 CMOS 电路的最大输入电流是 1μA。所以,驱动 HC 系列输入端的 HC 系列输出的低态扇出(Low-state Fan-out)是 20。最大高态输出电流 I_{OHmax} 为 -0.02mA(即 -20μA)。所以,驱动 HC 系列的输入端的 HC 系列输出的高态扇出(High-state Fan-out)也是 20[2]。

表 4.3   带 5V 电源的 HC 系列 CMOS 输出负载规格说明

参 数 名 称	CMOS 负载		TTL 负载	
	参数	值	参数	值
最大低态输出电流/mA	I_{OLmaxC}	0.02	I_{OLmaxT}	4.0
最大低态输出电压/V	V_{OLmaxC}	0.1	V_{OLmaxT}	0.33
最大高态输出电流/mA	I_{OHmaxC}	-0.02	I_{OHmaxT}	-4.0
最小高态输出电压/V	V_{OHmaxC}	4.4	V_{OHmaxT}	3.84

一个门电路的高态扇出和低态扇出可以不相等。通常,门电路的总扇出(Overall Fanout)是指高态扇出和低态扇出中的较小值。在上面的例子中总扇出是 20。

刚才算的是直流扇出(DC Fanout),它定义为输出在"常态"(高或低)时能驱动的输入端数目。即使直流扇出能满足要求,要驱动大量的 CMOS 门,也很难使这些 CMOS 门的输出实现从低态到高态(或者相反)的快速转换。

在转换过程中,CMOS 输出端必须对与其驱动的输入端相关联的寄生电容充放电。如果这个电容比较大,则从低态到高态(或者相反)的转换就可能太慢,较大的信号传输延迟可能会造成电路中逻辑出错,从而使电路不能正常工作。

4.5   互联线电容与延迟

确定逻辑开关速度的传统方法是以以下两个条件为前提的,即负载主要为容性和集总的假设。延迟估算的传统方法将输出负载分为三个主要部分:管子自身的寄生电容、互连线电容、扇出电容。每个部分都假设是纯电容。将这三部分组成的负载加在互连线上会存在很严重的问题,特别是在深亚微米电路中[2]。

深亚微米效应使得连线延迟发生了相当大的变化,到目前为止,我们使用如图 4.39(a) 所示的简单的集总电容来模拟导线。我们先来讨论导线电阻对延迟的影响。当导线的宽度减少时,增大的电阻对延迟有着显著的影响。这种情况首先在几家半导体公司的 0.8μm 工艺上发现,而在 0.35μm 工艺上成了一个普遍的问题。当连线电阻很重要时,就需要采用图 4.39(b)所示的连线模型。

导线电阻由下式给出

$$R_{\text{w}} = \frac{\rho L}{S} = \frac{\rho L}{tW} \tag{4-92}$$

式中,ρ 为材料的电阻率,单位为 $\Omega \cdot \text{cm}$;L 为导线的长度;t 为导线的厚度;W 为导线的宽度;S 为电阻的横截面积。

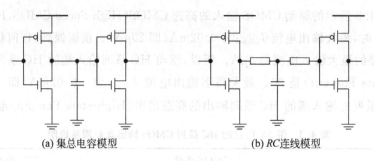

(a) 集总电容模型　　　　　　　　　(b) RC连线模型

图 4.39　集总电容模拟导线

式(4-92)前面的一项很重要

$$R_s = \frac{\rho}{t} \tag{4-93}$$

R_s 记为材料的薄层电阻,单位是欧姆每方(Ω／□)。任何金属层的薄层电阻都可以由材料的电阻率和厚度计算出来。一段导线的实际电阻为

$$R = R_s\left(\frac{L}{W}\right) \tag{4-94}$$

L/W 的比率按照导线的方块数值来衡量。因为给定工艺的 R_s 是定值,因此,设计者通过计算连线的方块数就可以得到连线的电阻。

在长的导线里,增加的电阻对驱动门表现为一个分布的 RC 负载,如图 4.40(a)所示。分布的 RC 线路可采用一个集总的 n 段 RC 阶梯结构,如图 4.40(b)所示。总电阻是线路上所有电阻之和,$R_{wire} = nR_W$。对于总电容,这种关系同样存在,即 $C_{wire} = nC_W$,因此也可等效为图 4.40(b)所示的等效集总 RC 结构。

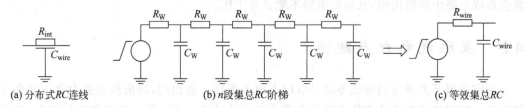

(a) 分布式RC连线　　　　　　(b) n段集总RC阶梯　　　　　　(c) 等效集总RC

图 4.40　以集总 RC 阶梯表示的分布式 RC 连线

导线电容的延迟使用连线单位长度的电容 C_{int} 来计算。现代集成电路工艺中有多层金属并且每层有不同的 C_{int}。为了手工计算方便,使用平均电容值并且假设每一层都有相同的 C_{int}。金属连线的有效电容是:对于密集排列的连线(间隔 3λ～4λ),$C_{int} = 0.2fG/\mu m$;对于宽松排列的连线(间隔 30λ～40λ),$C_{int} = 0.1fG/\mu m$。保守的做法是经常使用 $C_{int} = 0.2fG/\mu m$ 作为连线的电容。

$\tau = RC$ 是估算导线延迟时间的一种简便方法,又称为艾蒙延迟(Elmore Delay)[2]。RC 阶梯网络的艾蒙延迟计算涉及对电路中每个节点计算该节点的电容与从起始节点到该节点所有电阻之和的乘积。为了更进一步地解释这个过程,考虑图 4.41 所示的电路,其艾蒙延迟为

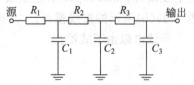

图 4.41　艾蒙延迟计算使用的 RC 阶梯网络

$$\tau = R_1 C_1 + (R_1 + R_2)C_2 + (R_1 + R_2 + R_3)C_3 \tag{4-95}$$

对于一个通常的网络,可以通过下式计算艾蒙延迟

$$\tau_i = \sum_k (C_k \times R_{ik}) \tag{4-96}$$

其中,关注的节点是 i,C_k 是节点 k 的电容,R_{ik} 是从起始节点到节点 i 和从起始节点到节点 k 所有共用电阻之和[2]。

在现代集成电路中,连线电容建模是一项非常复杂的任务。这种导线的电容取决于其拓扑结构,与其上下导线的距离以及导线间的间距有关。精确计算它们与衬底以及它们彼此之间的寄生电容是件非常复杂的工作。

一般来说,如果信号通过互连线的时间比信号的上升和下降时间短得多,那么导线就可以看成容性负载,或看成一个集总电容或分布的 RC 网络。如果互连线足够长,而且信号波形的上升时间与通过导线的时间相差不大,那么感性起主导作用,互连线就必须看成是传输线模型。下面简单的经验公式可以确定什么时候用传输线模型[3]。

$$\tau_{\text{rise}}(\tau_{\text{fall}}) < 2.5 \times \left(\frac{l}{v}\right) \qquad \Rightarrow 传输线模型 \tag{4-97}$$

$$2.5\left(\frac{l}{v}\right) < \tau_{\text{rise}}(\tau_{\text{fall}}) < 5\left(\frac{l}{v}\right) \qquad \Rightarrow 传输线模型或集总模型 \tag{4-98}$$

$$\tau_{\text{rise}}(\tau_{\text{fall}}) > 5\left(\frac{l}{v}\right) \qquad \Rightarrow 集总模型 \tag{4-99}$$

式中,l 为互连线的长度,v 为传播速度。

20 世纪 80 年代早期,Yuan 和 Trick 推出了一套简单的公式计算这些互联电容,它们的边缘场电容使寄生电容的计算变得复杂。当两种线宽的范围不同时,有下面两种情况

$$C = \varepsilon\left\{\frac{\left(w - \frac{t}{2}\right)}{h} + \frac{2\pi}{\ln\left[1 + \frac{2h}{t} + \sqrt{\frac{2h}{t}\left(\frac{2h}{t} + 2\right)}\right]}\right\} \quad 其中,w \geqslant t/2 \tag{4-100}$$

$$C = \varepsilon\left\{\frac{w}{h} + \frac{\pi\left(1 - 0.0543\frac{t}{2h}\right)}{\ln\left[1 + \frac{2h}{t} + \sqrt{\frac{2h}{t}\left(\frac{2h}{t} + 2\right)}\right]} + 1.47\right\} \quad 其中,w \leqslant t/2 \tag{4-101}$$

式中,w、t 分别为互连线的宽度和厚度,h 为互连线与基底之间的间距。

利用这些公式可以估算寄生电容的近似值,即使在 (t/h) 值非常小的情况下,误差也能控制在 10% 以内[3]。

4.6　存储器

存储器对于现代数字系统而言,是必不可少的重要部件。半导体存储器阵列的最大数据存储能力约每两年就要翻一番[1]。片上存储阵列已成为众多超大规模集成电路中重要而广泛使用的子系统。对半导体存储器的基本要求是高密度、大容量、高速度、低功耗。存储器按存储功能可分为只读存储器和随机存储器[4]。

只读存储器(Read-only Memory),简称 ROM。顾名思义,正常运行中,ROM 只允许对

已存储的内容进行读取,而不允许对存储数据进行修改。ROM 存储的数据不易丢失,即使在掉电或不刷新的情况下,所存数据也会保存完好。根据数据存储方式的不同,ROM 又分为两大类:

(1) 掩膜 ROM,它所存储的固定信息是由生产厂家通过光刻掩膜写入的。

(2) 现场可编程 ROM(Programmable Ready-only Memory)。其数据是在芯片做好之后以电学方式写入的。根据数据擦除特性的不同,现场可编程 ROM 又可分为熔丝型 ROM(PROM)、可擦除 PROM(EPROM)和电可擦除 PROM(EEPROM 或 E^2PROM)。熔丝型 ROM 中的数据是通过外加电流把所选熔丝烧断而写入的。一旦写入后数据就不能再进行擦除和修改。而 EPROM 和 EEPROM 中的数据可以重复写入,但写入次数受限在 $10^4 \sim 10^5$ 以内。EPROM 是通过紫外光或 X-射线来擦除片内原始数据,而 EEPROM 则是通过约 20V 左右的电压来擦除存储单元中的数据。闪存(Flash)和铁电存储器(FRAM)则是近几年新推出的两种存储器,具有成本低,刷新方便等特性。

随机存取存储器(Random-access Memory),简称 RAM。这类存储器可随意将外部信息写入到其中的任意一个单元,也可随意读出任何一个单元的信息。根据单个数据存储单元工作原理的不同,RAM 又分为静态存储器(SRAM)和动态存储器(DRAM)。SRAM 单元含有锁存器,因此只要不掉电,即使不刷新,数据也不会丢失。而 DRAM 是利用一个很小的电容存储电荷来保持信息,由于存储单元存在漏电现象,因此数据必须周期性地进行读出和重写(刷新)。

由于 ROM 的成本比 RAM 低,因此 ROM 常用来做打印机、传真机、游戏机和 IC 卡等的永久性存储器。DRAM 较 SRAM 成本低、密度高,因此在计算机和工作站中广泛用做主存储器。SRAM 因存取速度高、功耗低,主要作为计算机、工作站及许多便携设备的高速缓冲存储器。

4.6.1　存储器的结构与 ROM 阵列

存储器的结构如图 4.42 所示,它主要包括存储体(单元阵列)、地址译码器、读写电路及用于操作存储器各部分电路按一定顺序动作的时序控制电路[2]。

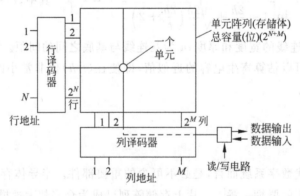

图 4.42　存储器的结构

单元阵列,又称为存储体,是由若干个存储单元组成,每个存储单元有两个相对稳定的状态,代表所存储的二进制信息(0 或 1)。图 4.42 所示的存储器中包含 $N \times M$ 个存储单元,即其存储容量为 $N \times M$ 位。N、M 分别代表存储体的字数和位数。

行译码器和列译码器统称为地址译码器,用于正确选择一个存储单元,以便写入或读出该行该列所在单元的信息。图4.42所示的存储器中可寻址的存储单元为 $2^{(N+M)}$。

存储单元的0、1状态,不能直接提供给外电路,必须经过读出放大器的放大。有些存储器对写入信号有特殊要求,此时需要专门的写入电路。

ROM存储器用于永久性信息的存储,其数据通过相应FET管选择读出。图4.43给出了一种准NMOS实现的ROM阵列,图中每一列形成一个NOR阵列[5]。由于每一列NOR阵列有一个上拉PMOS管,因此编程任务就集中在下拉NMOS器件上。当把一个地址字送入一个高电平有效的行译码器时,下拉管导通,它提供至地线的连接把输出拉低,得到逻辑0输出。需要注意的是在被选中的输出位为逻辑0时,存在直流功耗。

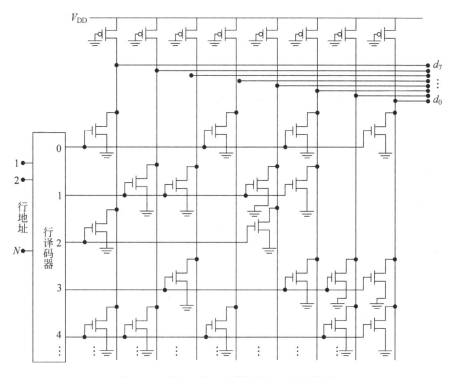

图4.43 准NMOS电路构成的ROM阵列

ROM阵列在不同的半导体工艺和存储单元器件结构下,可得到掩膜ROM、EPROM和EEPROM等不同类型的存储器。

4.6.2 静态存储器 SRAM

静态RAM中存储单元的核心部分是一个双稳态触发器,利用其两个稳定状态可表示数字电路的0、1信息。SRAM的存储单元可以有多种形式,如六管单元、五管单元和四管单元。图4.44给出了一种CMOS的六管静态存储器单元电路。存储单元中的负载元件 M_3、M_4 可以是PMOS管,也可以是耗尽型的NMOS管或增强型MOS管,也可以是掺杂的多晶硅电阻。负载的作用是用来抵消存储管 M_1、M_2 漏极和传输管 M_5、M_6 的电荷泄漏的影响。

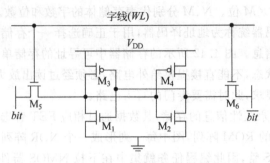

图 4.44　六管 CMOS 静态存储器单元电路

一个 SRAM 单元只要电源一直加在这个电路上,就可以一直保持所存放的数据位。SRAM 有三种工作模式:当单元处在保持(Hold)状态时,位值存放在单元中以备后用;在写(Write)操作期间,一个逻辑 0 或 1 被写入单元存储;而在读(Read)期间,所存放的位值被传送至外电路。字线 WL 定义存储单元的工作模式,当 WL = 0 时,传输管 M_5、M_6 截止,使单元处于隔离状态,信息被保存。当 WL = 1 时,执行一个读或写操作。这时,传输管 M_5、M_6 导通,把行选通线 bit 和 $\overline{bit}$ 双轨数据线连接到外部电路。写操作是通过把电压放在 bit 和 $\overline{bit}$ 线上作为输入。双轨逻辑中的两个变量 x 和 $\bar{x}$ 形成差值 $f_x = x - \bar{x}$,由于 $\mathrm{d}f_x = 2\mathrm{d}x$,因此双轨逻辑有助于提高数据写入速度。对于读操作,bit 和 $\overline{bit}$ 是存储单元的输出。读和写操作的区别由读/写电路决定。

图 4.45 为 SRAM 单元读操作时的电平情况。当行选通线使传输管 M_5、M_6 导通时,节点④的电平没有明显变化,因为没有电流流过 M_6。但另一方面,M_5、M_1 将传输一个非零电流,使节点③的电位略有下降。在上拉晶体管和列电容的作用下,在读期间,列电压的下降值被限制在几十毫伏左右。当 M_5、M_1 对节点③列电位缓慢放电时,节点①的电位从初值为 0 开始上升。需要注意的是,如果在这个过程中存取晶体管 M_5 的宽长比大于 M_1 的宽长比,节点①的电位可能超过 M_2 的阈值电压,因此设计时需要保证读数期间,节点①的电位不能超过 M_2 的阈值电压,即保证 M_2 在读取期间保持截止状态

$$V_{1,\max} \leqslant V_{\mathrm{th},2} \qquad (4\text{-}102)$$

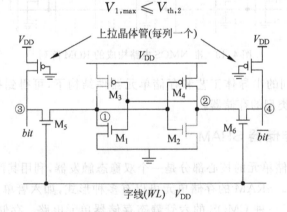

图 4.45　SRAM 单元读操作开始时的电平情况

假设 M_5 导通后,节点①的电位近似等于电源电压 V_{DD}。则 M_5 管工作在饱和区,而 M_1 管工作在线性区,有

$$\frac{k_{n,5}}{2}(V_{DD} - V_1 - V_{th,N})^2 = \frac{k_{n,1}}{2}\left[2(V_{DD} - V_{th,N})V_1 - V_1^2\right] \qquad (4\text{-}103)$$

联立式(4-102)和式(4-103),则近似有

$$\frac{k_{n,5}}{k_{n,1}} = \frac{(W/L)_5}{(W/L)_1} < \frac{2(V_{DD} - 1.5V_{th,N})V_{th,N}}{(V_{DD} - 2V_{th,N})^2} \qquad (4\text{-}104)$$

式(4-104)给出了 M_5、M_1 的宽长比的取值上限,由于 M_5 的漏电流也会对节点①的寄生电容进行充电,因此该上限是一种较为保守的取法。在读"0"操作中,晶体管 M_2 将保持截止状态。由对称性可确定 M_2 和 M_4 的宽长比。

考虑写"0"过程,假设开始时 SRAM 单元中已存储了逻辑"1"。图 4.46 给出了写操作开始时 SRAM 单元的电平情况。此时 M_1 和 M_4 截止,晶体管 M_2 和 M_3 工作在线性区,而单元存取晶体管 M_5 和 M_6 导通前,节点①、②的电压分别为 $V_1 = V_{DD}$,$V_2 = 0\text{V}$。

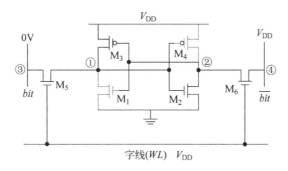

图 4.46 SRAM 单元写操作开始时的电平情况

在向 SRAM 中写入"0"时,列节点③被数据写入电路系统强行置为逻辑"0"电平,因此,可假设 $V_1 \approx 0\text{V}$。一旦行选通线使 M_5、M_6 导通,节点②的电压 V_2 仍低于 M_1 的阈值电压,因为 M_2 和 M_6 是根据式(4-99)来设计的,所以节点②的电平不足以使 M_1 导通。为了改变存储的信息,即置 $V_1 = 0\text{V}$,$V_2 = V_{DD}$,节点电压 V_1 必须降到低于 M_2 的阈值电压,因此 M_2 首先截止。当 $V_1 = V_{th,N}$ 时,M_5 工作在线性区而 M_3 工作在饱和区,有

$$\frac{k_{p,3}}{2}(0 - V_{DD} - V_{th,P})^2 = \frac{k_{n,5}}{2}\left[2(V_{DD} - V_{th,N})V_1 - V_1^2\right] \qquad (4\text{-}105)$$

将 $V_1 = V_{th,N}$ 代入式(4-105),得

$$\frac{k_{p,3}}{k_{n,5}} = \frac{\mu_n(W/L)_3}{\mu_p(W/L)_5} < \frac{2(V_{DD} - 1.5V_{th,N})V_{th,N}}{(V_{DD} + V_{th,P})^2} \qquad (4\text{-}106)$$

如果式(4-102)的条件得到满足,那么晶体管 M_2 在写"0"工作过程中将强制进入截止模式。这将保证 M_1 随之导通,从而修改存储的信息。同理,由对称性可以确定 M_4 和 M_6 的宽长比。

4.6.3 动态存储器 DRAM

动态存储器 DRAM 中的二进制数据是以电容器上电荷的形式存储的,并用电容上电荷的有无来表示存储位的值。由于漏电流最终会消除或改变存储的数据,导致电容器上的电荷不能长期保存,因此必须对 DRAM 的所有存储单元中的数据进行定期刷新以防止数据丢失。电容器作为主要的存储元件,它的使用通常使得 DRAM 单元占用的硅片面积

要比典型的 SRAM 单元小很多。DRAM 单元的发展从早期的四管结构发展到三管、两管和一管结构。DRAM 单元结构越来越简单,尺寸越来越小,如图 4.47 所示。

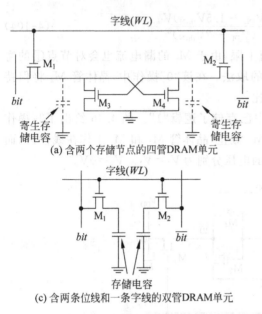

(a) 含两个存储节点的四管DRAM单元

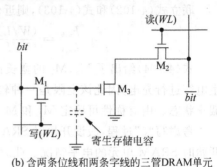

(b) 含两条位线和两条字线的三管DRAM单元

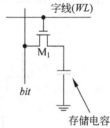

(c) 含两条位线和一条字线的双管DRAM单元

(d) 含一条位线和一条字线的单管DRAM单元

图 4.47　DRAM 单元的各种结构

图 4.47(a)所示 DRAM 单元为早期的动态存储单元中的一种,起源于 20 世纪 70 年代。其读、写操作与 SRAM 单元类似。在写操作中,选中一条字线,一组互补的数据就从一对位线上写入。电荷存储在与一条高电平的位线相连的寄生电容和栅极电容上。由于没有通向存储节点的电流通路来释放电荷,所以该单元必须定时刷新。在读取操作中,位线上的电压通过一个栅极加高电平的晶体管导通到输出。因为存储节点的电压在读取操作过程中保持不变,所以读取操作不改变存储内容。

图 4.47(b)所示三管 DRAM 单元应用于 20 世纪 70 年代早期。它利用一个晶体管(M_3)作为存储器件,另外两个晶体管分别为读、写开关。在写操作过程中,"写入"字线被选通,"写入"位线上的电压通过 M_1 传输到 M_3。读操作过程中,当 M_3 的栅极为高电平时,"读取"位线上的电压就通过晶体管 M_1 传到 M_3 放电到地。三管 DRAM 存储单元的读取操作不改变存储内容,而且读入的速度还要快些,但有包括两条位线和两条字线的四条连线,同时额外的接触会增加芯片的面积。

图 4.47(c)、(d)所示 DRAM 单元始于 20 世纪 70 年代中期。而单晶体管 DRAM 单元已成为高密度 DRAM 中符合工业标准的 DRAM 单元。这两种单元的读、写操作几乎完全相同。在写操作过程中,字线选中后,数据通过晶体管 M_1(或 M_2)写入存储单元并且存于存储电容中。读取操作会改变存储内容。当存储单元与位线接通后,它存储的电荷会被明显改变。而且由于位线的电容比存储单元的电容要大 10 倍左右,故受存储单元的电平(数据)影响而产生的位线电压变动就会很小。因而为完成一次成功的读取操作,需要用一个放大器来放大这种信号变化并把数据重新写入单元中(电荷重新存储)。

由于单管 DRAM 只有一个晶体管和一个电容,它在所有动态存储单元中所占的硅片面积最少,因此,目前,单晶体管 DRAM 单元是 DRAM 行业中使用最广泛的存储结构。以下以单管 DRAM 为例简单介绍 DRAM 的工作过程。

单管 DRAM 的读取操作会改变存储内容,因而需要一个大的单元电容来降低位线上的电压波动[1],由此限制了整个读取操作过程,降低了芯片工作电压。由于电压变动受芯片的位线电容与单元电容之比及工作电压的共同影响,因此 DRAM 制造商致力于开发在最小硅片面积上获得大容量的电容单元技术。

图 4.48 为一个典型的存储器结构,它由单晶体管 DRAM 单元阵列和控制电路构成。在目前的 DRAM 结构中,位线被折叠起来并预充电到 $V_{DD}/2$,以便增强抗噪声能力并减小功耗。用来检测位线上的干扰信号的放大器与相邻模块共享。存储单元的一个电极加偏置电压 $V_{DD}(V_P)/2$ 来减小电容两端的电场强度。单管 DRAM 存储单元的操作包括读、写和刷新。在进行所有操作前,位线(bit 和 $\overline{bit}$)与读出节点(sa 和 $\overline{sa}$)分别通过位线与读出线均衡器置为预充电平 $V_{DD}/2$。

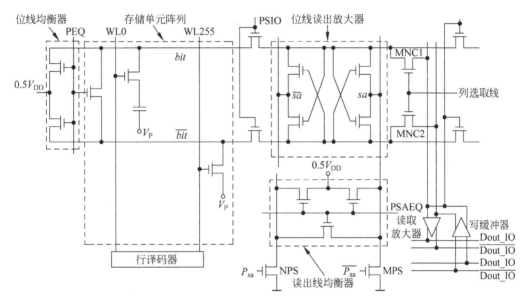

图 4.48 带控制电路的单晶体管 DRAM 单元阵列的存储结构

复习题

(1) CMOS 反相器的输出电容 C_L 包括哪些电容?

(2) 什么是反相器的开关阈值? 它对反相器的特性有什么影响?

(3) 什么是 MOS 晶体管的阈值电压,其值受哪些因素的影响?

(4) 已知 $V_{DD}=3.6\text{V}$,$I_{sub}=0.05\text{mA}$,$I_{pn}=0.01\text{mA}$,$C_{out}=0.01\text{fF}$,计算 10MHz 频率下,CMOS 反相器的总功耗。

(5) 请给出图 4.49(a)、(b)中带耗尽型 NMOS 管的逻辑电路的逻辑关系。

(6) 用最少晶体管构建一个 CMOS 逻辑电路,实现 $Y=\overline{A+B(C+D)}$ 的逻辑功能。

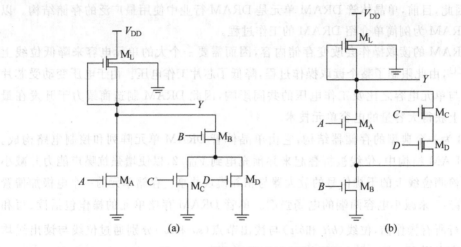

图 4.49 带耗尽型 NMOS 管的逻辑电路

(7) 请将图 4.50 所示 CMOS 管的逻辑电路中的 PMOS 网络补充完整,并写出逻辑输出 Y 的表达式。

(8) 请将图 4.51 所示 CMOS 管的逻辑电路中的 NMOS 网络补充完整,并写出逻辑输出 Y 的表达式。

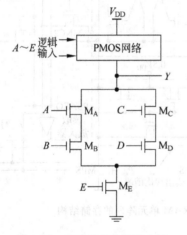

图 4.50 CMOS 管的逻辑电路

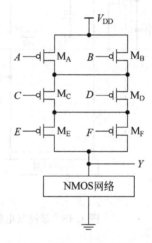

图 4.51 CMOS 管的逻辑电路

(9) 如何划分 CMOS 传输门的 3 个工作区域?

(10) 请设计一个 3 输入的 NOR 门。

(11) 请设计一个 3 输入的 NAND 门。

(12) 图 4.52 为一个 2:1 多路选择器,请给出其真值表和输出逻辑表达式。

(13) 图 4.53 为一个触发器,请表述输入端 A、B 的触发功能。

(14) CMOS 逻辑电路的扇入扇出能力取决于什么因素?

(15) 如何计算互联电容? 如何尽量减互联延迟?

(16) 一个 128k×8 的 SRAM 芯片含有 128k 个 8 位字,请求总的存储量以及地址线的字宽。

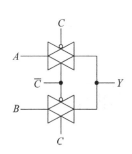

图 4.52 2:1 多路选择器

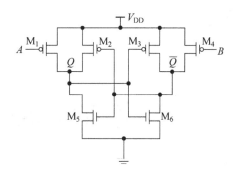

图 4.53 触发器

参考文献

[1] （美）拉贝艾（Rabeay,J.M.）等著.周润德等译.数字集成电路——电路、系统与设计.第 2 版.北京：电子工业出版社,2004.

[2] （美）霍奇斯（Hodges,D.A.）等著.蒋安平等译.数字集成电路分析与设计——深亚微米工艺.第 3 版.北京：电子工业出版社,2005.

[3] Sung-Mo Kang,Yusuf Leblebici 著.王志功等译.CMOS 数字集成电路——分析与设计.第 3 版.北京：电子工业出版社,2005.

[4] 朱正涌.半导体集成电路.北京：清华大学出版社,2001.

[5] John P. Uyemura 著.周润德译.超大规模集成电路与系统导论.北京：电子工业出版社,2005.

第 5 章

模拟集成电路基础

5.1 模拟集成电路种类及应用

模拟集成电路是用于产生、放大和处理各种模拟信号的集成电路。模拟信号定义为在连续时间范围内具有连续幅度变化的信号,如图 5.1(a)所示,这类信号涉及的模拟集成电路包括线性和非线性放大器(如运算放大器、射频放大器、对数放大器、电压比较器、模拟乘法器等)、线性电压调节器、传感器等。模拟集成电路中还会遇到另一种信号,即模拟采样信号。模拟采样信号是指在连续幅值范围内仅在时间离散点上有定义的信号[1],如图 5.1(b)所示。这类信号涉及的模拟集成电路包括数据转换器(如模拟-数字转换器(Analog/Digital,A/D)、数字-模拟转换器(Digital /Analog,D/A)等)、电子开关、多路转换器和开关电源控制器等。

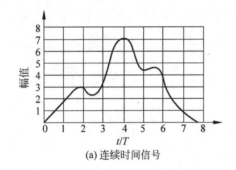

(a) 连续时间信号

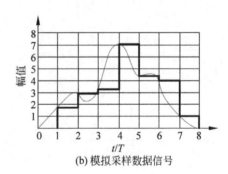

(b) 模拟采样数据信号

图 5.1 模拟信号

模拟 IC 在处理模拟信号时,多数工作在小信号状态,信号频率往往从直流延伸到高频,其工作状况与数字电路处理数字信号时工作在开关状态明显不同。加上模拟 IC 种类繁多、功能复杂、性能差异巨大,因此,模拟 IC 在制作工艺、器件结构、电路架构等方面与数字 IC 都有着较明显的区别,主要表现在:模拟 IC 在整个线性工作区内需具备良好的放大特性、小电流特性、频率特性等;在设计中因产品性能需要,常常会考虑元器件布局的对称结构和元器件参数的彼此匹配形式;由于工艺限制,设计时应尽量少用或不用电阻、电容,特别是高阻值电阻和大容量电容;许多模拟电路要求功率输出,因而电源电压较高;设计自动化程度低,EDA 工具和设计参数库精度高,工艺专用性强,工艺线品种变换频繁,工艺控制难等。所以,模拟 IC 的核心技术主要涉及高速技术、高频技术、低噪声技术、高耐压技术、低功耗技术、大功率技术等。为满足种种技术要求,电路设计和工艺加工必须良好配合。

模拟 IC 的集成工艺主要包括双极、BiCMOS、CMOS、SiGe、GaN,其中双极和 BiCMOS 工艺在早期的模拟集成电路中使用较普遍。随着 CMOS 工艺水平的提高,在模拟与数字混合电路的加工工艺方面有向 CMOS 方向发展的趋势。模拟 IC 中,多数高速模拟 IC 的工艺水平为 $0.13\mu m$ 左右,一般模拟 IC 的工艺水平为 $0.25\sim 0.5\mu m$。席卷全球的数字化革命使 IC 走向更高的集成度、更低的功耗、更小的体积、更低的价格,从而大大加速了模拟与混合信号集成领域的发展进程,并使模拟与数字电路的制作紧密结合。BiCMOS 工艺是数模混合信号处理电路常采用的工艺;互补双极工艺是高速线性电路的良好制作工艺;CMOS 工艺则多用于低功耗模拟 IC;而功率 IC 一般选择 BCD 工艺;SiGe 和 GaN 工艺是制作高性能射频放大器的潜在优势工艺,可与 GaAs 工艺相竞争[2]。

模拟集成电路在信号处理过程中,待处理信号的带宽是需要特别考虑的问题。图 5.2 给出了目前集成电路工艺所能处理的频段范围[1]。决定在某个应用领域采用哪种工艺设计集成电路时,不仅要考虑带宽和速度的要求,还要考虑成本和集成度。如今的趋势是尽可能采用 CMOS 数模混合工艺,以达到高集成度、高可靠性的紧凑设计目标。

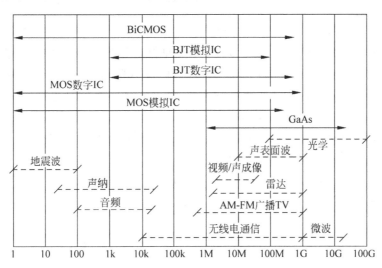

图 5.2　集成电路工艺所能处理的频段范围

模拟 IC 种类繁多,其性能要求各不相同,一般高速放大器将继续向更高速度、更低噪声、更大动态范围等方向发展,数据转换器将继续向更高速度、更高精度等方向发展,功率放大器将继续向更大功率、更高效率方向发展,低功耗电路特别是便携式设备应用电路将继续向更低功耗、更低电源电压方向发展。总之,随着系统或整机的发展,各类模拟 IC 将不断提高其综合性能水平以满足它们的性能需求,同时系统或整机的技术要求反过来又推动着模拟 IC 技术和性能水平的不断提高。

5.1.1　运算放大器

运算放大器是电子系统最基本、最通用的功能块,用于处理各种模拟信号,完成放大、振荡、调制和解调以及模拟信号的相除、相乘、相减和比较等功能,是目前应用最广、产量最大的模拟集成电路[3]。

随着集成电路技术的发展,集成运算放大器由早期单一的双极型集成运放,发展到双极型和 MOS 型集成运放;集成运放的电路类型从通用型电路发展成为能够满足多方面应用要求的特殊型电路,如低功耗、低漂移、高速、高压、高阻抗、高精度和大功率型集成运放等[3]。

集成运算放大器实质上是一种高增益直接耦合的直流放大器,其典型结构框图及电路符号如图 5.3 所示,它主要由四部分组成:差分输入级、中间增益级、输出级和各级的偏置电路。

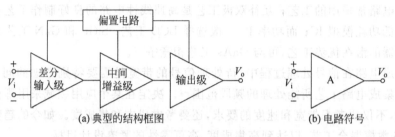

(a) 典型的结构框图　　　　　　　　　(b) 电路符号

图 5.3　集成运算放大器

运算放大器的输入级是运放的重要组成部分,运放的许多重要性能参数如输入失调电压、失调电流、输入阻抗、输入电压范围、共模抑制比等都是由输入级决定的。在一般情况下,运算放大器的输入级均采用匹配性能好、输入阻抗大、输入失调和温度漂移很小的共射极对差分放大电路或共源极对差分放大电路。差分对电路将在 5.3 节进行介绍。

中间增益级则主要由单管或双管放大电路组成,该级主要用于实现运算放大器对小信号的放大功能。具体电路将在 5.2 节和 5.3 节进行阐述。

输出级负责向负载输出一定的功率,模拟集成电路输出级的主要要求包括

(1) 输出电压或输出电流幅度大,能在可接受的信号失真条件下为负载提供指定的功率,且静态功耗小;

(2) 输入阻抗大,输出阻抗小,在前级放大器和负载间进行隔离;

(3) 满足放大器频率响应的要求。

输出级的典型结构包括射随器/源随器、乙类推挽式输出级和甲乙类输出级。相对于MOS 器件而言,BJT 器件构成的输出级具有更大的电流输出驱动能力。图 5.4 给出了几种基本的运算放大器的输出级。

偏置电路用于向运算放大器的输入级、中间级和输出级提供稳定的直流电流或电压,充当电路内部的恒流源、恒压源或有源负载,相应的电路将在 5.4 节介绍。

5.1.2　A/D、D/A 转换器

自然界的各种变量,如电流、电压、温度、时间、压力、流量等基本上都是以模拟形式出现的。而信号的传输和计算,人们通常以数字的形式进行处理。A/D、D/A 转换器则是联系数字和模拟信号的"中间桥梁"。A/D 转换器将模拟信号变成数字信号,而 D/A 转换器则是将数字信号转换成模拟信号的电路。

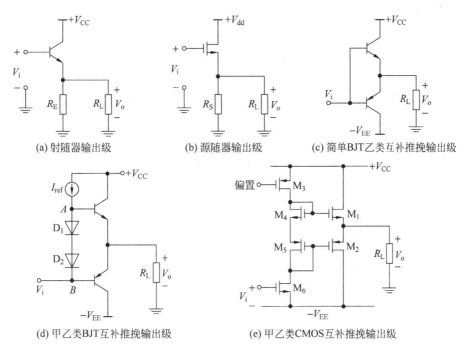

(a) 射随器输出级　　　(b) 源随器输出级　　　(c) 简单BJT乙类互补推挽输出级

(d) 甲乙类BJT互补推挽输出级　　　(e) 甲乙类CMOS互补推挽输出级

图 5.4　基本运算放大器的输出级

1. D/A 转换器的基本原理

D/A 转换器将数字信号转换成模拟信号,可以认为是一个译码器件,其原理框图如图 5.5 所示。D/A 转换器的输入信号是一组由 0 和 1 组成的数字码 D,输出为模拟量 A,它可以是电流,也可以是电压。输入与输出之间的关系为

$$A = KV_{ref}D \tag{5-1}$$

式中,A 为输出模拟量,K 为比例因子,V_{ref}是基准电压,D 是已知的数字码,它可以表示为

$$D = \frac{b_1}{2^1} + \frac{b_2}{2^2} + \frac{b_3}{2^3} + \cdots + \frac{b_N}{2^N} \tag{5-2}$$

式中,N 是位的总数,$b_1, b_2, b_3, \cdots, b_N$ 是各位的系数,其值为 0 或 1,b_1 为最高有效位(Most Significant Bit,MSB)系数,b_N 为最低有效位(Least Significant Bit,LSB)系数。一个 N 位的 D/A 转换器的分辨率为 $KV_{ref}2^{-N}$。

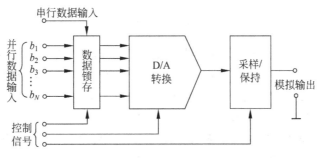

图 5.5　D/A 转换器原理框图

在 D/A 转换过程中,数字输入既可以按并行形式输入,也可以按串行形式从最高位一位一位往下输入。因为并行输入的转换速度高,因此 D/A 转换器多采用并行输入方式。

适合于集成电路的基本 D/A 转换器,根据其工作原理,可分为电流型 D/A 转换器、电压型 D/A 转换器和电荷型 D/A 转换器。

图 5.6 给出了一种电流型 D/A 转换器的结构图。该 D/A 转换器内部有一组能产生二进制加权电流的电阻网络。权电流 $I_1, I_2, I_3, \cdots, I_N$ 由基准电压 V_{ref} 降落在二进制加权电阻上得到。开关 $S_1, S_2, S_3, \cdots, S_N$ 的位置代表式(5-3)中的 $b_1, b_2, b_3, \cdots, b_N$。开关置于位置 1 或位置 2 决定位系数是 0 还是 1。变换器的输出电压 V_o 为

$$V_o = -I_o R_o = -V_{\text{ref}}(R_o/R)(b_1 + b_2 2^{-1} + b_3 2^{-2} + \cdots + b_N 2^{-N+1}) \tag{5-3}$$

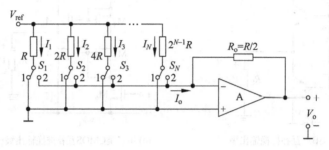

图 5.6 基于二进制加权电阻梯形网络的电流型 D/A 转换器

为了方便起见,通常取 $R_o = R/2$。而电阻网络中的电阻值分别为 $R, 2R, 4R, \cdots, 2^{N-1}R$,其中最大电阻和最小电阻之间相差 2^{N-1} 倍。随着 D/A 转换器位数的增加,在集成电路中,这种电路中的电阻值的范围跨度很大,工艺上很难保证所有电阻的精度。

图 5.7 所示的 R-$2R$ 梯形网络的电流型 D/A 转换器则可消除二进制加权电阻网络电阻阻值范围分布过大的缺点。

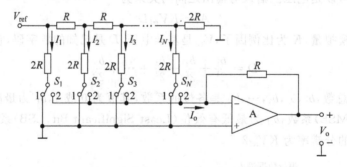

图 5.7 基于 R-$2R$ 梯形网络的电流型 D/A 转换器

图 5.8 给出了一种电压型 D/A 转换器。这种转换器将一个电阻链连接在基准电压和地之间,选择电阻链的抽头来获得模拟输出电压。一个 N 位变换器电路的电阻链是由 2^N 个阻值相同的电阻串联连接而成。输出电压的选择由二进制开关完成,因此,这种 D/A 变换器又称作电位器式 D/A 转换器。

电压型 D/A 转换器特别适合于采用 MOS 工艺,因为在 MOS 工艺中模拟开关很好做,且 MOS 缓冲放大器的直流偏置电流很小。这种 D/A 转换器也用于逐次逼近型 A/D 转换器中的 D/A 变换子模块。电压型 D/A 转换器的缺点是位数较多的 D/A 变换器所需的元

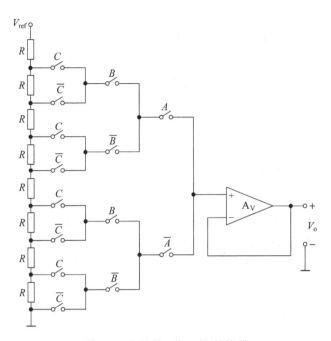

图 5.8 电压型 3 位 D/A 转换器

件太多。一个 N 位的 D/A 电压型变换器,需要 2^N 个电阻和差不多 2^{N+1} 个模拟开关以及 2^N 条逻辑驱动线。

电荷型 D/A 转换器则是利用将加到电容矩阵上的总电荷进行标定的方法产生模拟电压,如图 5.9 所示。首先将电路中所有开关接地,进行复位操作,此时所有的电容都放电,输出电压 $V_o=0$。然后,将 S_0 打开,S_1 到 S_N 则受 N 位输入数码电平的控制,置于对应 N 位输入数字信号的"0"或"1"状态,进行采样操作。如果某一位数字信号的电平为"1",则将所对应的开关和 V_{ref} 接通;若为零,则对应的开关接地。

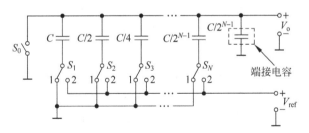

图 5.9 电荷型 D/A 转换器原理图

图 5.9 所示 D/A 转换器中输出电压在采样状态下可表示为

$$V_o = V_{ref} \frac{C_{eq}}{C_{tol}} \tag{5-4}$$

式中,C_{eq} 是连接到 V_{ref} 的各电容量之和;C_{tol} 为电容矩阵的总电容量

$$C_{eq} = b_1 C + \frac{b_2 C}{2} + \frac{b_3 C}{2^2} + \cdots + \frac{b_N C}{2^{N-1}} \tag{5-5}$$

$$C_{tol} = C + \frac{C}{2} + \frac{C}{2^2} + \cdots + \frac{C}{2^{N-1}} + \frac{C}{2^{N-1}} = 2C \tag{5-6}$$

由式(5-4)、式(5-5)和式(5-6)可得采样状态下 D/A 转换器的输出电压为

$$V_o = V_{ref}(b_1 2^{-1} + b_2 2^{-2} + b_3 2^{-3} + \cdots + b_N 2^{-N}) \tag{5-7}$$

电容型 D/A 转换器要求具有高精度电容比的电容矩阵和具有高阻抗采样与保持电路的理想模拟开关，因而特别适合于 MOS 集成电容。这种电路的缺点是对于位数较多的变换器，需要大的电容比，其 MSB 与 LSB 之间的电容比为

$$\frac{C_{MSB}}{C_{LSB}} = 2^{N-1} \tag{5-8}$$

2. A/D 转换器的基本原理

A/D 转换器将任意模拟量如电压或电流等，按规定的位数转换成数字代码，其简单结构框图如图 5.10 所示，A/D 转换核心电路部分与接口电路和控制辅助电路一起构成完整的 A/D 转换电路。输入信号通过多路选择器送到采用/保持电路，采样/保持电路可避免在变换期间由于输入信号发生变化造成的输出电压不稳定。转变后的数字代码经输出选通器暂存后输出。

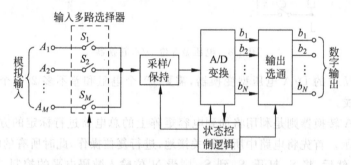

图 5.10　简单的 A/D 变换器的结构框图

目前已开发出许多种适合各种应用领域的 A/D 变换器。根据转换原理和特点的不同，A/D 主要包括积分型、逐次逼近型、快闪结构(Flash)、流水线结构(Pipeline)、Σ-Δ 调制型等。究竟选用哪一种取决于使用的场合和对转换器性能的要求。通常 A/D 转换器的主要性能指标包括：

(1) 分辨率(Resolution)。指数字量变化一个最小量时模拟信号的变化量，定义为满刻度与 2^N 的比值。分辨率又称精度，通常以数字信号的位数来表示。

无论哪一种 A/D 转换器都有一个设定的满量程电压 V_{FS}，被变换的电压 V_A 应小于 V_{FS}。所以对于变换后的数字位数为 N 位的 A/D 转换器，其输出的数字代码由下式给出

$$D = \frac{V_A}{V_{FS}} = \frac{b_1}{2} + \frac{b_2}{2^2} + \cdots + \frac{b_N}{2^N} \tag{5-9}$$

分辨率可表示为 $1/2^N$。

(2) 转换速率(Conversion Rate)。是指完成一次从模拟到数字的 A/D 转换所需的时间的倒数。采样时间则是另外一个概念，是指两次转换的间隔。为了保证转换的正确完成，采样速率(Sample Rate)必须小于或等于转换速率。因此有人习惯上将转换速率在数值上等同于采样速率。常用单位是 ksps 和 Msps，表示每秒采样千次/百万次(Kilo/ Million Samples per Second)。

（3）量化误差（Quantizing Error）。由于模拟信号是连续变化的，数字信号是离散的，因而二者之间不可能完全对应，而会存在一定的误差，这种误差习惯上称为量化误差。通常，量化误差为1个或半个最小数字量的模拟变化量，表示为1LSB、1/2LSB。量化误差的最大值为

$$\frac{1}{2}\mathrm{LSB} = \frac{V_{\mathrm{FS}}}{2^N} \tag{5-10}$$

（4）偏移误差（Offset Error）。输入信号为零时输出信号不为零的值，可外接电位器调至最小。

（5）满刻度误差（Full Scale Error）。满刻度输出时对应的输入信号与理想的输入信号值之差。

（6）线性度（Linearity）。实际转换器的转移函数与理想直线的最大偏移，不包括以上三种误差。

其他指标还有：绝对精度（Absolute Accuracy），相对精度（Relative Accuracy），微分非线性（Differential nonlinearity，DNL），单调性和无错码，总谐波失真（Total Harmonic Distortion，THD）和积分非线性（Integral nonlinearity，INL）。

下面简单介绍几种常用的A/D转换器的工作原理和基本特点。

1）双斜积分型A/D转换器

积分型A/D的工作原理是将输入电压转换成时间（脉冲宽度信号）或频率（脉冲频率），然后由定时器/计数器获得数字值。

图5.11为双斜积分型A/D转换器的框图，其工作原理如下：在开始变换前，开关S_2闭合，积分器A_1的输出电压V_X箝位在地电位。开关S_1连至模拟输入电压$-V_A$（V_A在$0\sim V_{\mathrm{FS}}$之间变化）。在变换周期开始的第一阶段，开关S_2打开，输入信号进行指定时间的积分，计数至2^N个时钟周期，此期间输出电压的上升斜率为

$$\frac{\mathrm{d}V_X}{\mathrm{d}t} = \frac{+V_A}{R_1 C_1} \tag{5-11}$$

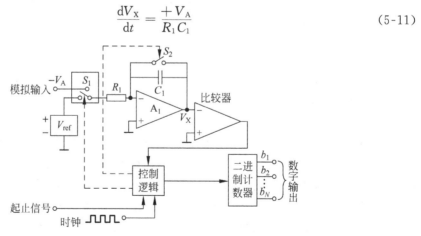

图5.11 双斜积分型A/D转换器原理框图

在计数至2^N个时钟周期时，计数器恢复至0，开关S_1接至V_{ref}，积分器的输出电压线性下降，其下降斜率为

$$\frac{\mathrm{d}V_X}{\mathrm{d}t} = -\frac{V_{\mathrm{ref}}}{R_1 C_1} \tag{5-12}$$

在这一阶段,计数器对时钟脉冲进行计数,当积分器输出电压降至零时,比较器改变状态,计数器停止计数,结束变换。在此基准积分阶段内,计数器的累积计数 n 便与模拟电压的数字值等效,即有

$$n = -V_A \frac{2^N}{V_{ref}} \qquad (5\text{-}13)$$

图 5.12 为不同模拟输入时,变换器两个工作阶段内积分器的输出波形。其中,第一阶段为信号的积分阶段,时钟脉冲数固定为 2^N 个,所以斜坡电压的上升斜率取决于模拟输入信号。第二阶段为基准积分阶段,斜坡电压下降的斜率固定,时钟脉冲数是一个变量 n。因为在第二阶段所有斜坡下降的斜率相同,所有模拟输入电压大时,积分器输出电压最大值也大,返回到零所需的时间也长,因而计数器累积计数 n 也大,并且累积计数 n 与输入电压成正比。

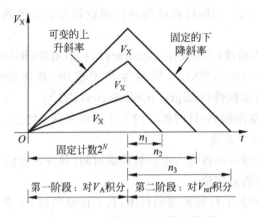

图 5.12　双斜积分器的输出波形

积分型 A/D 转换器的优点是用简单电路就能获得高分辨率,但缺点是由于转换精度依赖于积分时间常数,因此转换速率低。早期的单片 A/D 转换器大多采用积分型,现在逐次逼近型已逐步成为主流。

2) 逐次逼近型 A/D 转换器

逐次逼近型 A/D 由一个比较器、一个 D/A 转换器和一个逐次逼近寄存器(Successive Approximation Register,SAR)组成,它用数字代码,按试探误差技术对模拟输入进行逼近。从 MSB 开始,顺序地对每一位将输入电压与内置 D/A 转换器输出进行比较,经 n 次比较而输出数字值。

其工作过程可根据图 5.13 所示的逐次逼近型 A/D 转换器原理框图[3]简述如下:在开始变换之前,有 N 位移位寄存器和 N 位保持寄存器构成的逐次逼近寄存器均清零。变换器的第一节拍是以 1 作为试探加到保持寄存器的最高位 MSB,其他各位仍保持为零。N 位保持寄存器的输出加至 N 位 D/A 转换器的输入端。如果 D/A 变换器的输出电压 $V_o \leqslant V_A$(模拟输入信号),则比较器的输出保持不变,于是 1 就保持在 N 位保持寄存器的次高位进行试探,如果比较器的输出状态不变,就将 1 保存在该位,否则也用 0 来代替 1。这样,从高位到低位依次进行试探,直到 N 个周期完成所有位的试探。图 5.14 给出了一个 5 位 SAR 的例子[1]。

逐次逼近型 A/D 转换器的电路规模属于中等。其优点是速度较高、功耗低,在低分辨率(<12 位)时价格便宜,但高精度(>12 位)时价格很高。

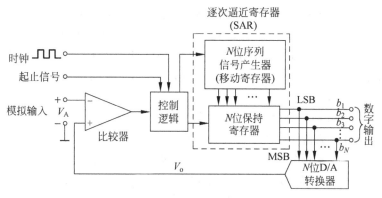

图 5.13 逐次逼近型 A/D 转换器

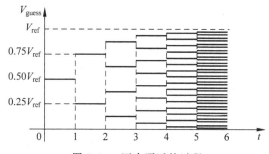

图 5.14 逐次逼近的过程

3）快闪（Flash）A/D 转换器

快闪 A/D 转换器（或并行 A/D 转换器），采用多个比较器，仅作一次比较而实行转换。图 5.15 给出了一个 6 位快闪 A/D 转换器的结构框图[4]。

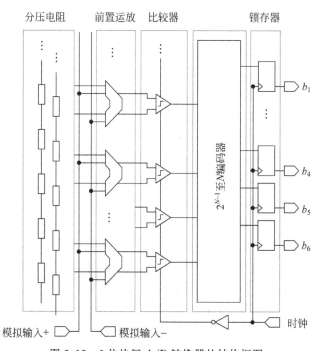

图 5.15 6 位快闪 A/D 转换器的结构框图

由于快闪(或并行)A/D转换器的模拟输入电压被同时送到各并行比较器的一个输入端,在控制时钟到来时,一次性进行比较,因此其转换速率极高。通常,采用亚微米CMOS工艺时,6位分辨率的A/D采样频率可高达400MHz[5,6]。但N位的转换需要$2^N - 1$个比较器,因此电路规模极大,价格也高,通常用于视频A/D转换器等速度特别高的领域。

4) 流水线(Pipeline)型A/D转换器

流水线型A/D转换器是一种串并行A/D转换器,其结构介于并行型和逐次比较型之间。流水线型A/D由无数个连续的级组成,每一级都是相同的,包括一个跟踪/保持(T/H)电路、一个低分辨率A/D和D/A以及一个包含用于提供增益的级间放大器的加法电路。图5.16给出了一种4级流水线ADC转换器的结构。每一级为3位输出。

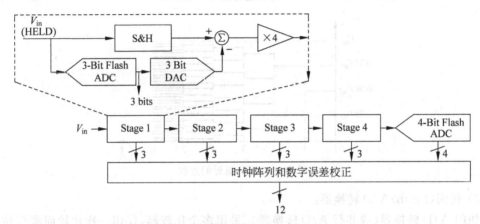

图5.16　4级流水线 ΛDC 转换器的结构

第i级的输入是前一级的输出V_{i-1},V_{i-1}被采样保持后经过一个3位ADC-DAC的处理,输出第i级的3位ADC。流水线型A/D可提供12~16位分辨率。流水线型A/D的优点在于功耗低,取样速率能达到100~300Msps。

5) $\sum$-Δ(Sigma-delta)调制型A/D转换器

$\sum$-Δ型A/D是一种过采样A/D转换器,它主要由两个部件构成:一个模拟$\sum$-Δ调制器和一个数字抽取器,后者通常占据了大部分A/D芯片的面积,且比调制器消耗更多的功率。$\sum$-Δ调制器的工作原理可由图5.17所示的最简单的一阶$\sum$-Δ调制器来说明。

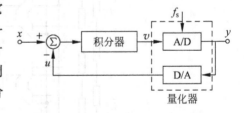

图5.17　最简单的一阶 $\sum$-Δ 调制器

$\sum$-Δ调制器由一个积分器和一个位于反馈环路中的粗量化器(通常是一个2级量化器)。当积分器输出为正时,为了使积分器的输出为负,量化器反馈一个正的参考信号并将其从输入信号中减去。同样,当积分器输出为负时,量化器反馈一个负的参考信号并加到输入信号上。负反馈结构力图使积分器的输出在零附近,也即使量化输出的局部平均值跟踪输入信号的局部平均值。

图5.18为一阶调制器的线性化采样数据等效电路。图5.18中,q定义为调制器输出y与量化器输入v之差。近似认为量化误差为白噪声,在等间距为Δ的电平的标量量化器产

生的噪声是不相关的。则图 5.18 中输入输出的关系可用差分方程(5-14)来表示

$$y[nT_s] = x[(n-1)T_s] + q[nT_s] - q[(n-1)T_s] \tag{5-14}$$

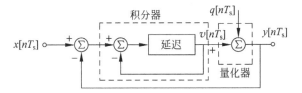

图 5.18 一阶 Σ-Δ 调制器的线性数据模型

输出包括调制器延迟后的输入和量化误差的一阶差分。式(5-14)的 z 域表达式为

$$Y(z) = z^{-1}X(z) + (1 - z^{-1})Q(z) \tag{5-15}$$

其中,$X(z)$、$Y(z)$ 和 $Q(z)$ 分别为调制器输入、输出和量化误差的 z 变换。相乘因子 $X(z)$ 称为信号传输函数(Signal Transfer Function,STF),$Q(z)$ 称为噪声传输函数(Noise Transfer Function,NTF)。

通过在调制器的前馈支路中增加一个积分器,可以将一阶 Σ-Δ 调制器扩展成二阶调制器,如图 5.19 所示。其输出可表示为

$$Y(z) = z^{-1}X(z) + (1 - z^{-1})^2 Q(z) \tag{5-16}$$

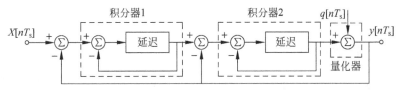

图 5.19 二阶 Σ-Δ 调制器的数据模型

Σ-ΔA/D 转换器的数字电路部分容易单片化,因此容易做到高分辨率。此类 A/D 转换器主要用于音频和测量。

图 5.20 给出了各种 A/D 转换器主性能折中分布图。通常,积分型 A/D 的转换时间是毫秒级低速 A/D,逐次比较型 A/D 是微秒级中速 A/D,闪存和流水线型 A/D 转换速率可达到纳秒级。而转换速率快的 A/D 转换器往往分辨率较低,根据 A/D 转换器转换速度/精度的折中线可选择合适的 A/D 转换器类型。

近几年,数字辅助 ADC 技术在国内外备受关注[7-9]。数字辅助 ADC 技术是数字辅助模拟集成技术的一种。随着集成电路不断往更小线宽尺寸工艺的发展,模拟集成电路遇到了电源电压、阈值电压越来越小的挑战。随着 SoC 内部的信号处理、智能控制电路模块(如DSP 和 CPU)的功能越来越强大,势必希望周边电路模块的智能化程度也随之提高,因此原来以模拟形式存在的电路模块越来越多地往数字化方向转移。而那些不能完全数字化的电路则通过数字辅助的方式演绎着。

2004 年美国斯坦福大学的 Teresa Meng 教授和加州大学伯克利分校的 Boris Murmann 教授联合出版了一本名为《数字辅助流水线 ADC——理论与实践》的书籍,使数字辅助模拟集成得到愈来愈多学者的认可。针对 ADC 的器件不匹配和放大失真,可以利用数字辅助的方法进行后端数字矫正。

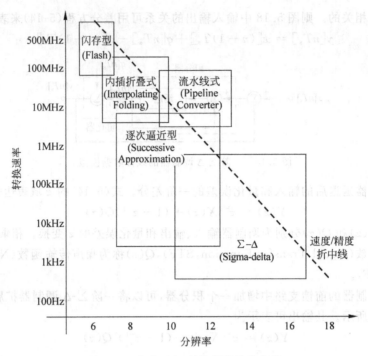

图 5.20　各种 A/D 转换器性能分布图

5.1.3　RF 集成电路

　　射频集成电路(Radio Frequency Integrated Circuits, RFIC)是 20 世纪 90 年代中期以来,随着 IC 工艺改进而出现的一类新的集成电路。

　　早在 20 世纪 40 年代便诞生了微波电路,它是由波导传输线、波导元件、谐振腔和微波电子管组成的立体微波电路。随着微波固态器件的发展以及分布型传输线的出现,20 世纪 60 年代初,出现了平面微波电路,它是由微带元件、集总元件、微波固态器件等无源微波器件和有源微波元件利用扩散、外延、沉积、蚀刻等制造技术,制作在一块半导体基片上的微波混合集成电路,即 HMIC(Hybrid Microwave Integrated Circuits),属于第二代微波电路。与以波导和同轴线等组成的第一代微波电路相比较,它具有体积小、重量轻等优点,避免了复杂的机械加工,而且易与波导器件、铁氧体器件连接,可以适应当时迅速发展起来的小型微波固体器件。20 世纪 70 年代中期,相关的研究转入电子迁移率更高的 GaAs MOSFET 器件,并形成了微波单片集成电路的集成化进步,同时进入到毫米波低端。20 世纪 80 年代初,分子束外延(Molecular-Beam Epitaxy, MBE)和金属有机化合物气相淀积(Metal Organic Chemical Vapor Deposition, MOCVD)等先进技术的发展,使得人们可以在原子尺度上发展半导体材料,超晶格和异质结由理论设想转化为实际物理结构,新型材料和新型器件层出不穷,如高电子迁移率晶体管(High-Electron-Mobility Transistor, HEMT)、赝配晶格 HEMT(Pseudomorphic High Electron Mobility Transistors, PHEMT)、异质结双极晶体管(HeterojunctionBipolar Transistor, HBT)等。从 20 世纪 90 年代开始,微波半导体器件呈现出两大趋势:一是硅基的集成电路由于工艺的发展形成了射频 CMOS 器件(RF CMOS)和射频微机械电子系统(RF MEMS)的新的研究和应用,例如采用用于分立器件的硅锗碳(SiGeC)工艺技术,具有高开关频率、高增益和超低噪声等多重特点[10];另外,在化合物半导体方面,GaAs 是目前的技术主流,但进入 21 世纪以来,Ⅲ-Ⅴ族氮化物半导体,如 GaN、AlN、InN 等,受到了人们的关注。这些材料的电子饱和速度很高,工作频率可以到亚毫米波和准光波、光波频段,可望用于需要大功率、高速、高温工作的应用[11]。

对于 RFIC 的定义,到目前为止尚未得到一致认可[12]。有些人认为 RFIC 表示工作在吉赫兹(GHz)频率低端的集成电路;也有一些人认为,RFIC 是一个广义的术语,包括微波或微米波单片集成电路。

随着半导体工艺以摩尔定律飞速进步,MOS 管的沟道长度大大缩小,其工作速度大为提高,功耗也大大下降,成为 RFIC 的一种经济性很好的平台。例如,Intel 于 2005 年发布了 CMOS Wi-Fi RFIC[11]。随着各芯片制造跨入 90nm 时代,CMOS 电路已经可以工作在 40GHz 以上,甚至达到 100GHz。这一进步可以实现数据率在 100Mbps 到 1Gbps 的无线通信芯片,服务于宽带无线通信系统和高数据率交换装置,如无线高速 USB2.0 接口[11]。CMOS 技术的进步为低成本 RFIC 向高频段发展提供了可能,可以大大降低微波波段的 RF 装置的成本,因此该技术对传统上微波频段占据统治地位的 GaAs 技术构成了挑战。

图 5.21 为超宽带(Ultra WideBand,UWB)发送器集成电路的原理图及版图[13]。从图 5.21 中可以看到射频集成电路最大的特点是芯片上集成了电感元件。

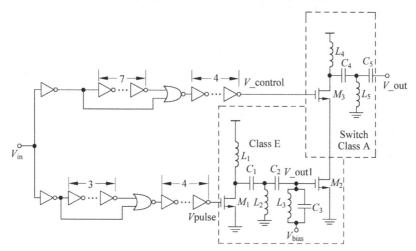

(a) UWB IC电路结构图

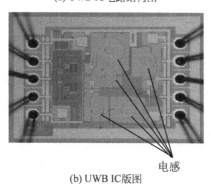

(b) UWB IC版图

图 5.21 超宽带 UWB 发送器集成电路

随着 IC 工艺达到并跨越 90nm 节点,芯片上单个 MOS 器件的工作频率已经可以上升到微波、毫米波频段,因此,可以将 RF 前端与数字基带部分集成起来制成 RF SOC。这一新概念产品将大大减少整个通信系统中的器件数量,从而降低产品成本,减小体积并提高功能度,同时提高可靠性。这一技术的推广有望引起产业链的变革[11]。目前 Agilent、IBM、ST Microelectronic、Freescale 等公司都在研发 RF SOC 产品。

而目前具有代表性的 RFIC 设计软件包括 Agilent 公司的 ADS,Applied Wave Research 公司的 Microwave Office 和 Analog Office 等软件工具。它们一般具有友好的设计界面,灵活、开放的架构,具有从综合到版图设计等不同层次的设计模块,支持第三方设计、测试软件,带有使用方便的物理设计工具和模型提取工具。

由于 RFIC 在本质上是模拟的,其设计往往必须充分利用有源/无源器件的性能,目前仍受到器件模型不准确、噪声和非线性等问题的困扰,这些软件要做到像数字电路仿真软件那样具有极高的仿真效率,还有较长的一段路要走。随着 RF SOC 概念日益走向应用,设计者也将越来越多地面对 RF、模拟和数字混合信号电路的设计问题。

在射频混合电路设计过程中,一方面,要考虑不断推出日益复杂的无线通信标准,如 Wi-Fi 802.11a/b/g、超宽带和蓝牙标准;另一方面,还需要考虑各种信号在各引脚上可能会混合在一起传输,而且各引脚间的信号将通过衬底等发生串扰,带来噪声方面的问题。

目前,单片微波集成电路已经使用于各种微波系统中。在这些微波系统中的单片微波集成电路(Monolithic Microwave Integrated Circuits,MMIC)器件包括 MMIC 功放、低噪声放大器(Low Noise Amplifier,LNA)、混频器、上变频器、压控振荡器(Voltage Controlled Oscillator,VCO)、滤波器等直至 MMIC 前端和整个收发系统。单片电路的发展为微波系统在各个领域的应用提供了广阔的前景。由 MMIC 器件所组成的微波系统,已广泛应用于空间电子、雷达、卫星、公路交通、民航系统、电子对抗、通信系统等多种尖端科技中,正朝着"更小、更快、更强"的方向发展[11]。

数字辅助射频设计技术如同数字辅助 ADC 技术一样,在近几年也得到了集成电路设计师们的极大关注[15,16]。在数字辅助射频电路中可利用数字预失真的方式来校正 RF 发送器中功率放大器的线性度。

5.1.4　功率集成电路

功率集成电路(Power Integrated Circuits,PIC)是指将高压大电流功率器件与信号处理系统及外围接口电路、保护电路、检测诊断电路等集成在同一块芯片上的集成电路。这类电路主要是指用来接通或切断大功率,工作在高电压或大电流下的集成电路。以往,一般将其分为智能功率集成电路(Smart Power Integrated Circuits,SPIC)和高压集成电路(High Voltage Integrated Circuits,HVIC)两类。但随着 PIC 的不断发展,两者在工作电压电流和器件结构(纵向或横向)上都难以严格区分,已习惯于将它们统称为智能功率集成电路或功率 IC。鉴于节能与延长续航时间需求的不断增长,目前用于便携产品和移动设备中的供电电路中低压低功耗电源管理(Power Management,PM)电路成为新的一类功率集成电路。功率集成电路主要用于各种线性电源、开关电源、马达驱动、功率照明驱动等方面,是各种电子产品、电气设备、家用电器、通信设备、办公自动化设备的关键元件。SPIC 是引发第二次电子革命的关键技术[17]。

功率集成电路出现于20世纪70年代后期,由于单芯片集成,减少了应用电路中的元器件数和互连线数,不仅提高了系统的可靠性、稳定性,而且减少了系统的功耗、体积、重量和成本。但由于当时的功率器件主要为双极型功率管,所需驱动的电流大,驱动和保护电路复杂,PIC的研究未取得实质性的进展,直到20世纪80年代,功率MOSFET、IGBT等的出现,才迅速带动了PIC的发展,但复杂的系统设计和昂贵的工艺成本限制了PIC的应用。进入20世纪90年代后,PIC的设计与工艺水平不断提高,性能价格比不断改进,PIC逐步进入实用阶段。迄今已有系列PIC产品问世,包括电源管理电路、PWM专用集成电路、PFC专用集成电路、半桥或全桥逆变器、集成稳压器、电机驱动电路等。

功率集成电路领域国际知名企业包括国际整流器公司(International Rectifier,IR)、摩托罗拉公司(Motorola)、仙童半导体公司(Fairchild Semiconductor Corporation,FSC)、美国功率集成公司(Power Integrated Inc.,PI)、美国国家半导体公司(National Semiconductor Corporation,NSC)、意法半导体公司(ST Microelectronics,ST)、艾塞斯公司(IXYS Corporation,IXYS)、英特矽尔公司(Intersil Corporation,Intersil)、安森美公司(On Semiconductor,ONsemi)、德州仪器公司(Texas Instruments,TI)、凌力尔特公司(Linear Technology Corporation,Linear)、美国美信集成产品公司(Maxim Integrated Products,Maxim)等,它们已经将功率集成电路产品系列化、标准化。

典型的功率集成电路芯片包括20世纪80年代~90年代意法半导体率先推出的L4960系列单片开关式稳压器,Motorola公司、硅通用公司(Silicon General)、尤尼特德(Uniriode)推出的MC3520、SG3524和UC3842等PWM芯片[18],美国微线性公司(Micro-Linear)、Intersil公司等推出的ML4824、LT1508等PFC/PWM系列二合一芯片,以及美国PI公司相继推出的TOPSwitch、TinySwitch等系列PWM/ MOSFET二合一开关电源芯片等。

随着开关电源集成化、高频化、小型化、智能化的发展,线性稳压电源逐步被开关电源所取代,功率集成芯片也随之变化。SPIC总的技术发展趋势是工作频率更高、功率更大、功耗更低和功能更全。传统的开关电源一般采用分立的高频功率开关管和多引脚的PWM功率集成控制器,例如采用UC3842+MOSFET是国内小功率开关电源中较为普及的设计方法。20世纪90年代以来,出现了PWM/MOSFET二合一集成芯片,大大降低了开关电源设计的复杂性,减少了开关电源设计所需的时间,从而加快了产品进入市场的速度。片上功率系统(Power System on Chip,PSoC)集功率器件、功率驱动电路、保护电路、检测控制电路于一体,将成为新一代PIC的发展方向[17]。随着功率电子学与微电子技术的不断发展,数字电源芯片(Ditigal Power IC)、数字辅助功率集成(Digitally Assisted Power Integration,DAPI)技术将成为功率集成IC的新发展方向。

在现有功率集成电路中,美国PI公司于1997年推出的三端离线式TOPSwitch Ⅱ系列PWM/MOSFET二合一集成控制开关电源芯片集功率器件、检测保护于一体,且具有最少芯片引脚,成为该类功率集成电路的代表性产品。

TOPSwitch Ⅱ系列器件包括TOP221~TOP227,是美国PI公司研制的三端隔离、脉宽调制型反激式单片开关电源。TOPSwitch系列功率集成电路是三端离线式PWM开关(Three-terminal Off-line PWM Switch)的英文缩写。TOPSwitch系列器件仅用了3个管脚就将离线式开关电源所必需的具有通态可控栅极驱动电路的高压N沟道功率的MOS场效应管、电压型 PWM 控制器、100kHz 高频振荡器、高压启动偏置电路、带隙基准、用于环路补偿的并联偏置调整器以及误差放大器和故障保护等功能全部组合在一起了。其封装形式如图 5.22 所示[19]。TOPSwitch II 提供 TO-220，DIP-8 和 SMD-8 三种封装方式。三个管脚分别为控制端 C(Control)、源极 S(Source)和漏极 D(Drain)，其内部结构如图 5.23 所示[19]。

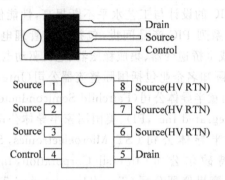

图 5.22　TOPSwitch II 系列产品引脚排列

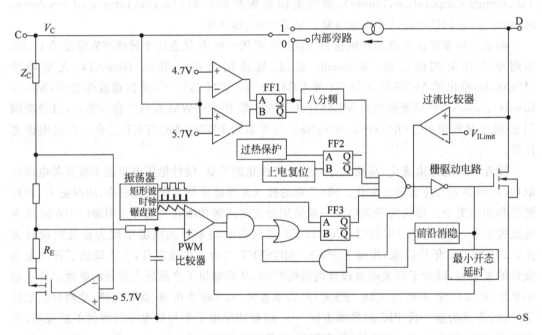

图 5.23　TOPSwitch II 集成电路整体功能电路图

TOPSwitch II 是一个自偏置、自保护的电流占空比线性控制转换器。由于采用 CMOS 工艺，转换效率与采用双集成(PWM 控制芯片和功率开关管芯片两片式集成)电路和分立元件相比，偏置电流大大减少，并省去了用于电流传导和提供启动偏置电流的外接电阻。

漏极 D：连接内部 MOSFET 的漏极，在启动时，通过内部高压开关电流源提供内部偏置电流。

源极 S：连接内部 MOSFET 的源极，是初级电路的公共点和基准点。

控制极 C：误差放大电路和反馈电流的输入端。在正常工作时，由内部并联调整器提供内部偏流。系统关闭时,可激发输入电流,同时也是提供旁路、自动重启和补偿功能的电容连接点。

控制电压 V_C:控制极的电压 V_C 给控制器和驱动器供电或提供偏压。接在控制极和源极之间的外部旁路电容 C_T(如图 5.24 所示),为栅极提供驱动电流,并设置自动恢复时间及控制环路的补偿。在正常工作(输出电压稳定)时,反馈控制电流给 V_C 供电,并联稳压器使 V_C 保持在 4.7V。在启动时,控制极的电流由内部接在漏极和控制极之间的高压开关电流源提供。控制极电容 C_T 放电至阈值电压以下时,输出 MOSFET 截止,控制电路处于备用方式。此时高压电流源接通,并再次给电容 C_T 充电。通过高压电流源的接通和断开,使 V_C 保持在 4.7～5.7V 之间。

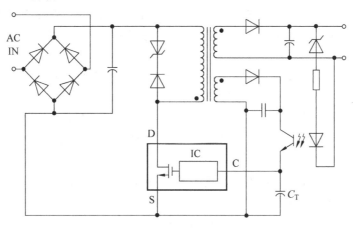

图 5.24　典型的反激式电路

内部带隙基准:TOPSwitch Ⅱ 内部电压取自具有温度补偿的带隙基准电压。此基准电压也能产生可微调的温度补偿电流源,用来精确地调节振荡器的频率和 MOSFET 栅极驱动电流。

内部振荡器:内部振荡器通过内部电容线性地充电放电,产生脉宽调制器所需的锯齿波电压。为了降低 EMI 并提高电源的效率,振荡器额定频率为 100kHz。

脉宽调制器:流入控制极的电流在 R_E 两端产生的压降,经 RC 电路滤波后,加到 PWM 比较器的同相输入端,与振荡器输出的锯齿波电压比较,产生脉宽调制信号,该信号驱动输出 MOSFET 实现电压型控制。正常工作时,内部 MOSFET 输出脉冲的占空比随着控制极电流的增加而线性减少,如图 5.25 所示[19]。

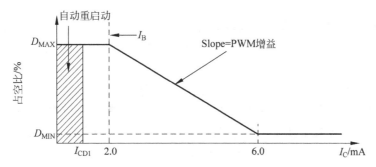

图 5.25　占空比与控制脚电流的关系

栅极驱动器：栅极驱动器以一定速率使输出 MOSFET 导通。为了提高精确度,栅极驱动电流还可以进行微调逐周限流。逐周限流电路用输出 MOSFET 的导通电阻作为取样电阻,限流比较器将 MOSFET 导通时的漏源电压与阈值电压 VI_{limit} 进行比较。漏极电流过大时,漏源电压超过阈值电压,输出 MOSFET 关断,直到下一个周期,输出 MOSFET 才能导通。

误差放大器：误差放大器的电压基准取自温度补偿带隙基准电压;误差放大器的增益则由控制极的动态阻抗设定。

系统关闭/自动重启：为了减少功耗,当超过调整状态时,该电路将以5%的占空比接通和关断电源。

过热保护：当结温超过热关断温度(135℃)时,模拟电路将关断输出 MOSFET。

高压偏流源：在启动期间,该电流源从漏极偏置 TOPSwitch Ⅱ,并对控制极外界电容 C_T 充电。

在开关电源电路中,基本类型有5种：单端反激式、单端正激式、推挽式、半桥式和全桥式。对于100W以下的开关电源,多采用单端反激式变换器,反激式功率变换电路中的变压器,除了起隔离作用之外,还具有储能的功能。反激式功率变换电路结果比较简单,输出电压不受输入电压的限制,亦可提供多路电压输出。TOPSwitch Ⅱ系列应用于单端反激式变换器,典型用法如图5.24所示[19]。

采用 TOPSwitch Ⅱ 器件的开关电源与采用分立的 MOSFET 功率开关及 PWM 集成控制器的开关电源相比,具有以下特点：

(1) 成本低廉。TOPSwitch Ⅱ采用 CMOS 工艺制作,并在芯片中集成了尽可能多的功能,故与传统的功率开关电路相比,偏置电流显著降低;开关电源所需的功能集成于芯片中后,外部的电流传感电阻和初始启动偏压电流的电路均可除去,可大量减少元器件,使产品的成本和体积均大大减少;

(2) 电源设计简化。TOPSwitch Ⅱ器件集成了 PWM 控制器和高压 MOSFET,只需外接一个电容就能实现补偿、旁路、启动和自动重启功能;

(3) 功能完善的保护。TOPSwitch Ⅱ具有自动重启和逐周电流限制功能,可对功率变压器初级和次级电路的故障进行保护;它还具有过热保护和过流保护功能,可在电路过载时有效地保护电源。

5.2 单管放大电路

在大多数模拟电路和许多数字电路中,放大是一个基本的功能。之所以放大一个模拟或数字信号是因为这个信号太小,不能驱动负载,不能克服后续的噪声或者不能为数字电路提供正确的逻辑电平。

双极型晶体管和 MOS 晶体管能分别提供三种不同组态的放大模式,在共射组态和共源组态里,信号由放大器的基极或栅极输入,放大后从集电极或漏极输出。在共集组态和共漏组态中,信号由基极或栅极输入,从发射极或源极输出,这种组态一般被称为双极型晶体管电路的射极跟随器或 MOS 晶体管电路的源极跟随器。在共基组态或共栅组态中,信号由发射极或源极输入,由集电极或漏极输出。每种组态都有一组唯一的输入电阻、输出电阻和电压增益。在许多例子中,复杂电路可以被分割成许多这些类型的单级放大器进行分析[20]。

放大器的重要参数除了增益、速度之外,还有功耗、电源电压、线性度、噪声和最大电压摆幅。更进一步,输入、输出阻抗决定着电路如何与前后级相配合。在实际中,这些参数都相互牵制,这导致了电路设计成为一个多维优化的问题。如图 5.26 所示的"模拟电路设计八边形法则",这样的折中选择、互相制约对高性能放大器的设计提出了许多难题,要靠直觉和经验才能得到一个折中的设计方案[21]。

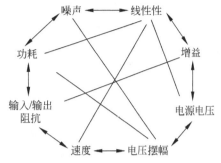

图 5.26 模拟电路设计八边形法则

5.2.1 共源极放大器

1. 采用电阻负载的共源极放大器

共源极放大器,简称共源放大器或共源级(后续小节中的单管放大器称呼方式类似)。

借助于自身的跨导,MOS 管可以将栅源电压转化成小信号漏极电流,小信号漏极电流流过电阻就会产生输出电压,如图 5.27(a)所示。

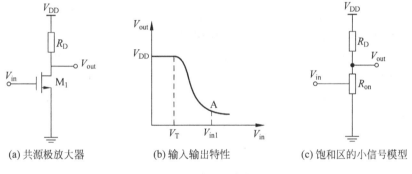

(a) 共源极放大器   (b) 输入输出特性   (c) 饱和区的小信号模型

图 5.27 共源极放大器

如果输入电压从零开始逐渐增大,当 $V_{in} < V_{th}$ 时,M_1 截止,$V_{out} = V_{DD}$。当 V_{in} 接近 MOS 晶体管阈值电压 V_{th} 时,M_1 导通,漏电流流经 R_D,使 V_{out} 减小。如果 V_{DD} 不是非常小,M_1 饱和导通,于是可以得到

$$V_{out} = V_{DD} - R_D \frac{1}{2} \mu_n C_{ox} \frac{W}{L} (V_{in} - V_{th})^2 \tag{5-17}$$

式(5-17)中,μ_n 为 M_1 管的迁移率,C_{ox} 为 M_1 管的栅氧化层电容。W、L 分别为 M_1 管的沟道的宽度与长度。

在这里忽略了沟道长度调制效应。若进一步增大 V_{in},V_{out} 下降更多,管子继续工作在饱和区,直到 $V_{in} = V_{out} + V_{th}$,如图 5.27(b)中 A 点所示。在该点处满足

$$V_{in1} - V_{th} = V_{DD} - R_D \frac{1}{2} \mu_n C_{ox} \frac{W}{L} (V_{in1} - V_{th})^2 \tag{5-18}$$

由上式可以求出 V_{in1} 和相应的 V_{out}。

当 $V_{in} > V_{in1}$ 时，M_1 工作在线性区，满足如下关系

$$V_{out} = V_{DD} - R_D \frac{1}{2} \mu_n C_{ox} \frac{W}{L} \left[2(V_{in} - V_{th})V_{out} - V_{out}^2 \right] \tag{5-19}$$

由于在线性区跨导会下降，通常要确保 $V_{out} > V_{in} - V_{th}$，工作在图 5-27(b) 中 A 点左侧。用式(5-17)表征输入输出特性，并把它的斜率看成小信号增益，可得

$$A_v = \frac{dV_{out}}{dV_{in}} = -R_D \mu_n C_{ox} \frac{W}{L} (V_{in} - V_{th}) = -g_m R_D \tag{5-20}$$

这个结果也可以直接从下面的观察中得到：M_1 将输入电压的变化 ΔV_{in} 转换成漏极电流的变化 $g_m \Delta V_{in}$，进一步转化成输出电压的变化 $-g_m R_D \Delta V_{in}$。从图 5.29(c) 中的小信号等效电路中也可以得到同样的结果。

虽然 $A_v = -g_m R_D$ 是为小信号工作而推导的，但是，如果电路的输入是大信号摆幅，该式也能预计某些结果。从 $g_m = \mu_n C_{ox} \frac{W}{L} (V_{GS} - V_{th})$ 可以看出，g_m 本身会随输入电压变化。因此在大信号时，电路的增益会发生显著的变化。也就是说，如果电路的增益随信号摆幅变化较大，那么电路工作在大信号状态。增益对信号电平的依赖关系导致了非线性，通常这是不希望的结果。若要将非线性减至最低程度，增益等式必须是与信号有关的参数（例如 g_m）的弱函数。

2. 采用二极管连接的负载的共源级

在许多 CMOS 工艺条件下，制作精确控制的阻值或者具有合理尺寸的电阻是很困难的。因此，最好用 MOS 管代替图 5.27(a) 中的电阻 R_D。

如果把晶体管的栅极和漏极相连接（如图 5.28(a)），这个 MOS 管可以起到小信号电阻的作用。这种固定连接结构，在模拟电路中叫作"二极管连接"器件。

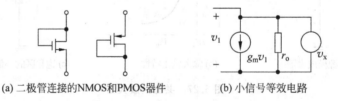

(a) 二极管连接的NMOS和PMOS器件　　　(b) 小信号等效电路

图 5.28 "二极管连接"器件

这样的结构表现了与两端电阻相似的小信号特性。因为栅极和漏极相连，这种连接的晶体管总是工作在饱和区。利用图 5.28(b) 的小信号等效电路，可以得到二极管连接器件的阻抗为 $\frac{1}{g_m} /\!/ r_o \approx \frac{1}{g_m}$，如果考虑体效应，阻抗变得更小，为

$$\frac{1}{g_m + g_{mb}} /\!/ r_o \approx \frac{1}{g_m + g_{mb}}。$$

现在分析二极管连接的负载的共源级，如图 5.29 所示。若忽略沟道长度调制效应，类似式(5-20)可推导得

$$A_v = -g_{m1} \frac{1}{g_{m2} + g_{mb2}} = -\frac{g_{m1}}{g_{m2}} \frac{1}{1 + \eta} \tag{5-21}$$

其中，$\eta = g_{mb2}/g_{m2}$。用器件尺寸和偏置电流表示 g_{m1} 和 g_{m2}，可

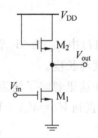

图 5.29 采用二极管连接的负载的共源级

以得到

$$A_v = -\frac{\sqrt{2\mu_n C_{ox}(W/L)_1 I_{D1}}}{\sqrt{2\mu_n C_{ox}(W/L)_2 I_{D2}}} \frac{1}{1+\eta} \tag{5-22}$$

因为 $I_{D1} = I_{D2}$，所以

$$A_v = -\frac{\sqrt{(W/L)_1}}{\sqrt{(W/L)_2}} \frac{1}{1+\eta} \tag{5-23}$$

如果忽略 η 随输出电压的变化，增益和偏置电压或电流没有关系(只要 MOS 管工作于饱和区)，即输入电压和输出电压变化时，增益保持不变，这表明输入与输出之间呈线性关系。

图 5.29 中的二极管连接的负载也可以用 PMOS 器件来实现。如图 5.30 所示，该电路没有体效应，小信号增益为

$$A_v = -\frac{\sqrt{\mu_n (W/L)_1}}{\sqrt{\mu_p (W/L)_2}} \tag{5-24}$$

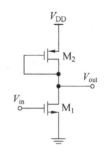

图 5.30　采用二极管连接的 PMOS 负载的共源级

这里忽略了沟道长度调制效应，μ_p 为 PMOS 管 M_2 的迁移率。

式(5-23)和式(5-24)表明，采用二极管连接的负载的共源级的增益是器件尺寸的弱函数。在某种意义上，高增益要求"强"的输入器件和"弱"的负载器件。高增益会造成晶体管的沟道宽度或者沟道长度过大而不均衡(会导致大的输入电容或者负载电容)，同时还会带来另一个严重的局限性：允许的输出电压摆幅的减小。例如，在图 5.30 中 $I_{D1} = |I_{D2}|$，即

$$\mu_n \left(\frac{W}{L}\right)_1 (V_{GS1} - V_{th1})^2 \approx \mu_p \left(\frac{W}{L}\right)_2 (V_{GS2} - V_{th2})^2 \tag{5-25}$$

由式(5-24)和式(5-25)可得

$$\frac{|V_{GS2} - V_{th2}|}{V_{GS1} - V_{th1}} \approx A_v \tag{5-26}$$

假定 $A_v = 10$，则 M_2 的过驱动电压应该是 M_1 的过驱动电压的 10 倍。如果 $V_{GS1} - V_{th1} = 0.2V$，$|V_{th2}| = 0.7V$，则 $|V_{GS2}| = 2.7V$，严重限制了输出电压的摆幅，即使过驱动电压很小，输出电平也不会超过 $V_{DD} - |V_{th}|$。这是模拟电路设计八边形法则显示的折中选择的又一个例子。

3. 采用电流源负载的共源级

应用中有时要求单级有很大的电压增益，关系式 $A_v = -g_m R_D$ 表明可以增大共源级的负载电阻。但是对于电阻或二极管连接的负载而言，增大阻值会限制输出电压的摆幅。

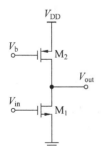

图 5.31　采用电流源负载的共源级

一个更切实可行的方法是用电流源代替负载，如图 5.31 所示。两个管子都工作于饱和区，在输出节点看到的输出电阻为 $r_{o1}//r_{o2}$，所以增益为

$$A_V = -g_m(r_{o1}//r_{o2}) \tag{5-27}$$

由于 $r_o = 1/(\lambda I_D)$，$\lambda \propto 1/L$，所以 $r_o \propto L/I_D$。因为增益正比于 $r_{o1}//r_{o2}$，所以长沟道器件可以产生高的增益。

如果 L_1 按比例因子 $\alpha (\alpha > 1)$ 增加，那么 W_1 也必须按比例因子

增加。这是因为对于给定的漏电流,$(V_{GS1}-V_{th1})\propto 1/\sqrt{(W/L)_1}$,如果 W 不按同样的比例因子增加,过驱动电压就会增加,这将限制输出电压的摆幅。同样,因为 $g_{m1}\propto\sqrt{(W/L)_1}$,如果仅仅增加 L_1,会使 g_{m1} 减小。实际应用中这些并不重要。在增大 L_1 时,W_1 可以保持不变。晶体管的增益可以改写为

$$g_{m1}r_{o1}=\sqrt{2\left(\frac{W}{L}\right)_1\mu_n C_{ox}I_D}\frac{1}{\lambda I_D}\propto\sqrt{\frac{W_1 L_1}{I_D}} \tag{5-28}$$

上式表明,增益随着 L 的增加而增加,这是因为 λ 比 g_m 更强烈地依赖于 L。同样应该注意到,增益随着电流 I_D 增大而减小。

4. 工作在线性区的 MOS 为负载的共源级

工作于深线性区的 MOS 管像一个电阻一样,因此可以用来作负载。如图 5.32 所示,这种电路使 M_2 的栅压偏置在足够低的电平,保证 M_2 在全部输出电压摆幅范围内工作在深线性区。

因为

$$R_{on2}=\frac{1}{\mu_p C_{ox}(W/L)_2(V_{DD}-V_b-|V_{th,P}|)} \tag{5-29}$$

所以电压增益可以很方便地计算出来。

5. 带源极负反馈的共源级

在一些应用当中,希望对漏电流和过驱动电压之间的平方关系引入额外的非线性来"软化"器件的特征曲线。前面提到了用二极管连接的 MOS 管作负载的共源级的线性特性。另一种方法是通过用一个"负反馈"电阻串联在晶体管的源端来实现,如图 5.33 所示。

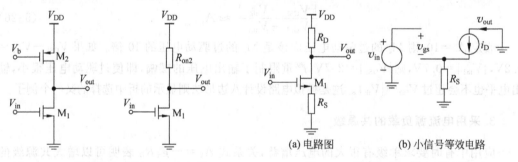

(a) 电路图   (b) 小信号等效电路

图 5.32　工作在线性区的 MOS 为负载　　　　图 5.33　带源极负反馈的共源级
的共源级

随着 V_{in} 的增加,I_D 也增加,同样在 R_S 上的压降也会增加。也就是说输入电压的一部分出现在电阻 R_S 上而不是作为栅极的过驱动电压,因此导致 I_D 的变化变得平滑。从另一角度来看,往往希望增益是 g_m 的弱函数,因为 $V_{out}=V_{DD}-I_D R_D$,所以电路的非线性源于 I_D 与 V_{in} 之间的非线性。根据 $\dfrac{dV_{out}}{dV_{in}}=-\dfrac{dI_D}{dV_{in}}R_D$,定义电路的等效跨导 $G_m=\dfrac{dI_D}{dV_{in}}$,则

$$G_m=\frac{dI_D}{dV_{in}}=\frac{dI_D}{dV_{GS}}\frac{dV_{GS}}{dV_{in}} \tag{5-30}$$

因为 $V_{GS} = V_{in} - I_D R_S$，可得 $\dfrac{dV_{GS}}{dV_{in}} = 1 - R_S\left(\dfrac{dI_D}{dV_{in}}\right)$，于是可得

$$G_m = \left(1 - R_S\frac{dI_D}{dV_{in}}\right)\frac{dI_D}{dV_{GS}} \tag{5-31}$$

其中，$\dfrac{dI_D}{dV_{GS}}$ 是 M_1 的跨导 g_m，所以

$$G_m = \frac{g_m}{1 + g_m R_S} \tag{5-32}$$

小信号增益为

$$A_v = -G_m R_D = \frac{-g_m R_D}{1 + g_m R_S} \tag{5-33}$$

式(5-32)意味着，随着 R_S 的变大，G_m 变为 g_m 的弱函数，同样漏电流也变为 g_m 的弱函数。事实上，如果 $R_S \gg 1/g_m$，则 $G_m \approx 1/R_S$，也就是 $\Delta I_D \approx \Delta V_{in}/R_S$，这表明 V_{in} 大部分变化落在 R_S 上。因此可以近似认为漏电流是输入电压的线性函数，这种线性变化是以牺牲增益为代价的。

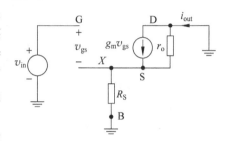

图 5.34 带源极负反馈的共源级的小信号等效电路

在考虑有沟道长度调制效应的情况下，借助图 5.34 所示的等效电路，可以看出，流过 R_S 的电流等于 I_{out}，所以，$v_{in} = v_{gs} + i_{out}R_S$。图 5.34 中，G、D、S、B 点分别表示 MOS 晶体管 M_1 的栅、漏、源极和衬底。将结点 X 处的电流加起来，可得

$$i_{out} = g_m v_{gs} - \frac{i_{out}R_S}{r_o}$$
$$= g_m(v_{in} - i_{out}R_S) - \frac{i_{out}R_S}{r_o} \tag{5-34}$$

由此可得

$$G_m = \frac{i_{out}}{v_{in}} = \frac{g_m r_o}{R_S + (1 + g_m R_S)r_o} \tag{5-35}$$

式(5-33)也可以写成

$$A_v = -\frac{R_D}{\dfrac{1}{g_m} + R_S} \tag{5-36}$$

从这个结果看，可以通过观察得到增益公式。分母等于 MOS 器件跨导的倒数与从源端到地之间的电阻的串联。称式(5-36)中分母为"在源端通路上看到的等效电阻"；分子是在漏极点看到的电阻，把增益的大小看成在漏极节点所看到的电阻除以在源极通路上的总电阻。这样的方法极大地简化了更复杂电路的分析。

源极负反馈的另一个重要作用是增大放大器的输出电阻。借助图 5.35 所示的等效电路来计算电路的输出电阻。为了得到通用的结论，这里考虑了体效应。

因为流过 R_S 的电流等于 i_{test}，所以 $v_{gs} = -i_{test}R_S$，流过 r_o 的电流是

$$i_{test} - g_m v_{gs} = i_{test} + g_m R_S i_{test}$$

将 r_o 和 R_S 上的压降加起来，得到

$$r_o(i_{test} + g_m R_S i_{test}) + i_{test}R_S = v_{test} \tag{5-37}$$

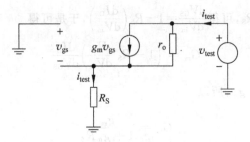

图 5.35　计算负反馈共源级的输出电阻的等效电路

因此

$$R_{\text{out}} = (1 + g_m R_S)r_o + R_S = (1 + g_m r_o)R_S + r_o \tag{5-38}$$

通常 $g_m r_o \gg 1$，所以上式可以简化为

$$R_{\text{out}} \approx g_m R_S r_o + r_o \approx g_m R_S r_o \tag{5-39}$$

以上结果表明输出电阻增大了 $g_m R_S$ 倍。

现在计算考虑沟道长度调制效应情况下带负反馈的共源级的增益。在图 5.36 所示的等效电路中，流过 R_S 的电流必定等于流过 R_D 的电流，即 $-v_{\text{out}}/R_D$。因此，源极对地（或衬底）的电压等于 $-v_{\text{out}}R_S/R_D$。所以，$v_{gs} = v_{\text{in}} + v_{\text{out}}R_S/R_D$。

$$i_{r_o} = -\frac{v_{\text{out}}}{R_D} - g_m v_{gs} = -\frac{v_{\text{out}}}{R_D} - \left[g_m \left(v_{\text{in}} + v_{\text{out}} \frac{R_S}{R_D} \right) \right] \tag{5-40}$$

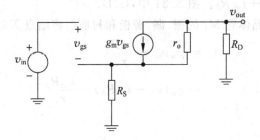

图 5.36　带有限输出电阻的负反馈共源级的小信号等效电路

因为在 R_S 和 r_o 上的压降之和应该等于 v_{out}，所以

$$v_{\text{out}} = i_{r_o} r_o - \frac{v_{\text{out}}}{R_D}R_S = \frac{v_{\text{out}}}{R_D}r_o - \left[g_m \left(v_{\text{in}} + v_{\text{out}} \frac{R_S}{R_D} \right) \right] r_o - \frac{v_{\text{out}}}{R_D}R_S \tag{5-41}$$

由此得出

$$\frac{v_{\text{out}}}{v_{\text{in}}} = \frac{-g_m r_o R_D}{R_D + R_S + r_o + g_m R_S r_o} \tag{5-42}$$

可以看出上式分母的最后三项 $R_S + r_o + g_m R_S r_o$ 表示带有源极负反馈电阻 R_S 的共源级的输出电阻。故 A_v 可以写成

$$\begin{aligned}
A_v &= \frac{-g_m r_o R_D (R_S + r_o + g_m R_S r_o)}{R_D + R_S + r_o + g_m R_S r_o} \frac{1}{R_S + r_o + g_m R_S r_o} \\
&= -\frac{g_m r_o}{R_S + r_o + g_m R_S r_o} \frac{R_D (R_S + r_o + g_m R_S r_o)}{R_D + R_S + r_o + g_m R_S r_o} \\
&= -G_m (R_{\text{out}} /\!/ R_D)
\end{aligned} \tag{5-43}$$

5.2.2 共射极放大器

尽管 MOS 集成电路占据了 80% 以上的集成电路份额,但由于 BJT 器件具有热噪声小、失调电压小、模型简单精准等特点,在高精度模拟集成电路中占有一席之地,因此,本书也简单介绍下 BJT 器件及其基本放大电路。

图 5.37 给出了 P 衬底下 NPN 双极型晶体管的结构剖面图[图 5.37(a)]和 NPN [图 5.37(b)]及 PNP[图 5.37(c)]双极型晶体管的电路符号。在这个结构中,P 衬底上生长了一层 N 外延层,N 外延层用作集电极。P 区扩散到 N 型外延层上形成基极,扩散深度为 X_B。N 区扩散到基区而形成发射极,扩散深度为 X_E。深度上的差异就是基区宽度 W_B。掩埋层用于降低集电极串联电阻。与衬底相连的隔离区,采用反偏置连接以隔离不同的器件。如果只采用一个正电源,对于 NPN 管而言,衬底接地。

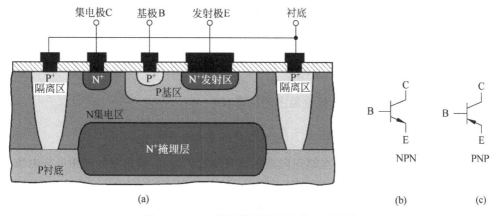

图 5.37 BJT 器件的结构图及其电路符号

从图 5.37 可以看出 BJT 器件由两个背靠背的二极管组成,通常,基极和发射极之间的基射结正偏,基极和集电极之间的基集结反偏。因为基区宽度 W_B 很小,当基极和发射极正偏时,有大量的电子从发射极(N^+区)经过基区(P 区)流向集电极(N 区)。所以集电极电流 I_C 近似等于发射极电流 I_E。式(5-44)给出了集电极电流与基射结电压的关系。

$$I_C = I_S \exp \frac{V_{BE}}{V_T} \tag{5-44}$$

式中,I_S 为 PN 结反偏饱和电流,$V_T = kT/q$ 为热电压,其中,k 是玻尔兹曼常数;q 是电子电荷(1.6×10^{-19}C);T 是绝对温度,在 20℃ 下,$V_T \approx 25.86$mV,粗略计算过程中,常取 $V_T = 26$mV 或 $V_T = 25$mV。V_T 的可取之处在于它不随工艺的更新而改变,这是 BJT 的主要优点之一。BJT 的另一个优点是它如式(5-44)所示的指数特性,在数学上它具有陡峭的特性曲线,使其导数或跨导比 MOSFET 器件要高。但它的缺点是存在基极电流 I_B,I_B 与 I_C 之间的关系可用电流放大系数 β 表示

$$I_B = \frac{I_C}{\beta} \tag{5-45}$$

图 5.38 为 BJT 管的小信号等效电路模型。

图 5.38 中,r_π、g_m、r_o 分别为 BJT 管的输入电阻、跨导和输出电阻,其定义式如下

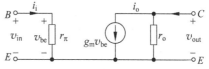

图 5.38 BJT 小信号等效电路模型

$$g_m \overset{\Delta}{=} \frac{\mathrm{d}i_C}{\mathrm{d}v_{BE}} = \frac{I_C}{V_T} \tag{5-46}$$

$$r_\pi \overset{\Delta}{=} \frac{\mathrm{d}v_{BE}}{\mathrm{d}i_B} = \beta \frac{\mathrm{d}v_{BE}}{\mathrm{d}i_C} = \frac{\beta}{g_m} \tag{5-47}$$

$$r_o \overset{\Delta}{=} \frac{\mathrm{d}v_{CE}}{\mathrm{d}i_C} = \frac{V_A}{I_C} \tag{5-48}$$

式(5-48)中,V_A 为厄利电压,一般为 $50 \sim 100\mathrm{V}$。

BJT 管有类似 MOSFET 的信号放大能力,可构成如图 5.39 所示的带有电阻负载的共射放大器。R_C 为集电极负载。首先来分析当输入电压由 0 逐渐增大时放大器的直流传输特性。假定晶体管的基极电压为 V_{in},当 $V_{in}=0$ 时,晶体管处于截止状态。当输入电压增加时,放大器工作于正向工作区的集电极电流为

$$I_C = I_S \exp \frac{V_{in}}{V_T} \tag{5-49}$$

基极电流为

$$I_B = \frac{I_C}{\beta_F} = \frac{I_S}{\beta_F} \exp \frac{V_{in}}{V_T} \tag{5-50}$$

输出电压等于 V_{CC} 减去集电极电阻上的压降,即

$$V_{out} = V_{CC} - I_C R_C = V_{CC} - R_C I_S \exp \frac{V_{in}}{V_T} \tag{5-51}$$

当输出电压接近为 0 时,集电结正向偏置放大器达到饱和,输出电压和集电极电流近似为恒定值

$$V_{out} = V_{CE(sat)} \tag{5-52}$$

$$I_C = \frac{V_{CC} - V_{CE(sat)}}{R_C} \tag{5-53}$$

因为基极电流仍随 V_{in} 增大而增大,因此双极型晶体管 Q 工作在正向放大区,电流增益 I_C/I_B 随着 Q 由正向放大区移至饱和区从而使 β_F 减小。实际上,信号源的电流是有限的,当信号源不再使基极电流增加时,V_{in} 即达到最大值。

共射极电路的小信号等效电路如图 5.40 所示[20]。现在计算小信号电路的输入电阻、跨导和输出电阻。

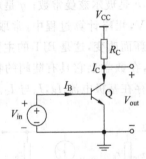

图 5.39　带有电阻负载的
共射极放大器

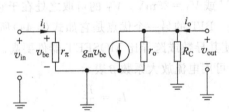

图 5.40　共射放大器的小信号模型

从输入端看,输入电阻为戴维南电阻,对于共射放大器

$$R_{\mathrm{in}} = \frac{v_{\mathrm{in}}}{i_{\mathrm{i}}} = r_{\pi} = \frac{\beta}{g_{\mathrm{m}}} \tag{5-54}$$

式(5-54)中 β 为小信号分析时 BJT 的电流增益,且

$$\beta \overset{\Delta}{=} \frac{i_{\mathrm{c}}}{i_{\mathrm{b}}} \approx \beta_{\mathrm{F}} \tag{5-55}$$

从输出端看进去,当输入端短路时,输出电阻为戴维南电阻,即

$$R_{\mathrm{out}} = \frac{v_{\mathrm{out}}}{i_{\mathrm{o}}} \bigg|_{v_{\mathrm{in}}=0} = R_{\mathrm{C}} // r_{\mathrm{o}} \tag{5-56}$$

开路、无负载时电路的电压增益为

$$A_{\mathrm{v}} = \frac{v_{\mathrm{out}}}{v_{\mathrm{in}}} \bigg|_{i_{\mathrm{o}}=0} = - g_{\mathrm{m}} (r_{\mathrm{o}} // R_{\mathrm{C}}) \tag{5-57}$$

如果集电极电阻非常大,则

$$\lim_{R_{\mathrm{C}} \to \infty} A_{\mathrm{v}} = - g_{\mathrm{m}} r_{\mathrm{o}} = - \frac{I_{\mathrm{C}}}{V_{\mathrm{T}}} \frac{V_{\mathrm{A}}}{I_{\mathrm{C}}} = - \frac{V_{\mathrm{A}}}{V_{\mathrm{T}}} \tag{5-58}$$

式(5-58)给出的增益表示放大器可获得的最大电压增益,其不依赖于双极型晶体管的集电极偏置电流。对于典型的 NPN 管,其值约为 5000[20]。

另一个关心的参数是短路电流增益 A_{i},这一参数是输出端短路时 i_{o} 与 i_{i} 的比值。对于共射放大器,其值为

$$A_{\mathrm{i}} = \frac{i_{\mathrm{o}}}{i_{\mathrm{i}}} \bigg|_{v_{\mathrm{o}}=0} = \frac{G_{\mathrm{m}} v_{\mathrm{in}}}{\dfrac{v_{\mathrm{in}}}{R_{\mathrm{in}}}} = g_{\mathrm{m}} r_{\pi} = \beta \tag{5-59}$$

5.2.3　共漏极放大器(源随器)

对共源级的分析指出,在一定范围内的电源电压下,要获得更高的电压增益,负载电阻必须尽可能大。如果这种电路驱动一个低电阻负载,为了使信号电平的损失小到可以忽略不计,就必须在放大器后面放置一个"缓冲器"。源随器就可以起到缓冲器的作用。

如图 5.41(a)所示,源随器利用栅极接收信号,利用源极驱动负载,使源极电压能"跟随"栅压[21]。首先进行大信号特性分析,当 $V_{\mathrm{in}} < V_{\mathrm{th}}$ 时,M_1 处于截止状态,$V_{\mathrm{out}} = 0$。随着 V_{in} 逐渐增大,并超过 V_{th},M_1 导通进入饱和区,I_{D1} 流过电阻 R_{S}。V_{in} 进一步增大,V_{out} 跟随输入电压变化,且两者之差(电平平移)为 V_{GS},如图 5.41(b)所示。输入输出特性可以表示为

$$\frac{1}{2} \mu_{\mathrm{n}} C_{\mathrm{ox}} \frac{W}{L} (V_{\mathrm{in}} - V_{\mathrm{th}} - V_{\mathrm{out}})^2 R_{\mathrm{S}} = V_{\mathrm{out}} \tag{5-60}$$

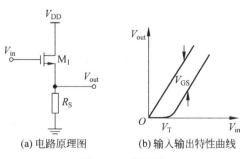

(a) 电路原理图　　(b) 输入输出特性曲线

图 5.41　源随器

上式两边同时对 V_{in} 求微分,可得电路的小信号增益

$$\frac{1}{2}\mu_n C_{ox}\frac{W}{L}2(V_{in}-V_{th}-V_{out})\left(1-\frac{dV_{th}}{dV_{in}}-\frac{dV_{out}}{dV_{in}}\right)R_S=\frac{dV_{out}}{dV_{in}} \tag{5-61}$$

因为 $\dfrac{dV_{th}}{dV_{in}}=\dfrac{dV_{th}}{dV_{out}}\dfrac{dV_{out}}{dV_{in}}=\eta\dfrac{dV_{out}}{dV_{in}}$,所以

$$\frac{dV_{out}}{dV_{in}}=\frac{\mu_n C_{ox}\dfrac{W}{L}(V_{in}-V_{th}-V_{out})R_S}{1+\mu_n C_{ox}\dfrac{W}{L}(V_{in}-V_{th}-V_{out})R_S(1+\eta)} \tag{5-62}$$

又因为 $g_m=\mu_n C_{ox}\dfrac{W}{L}(V_{in}-V_{th}-V_{out})$,则

$$A_v=\frac{g_m R_S}{1+(g_m+g_{mb})R_S} \tag{5-63}$$

通过图 5.42 的小信号等效电路也可以得到同样的结果。

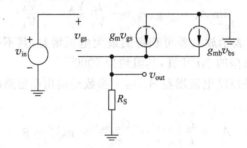

图 5.42 考虑衬偏效应的源随器的小信号等效电路

从式(5-63)可以看出,即使 $R_S\to\infty$,源随器的电压增益也小于 1。

$$\lim_{R_S\to\infty}A_v=\frac{g_m}{g_m+g_{mb}}=\frac{1}{1+\eta} \tag{5-64}$$

A_v 还依赖于 η。当体效应存在时,η 依赖于衬源电压

$$\eta=\frac{g_{mb}}{g_m}=\frac{\gamma}{2\sqrt{2\phi_F+V_{SB}}} \tag{5-65}$$

当衬底接地时,$V_{SB}=V_{out}$。因此,式(5-64)计算增益就取决于输出电压,这会增加大信号输出失真。在实际中为了克服这些限制,就要选择源随器的类型(N 沟道还是 P 沟道),这样能使其在一隔离阱中形成。然后该阱可以连接到放大器源极,使 $V_{SB}=0$。

为了更好地认识源随器,忽略衬偏效应,计算图 5.43 所示电路的小信号输出电阻。

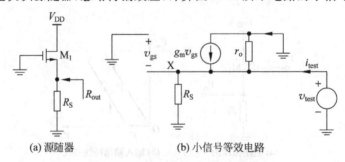

(a) 源随器　　　　　　　(b) 小信号等效电路

图 5.43 忽略衬偏效应的源随器

$$v_{gs} = -v_X = -v_{test} \tag{5-66}$$

$$i_{test} = \frac{v_{test}}{R_S} + \frac{v_{test}}{r_o} + g_m v_{test} \tag{5-67}$$

得

$$R_{out} = \frac{v_{test}}{i_{test}} = \frac{1}{g_m + \frac{1}{r_o} + \frac{1}{R_S}} = \frac{1}{g_m}//r_o//R_S \approx \frac{1}{g_m}//R_S \tag{5-68}$$

5.2.4 共集电极放大器(射随器)

共集电极放大器电路连接如图 5.44 所示。这一组态与其他组态的区别在于信号由基极输入,由发射极输出。从大信号的观点来看,输出电压等于输入电压减去 V_{BE}。由于 V_{BE} 与 I_C 成对数关系,所以,即使集电极电流改变,V_{BE} 也几乎恒定。这样,射随器的输出电压等于输入电压减去一个常量,故电路的小信号增益为 1。因为发射极电压随基极电压变化,电路仍被看作是射随器。事实上,如果集电极电流改变,则 V_{BE} 并不是恒定的。此外,即使集电极电流恒定不变,在考虑厄利效应时,I_C 电流也受 V_{CE} 的影响。这些影响在小信号分析中可以得到进一步的研究。

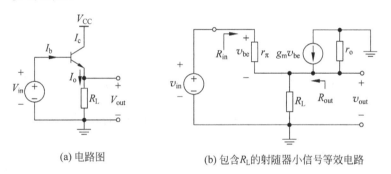

(a) 电路图   (b) 包含 R_L 的射随器小信号等效电路

图 5.44 共集放大器

特定的小信号放大器模型为混合 π 模型,相应的小信号等效电路如图 5.44(b)所示。当输入电压 v_{in} 增加时,基极-发射极电压增加,从而使得输出电流 i_o 增加。但是 i_o 的增大使得输出电压 v_{out} 也增加,这样基于负反馈使得基极-发射极电压下降。现在分析图 5.44(b)所示的整个射随器电路,包括负载电阻 R_L,在输出节点,由 KCL 得

$$\frac{v_{in} - v_{out}}{r_\pi} + \beta\left(\frac{v_{in} - v_{out}}{r_\pi}\right) - \frac{v_{out}}{R_L} - \frac{v_{out}}{r_o} = 0 \tag{5-69}$$

从而有

$$\frac{v_{out}}{v_{in}} = \frac{1}{1 + \dfrac{r_\pi}{(\beta+1)(R_L//r_o)}} \tag{5-70}$$

可见电压增益总是小于 1,而在 $(\beta+1)(R_L//r_o) \gg r_\pi$ 时接近于 1。在大多数电路中这个条件是满足的,所以式(5-70)也能近似写成

$$\frac{v_{out}}{v_{in}} \approx \frac{g_m R_L}{1 + g_m R_L} \tag{5-71}$$

现在计算输入电阻,用测试电流源 i_{test} 来驱动输入,如图 5.45(a)所示。在输入节点,由

KCL 得

$$\frac{v_{\text{out}}}{R_{\text{L}}} + \frac{v_{\text{out}}}{r_{\text{o}}} = i_{\text{test}} + \beta i_{\text{test}} \tag{5-72}$$

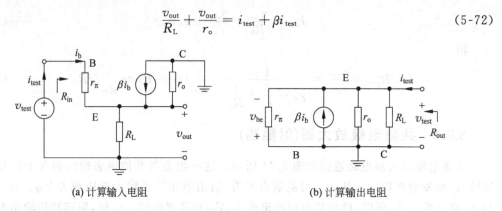

(a) 计算输入电阻　　　　　　　　　　(b) 计算输出电阻

图 5.45　计算输入、输出电阻

电压 v_{test} 为

$$v_{\text{test}} = i_{\text{test}} r_{\pi} + v_{\text{out}} = i_{\text{test}} r_{\pi} + \frac{i_{\text{test}} + \beta i_{\text{test}}}{\frac{1}{R_{\text{L}}} + \frac{1}{r_{\text{o}}}} \tag{5-73}$$

因此

$$R_{\text{in}} = \frac{v_{\text{test}}}{i_{\text{test}}} = r_{\pi} + (1 + \beta_0)(R_{\text{L}} // r_{\text{o}}) \tag{5-74}$$

从基极看进去的电阻等于 r_{π} 加上 $(1+\beta_0)$ 小信号下与发射极相连的电阻的增量。

下面计算考虑 R_{L} 时从发射极看进去的输出电阻。可以利用加入测试电流计算电压的方法或者利用加入测试电压计算电流的方法来计算。如果利用图 5.45(b)所示的测试电压则可以使计算简化。

$$v_{\text{be}} = - v_{\text{test}} \tag{5-75}$$

因此总的输出电流为

$$i_{\text{test}} = \frac{v_{\text{test}}}{r_{\pi}} + \frac{v_{\text{test}}}{r_{\text{o}}} + \frac{v_{\text{test}}}{R_{\text{L}}} + \frac{\beta v_{\text{test}}}{r_{\pi}} \tag{5-76}$$

所以

$$R_{\text{out}} = \frac{v_{\text{test}}}{i_{\text{test}}} = \left(\frac{r_{\pi}}{\beta+1}\right) // r_{\text{o}} // R_{\text{L}} \approx \frac{1}{g_{\text{m}}} // R_{\text{L}} \tag{5-77}$$

忽略 R_{L}，则式(5-77)中的输出电阻为

$$R_{\text{out}} \approx \frac{1}{g_{\text{m}}} \tag{5-78}$$

因此,射随器有高的输入电阻、低输出电阻和约为 1 的电压增益,它广泛应用于阻抗变换器,以减小作为后级输入阻抗的前级信号源负载。因为直流输出电压随直流输入电压 $V_{\text{BE(on)}}$ 变换,故其也应用于单位电压增益电平移动电路。

5.2.5　共栅极放大器

在共源放大器和源随器中,输入信号都是加在 MOS 管的栅极。如果把输入信号加在 MOS 管的源极,在漏极产生输出,如图 5.46(a)所示,则构成了共栅放大器。栅极接一个直

流电压 V_b，以便建立适当的工作条件。应当注意，M_1 的偏置电流也流过信号源。另一种方法，如图 5.46(b)所示，M_1 管用一个恒流源来偏置，信号通过电容耦合到电路。

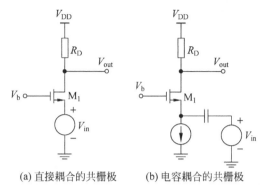

(a) 直接耦合的共栅极   (b) 电容耦合的共栅极

图 5.46 共栅极放大器

首先对图 5.46 所示电路进行大信号分析。假设 V_{in} 从一个很大的值开始减小。当 $V_{in} \geqslant V_b - V_{th}$ 时，M_1 处于关断状态，所以 $V_{out} = V_{DD}$。当 V_{in} 较小时，M_1 处于饱和区，得

$$I_D = \frac{1}{2} \mu_n C_{ox} \frac{W}{L} (V_b - V_{in} - V_{th})^2 \tag{5-79}$$

随着 V_{in} 的增加，V_{DS} 减小，最终 M_1 可能进入线性区，此时

$$V_{DD} - \frac{1}{2} \mu_n C_{ox} \frac{W}{L} (V_b - V_{in} - V_{th})^2 R_D = V_b - V_{th} \tag{5-80}$$

如果 M_1 为饱和状态，输出电压可以写成

$$V_{out} = V_{DD} - \frac{1}{2} \mu_n C_{ox} \frac{W}{L} (V_b - V_{in} - V_{th})^2 R_D \tag{5-81}$$

可以得到小信号增益为

$$\frac{dV_{out}}{dV_{in}} = -\mu_n C_{ox} \frac{W}{L} (V_b - V_{in} - V_{th}) \left(-1 - \frac{dV_{th}}{dV_{in}} \right) R_D \tag{5-82}$$

因为 $\dfrac{dV_{th}}{dV_{in}} = \dfrac{dV_{th}}{dV_{SB}} = \eta$，可以得到

$$\frac{dV_{out}}{dV_{in}} = \mu_n C_{ox} \frac{W}{L} (V_b - V_{in} - V_{th})(1 + \eta) R_D = g_m (1 + \eta) R_D \tag{5-83}$$

增益为正值。

电路的输入电阻也很重要。如果忽略沟道调制效应和体效应，即 $\lambda = 0$，$V_{SB} \approx 0$，从图 5.46(a)中 M_1 源极看进去的阻抗与图 5.43(a)中从 M_1 源极看进去的阻抗相等，为 $1/g_m$。共栅极相对较低的输入阻抗在某些应用中很有用。

考虑计入了晶体管的输出阻抗以及信号源阻抗的情况，如图 5.47(a)所示的共栅极结构。对于图 5.47(a)所示的电路，可以借助图 5.47(b)所示的小信号等效电路来分析。首先

$$v_{gs} + v_{in} = 0 \tag{5-84}$$

此外，流过 r_o 的电流为 $-v_{out}/R_D - g_m v_{gs}$，所以

$$r_o \left(\frac{-v_{out}}{R_D} - g_m v_{gs} \right) + v_{in} = v_{out} \tag{5-85}$$

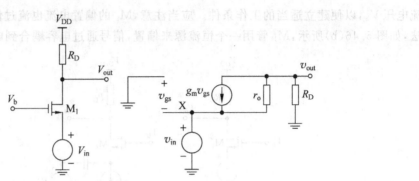

(a) 输出电阻为有限值的共栅极　　　(b) 小信号等效电路

图 5.47　考虑阻抗的共栅极电路

联立式(5-84)及式(5-85),从中消除 v_{gs},可得

$$r_o\left[\frac{-v_{out}}{R_D}-g_m(-v_{in})\right]+v_{in}=v_{out} \tag{5-86}$$

由此得出电压增益

$$\frac{v_{out}}{v_{in}}=\frac{g_mr_o+1}{\dfrac{r_o}{R_D}+1}=\frac{(g_mr_o+1)R_D}{r_o+R_D}\approx g_mR_D \tag{5-87}$$

由式(5-87)可知,共栅放大器的增益表达式与共源级的类似,但极性为正。

共栅放大器的输入输出阻抗也是电路的重要参数。为了求出图 5.48(a)从源极看进去的输入阻抗,借助图 5.47(b)的等效电路。将图 5.47(b)中的 v_{in} 换成 v_{test},因为 $v_{gs}=-v_{test}$,流过 r_o 的电流等于 $i_{test}+g_mv_{gs}=i_{test}-g_mv_{test}$,把 r_o 上的压降加起来可得

$$R_Di_{test}+r_o(i_{test}-g_mv_{test})=v_{test} \tag{5-88}$$

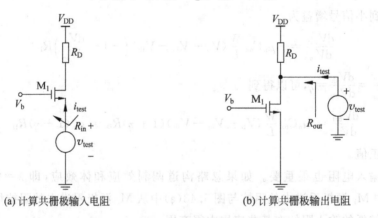

(a) 计算共栅极输入电阻　　　　　　(b) 计算共栅极输出电阻

图 5.48　共栅极输入输出电阻的计算

因此

$$R_{in}=\frac{v_{test}}{i_{test}}=\frac{R_D+r_o}{1+g_mr_o} \tag{5-89}$$

如果 $g_mr_o\gg1$,则上式变为

$$\frac{v_{test}}{i_{test}}\approx\frac{1}{g_m} \tag{5-90}$$

这个结果表明,从源端看输入电阻时,漏端的阻抗要除以 $g_m r_o$。

为了计算共栅放大器的输出电阻,可以借助图 5.48(b)所示的电路。共栅极的输出电阻可表示为

$$R_{out} = r_o // R_D \tag{5-91}$$

5.2.6　共基极放大器

在共基极放大器中,信号从发射极输入,从集电极输出,基极交流接地。虽然这种组态不如共射组态应用广泛,但在某些电路中却非常有用。图 5.49 所示为一个采用基极分压射极偏置电路的共基放大器。

在图中,基极下偏置电阻 R_2 并联一个旁路电容 C_B,从而使基极交流接地。图 5.50 是其交流通路[22],R_1 和 R_2 不出现在交流通路中,而发射极电阻 R_E 却并联在输入端。

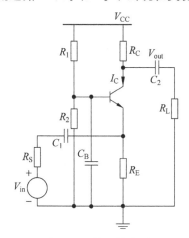

图 5.49　共基放大器

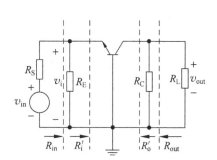

图 5.50　共基放大器交流通路

将 BJT 低频简化模型代替交流通路中的晶体管即得到图 5.51 所示的小信号等效电路。为了分析方便,图 5.51 中将 i_b 和 βi_b 都改画成流出晶体管。

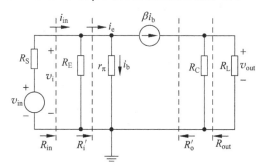

图 5.51　共基放大器小信号简化模型

因为 i_e 是 i_b 的 $(1+\beta)$ 倍,利用阻抗反映法,将 i_b 支路上的 r_π 减小为原来的 $\dfrac{1}{1+\beta}$ 折算到 i_e 支路上,就得到共基放大器的管端输入电阻 R_i'

$$R_i' = \frac{v_i}{i_e} = \frac{r_\pi}{1+\beta} \tag{5-92}$$

从而放大器的输入电阻为

$$R_{in} = \frac{v_i}{i_{in}} = R_i'//R_E = \frac{r_\pi}{1+\beta}//R_E \tag{5-93}$$

共射(CE)和共基(CB)放大器都是将输入电压 v_i 加在发射结上,不同的是 CE 放大器的输入电流是 i_b,CB 放大器的输入电流是 i_e,i_e 和 i_b 相差 $(1+\beta)$ 倍,所以,CB 放大器的管端输入电阻远小于 CE 放大器的管端输入电阻。

由图 5.51,$v_i = r_\pi i_b$,$v_{out} = R_L'\beta i_b$,所以,共基放大器的电压增益为

$$A_v = \frac{v_{out}}{v_i} = \frac{\beta R_L'}{r_\pi} \tag{5-94}$$

CB 放大器和 CE 放大器的 $|A_v|$ 表达式相同,这是因为两个放大器都是将 v_{in} 加在发射结并通过 R_L' 将集电极电流信号电流转化为 v_{out},即两放大器对 BJT 的控制方式都是相同的。但是,共基放大器在中频段是同相放大器。

求管端输出电阻 R_o' 的电路如图 5.52 所示。由于 v_{test} 不能经受控源 βi_b 加在 r_π 上,所以 $i_b=0$,从而受控电流源 $\beta i_b = 0$。这样,$R_o' = \infty$,所以

$$R_{out} = R_o'//R_C = R_C \tag{5-95}$$

当 BJT 采用低频完整模型时,R_o' 会是无限大。可以证明:随着信号源的内阻的增大,R_o' 的变化范围是

$$R_o' \approx r_o \sim 0.5r_{b'c} \tag{5-96}$$

所以,共基极的管端输出电阻一定大于共射级的管端输出电阻。

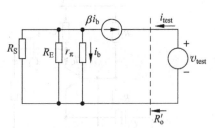

图 5.52   采用 BJT 简化模型的 CB 放大器的 R_o'

5.3   多管放大电路

5.3.1   BJT 组合放大器

BJT 组合放大器是一些常用的双管放大器,但采用这些级联放大器并不是为了提高增益,而是为了改善放大器的其他指标,如展宽放大器的频率范围,防止自激等。

1. 共射-共基组合电路

如图 5.53(a)所示为共射-共基组合放大器的一种电路结构。该电路前后级之间采用直接耦合的方式,即第一级的输出(Q_1 的集电极)与第二级的输入(Q_2 的发射极)直接相连。该放大器的交流通路如图 5.53(b)所示。

忽略两管厄利效应,放大器的输入电阻和输出电阻分别为

$$R_{in} = R_2//R_3//r_{\pi 1} \tag{5-97}$$

$$R_{out} = R_C \tag{5-98}$$

第二级 CB 放大器的输入电阻为

$$R_{i2} = r_{\pi 2}/(1+\beta_2) \tag{5-99}$$

R_{i2} 就是第一级 CE 放大器的负载电阻。根据基本组态放大器的公式,可以写出 A_v 的表达式如下

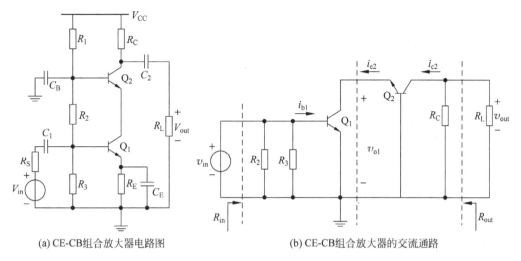

(a) CE-CB组合放大器电路图　　　　　(b) CE-CB组合放大器的交流通路

图 5.53　CE-CB 组合放大器

$$A_v = \frac{v_{out}}{v_{in}} = \left(\frac{v_{o1}}{v_{in}}\right)\left(\frac{v_{out}}{v_{o1}}\right) = A_{v1} \cdot A_{v2}$$

$$= \left(-\frac{\beta_1(r_{o1}//R_{i2})}{r_{\pi1}}\right)\left(\frac{\beta_2(R_C//R_L)}{r_{\pi2}}\right)$$

$$= \left[-g_{m1}(r_{o1}//R_{i2})\right]\left[g_{m2}(R_C//R_L)\right] \tag{5-100}$$

将 R_{i2} 代入上式就可以得到 A_v。如果两管小信号参数相同,则

$$A_v = \left(-\frac{\beta}{r_\pi}\frac{r_\pi}{1+\beta}\right)\left(\frac{\beta(R_C//R_L)}{r_\pi}\right)$$

$$= \left(-g_{m1}\frac{1}{g_{m2}}\right)(g_{m2}(R_C//R_L)) = -g_{m1}(R_C//R_L) \tag{5-101}$$

观察上式可以发现:CE-CB 放大器的 A_v 与单级 CE 放大器相同,这说明了组合放大器并非为了提高 $|A_v|$。其实,由于第一级放大器的负载是 CB 放大器的输入电阻,因此第一级放大器的负载电阻极小,这使得 $|A_v| \approx 1$。CE-CB 放大器的电压增益实际上是第二级 CB 放大器贡献的。

但是,第一级 CE 放大器负载电阻的减小可以使得该级的高频截止频率大大提高,从而展宽了放大器的通频带。另外这种组合电路作高频放大器时稳定性好,不易自激。这些才是该电路的优点。

2. 共集-共基组合电路

如图 5.54 所示为级间直接耦合的 CC-CB 组合电路,图 5.55 所示为其交流通路[22]。由于这种电路组态使两管发射极相连,所以这种电路又被称为射极耦合电路。

要求得电压增益,需先求出图 5.55 中的 R'_{i2} 和 R'_{i1}

$$R'_{i2} = \frac{r_{\pi2}}{1+\beta_2} \tag{5-102}$$

$$R'_{i1} = r_{\pi1} + (1+\beta_1)(R_E//R'_{i2}) \tag{5-103}$$

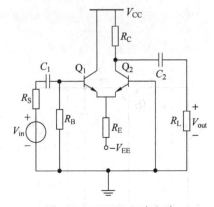

图 5.54　CC-CB 组合电路

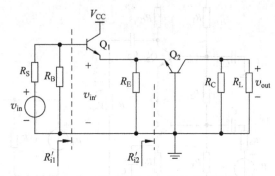

图 5.55　CC-CB 组合电路的交流通路

上面两个电阻可以由共集和共基放大器管端输入电阻公式直接写出。然后求出 v_{out}/v_{in}，即 A_{vs}

$$A_{vs} = \frac{v_{out}}{v_{in}} \xrightarrow{\ \ \diamond\ v_{in}=1V\ \ } \underbrace{\underbrace{\underbrace{\underbrace{\underbrace{\left(\frac{R_B /\!/ R'_{i1}}{R_S + R_B /\!/ R'_{i1}}\right)}_{v'_{in}} \frac{1}{R'_{i1}}}_{i_{b1}} (1+\beta_1)}_{i_{e1}} \left(\frac{-R_E}{R_E + R'_{i2}}\right)}_{i_{e2}} \left(\frac{\beta_2}{1+\beta_2}\right)}_{i_{c2}} (R_C /\!/ R_L)$$

$$\underbrace{\phantom{v_{out}}}_{v_{out}}$$

$$\tag{5-104}$$

设两管参数项同，且一般有 $R_E \gg R'_{i2}$，这时

$$R'_{i1} = r_\pi + (1+\beta_1)R'_{i2} = 2r_\pi \tag{5-105}$$

$$A_{vS} = \frac{R_{in}}{R_S + R_{in}} \frac{1}{2} \frac{\beta(R_C /\!/ R_L)}{r_\pi} \tag{5-106}$$

其中，$R_{in} = R_B /\!/ 2r_\pi$。

上式说明，CC-CB 组合电路的电压增益只有单管 CE 放大器的一半。但是由于 CC-CB 组态的高频性能优于 CE 组态，所以这种组合电路的高频特性会比 CE 放大器好。

5.3.2　MOS 串级放大电路

1. 共源共栅电路

在 MOS 集成电路中，共源共栅（Cascode）的叠层串级结构有许多有用的特性。图 5.56 显示了共源共栅电路的基本结构：M_1 产生与输入电压 V_{in} 成正比的小信号漏电流，M_2 仅仅使这个电流流经 R_D。称 M_1 为输入器件，M_2 为共源共栅器件。

分析 V_{in} 从零变化到 V_{DD} 的过程：当 $V_{in} \leqslant V_{th1}$ 时，M_1 和 M_2 处于截止状态，$V_{out} = V_{DD}$，且 $V_X \approx V_b - V_{th2}$（如果忽略亚阈值

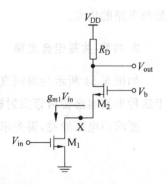

图 5.56　共源共栅结构

导电情况）。当 V_{in} 超过 V_{th1} 之后，M_1 开始抽取电流，V_{out} 将下降。因为 I_{D2} 增加，V_{GS2} 必定同时增加，故导致 V_X 下降。假定 V_{in} 足够大，则会出现两种结果：

（1）V_X 降到比 V_{in} 低一个阈值电压 V_{th1}，迫使 M_1 进入线性区；

（2）V_{out} 降到比 V_b 低一个阈值电压 V_{th2}，使 M_2 进入线性区。

对于不同的器件尺寸和 R_D 以及 V_b，任何一个结果都可能先于另一个结果发生。例如，V_b 比较低的时候，M_1 将先进入线性区。

现在考虑共源共栅放大器的小信号特性，假设两个晶体管都工作在饱和区。如果 $\lambda=0$，因为输入器件产生的漏电流必定流过共源共栅器件，所以电压增益与共源极的增益相同。

共源共栅结构一个重要的特性就是输出阻抗很高。如图 5.57 所示，为了计算 R_{out}，电路可以看成带负反馈电阻 r_{o1} 的共源级。由式(5-38)得

$$R_{out} = [1+(g_{m2}+g_{mb2})r_{o1}]r_{o2}+r_{o1} \quad (5\text{-}107)$$

假设 $g_m r_o \gg 1$，忽略衬偏效应，则 $R_{out} \approx g_{m2}r_{o1}r_{o2}$。也就是说，$M_2$ 将 M_1 的输出电阻提高至原来的 $g_{m2}r_{o2}$ 倍。如图 5.58 所示，有时候共源共栅电路可以扩展为三个或更多器件的层叠以获得更高的输出阻抗，但是需要额外的电压裕度使这样的结构缺乏吸引力。例如，三层共源共栅结构的最小输出电压为三个过驱动电压之和。

图 5.57 为电流源作负载的共源共栅放大电路。根据辅助定理，电压增益为 $G_m R_{out}$，G_m 通常是由晶体管（例如图 5.59 中的 M_1）的跨导决定的。如果两个晶体管都工作于饱和区，则 $G_m \approx g_{m1}$，$R_{out} \approx g_{m2}r_{o2}r_{o1}$，可得 $A_v = -g_{m1}g_{m2}r_{o1}r_{o2}$，即最大的电压增益为晶体管本征增益的平方。

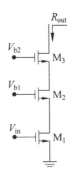

图 5.58 三层共源共栅结构

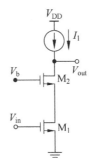

图 5.59 带电流源负载的共源共栅放大电路

如果输出节点电压变化 ΔV，相应在共源共栅器件源端的电压变化很小。从某种意义上来讲，共源共栅晶体管"屏蔽"输入器件，使它不受输出电压变化的影响。这种特性在许多电路中很有用。但是如果共源共栅器件进入线性区，它的屏蔽特性就会减弱。

2. 折叠共源共栅电路

共源共栅结构的设计思想是共源极将输入电压转化为电流,然后将电流作为共栅极的输入。多层共源共栅结构虽然可以很好地屏蔽输出电压对输入电压信号的影响,但是对电源电压的裕度提出了较高要求。事实上,输入器件和共栅器件不一定是同一种类型。例如在图 5.60(a)中,PMOS 和 NMOS 的组合也可以完成同样的功能。为了对 M_1 和 M_2 进行偏置,需要像图 5.60(b)那样增加一个电流源。小信号工作原理如下:如果 V_{in} 变大,$|I_{D1}|$ 减小,就会迫使 I_{D2} 增加,所以 V_{out} 下降。类似于图 5.56 所示的 NMOS-NMOS 的共源共栅结构的计算,我们可以得到图 5.60 中电路的电压增益和输出阻抗。图 5.60(c)所示电路是一个 NMOS-PMOS 共源共栅电路。

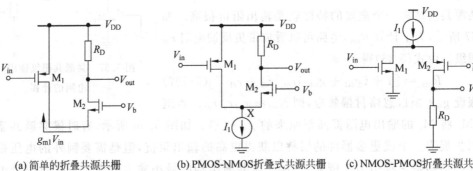

(a) 简单的折叠共源共栅　　　(b) PMOS-NMOS折叠式共源共栅　　　(c) NMOS-PMOS折叠共源共栅

图 5.60　折叠共源共栅电路

图 5.60(b)和图 5.60(c)中的结构都叫作"折叠共源共栅",这是因为小信号电流分别向上"折叠"[图 5.60(b)]或向下"折叠"[图 5.60(c)]。需要注意的是这种结构总的偏置电流应该比图 5.56 所示电路的大,才能获得与之相当的性能。

下面简单分析折叠共源共栅结构的大信号特性。在图 5.60(b)电路中,假设输入电压 V_{in} 从 V_{DD} 减小到 0。如果 $V_{in} > V_{DD} - |V_{th1}|$,此时 M_1 截止。电流 I_1 全部流过 M_2,可得 $V_{out} = V_{DD} - I_1 R_D$。如果 $V_{in} < V_{DD} - |V_{th1}|$,$M_1$ 开启并处于饱和状态,可得

$$I_{D2} = I_1 - \frac{1}{2} \mu_p C_{ox} \left(\frac{W}{L}\right)_1 (V_{DD} - V_{in} - |V_{th1}|)^2 \tag{5-108}$$

随着 V_{in} 下降,I_{D2} 更进一步地减小,当 $I_{D1} = I_1$ 时,I_{D2} 最终将变成 0。这时会有

$$\frac{1}{2} \mu_p C_{ox} \left(\frac{W}{L}\right)_1 (V_{DD} - V_{in} - |V_{th1}|)^2 = I_1 \tag{5-109}$$

此时的输入电压为

$$V_{in1} = V_{DD} - \sqrt{\frac{2I_1}{\mu_p C_{ox} (W/L)_1}} - |V_{th1}| \tag{5-110}$$

如果 V_{in} 下降到 V_{in1} 以下,I_{D1} 将趋向大于 I_1,因此 M_1 进入线性区以使 $I_{D1} = I_1$。图 5.61 给出了这个结果。

在这个过程中,随着 I_{D2} 下降,V_x 将会上升,当 $I_{D2} = 0$ 时,V_x 达到 $V_b - V_{th2}$,随着 M_1 进入线性区,V_x 接近 V_{DD}。

类似共源共栅放大电路,折叠共源共栅放大器的增益也可表示为 $A_v = -g_{m1} g_{m2} r_{o1} r_{o2}$。

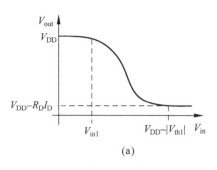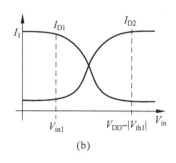

(a)　　　　　　　　　　　　　　　　(b)

图 5.61 折叠共源共栅的大信号特性

5.3.3 差分放大器

差分放大器,也称为差分对放大电路或差动放大器,是一种平衡电路。5.1 节和 5.2 节所介绍的单管放大器、多管放大电路只有一个信号输入端和一个信号输出端,但差分放大器有两个输入端(v_{i1},v_{i2})和两个输出端(v_{o1},v_{o2})[或一个输出端(v_{out})],如图 5.62 所示。

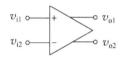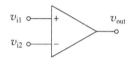

(a) 差分对普通双输入双输出表示方式　　　　(b) 差分对普通双输入单输出表示方式

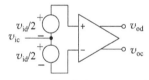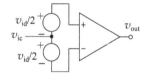

(c) 差分对差模共模输入输出表示方式　　　　(d) 差分对差模共模双输入单输出表示方式

图 5.62 差分放大器的几种表示方式

定义差分放大器的差模输入信号为两个输入端输入信号之差

$$v_{id} = v_{i1} - v_{i2} \tag{5-111}$$

定义差分放大器的共模输入信号为两个输入端输入电压的平均值

$$v_{ic} = \frac{v_{i1} + v_{i2}}{2} \tag{5-112}$$

于是有

$$v_{i1} = v_{ic} + 0.5v_{id} \tag{5-113}$$

$$v_{i2} = v_{ic} - 0.5v_{id} \tag{5-114}$$

差分放大电路小信号下每一个输出与每一个输入都有关联性,即

$$v_{o1} = A_{11}v_{i1} + A_{12}v_{i2} \tag{5-115}$$

$$v_{o2} = A_{21}v_{i1} + A_{22}v_{i2} \tag{5-116}$$

式(5-115)和式(5-116)中,A_{11}、A_{12}、A_{21}、A_{22} 为给定负载下的四个电压增益,其大小可由式(5-117)～式(5-120)给出

$$A_{11} = \frac{v_{o1}}{v_{i1}}\bigg|_{v_{i2}=0} \tag{5-117}$$

$$A_{12} = \frac{v_{o1}}{v_{i2}}\bigg|_{v_{i1}=0} \tag{5-118}$$

$$A_{21} = \frac{v_{o2}}{v_{i1}}\bigg|_{v_{i2}=0} \tag{5-119}$$

$$A_{22} = \frac{v_{o2}}{v_{i2}}\bigg|_{v_{i1}=0} \tag{5-120}$$

由式(5-115)~式(5-120)可以分析出小信号情况下差分对的输入输出或增益特性。但基于差分放大器的特性,我们更关心在忽略差分放大器两个输入端共同的部分时,对两个输入端不同部分信号的放大。与差分放大器输入端一样,对于差分放大器的输出端而言,可定义差模输出

$$v_{od} = v_{o1} - v_{o2} \tag{5-121}$$

共模输出

$$v_{oc} = \frac{v_{o1} + v_{o2}}{2} \tag{5-122}$$

则有

$$v_{o1} = v_{oc} + 0.5 v_{od} \tag{5-123}$$

$$v_{o2} = v_{oc} - 0.5 v_{od} \tag{5-124}$$

于是,采用差模和共模输入输出的方式来表征差分放大器的小信号特性,有

$$v_{od} = A_{dm} v_{id} + A_{cm\_dm} v_{ic} \tag{5-125}$$

$$v_{oc} = A_{dm\_em} v_{id} + A_{cm} v_{ic} \tag{5-126}$$

式(5-125)~式(5-126)中,差模增益

$$A_{dm} = \frac{v_{od}}{v_{id}}\bigg|_{v_{ic}=0} \tag{5-127}$$

共模增益

$$A_{cm} = \frac{v_{oc}}{v_{ic}}\bigg|_{v_{id}=0} \tag{5-128}$$

共模输入-差模输出增益

$$A_{cm\_dm} = \frac{v_{od}}{v_{ic}}\bigg|_{v_{id}=0} \tag{5-129}$$

差模输入-共模输出增益

$$A_{dm\_cm} = \frac{v_{oc}}{v_{id}}\bigg|_{v_{ic}=0} \tag{5-130}$$

使用差分放大器的目的就是抑制共模输出,增大差模输出,因此,在设计差分放大器时要尽量使 A_{dm} 比 A_{cm_dm}、A_{dm_cm}、A_{cm} 三个增益的值大得多。

在理想对称的差分放大器中,两边的输出在两边输入相等的情况下也应相等,即当 $v_{i1} = v_{i2}$ 时,有 $v_{o1} = v_{o2}$。在忽略集成电路工艺误差、确保差分对电路对称、相应元件匹配的情况下,有 $A_{cm\_dm} = 0$ 及 $A_{dm\_cm} = 0$,但是,即使是理想情况下,也无法做到 $A_{cm} = 0$。

基本差分放大器由两个共射极的双极型晶体管或两个共源极的 MOS 晶体管对称连接在一起。这两个共射极或共源极的晶体管可以不用任何耦合电容直接连接在一起,对直接

耦合的放大器的零点漂移有很好的抑制作用。

1. 共射极差分放大器

如图 5.63 所示的电路为最简单的共射差分放大器。v_{i1}、v_{i2} 分别为晶体管 Q_1、Q_2 的输入信号。恒流源 I_{EE} 连接于 Q_1、Q_2 的射极，为其提供偏置电流，此处的电流源 I_{EE} 也称为尾电流。

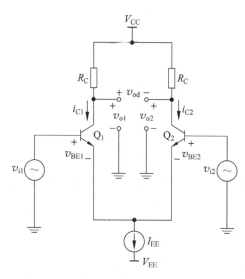

图 5.63 基本共射差分对

显然，在输入回路，由 KVL 有

$$v_{i1} - v_{BE1} + v_{BE2} - v_{i2} = 0 \tag{5-131}$$

设晶体管 Q_1、Q_2 均工作在放大区域，则其集电极电流近似为

$$i_{C1} = I_{S1} \exp\left(\frac{v_{BE1}}{V_T}\right) \tag{5-132}$$

$$i_{C2} = I_{S2} \exp\left(\frac{v_{BE2}}{V_T}\right) \tag{5-133}$$

假设晶体管 Q_1、Q_2 特性相同，因此二者的反向饱和电流一致，即 $I_{S1} = I_{S2}$，由式(5-131)、式(5-132)和式(5-133)可得

$$\left.\frac{i_{C1}}{i_{C2}}\right|_{I_{S1} = I_{S2}} = \exp\left(\frac{v_{i1} - v_{i2}}{V_T}\right) = \exp\left(\frac{v_{ID}}{V_T}\right) \tag{5-134}$$

式中，$v_{ID} = v_{i1} - v_{i2}$ 为差分输入信号。假设 $\alpha_{F1} = \alpha_{F2} = \alpha_F$，则在晶体管 Q_1、Q_2 的射极有

$$I_{EE} = i_{E1} + i_{E2} = \frac{1}{\alpha_F}(i_{C1} + i_{C2}) \tag{5-135}$$

结合式(5-134)和式(5-135)有

$$i_{C1} = \frac{\alpha_F I_{EE}}{1 + \exp\left(\dfrac{-v_{ID}}{V_T}\right)} \tag{5-136}$$

$$i_{C2} = \frac{\alpha_F I_{EE}}{1 + \exp\left(\dfrac{v_{ID}}{V_T}\right)} \tag{5-137}$$

根据式(5-136)和式(5-137),图 5.64 给出了共射差分放大器集电极电流随输入电压变化的情况。从图 5.64 可以看出当 $|v_{ID}| \geqslant 3V_T$ 时,因为其中一只晶体管截止,故 I_{EE} 几乎全部流向另一只晶体管,此时,集电极电流与差分对输入电压 v_{ID} 几乎无关。且当 $|v_{ID}| \leqslant V_T$ 时,集电极输出电流近似与 v_{ID} 呈线性关系。

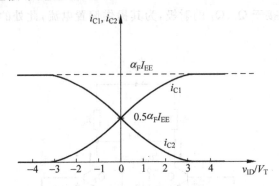

图 5.64　共射差分放大器集电极电流随输入电压变化的情况

当图 5.63 共射差分对的输出电压同时从晶体管 Q_1、Q_2 的集电极取出时,称为差分放大器的双端输出,此输出电压可由下式表示

$$v_{od} = v_{o1} - v_{o2} = \alpha_F I_{EE} R_C \tanh\left(\frac{-v_{ID}}{2V_T}\right) \tag{5-138}$$

式(5-138)表达的共射极差分放大器的直流传输特性可用图 5.65 直观地显示出来。从图 5.64 及图 5.65 中可以看出差分放大器的直流特性限定了输入信号的范围,在这一范围内,电路特性呈线性性。

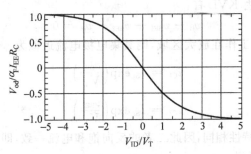

图 5.65　共射差分放大器的直流传输特性

另一方面,差分放大器的许多电气特性往往表现在输入的直流差分电压接近于零时的小信号特征。此时,对差分放大器的分析需按其小信号模型进行分析。

下面采用叠加原理对差分放大器进行小信号分析。首先假设基本共射差分放大器的共模输入信号为零、仅有差模输入的情况,如图 5.66 所示。由于晶体管 Q_1、Q_2 基极输入信号分别为 $v_{id}/2$ 和 $-v_{id}/2$,当晶体管 Q_1、Q_2 对称时,Q_1、Q_2 的射极电流大小相等,极性相反,即此时没有射极交流小信号电流 i_e 流进偏置恒流源 I_{EE}[图 5.66(a)中 R_{EE} 为恒流源的等效内阻,图 5.66 中虚线所示的电流方向表示与规定的电流正方向相反],故可以得到如图 5.66(b)所示的对称小信号电路。任以图 5.66(b)中左边或右边的半电路按 5.2.2 节所述的共射极放大器进行电路分析,于是可以得到图 5.66(b)半电路的小信号输入电阻 R_{in1}、输出电阻

R_{out1} 和电压增益 v_{o1}/v_{id}。

$$R_{in1} = \frac{v_{id}/2}{i_{in}} = r_\pi \tag{5-139}$$

$$R_{out1} = \frac{v_{o1}}{i_{out}} \approx R_C \tag{5-140}$$

$$A_{dm1} = \frac{v_{o1}}{v_{id}} = \frac{-g_m R_C}{2} \tag{5-141}$$

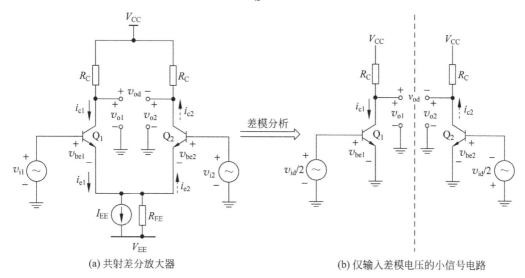

(a) 共射差分放大器   (b) 仅输入差模电压的小信号电路

图 5.66 仅输入差模电压的共射差分放大器

考虑完整电路,当输入电压和输出电压分别为 v_{id}、v_{od} 时,全电路的小信号输入电阻 R_{id}、输出电阻 R_{od} 和电压增益 v_{od}/v_{id} 为

$$R_{id} = \frac{v_{id}}{i_{in}} = 2r_\pi \tag{5-142}$$

$$R_{od} = \frac{v_{od}}{i_{out}} = \frac{v_{o1} - v_{o2}}{i_{out}} = 2R_C \tag{5-143}$$

$$A_{dm} = \frac{v_{od}}{v_{id}} = -g_{m1}R_C \tag{5-144}$$

下面假设基本共射差分放大器的差模输入信号为零,仅有共模输入的情况,如图 5-67 所示。由于晶体管 Q_1、Q_2 基极输入信号均为 v_{ic},当晶体管 Q_1、Q_2 对称时,Q_1、Q_2 的射极电流大小相等,极性相同,即此时射极交流小信号电流 i_{e1} 和 i_{e2} 一起流进偏置恒流源 I_{EE},故可以得到如图 5.67(b) 所示的对称小信号电路。任以图 5.67(b) 中左边或右边的半电路进行电路分析,此时共模输入半电路的小信号等效电路如图 5.68 所示。

于是可以得到图 5.67(b) 所示半电路的小信号输入电阻 R_{in1}、输出电阻 R_{out1} 和电压增益 v_{o1}/v_{ic}。

$$R_{in1} = r_\pi + (1 + \beta_o)2R_{EE} \tag{5-145}$$

$$R_{out1} = r_o[1 + g_m(2R_{EE}//r_\pi)] + (2R_{EE}//r_\pi) \tag{5-146}$$

$$A_{cm1} = \frac{v_{o1}}{v_{ic}} = -\frac{\beta_o R_C}{r_\pi + (1 + \beta_o)2R_{EE}} = \frac{-g_m R_C}{1 + \left(\frac{1 + \beta_o}{\beta_o}\right)g_m 2R_{EE}} \tag{5-147}$$

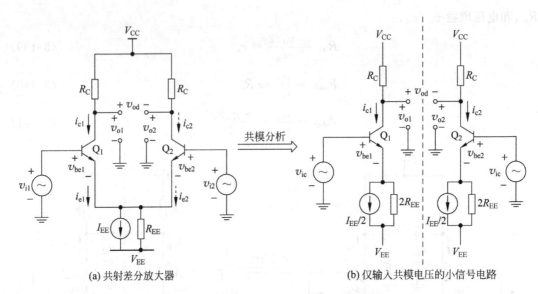

(a) 共射差分放大器   (b) 仅输入共模电压的小信号电路

图 5.67   仅输入共模电压的共射差分放大器

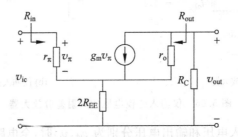

图 5.68   仅输入共模电压的共射差分放大器半电路小信号等效电路

考虑完整电路,当输入电压为 v_{ic} 时,全电路的小信号输入电阻 R_{ic} 为

$$R_{ic} = \frac{v_{ic}}{2i_b} = R_{in1}/2 = \frac{r_\pi + (1 + \beta_o)2R_{EE}}{2} \tag{5-148}$$

对于仅输入共模电压的共射差分放大器,如果输出从 Q_1、Q_2 双端的集电极取出,在理想情况下有 $v_{o1} = v_{o2}$,即 $v_{oc} = 0$。因此,通常情况下仅输入共模电压的差分放大器一般按单边输出进行相应电路分析,故输出电阻 R_{oc} 及电压增益 v_{oc}/v_{ic} 分别按式(5-149)和式(5-150)计算。

$$R_{oc} = R_{out1} = r_o[1 + g_m(2R_{EE}//r_\pi)] + (2R_{EE}//r_\pi) \tag{5-149}$$

$$A_{cm} = \frac{v_{oc}}{v_{ic}} = A_{cm1} = \frac{v_{o1}}{v_{ic}} = \frac{-g_m R_C}{1 + \left(\frac{1 + \beta_o}{\beta_o}\right)g_m 2R_{EE}} \tag{5-150}$$

最后采用叠加原理将上述共射差分对单独接受差模信号输入和单独接受共模信号输入的情况叠加起来,就可得到实际既有差模信号输入又有共模信号输入情况下的完整结果。不过通常关心的是 A_{dm} 与 A_{cm} 的关系,且希望 $A_{dm} \gg A_{cm}$。于是采用共模抑制比(Common Mode Rejection Ratio,CMRR)来表示差分放大电路对差模有用信号的放大能力和对包含噪声在内的共模信号的抑制能力。共模抑制比 CMRR 定义为 A_{dm} 与 A_{cm} 的绝对值之比,如式(5-151)所示,通常总是希望 CMRR 越大越好。由式(5-151)可知差分放大器的跨导 g_m 越大、尾电流的等效内阻 R_{EE} 越大,CMRR 就越大。

$$\text{CMRR} = \left| \frac{A_{dm}}{A_{cm}} \right| = \left| \frac{v_{o1}/v_{id}}{v_{o1}/v_{ic}} \right| = \left| \frac{-\dfrac{g_m R_C}{2}}{\dfrac{-g_m R_C}{1 + \left(\dfrac{1+\beta}{\beta}\right) g_m 2 R_{EE}}} \right| \approx g_m R_{EE} \tag{5-151}$$

2. 共源极差分放大器

如图 5.69 所示的电路为最简单的共源差分放大器。v_{i1}、v_{i2} 分别为晶体管 M_1、M_2 的输入信号。恒流源 I_{SS} 连接于 M_1、M_2 的共源极,为其提供偏置电流,此处的恒流源 I_{SS} 也称为差分放大器的尾电流。

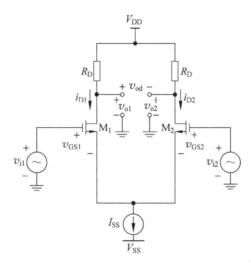

图 5.69   基本共源差分对

显然,在输入回路,由 KVL 有

$$v_{id} = v_{GS1} - v_{GS2} = V_{T1} + \sqrt{\frac{2 i_{D1}}{k_1'(W/L)_1}} - V_{T2} - \sqrt{\frac{2 i_{D2}}{k_2'(W/L)_2}} \tag{5-152}$$

设晶体管 M_1、M_2 均工作在饱和区域,且 $(W/L)_1 = (W/L)_2 = W/L$,$k_1' = k_2' = k'$,$I_{SS} = i_{D1} + i_{D2}$,则其漏极电流近似为

$$i_{D1} = \frac{I_{SS}}{2} + \frac{k'}{4} \frac{W}{L} v_{id} \sqrt{\frac{4 I_{SS}}{k'(W/L)} - v_{id}^2} \tag{5-153}$$

$$i_{D2} = \frac{I_{SS}}{2} - \frac{k'}{4} \frac{W}{L} v_{id} \sqrt{\frac{4 I_{SS}}{k'(W/L)} - v_{id}^2} \tag{5-154}$$

图 5.70 给出了归一化晶体管 M_1、M_2 漏极电流与归一化差模输入电压的关系,图 5.70 中 $\beta = k'(W/L)$。显然共源差分放大器的输入信号需满足式(5-155)的要求,否则进入图 5.70 的虚线部分就无物理意义了。

$$|v_{id}| \leqslant \sqrt{\frac{2 I_{SS}}{k'(W/L)}} \tag{5-155}$$

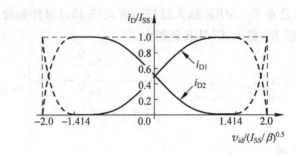

图 5.70   基本共源差分放大器的大信号跨导特性

根据图 5.70 所示 i_{D1}，i_{D2} 与差模输入电压 v_{id} 的关系，求其斜率可以得到共源差分放大器的跨导

$$g_m = \frac{\partial i_{D1}}{\partial v_{id}}\bigg|_{V_{id}=0} = \sqrt{\frac{k'I_{SS}(W/L)}{4}}\sqrt{2} \tag{5-156}$$

基于图 5.69 所示的共源差分放大器的电压传输特性为

$$v_{od} = v_{o1} - v_{o2} = V_{DD} - i_{D1}R_D - V_{DD} + i_{D2}R_D = R_D\left(\frac{k'W}{2L}v_{id}\sqrt{\frac{4I_{SS}}{k'(W/L)} - v_{id}^2}\right) \tag{5-157}$$

于是，当共源差分放大器从晶体管 M_1、M_2 的漏极双端取输出信号时，其跨导为

$$g_{md} = \sqrt{k'I_{SS}(W/L)} \tag{5-158}$$

根据前面对共射差分放大器小信号特性的分析，对共源差分放大器也可将差模和共模输入信号分别作用在基本共射差分放大器的两个栅输入端，如图 5.71 所示。图 5.71 中 R_{SS} 为恒流源 I_{SS} 的等效内阻。图 5.71(b)为仅有差模输入的小信号电路，图 5.71(c)为仅有共模输入的小信号电路。

首先假设共源差分放大器仅有差模信号输入。任以图 5.71(b)中左边或右边的半电路按 5.2.1 所述共源放大电路的分析方法进行分析，设 $g_{m1} = g_{m2} = g_m$，可以得到图 5.71(b)半电路的小信号输入电阻 R_{in1}、输出电阻 R_{out1} 和电压增益 A_{dm1}。

$$R_{in1} = \infty \tag{5-159}$$

$$R_{out1} = \frac{v_{o1}}{i_{D1}} \approx R_D \tag{5-160}$$

$$A_{dm1} = \frac{v_{o1}}{v_{id}} = \frac{-g_mR_D}{2} \tag{5-161}$$

考虑完整电路，当输入电压和输出电压分别为 v_{id}、v_{od} 时，全电路的小信号输入电阻 R_{id}、输出电阻 R_{od} 和电压增益 $A_{dm} = v_{od}/v_{id}$ 为

$$R_{id} = \infty \tag{5-162}$$

$$R_{od} = \frac{v_{od}}{i_{out}} = \frac{v_{o1} - v_{o2}}{i_{out}} = 2R_D \tag{5-163}$$

$$A_{dm} = \frac{v_{o1}}{v_{id}} - \frac{v_{o2}}{v_{id}} = \frac{v_{od}}{v_{id}} = -g_mR_D \tag{5-164}$$

下面假设基本共源差分放大器的差模输入信号为零，仅有共模输入的情况，如图 5.71(c)所示，可以得到如图 5.72 所示仅有共模输入半电路的小信号等效电路。

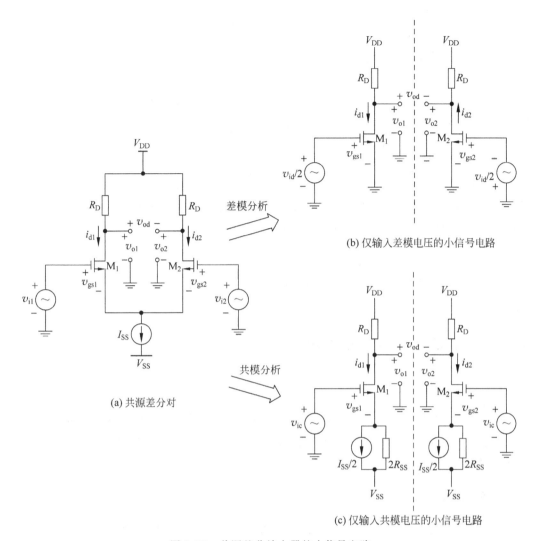

(b) 仅输入差模电压的小信号电路

(a) 共源差分对

(c) 仅输入共模电压的小信号电路

图 5.71 共源差分放大器的小信号电路

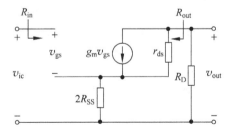

图 5.72 仅输入共模电压的共源差分放大器的半电路小信号等效电路

于是可以得到图 5.71(c) 半电路的小信号输入电阻 R_{in1}、输出电阻 R_{out1} 和电压增益 $A_{cm1} = v_{o1}/v_{id}$

$$R_{in1} = \infty \tag{5-165}$$

$$R_{out1} = r_o(1 + g_m 2R_{SS}) + 2R_{SS} \tag{5-166}$$

$$A_{cm1} = \frac{v_{o1}}{v_{ic}} = \frac{-g_m R_D}{1 + g_m 2R_{SS}} \tag{5-167}$$

考虑完整电路,当输入电压为 v_{ic} 时,理想情况下全电路的小信号输入电阻 R_{ic} 仍为无穷大。

同样的道理,仅输入共模电压的共源差分放大器的输出侧按单边输出进行分析,其输出电阻 R_{oc} 及电压增益 A_{cm} 分别按式(5-168)和式(5-169)计算。

$$R_{oc} = R_{out1} = r_o[1 + g_m(2R_{SS})] + 2R_{SS} \tag{5-168}$$

$$A_{cm} = \frac{v_{oc}}{v_{ic}} = A_{cm1} = \frac{v_{o1}}{v_{ic}} = \frac{-g_m R_D}{1 + g_m 2R_{SS}} \tag{5-169}$$

基本共源差分放大器的模抑制比 CMRR 如式(5-170)所示,显然差分放大器的跨导 g_m 越大、尾电流的等效内阻 R_{SS} 越大,CMRR 越大。

$$CMRR = \left| \frac{A_{dm}}{A_{cm}} \right| = \left| \frac{v_{o1}/v_{id}}{v_{o1}/v_{ic}} \right| = \left| \frac{-\dfrac{g_m R_D}{2}}{\dfrac{-g_m R_D}{1 + g_m 2R_{SS}}} \right| \approx g_m R_{SS} \tag{5-170}$$

5.4 电流源和电压基准源

5.4.1 电流源

恒流源电路被广泛用于偏置电路和有源负载,其基本形式为镜像电流源电路。由于模拟集成电路一般并不使用专门的工艺制造二极管,因此,集成电路中的恒流源多是用配对的 MOS 管或 BJT 管来构成。

1. 基本镜像恒流源

如图 5.73 所示,这是由用两只配对的 NMOS[图 5.73(a)]和 NPN 型 BJT[图 5.73(b)]构成的基本镜像恒流源(又称为基本电流镜)。

图 5.73(a)中,M_1 的栅漏极短路,形成二极管连接形式,I_{D2} 是恒流源输出电流,电流 I_{REF} 称为参考电流。由于 M_1 构成二极管连接形式,因此可认为 M_1 工作在饱和区,于是

$$I_{REF} = \frac{V_{DD} - V_{GS1}}{R_D} = I_{D1} = \frac{\mu_n C_{ox} W}{2L}(V_{GS1} - V_{th})^2 \tag{5-171}$$

由于 M_1 和 M_2 为镜像匹配 MOSFET,因此可认为它们的阈值电压及其他工艺参数均相等。选择 $(W/L)_1 = (W/L)_2$,由于 $V_{GS1} = V_{GS2}$,因此有

$$I_{D2} = I_{D1} = I_{REF} \tag{5-172}$$

式(5-172)说明镜像恒流源电流 I_{D2} 是参考电流 I_{REF} 的镜像,镜像恒流源由此得名。

MOS 基本镜像恒流源的内阻是

$$r_o \approx r_{ds2} \tag{5-173}$$

而对于图 5.73(b)中的电路,Q_1 的集电结短路,其发射结构成一只等效二极管,I_{C2} 是恒流源输出电流。

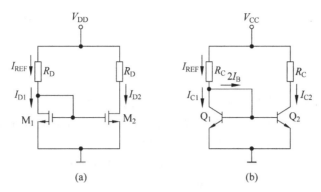

图 5.73 基本镜像恒流源

V_{CC}、R_C 和 Q_1 构成参考回路，显然

$$I_{REF} = \frac{V_{CC} - V_{BE1}}{R_C} \tag{5-174}$$

虽然 Q_1 的集电结电压为零，但此时 Q_1 并未进入饱和区，其基区少子浓度变化曲线与饱和区相似，外部电流分配关系仍成立。因此，在两管配对且 $V_{BE1} = V_{BE2}$ 的电路条件下，$I_{E1} = I_{E2}$，$I_{C1} = I_{C2}$，$I_{B1} = I_{B2} = I_B$ 成立。所以参考电流

$$I_{REF} = I_{C1} + 2I_B = I_{C2} + 2I_B = I_{C2}\left(1 + \frac{2}{\beta}\right) \tag{5-175}$$

$$I_{C2} = \frac{I_{REF}}{1 + 2/\beta} \tag{5-176}$$

当 $\beta \gg 2$ 时，可得

$$I_{C2} \approx I_{REF} \tag{5-177}$$

BJT 基本镜像恒流源的内阻是

$$r_o \approx r_{ce2} \tag{5-178}$$

比较式(5-172)和式(5-176)，可知，对于相同结构的基本电流镜，MOS 基本电流镜的镜像性强于 BJT 基本电流镜。

2. 接有共集管的镜像恒流源

由式(5-176)可知 BJT 基本电流镜的电流 I_{C2} 对 β 的依赖较大，在配对管 β 不大时，电流的镜像精度较差。如图 5.74 所示，电路接入了一只共集的 Q_3，减小了 I_B 对 I_R 的分流，从而改善了基本电流镜的精度，在外文教材中，Q_3 管又称为"β Helper"。

设 $Q_1 \sim Q_3$ 参数相同，由图 5.74 可得

$$I_R = I_{C1} + I_{B3} = I_{C2} + \frac{I_{E3}}{\beta + 1} = I_{C2} + \frac{2I_B}{\beta + 1}$$

$$= I_{C2} + \left(\frac{2}{\beta + 1}\right)\left(\frac{I_{C2}}{\beta}\right) \tag{5-179}$$

所以

$$I_{C2} = \frac{I_R}{1 + \frac{2}{\beta(\beta + 1)}} = I_R\left(1 - \frac{2}{\beta^2 + \beta + 2}\right) \tag{5-180}$$

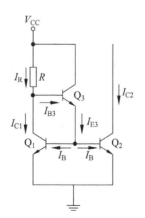

图 5.74 带共集管的高精度恒流源

由式(5-180)和式(5-176)对比可知:接共集管的电流镜其电流镜像精度较基本电流镜提高了 β 倍。

3. 共源共栅恒流镜

以上所讨论的两类电流源有两个缺点,一个是内阻不太大($r_o \approx r_{ds2}$ 或 $r_o \approx r_{ce2}$);另一个缺点是由于 $M_1(Q_1)$、$M_2(Q_2)$ 的漏源(集射)电压差别较大,当考虑沟道调效应或厄利效应(基区宽调效应)时,其电流镜镜像对称度要大打折扣。

以图 5.73(a)为例,当考虑沟道调制效应时,我们可以得到

$$I_{D1} = \frac{1}{2}\mu_n C_{ox}\left(\frac{W}{L}\right)_1 (V_{GS1} - V_{th})^2 (1 + \lambda V_{DS1}) \tag{5-181}$$

$$I_{D2} = \frac{1}{2}\mu_n C_{ox}\left(\frac{W}{L}\right)_2 (V_{GS2} - V_{th})^2 (1 + \lambda V_{DS2}) \tag{5-182}$$

虽然 $V_{DS1} = V_{GS1} = V_{GS2}$,但由于 M_2 输出端负载的影响,V_{DS2} 却可能不等于 V_{GS2}。

为了抑制沟道调制效应的影响,可以使用共源共栅电流镜。图 5.75 给出了共源共栅电流镜的结构。

图 5.75 中,选择 M_1 与 M_2 镜像,M_3 与 M_4 镜像,使 $(W/L)_2/(W/L)_1 = (W/L)_4/(W/L)_3$,同时,由电路结构可知 $V_{GS3} + V_X = V_{GS4} + V_Y$,那么由式(5-172)可知,$V_{GS3} = V_{GS4}$,即有 $V_X = V_Y$,因此 I_{out} 非常接近 I_{REF}。即使 M_3 和 M_4 存在衬偏效应,该结果也仍然成立。

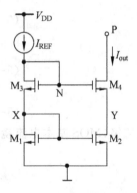

图 5.75　共源共栅电流镜

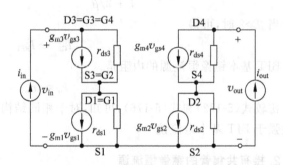

图 5.76　共源共栅电流镜小信号等效电路

图 5.76 给出了共源共栅电流镜的小信号等效电路,根据该电路可得到其输入输出电阻和最小输入输出电压为

$$R_{in} = \frac{1}{g_{m3}}//r_{ds3} + \frac{1}{g_{m1}}//r_{ds1} \approx \frac{1}{g_{m3}} + \frac{1}{g_{m1}} \approx \frac{2}{g_m} \tag{5-183}$$

$$R_{out} = [1 + g_{m4}r_{ds3}]r_{ds4} + r_{ds3} \approx g_{m4}r_{ds3}r_{ds4} \tag{5-184}$$

$$V_{MIN(in)} = 2(V_{DS(sat)} + V_{th}) \tag{5-185}$$

$$V_{MIN(out)} = V_{DS4(min)} + V_{DS2} = 2V_{DS(sat)} + V_{th} \tag{5-186}$$

4. Widlar 电流源

在低功耗电路设计中,往往希望电路中的电流在满足驱动能力的前提下尽可能的小以减小电路功耗。由式(5-171)和式(5-174)可知,在电源电压一定时,必须用很大的电阻 R_D

或 R_C 才能产生电流较小（10μA 数量级）的恒流源。在集成电路中制造大电阻很不经济。图 5.77 所示的恒流源在 M_2 源极串接电阻 R_2，利用 R_2 的电流负反馈作用使得 $I_{out} \ll I_{REF}$。该电路称为微电流恒流源，又称为 Widlar 电流源。根据图 5.77 所示电路结构，有 $V_{GS1} - V_{GS2} - I_{out}R_2 = 0$，因 M_1 和 M_2 配对，所以

$$I_{out}R_2 + V_{DS2(sat)} - V_{DS1(sat)} = 0 \tag{5-187}$$

根据 MOSFET 漏源饱和电流与电压的关系。进一步可得

$$I_{out}R_2 + \sqrt{\frac{2I_{out}}{k'(W/L)_2}} = \sqrt{\frac{2I_{in}}{k'(W/L)_1}} \tag{5-188}$$

式中，$k' = \mu_n C_{ox}/2$，于是可得恒流输出电流

$$\sqrt{I_{out}} = \frac{-\sqrt{\dfrac{2}{k'(W/L)_2}} + \sqrt{\dfrac{2}{k'(W/L)_2} + 4R_2 V_{DS1(sat)}}}{2R_2} \tag{5-189}$$

微电流源的优点：微电流 I_{out} 对 V_{DD} 的变化不敏感。当 V_{DD} 变化使 I_{R1} 变化时，由式（5-189）知 I_{out} 的影响很小。

5. 比例恒流源

在基本电流镜的 Q_1 和 Q_2 的发射极接入 R_1 和 R_2，只要这两个电阻相差不超过十倍，就可以使 I_{C2} 和 I_R 近似成比例关系，构成比例恒流源，如图 5.78 所示。

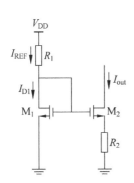

图 5.77 微电流恒流源

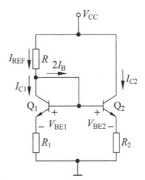

图 5.78 比例恒流源

选择 Q_1、Q_2 为匹配管，且 $\beta \gg 1$，由图 5.78 分析可知

$$V_{BE1} + I_{E1}R_1 = V_{BE2} + I_{E2}R_2 \approx V_{BE1} + I_{REF}R_1 \tag{5-190}$$

又因 $I_{E2} \approx I_{C2}$，则

$$I_{C2} = \frac{1}{R_2}(I_{REF}R_1 + V_{BE1} - V_{BE2}) = \frac{1}{R_2}\left(I_{REF}R_1 + V_T \ln\frac{I_{C1}}{I_{C2}}\right) \tag{5-191}$$

只要 $I_{C1} \leqslant (5 \sim 10)I_{C2}$，则可满足 $I_{REF}R_1 \gg V_T \ln\dfrac{I_{C1}}{I_{C2}}$，上式可近似为

$$I_{C2} \approx \frac{R_1}{R_2}I_{REF} \tag{5-192}$$

5.4.2 电压基准源

在集成电路内部经常需要高质量的内部稳压源，以提供稳定的偏置电压或作为基准电压。一般要求这些电压源的直流输出电平较稳定，而且这个直流电平应该对温度和电源电

压不敏感。

在集成电路中,与电源电压无关的常用的标准电压有以下三类:

(1) BE结二极管的正向压降 V_{BE}, $V_{BE}=0.6\sim0.7\text{V}$,它的温度系数 $\dfrac{dV_{BE}}{dT}\approx-2\text{mV}/℃$;

(2) NPN管反向击穿BE结构成的齐纳二极管的击穿电压 V_z, $V_z\approx6\sim9\text{V}$,它的温度系数为 $\dfrac{dV_{BE}}{dT}\approx+2\text{mV}/℃$;

(3) 等效热电压 $V_T=26\text{mV}$,温度系数 $\dfrac{dV_T}{dT}\approx+0.086\text{mV}/℃$ 。

由上可见,这三种标准电压的温度系数有正有负。利用 V_{BE}、V_z 和 V_T 的温度系数符号相反以及集成电路中元器件间匹配和温度跟踪较好的特点,将这三种标准的电压加以不同的组合,可望得到不同的对电源电压和温度不敏感的电压源和基准电压。下面重点介绍两种双极型基准电压源电路和两种 MOS 基准电压源电路。

1. 双极型三管能隙基准源

如图 5.79 所示为双极型三管能隙基准源电路,图中 Q_1、Q_2、R_1 和 R_3 组成小电源恒流源,选择大的 β_F,使 I_B 可以忽略。由图 5.79 可见

$$I_2 R_3 = V_{BE1} - V_{BE2} = \Delta V_{BE} \tag{5-193}$$

所以

$$V_2 \approx I_2 R_2 = \frac{R_2}{R_3}\Delta V_{BE} \tag{5-194}$$

此电路的输出基准电压 V_{REF} 为

$$V_{REF} = V_{BE3} + V_2 = V_{BE} + \frac{R_2}{R_3}\Delta V_{BE} \tag{5-195}$$

其中

$$\Delta V_{BE} = \frac{kT}{q}\ln\frac{I_{E1}/A_{E1}}{I_{E2}/A_{E2}} = \frac{kT}{q}\ln\frac{J_1}{J_2} \tag{5-196}$$

式中 I_{E1}、I_{E2}、A_{E1}、A_{E2}、J_1 和 J_2 分别为 Q_1、Q_2 管的发射极电流、有效发射结面积和发射极电流密度。将式(5-196)代入式(5-195)可得

$$V_{REF} = V_{BE} + \frac{R_2}{R_3}\frac{kT}{q}\ln\frac{J_1}{J_2} = V_{BE} + \frac{R_2}{R_3}V_T\ln\frac{J_1}{J_2} \tag{5-197}$$

由上式可知,利用等效热电压 V_T 的正温度系数和 V_{BE} 的负温度系数相互补偿,可使输出基准电压的温度系数接近为零。

由文献[3]知

$$V_{BE}(T)\Big|_{I_C=常数} = V_{G0}\left(1-\frac{T}{T_0}\right) + V_{BE0}\left(\frac{T}{T_0}\right) + \frac{nkT}{q}\ln\frac{T_0}{T} \tag{5-198}$$

式中,$V_{G0}=1.25\text{V}$,是温度为 0K 时硅的外推能隙电压; n 为常数,其值与晶体管的制作工艺有关,对于集成电路中的双扩散晶体管,$n=1.5\sim2.2$; T_0 为参考温度。假设 R_2/R_3,J_1/J_2 与温度无关,则可以令在 $T=T_0$ 时的基准电压的温度系数为零,即 $\dfrac{dV_{REF}}{dT}=0$,来求得在参考温度 T_0 附近基准电压与温度的关系。

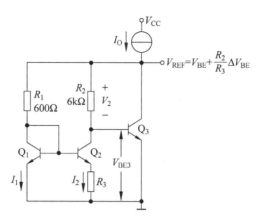

图 5.79　三管能隙基准源

将式(5-198)代入到式(5-197)中并令 $\dfrac{\mathrm{d}V_{REF}}{\mathrm{d}T}=0$，可得

$$V_{REF}\big|_{T=T_0} = V_{BE0} + \frac{R_2}{R_3}\frac{kT_0}{q}\ln\frac{J_1}{J_2} = V_{G0} + n\frac{kT_0}{q} \tag{5-199}$$

实际上，$nkT_0/q \leqslant V_{G0}$，于是

$$V_{REF}\big|_{T=T_0} \approx V_{G0} \tag{5-200}$$

这说明在选定参考温度 T_0 后，只要适当设计 R_2/R_3 和 J_1/J_2，即可使在该温度下基准电压的温度系数接近于零。由于这种温度系数为零的基准电压，其值接近于材料的能隙电压 V_{G0}，所以称为能隙基准源。

2. 双极型二管能隙基准源

图 5.80 所示为两管能隙基准源的电路图。它的电路比较简单，Q_3、Q_4 为 PNP 恒流源，作为 Q_1、Q_2 管集电极的有源负载，设

$$\frac{I_{C3}}{I_{C4}} = \frac{I_{C1}}{I_{C2}} \approx \frac{I_{E1}}{I_{E2}} = p \tag{5-201}$$

则由图可得

$$V_{R2} = (I_{E1}+I_{E2})R_2 = (1+p)R_2\frac{\Delta V_{BE}}{R_1}$$
$$= (1+p)\frac{R_2}{R_1}\frac{kT}{q}\ln\frac{J_1}{J_2} \tag{5-202}$$

所以

$$V_{REF} = V_{BE1} + V_{R2} = V_{BE} + (1+p)\frac{R_2}{R_1}\frac{kT}{q}\ln\frac{J_1}{J_2} \tag{5-203}$$

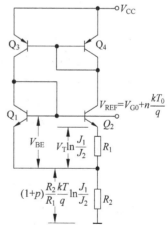

图 5.80　两管能隙基准源

与分析三管能隙基准源类似，令 $\dfrac{\mathrm{d}V_{REF}}{\mathrm{d}T}=0$，可得

$$V_{REF}\bigg|_{T=T_0} = V_{BE0} + (1+p)\frac{R_2}{R_1}\frac{kT_0}{q}\ln\frac{J_1}{J_2} = V_{G0} + n\frac{kT_0}{q} \tag{5-204}$$

所以可以通过控制有效发射结面积比 A_{E1}/A_{E2} 或 A_{E3}/A_{E4} 及电阻比 R_2/R_1 来获得温度

系数接近于零的基准源。因为 $A_{E1}/A_{E2}=L_{E1}/L_{E2}$，$A_{E3}/A_{E4}=L_{E3}/L_{E4}$ 的控制相对比较容易，而且控制精度较高，所以它只要精确修正一个电阻值即可精确控制 V_{REF} 的值。

3. E/D NMOS 基准电压源

E/D NMOS 基准电压源是利用增强型与耗尽型 MOSFET 的阈值电压之差形成温度稳定的基准电压源。

如果忽略体效应，则增强型与耗尽型 MOSFET 的开启电压 $V_{th,E}$、$V_{th,D}$ 分别为

$$V_{th,E} = V_{FB} + |\,2\phi_F\,| + \frac{|\,Q_B\,|}{C_{ox}} \tag{5-205}$$

$$V_{th,D} = V_{FBN} - \frac{|\,Q_I\,|}{C_s} + \frac{|\,Q_B\,|}{C_s} = V_{FB} + \phi_{bi} - \frac{|\,Q_I\,|}{C_s} + \frac{|\,Q_B\,|}{C_s} \tag{5-206}$$

式中，V_{FB} 为增强型 MOSFET 的平带电压；V_{FBN} 为耗尽型 MOSFET 平带电压；ϕ_F 为费米势；ϕ_{bi} 为注入沟道与衬底之间的内建势；Q_B 为耗尽型中单位面积的电荷量；Q_I 为单位面积的注入电荷量；C_{ox} 为单位面积的栅氧化层电容；C_s 为 C_{ox} 与注入沟道的深度形成的电容之串联值。

式(5-205)和式(5-206)中的 V_{FB}、ϕ_F 和 ϕ_{bi} 都随温度变化，并且式中的其他参数是与工艺条件密切相关的。所以 $V_{th,E}$、$V_{th,D}$ 都不宜作基准电压。下面讨论它们的差与温度的关系，由式(5-205)和式(5-206)可得

$$V_{th,E} - V_{th,D} = \left(V_{FB} + |\,2\phi_F\,| + \frac{|\,Q_B\,|}{C_{ox}}\right) - \left(V_{FB} + \phi_{bi} - \frac{|\,Q_I\,|}{C_s} + \frac{|\,Q_B\,|}{C_s}\right) \tag{5-207}$$

在一般情况下，$2|\,\phi_F\,| \approx \phi_{bi}$，$C_s \approx C_{ox}$，所以

$$V_{th,E} - V_{th,D} \approx \frac{|\,Q_I\,|}{C_s} \tag{5-208}$$

而 Q_I 与温度无关，而且很容易控制。所以

$$\frac{d(V_{th,E} - V_{th,D})}{dT} \approx 0 \tag{5-209}$$

以上分析表明：可以利用 N 沟道增强型和耗尽型 MOSFET 的开启电压之差，来获得温度稳定性能较好的基准电压源。

利用上述原理构成的基准电压源的原理图如图 5.81 所示。图中 M_1 是增强型的，M_2 是耗尽型的，A 是一差分放大器，它接成负反馈的工作方式，$R_1 = R_2$，M_1 与 M_2 的栅源电压之差作为基准输出电压，即

$$V_{REF} = A(V_{D1} - V_{D2}) = V_{GSE} - V_{GSD} \tag{5-210}$$

其中，A 为差分放大器的电压增益，V_{GSE}、V_{GSD} 分别为增强型管和耗尽型管的栅源电压。

在工作过程中，若由于某种原因引起 V_{D1} 上升，则会引起 V_{REF} 上升，从而使 I_{DE} 上升，最终导致 V_{D1} 下降，这样保证了 V_{REF} 的稳定性。下面分析 V_{REF} 的温度稳定性。

此电路要求 M_1、M_2 工作于饱和区，如果设计成

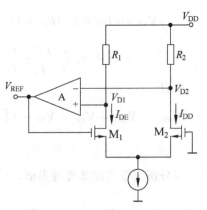

图 5.81 E/D NMOS 基准电压源原理图

$I_{DE} = I_{DD} = I_D$,则有

$$V_{REF} = (V_{th,E} - V_{th,D}) + \sqrt{\frac{I_D}{k_E}} - \sqrt{\frac{I_D}{k_D}} \qquad (5\text{-}211)$$

所以

$$\begin{aligned}
\frac{dV_{REF}}{dT} &= \frac{d(V_{GSE} - V_{GSD})}{dT} \\
&= \frac{d}{dT}(V_{th,E} - V_{th,D}) + \frac{1}{2\sqrt{I_D}}\left[\frac{1}{\sqrt{k_E}} - \frac{1}{\sqrt{k_D}}\right]\frac{dI_D}{dT} \\
&\quad + \frac{\sqrt{I_D}}{2}\left[\frac{1}{\sqrt{k_D}}\frac{1}{\mu_D}\frac{d\mu_D}{dT} - \frac{1}{\sqrt{k_E}}\frac{1}{\mu_E}\frac{d\mu_E}{dT}\right] \qquad (5\text{-}212)
\end{aligned}$$

由上式可知,对于图 5.81 所示的基准电压源,其温度系数取决于三个因素,即 M_1、M_2 的阈值电压之差的温度系数,M_1、M_2 漏极电流 I_D 的温度系数及沟道电子迁移率的温度系数。

近似计算表明:在低温范围内,影响 V_{REF} 温度稳定性的主要因素是迁移率的温度系数,此时 V_{REF} 的温度系数是正的;而在高温范围内,影响 V_{REF} 温度稳定性的主要因素是 $\Delta V_{th} = V_{th,E} - V_{th,D}$ 的温度系数,此时 V_{REF} 的温度系数是负的;在室温附近,V_{REF} 的温度系数变小。

利用这个原理构成的 E/D NMOS 基准电压源,恰当地偏置增强型和耗尽型管的电流,就可以获得温度稳定性较好的基准电压 V_{REF}。

4. CMOS 基准电压源

根据 MOS 晶体管亚阈值区电特性的理论分析,当 N 沟 MOSFET 工作在亚阈值区时,若其源极电压不为零,则其漏电流可表示为

$$I_{DW} \approx I_0 \frac{W}{L}\exp\left[(V_{GS} - V_{th})/nV_T\right](\exp(-V_{SB}/V_T) - \exp(-V_{DS}/V_T)) \qquad (5\text{-}213)$$

当器件工作于饱和区时,e^{-V_{DS}/V_T} 项可以忽略,所以

$$I_{DW} \approx I_0 \frac{W}{L}\exp\left[(V_{GS} - V_{th})/nV_T\right]\exp(-V_{SB}/V_T) \qquad (5\text{-}214)$$

式中,n 是和衬底偏置调制系数有关的系数,I_0 称为特征电流,它表示 MOSFET 的宽长比 $W/L = 1$ 和各电极对衬底电位为零时的漏极电流。

下面介绍的 CMOS 基准源的基本出发点就是利用上述指数特性,产生与绝对温度成正比的电压源(Proportional To Absolute Temperature,PTAT 源)的正温度系数,补偿双极型晶体管 BE 结压降的负温度系数,从而得到温度系数较小的基准电压源。图 5.82 为这种 CMOS 基准源[图 5.82(b)]及其内部的 PTAT 源电路图[图 5.82(a)]。

1) PTAT 源

图 5.82(a)中所示 PTAT 源中的 M_1、M_3 和 M_5 组成第一组镜像恒流源,M_2、M_4 组成第二组镜像恒流源,并与第一组恒流源组成反馈式闭合回路。假定 $M_1 \sim M_5$ 工作于亚阈值区,当 $V_{DS} > 3V_T$ 时,处于饱和区。

假设通过参数的选择,保证 M_2、M_4 工作在亚阈值区的饱和工作区。当 N 沟道 MOSFET M_2、M_4 制作在同一 P 阱中时,可以近似认为 $V_{GB2} \approx V_{GB4}$。

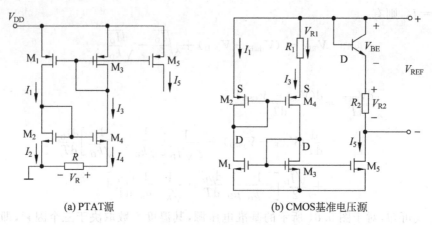

(a) PTAT源   (b) CMOS基准电压源

图 5.82   CMOS 基准源及其内部的 PTAT 源电路图

因为存在电阻 R，所以 M_2、M_4 处于不同的衬偏状态。此时 $V_{SB2}=0$，$V_{SB4}=I_4R=V_R$。由式(5-213)可得

$$\frac{I_2}{I_4} = \frac{\beta_2}{\beta_4}e^{V_R/V_T} \tag{5-215}$$

其中，$\beta \propto W/L$。因为 M_1、M_2 组成电流镜，所以

$$\frac{I_1}{I_3} = \frac{I_2}{I_4} = \frac{\beta_1}{\beta_3} \tag{5-216}$$

将式(5-216)代入到式(5-215)得

$$V_R = V_T\ln\frac{\beta_1\beta_4}{\beta_2\beta_3} \tag{5-217}$$

若选取 $\beta_1\beta_4/\beta_2\beta_3>1$，则因为 $V_T \propto T$，所以 V_R 随温度上升而线性增加。又因为 M_3、M_5 也组成电流镜，所以 I_5 也随温度 T 变化。

2) CMOS 基准电压源

图 5.82(b)中的 D 是由纵向 NPN 管 CB 结短接组成的二极管。由 PTAT 源的讨论知

$$I_5 = \frac{\beta_5}{\beta_3}I_3 = \frac{\beta_5}{\beta_3}\frac{V_{R1}}{R_1} = \frac{V_T}{R_1}\frac{\beta_5}{\beta_3}\ln\left(\frac{\beta_1\beta_4}{\beta_2\beta_3}\right) \tag{5-218}$$

由双极型三管能隙基准源的讨论可知，在二极管上的正向压降 V_{BE} 与温度的关系如(5-198)式所示。所以

$$V_{REF} = V_{BE} + V_{R2} = V_{BE} + I_5R_2 \tag{5-219}$$

上式表明，V_{REF} 由两部分组成，V_{BE} 随温度上升而下降，另一部分 I_5R_2 随温度上升而增加。这就使得 V_{REF} 随温度的变化得到了补偿。

将式(5-198)和式(5-218)代入式(5-219)得

$$V_{REF} = V_{G0}\left(1-\frac{T}{T_0}\right) + V_{BE0}\left(\frac{T}{T_0}\right) + nV_T\ln\left(\frac{T_0}{T}\right) + V_T\frac{R_2}{R_1}\frac{\beta_5}{\beta_3}\ln\left(\frac{\beta_1\beta_4}{\beta_2\beta_3}\right) \tag{5-220}$$

令 $\dfrac{dV_{REF}}{dT}=0$ 可得零温度系数的条件为

$$\frac{R_2}{R_1}\frac{\beta_5}{\beta_3}\ln\left(\frac{\beta_1\beta_4}{\beta_2\beta_3}\right) = \frac{V_{G0}-V_{BE0}}{V_{T0}} + n\left(1-\ln\left(\frac{T_0}{T}\right)\right) \tag{5-221}$$

式中，T_0 为设计满足零温度系数的参考温度，$V_{T0}=kT_0/q$。将式(5-148)代入式(5-206)可

得 $T=T_0$ 时的 V_{REF} 为

$$V_{REF}\mid_{T=T_0} = V_{G0} + nV_{T0} \tag{5-222}$$

5.5 典型运算放大器

图 5.83 是 741 运算放大器的电路图。这是一种广泛使用且性能优越的双极型运算放大器。由于其内部良好的补偿方式、结构的简单性及较大的电压增益、良好的共模抑制比以及较大的差模输入电压范围,因而得到了广泛的应用而成为非常经典的运算放大器范例。

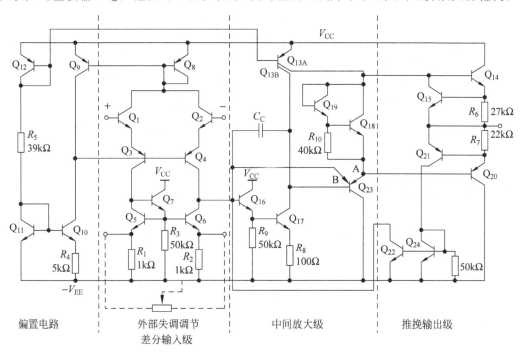

图 5.83 741 运算放大器的电路图

如图 5.83 所示,741 运算放大器由差分输入级、中间放大级、推挽输出级和偏置电路四部分组成。

输入级由 $Q_1 \sim Q_7$ 管组成。输入晶体管 Q_1 和 Q_2 为共集电极连接方式,其射极端与共基极 PNP 型驱动对管 Q_3 和 Q_4 相接,可提高输入阻抗,同时保持低输入电流。PNP 晶体管 Q_3 和 Q_4 还起到电平转移功能。在 741 中,Q_3 和 Q_4 的射极工作在输入电压的附近,而它们的集电极保持在一个与负电源很接近的电压。Q_5、Q_6、Q_7 以及 R_1、R_2、R_3 构成高精度电流镜作为差分输入管的有源负载。由于输入级采用了电流镜闭合负反馈,所以其工作电流稳定,工艺离散性影响小,共模抑制比高。

中间放大级由 Q_{16}、Q_{17} 和 Q_{13} 的一部分(集电极 B)组成。Q_{16}、Q_{17} 构成共集共射的复合放大级,因此具有较高的输入阻抗,减小了其对输入级的负载效应。Q_{13} 的集电极 B 提供了恒流 I_{C13},且作为 Q_{17} 的有源负载,使本级获得了较高的电压增益。

Q_{14}、Q_{20} 组成互补射极跟随器,形成推挽输出级。Q_{18}、Q_{19} 和 R_{10} 组成一个偏置电路,用以克服交越失真。Q_{15}、R_6、Q_{21}、R_7 及 Q_{22} 和 Q_{24} 组成输出过流保护电路,正常工作时,Q_{15}、

Q_{21}、Q_{22} 和 Q_{24} 均截止。当流过 Q_{14} 的正向输出电流过大时,R_6 上的压降增加,使 Q_{15} 导通,从而分流了注入到 Q_{14} 的电流,保护了输出管 Q_{14};当 Q_{20} 管的负向输出电流过大时,R_7 上的压降增加,使 Q_{21}、Q_{24} 管导通,而 Q_{22} 和 Q_{24} 又组成基本恒流源,Q_{24} 导通的同时,Q_{22} 也导通,分流了注入到 Q_{16} 管的基极电流,从而减小了 Q_{20} 管的电流。

纵向 PNP 管射极跟随器 Q_{23} 为中间放大级提供了一个高阻抗的负载,并将中间放大级与输出级加以隔离。由 Q_{23} 管的基射极形成的另一个二极管通过 B 端连接到 Q_{16} 的基极,用于保护 Q_{16} 管。当信号电流 i_{B16} 增大时,V_{C17} 将下降,若 Q_{16} 的输入过大,使 Q_{17} 趋于饱和,$V_{BC17}\approx 0\text{V}$ 时,D_1 就会导通,对 Q_{16} 的输入进行分流,保护了 Q_{16} 管,使它不致因注入电流过大而损坏;同时对 V_{BC17} 进行箝位,从而保证了 Q_{17} 不进入深饱和。

偏置电路由 $Q_8 \sim Q_{13}$ 及 R_4、R_5 组成,其中 Q_{11}、Q_{12}、R_5 支路产生参考电流 I_{ref},Q_{10}、Q_{11}、R_4 组成小电流恒流源,Q_8 与 Q_9,Q_{12} 与 Q_{13} 分别组成基本恒流源。Q_8、Q_9、Q_{10} 还构成电流反馈环节,用于稳定工作点。如果某种原因使 I_{C1}、I_{C2} 上升,则 I_{C8}(及 I_{C9})随之上升,由于 I_{C10} 是恒定的,且 $I_{C10}=I_{C9}+(I_{B3}+I_{B4})$,因此,$I_{C9}$ 的上升会导致 I_{B3}、I_{B4} 的下降,而引起 I_{C1}、I_{C2} 的下降。于是,部分抵消了原来 I_{C1}、I_{C2} 增加的趋势。以上分析表明,此输入级电路具有共模负反馈作用,因而有较高的共模抑制比。

5.6　模拟集成电路基本设计步骤

前面给出了一些典型模拟集成电路的结构及其特性分析,在此基础上简单介绍模拟集成电路的基本设计步骤。

设计一个模拟集成电路需要很多步骤,图 5.84 给出了模拟集成电路设计的一般过程。

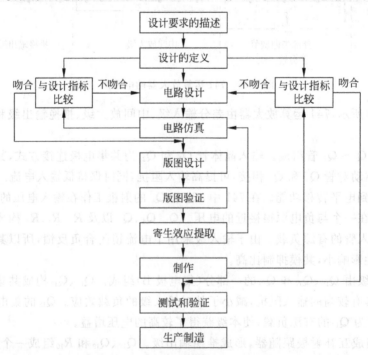

图 5.84　模拟集成电路设计基本步骤

下面将对几个关键步骤进行阐述。

1. 电路设计

当确定了设计要求后,接下来就是要根据设计要求进行相关的电路设计。对于简单的设计,电路规模较小,只需创建单层的电路图即可,但在较大规模的电路和系统设计中,往往采用分模块的设计方法。这时采用层次化的电路图能使电路层次结构清楚,而且模块化设计方法还能大大减小设计的复杂性,便于分工合作,提高设计效率。

2. 电路仿真

原理图设计完成之后,经检查若不存在电气连接上的错误,就可以开始对所设计的电路进行仿真测试了。根据需要选择合适的仿真软件,对于模拟集成电路设计,常用的仿真软件是 Synopsys 公司的 HSPICE 组件。仿真前,要先计划好要仿真的电路参数和步骤。然后根据需要选择合适的分析类型和激励类型,启动仿真,最后查看仿真结果,看是否达到了预期目标,将其反馈到电路设计中,直至使电路满足设计要求。

3. 版图设计和验证

版图设计前的步骤可以统称为前端设计,而后端设计则包括版图的绘制和验证。当完成了前端电路图的编辑和仿真以后,如果电路的性能参数完全满足设计要求,就可以进行后端的版图设计了。在开始绘制版图前,必须先明确所使用的工艺库。然后再选择相关的EDA 软件配置工艺库后就可以绘制版图了。

版图绘制完以后,需要进行 DRC 设计规则检查,即检查版图几何规则检查。这一步是验证所画的版图是否满足厂家规定的最小几何尺寸设计规则,如阱与阱之间的最小间距、金属连线的最小宽度和最小间距等。做 DRC 验证需要 DRC 规则文件,DRC 规则文件的格式因所使用的验证工具不同而不同(Cadence 有 Diva 和 Dracula 两种版图规则验证工具),有的厂家提供现成的规则文件,而有些厂家只提供规则,用户要根据规则自己编写规则文件。

DRC 验证通过只能说明所设计的版图几何尺寸没有问题,并不能保证版图和原电路有正确的一一对应关系。例如版图中少画了一个文件,或者把 NMOS 管画成 PMOS 管等,DRC 是检查不出来的。这项工作要由版图电路对照 LVS 验证来完成。LVS 能够从提取后的版图中生成网表(Layout Netlist),并与 Schematic 网表进行比较,以验证版图电学连接的正确性。所以在 LVS 操作之前需要进行版图提取工作。

版图提取同样需要一个规则文件,该文件也与软件和所使用的工艺有关。这个文件可能是厂家提供,也可能需要用户自己编写。进行版图提取之后就可以进行 LVS 验证了。

除了上述验证外,还有一项验证是电气规则检查(Electrical Rule Check,ERC),其作用是检查电气连接方面是否有错误。如电容的一端没有连上、MOS 管一个极开路等。因为只要 LVS 验证后仿真能够通过,ERC 一般就不会有什么问题,所以这项验证通常不做,厂家一般也不提供相应的 ERC 规则文件。

具体的版图设计的方法将在第 8 章介绍。

4. 寄生参数提取和后仿真

版图中的寄生元件(如寄生电阻和寄生电容等)对某些集成电路的性能有严重影响,所以必须对版图进行寄生参数提取。然后,将提取出来的包含所有寄生元件的网表进行仿真,这就是所谓的后仿真。

以上是模拟集成电路设计的全过程。从以上的简单介绍可知,现在的设计工具和手段已经相当先进和完善了。在严格按照设计程序进行电路仿真并通过了版图验证和后仿真之后,流片是否成功,关键取决于芯片制造厂。首先,芯片厂提供的模型参数和工艺参数必须准确,因为电路仿真、版图设计和验证、后仿真都是用芯片厂提供的模型参数和工艺参数进行的;其次,工艺的偏差必须在给定的范围内。例如,MOS管的参数偏差不得超出 ss 和 ff 所给定的范围。最后,工艺必须有良好的稳定性、重复性、均匀性和一致性。当然,对于给定的工艺、芯片的实测参数还与版图设计技巧有关,如运算放大器的失调电压、两个电容之比的精度等,但是就流片的成败来讲,工艺水平起决定作用。

复习题

(1) 常见的模拟集成电路有哪些种类?

(2) 典型的集成运算放大器由哪几部分组成? 各部分在电路中的主要作用是什么?

(3) 请比较几种 D/A 转换器的特性。

(4) 10 位 A/D 转换器的分辨率是多少? 满量程为 5V、输入电压为 3.1415V 的 A/D 转换器的输出数字码是什么?

(5) 什么是 A/D 的转换速率,你了解目前国际上 A/D 转换速率的水平吗?

(6) 什么是 A/D 的量化误差? 量化误差的最大值是多少?

(7) 对于一个转换速率要求大于 1MHz、分辨率要求大于 10 位的 A/D,你会选用什么结构的 A/D? 如果是两种以上(包括两种)的选择,请作出对比。

(8) 射频 IC 的主要挑战是什么?

(9) 功率集成电路的主要特点是什么?

(10) 模拟电路设计的八边形法则主要涉及哪些方面?

(11) 在图 5.27 的共源极放大器中,如果 $R_D=5\mathrm{k}\Omega$,$V_{DD}=3\mathrm{V}$,$\mu_n C_{ox}=200\mu\mathrm{A/V^2}$,$W=10\mu\mathrm{m}$,$L=1\mu\mathrm{m}$,$V_T=0.6\mathrm{V}$,$\lambda=0$,计算共源极放大器工作在饱和区时的输入、输出阻抗以及电压增益。

(12) 在图 5.39 的共射极放大器中,如果 $R_C=20\mathrm{k}\Omega$,$I_C=250\mu\mathrm{A}$,$\beta=100$,计算共射极放大器的输入、输出阻抗以及电压增益。

(13) 在图 5.43 的源随器中,如果 $R_S=10\mathrm{k}\Omega$,$V_{DD}=5\mathrm{V}$,$\mu_n C_{ox}=200\mu\mathrm{A/V^2}$,$W=10\mu\mathrm{m}$,$L=1\mu\mathrm{m}$,$V_{th}=0.6\mathrm{V}$,$\lambda=0$,计算源随器工作在饱和区的输入、输出阻抗以及电压增益。

(14) 在图 5.44 的射随器中,如果 $R_L=500\Omega$,$I_C=1\mathrm{mA}$,$\beta=100$,计算射随器的输入、输出阻抗以及电压增益。

(15) 在图 5.46 的共栅放大电路中,如果 $R_D=10\mathrm{k}\Omega$,$I_D=100\mu\mathrm{A}$,$\mu_n C_{ox}=200\mu\mathrm{A/V^2}$,$W=100\mu\mathrm{m}$,$L=1\mu\mathrm{m}$,$V_{th}=0.6\mathrm{V}$,$\lambda=0.01\mathrm{V^{-1}}$,共栅放大电路工作在饱和区的输入、输出阻抗以及电压增益。

(16) 小信号放大器如图 5.85 所示,这是什么组态的放大器? 若 BJT 的 $\beta_0=100$,$r_\pi=1.5\mathrm{k}\Omega$,忽略基区宽调效应,求中频段 R_i,R_o,A_v 和 A_{vs}。

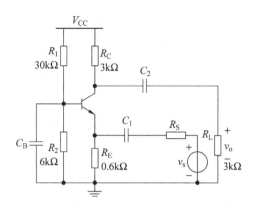

图 5.85 习题(16)的电路图

(17) 在图 5.53 所示的 CE-CB 放大器中,$V_{CC} = 12V$,$R_1 = 6k\Omega$,$R_2 = 4k\Omega$,$R_3 = 5.2k\Omega$,$R_E = 3.2k\Omega$,$R_C = 1k\Omega$,Q_1 和 Q_2 的静态 $V_{BE} \approx 0.7V$。试估算两管的 I_{C1},I_{C2},V_{CE1} 和 V_{CE2}。

(18) 在图 5.56 所示的共源共栅级中,假定 $(W/L)_1 = 50/0.5$,$(W/L)_2 = 10/0.5$,$I_{D1} = I_{D2} = 0.5mA$,$R_D = 1k\Omega$。

(a) 选择适当的 V_b 使 M_1 偏离线性区 50mV。

(b) 计算小信号电压增益。

(c) 利用(a)中得到的 V_b 值,计算最大的输出电压摆幅。分析在 V_{out} 逐渐变小的过程中,哪个器件最先进入线性区。

(d) 计算在(c)中得出的输出电压摆幅最大时,节点 X 处的电压摆幅。

(19) 对于图 5.86(a)和(b)中的差分对,如果 $I_{SS} = 1mA$,$(W/L)_{1,2} = 50/0.5$,$(W/L)_{3,4} = 50/1$,计算差动电压增益。如果 I_{SS} 上的压降至少为 0.4V,求最小的允许输入共模电压。令 $V_{in,CM}$ 等于该值,计算两个电路的最大输出电压摆幅。

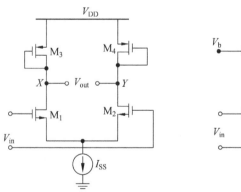

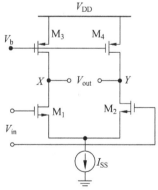

(a) 以二极管连接的MOS为负载的差分对

(b) 电流源负载的差分对

图 5.86 习题(19)的电路图

(20) 在图 5.86 中,差分对的参数为 $(W/L)_{1,2} = 50/0.5$,$(W/L)_{3,4} = 10/0.5$,$I_{SS} = 0.5mA$,I_{SS} 仍由 NMOS 提供,其 $(W/L)_{SS} = 50/0.5$。

(a) 输入端和输出端差动信号的摆幅比较小,求允许的最大输入共模电压和最小输入共模电压。

(b) 若 $V_{\text{in,CM}}=1.2\text{V}$,画出当 V_{DD} 从 0 到 3V 变化时,电路的小信号差模增益的草图。

(c) 若 M_1 和 M_2 阈值电压的失配为 1mV,求 CMRR。

(d) 若 $W_3=10\mu\text{m}$ 但 $W_4=11\mu\text{m}$,求 CMRR。

(21) 用半边等效电路的概念来计算图 5.87 中的差模增益和共模增益。忽略 r_o,分别计算差模和共模输入电阻。

(22) 使用半边电路分析方法来计算有不匹配电阻 R_1 和 R_2 的差分对的 A_{dm},A_{cm},$A_{\text{dm-cm}}$ 和 $A_{\text{cm-dm}}$。假设 $R_1=10.1\text{k}\Omega$,$R_2=9.9\text{k}\Omega$,$g_{\text{m1}}=g_{\text{m2}}=1\text{mS}$,$r_{\text{o1}}$ 和 r_{o2} 为无穷大。最后假设尾电流源的等效阻值 $r_{\text{tail}}=1\text{M}\Omega$。

(23) 重复计算上题,但是负载电阻匹配,输出电阻不匹配。假设 $R_1=R_2=10\text{k}\Omega$,$r_{\text{o1}}=505\text{k}\Omega$,$r_{\text{o2}}=495\text{k}\Omega$。当 $r_{\text{tail}}\to\infty$ 的时候,会发生什么情况?

(24) 忽略基极电流不为零的影响,计算如图 5.88 所示的双极型镜像电流源的输出电流和输出电阻。并计算当 $V_{\text{out}}=1\text{V}$、5V 和 30V 时的输出电流。

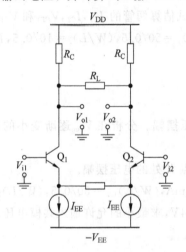

图 5.87　习题(21)的电路图

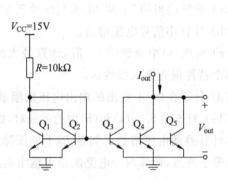

图 5.88　习题(24)的电路图

(25) 计算图 5.89 所示的威尔逊镜像电流源电路的输出电阻。计算 V_{out} 变化 5V 的情况下 I_{out} 变化的百分比。

(26) 图 5.90 中 $R_1=39\text{k}\Omega$,$R_2=5\text{k}\Omega$,$V_{\text{CC}}=15\text{V}$,$V_{\text{EE}}=-15\text{V}$。求 I_r 和 I_{C10} 的值。

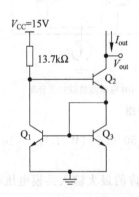

图 5.89　习题(25)的电路图

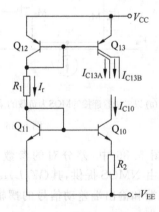

图 5.90　习题(26)的电路图

（27）计算图 5.91 中各支路电流。（设 $\beta \gg 1$）

（28）计算图 5.92 所示电路的输出电流和输出电阻。

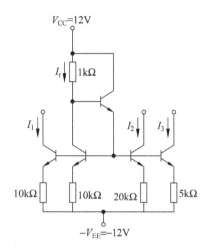

图 5.91 习题(27)的电路图

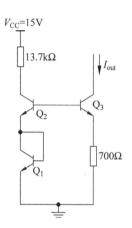

图 5.92 习题(28)的电路图

（29）有一两管能隙基准源电路如图 5.93 所示。已知：$I_{C2} = I_{C4}$，室温下 $V_{BE2} = 0.65V$，有效发射面积比为 $A_{E1}/A_{E2} = 10$。

（a）简单推导 V_0 的公式；

（b）求出 $T = 400K$ 时的 V_0 值。

（30）图 5.94 所示为一个带隙基准源电路。假设 $\beta \to \infty$，$V_A \to \infty$，$I_{S1} = 1 \times 10^{-15} A$ 并且 $I_{S2} = 8 \times 10^{-15} A$，除了失调电压 V_{OS} 非零外，运算放大器理想。

（a）假定调整 R_2 使输出 V_{out} 达到目标电压，在该目标电压处当温度 $T = 298.15K$ 和 $V_{OS} = 0$ 时有 $dV_{out}/dT = 0$。计算当 $V_{OS} = 30mV$ 时在 $T = 298.15K$ 时的 dV_{out}/dT。

（b）在(a)的条件下，dV_{out}/dT 为正还是负，并说明原因。

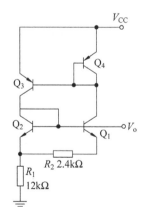

图 5.93 习题(29)的电路图

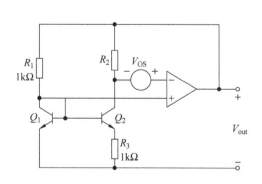

图 5.94 习题(30)的电路图

参考文献

[1] Pjillip E. Allen,Douglas R. Hoberg. CMOS 模拟集成电路设计. 2 版. 北京：电子工业出版社,2005.

[2] 信息时代的模拟集成电路. http://www. icask. com/html/xxkt/ 200805/21-5916. html.

[3] 朱正涌. 半导体集成电路. 北京：清华大学出版社,2001.

[4] http://www. imec. be/esscirc/ESSCIRC2002/presentations/Slides/C24. 02. pdf.

[5] M. Flynn. A 400 Msample/s,6-b CMOS Folding and Interpolating ADC. IEEE J. Solid State Circuits. 1998,33(12)：1932~1938.

[6] S. Tsukamoto. A 400 Msample/s, 6-b CMOS with Error Correction. IEEE J. Solid-State Circuits. 1998,33(12)：1939~1947.

[7] Boris Murmann. Digitally Assisted Analog Circuits. Fifth IEEE Dallas Circuits and Systems Workshop,2006. 23~30.

[8] Teresa Meng and Boris Murmann. Digitally Assisted Analog Circuit Design for Communication SoCs. Government Microcircuit Applications and Critical Technology Conference. Stanford University & University of California,Berkeley,2005.

[9] B. Murmann and B. E. Boser. Digitally Assisted Pipeline ADCs-Theory and Implementa- tion. Kluwer Academic Publishers,Boston,2004.

[10] 马楠. 微波元件的发展与现状. 今日电子,2008 年 05 期.

[11] 缪民. RFIC 技术的若干发展动向. 电子产品世界,2005,15：42~46.

[12] Ian Robertson,Stepan Lucyszyn 编著. 文光俊等译. 单片射频微波集成电路技术与设计. 北京：电子工业出版社,2007.

[13] Tao Yuan,Yuanjin Zheng,Chyuen-Wei Ang,Le-Wei Li. A Fully Integrated CMOS Transmit- ter for Ultra-wideband Applications. Institute of Microelectronics, Singapore；National University of Singapore,Singapore.

[14] Vu Kien Dao,Quang Diep Bui,Chul Soon Park. A Fully Integrated CMOS Transmitter for Ultra-wideband Applications. School of Engineering,Information and Communications University(ICU).

[15] Larry Larson,Donald Kimball and Peter Asbeck. Linearity and Efficiency Enhancement Strategies for 4G Wireless Power Amplifier Designs. IEEE 2008 Custom Intergrated Circuits Conference (CICC),2008,741~748.

[16] Andrea Baschirotto. Digitally-Assisted Analog & RF Circuits. ISSCC/CIRCUIT DESIGN FORUM/F7,2008.

[17] 张波. 功率半导体技术方兴未艾. 中国电子报,2004-06-11.

[18] 刘胜利. 现代高频开关电源实用技术. 北京：电子工业出版社,2001.

[19] TOP221-227 TOPSwitch-II Family Three-terminal Off-line PWM Switch. http://www. powerint. com/sites/default/files/product-docs/top221-227. pdf.

[20] 格雷(Gray, P. R.)等著. 张晓林等译. 模拟集成电路的分析与设计. 4 版. 北京：高等教育出版社,2005.

[21] 毕查德·拉扎维著. 陈贵灿,程君,张瑞智等译. 模拟 CMOS 集成电路设计. 西安：西安交通大学出版社,2002.

[22] 刘光祜,饶妮妮著. 模拟电路基础. 成都：电子科技大学出版社,2001.

第 6 章

超大规模集成电路设计简介

在一块芯片上集成的元件数超过 10 万个,或门电路数超过万门的集成电路,称为超大规模集成电路(VLSI)。超大规模集成电路是 20 世纪 70 年代后期研制成功的,主要用于制造存储器和微处理机。64K 位随机存取存储器是第一代超大规模集成电路,大约包含 15 万个元件,线宽为 $3\mu m$。用超大规模集成电路制造的电子设备,体积小、重量轻、功耗低、可靠性高。利用超大规模集成电路技术可以将一个简单电子系统乃至一个完整电子系统"集成"在一块芯片上,完成信息采集、处理、存储等多种功能。超大规模集成电路研制成功,是微电子技术的一次飞跃,大大推动了电子技术的进步,从而带动了军事技术和民用技术的发展。超大规模集成电路已成为衡量一个国家科学技术和工业发展水平的重要标志。

1993 年随着集成了 1000 万个晶体管的 16M FLASH 和 256M DRAM 的研制成功,集成电路行业进入了特大规模集成电路(ULSI)时代。特大规模集成电路的集成组件数在 $10^7 \sim 10^9$ 之间。1994 年随着集成 1 亿个元件的 1G DRAM 的研制成功,集成电路进入巨大规模集成电路(GLSI)时代。巨大规模集成电路的集成组件数在 10^9 以上。

本章及其后面章节所介绍的 VLSI 电路设计方法及其电子设计自动化(Electronics Design Automation,EDA)工具,泛指各类规模较大、功能较强、集成度较高的数字集成电路的设计及其 EDA 应用。

6.1 超大规模集成电路设计内容

由于超大规模集成电路内含晶体管数目很多,因此需要借助 EDA 工具辅助完成其电路的设计。VLSI 电路设计主要包括逻辑设计和验证、电路设计、版图设计等内容[1]。

逻辑设计是指用门级描述来表示逻辑组成,即用逻辑门、触发器等逻辑单元明确描述逻辑单元和布线。通常首先采用标准高速集成电路硬件描述语言(Very-High-Speed Integrated Circuit Hardware Description Language,VHDL)或 Verilog-HDL 进行功能描述。完成逻辑描述后使用对应的 VHDL 仿真软件或 Verilog-HDL 仿真软件进行逻辑验证。逻辑验证是指加入激励,模拟逻辑动作,然后将输出结果与期望值相比较,从而判断逻辑设计的正确性。

电路设计是指用实际的电路元器件模型进行功能实现的设计方式。通常采用 SPICE (Simulation Program for Integrated Circuit Emphasis)等标准电路仿真软件对电路设计进行仿真验证。

版图设计是指在将电路设计转为用于制作物理器件和布线的配置图形信息。版图设计是在遵守设计规则的基础上,对各种因素和要求的综合考虑和折中。

以反相器为例,其逻辑为实现信号取反,电路采用宽长比为 1/1 的 NMOS 和宽长比为 3/1 的 PMOS 来实现(见图 6.1(a)),图 6.1(b)为反相器版图。

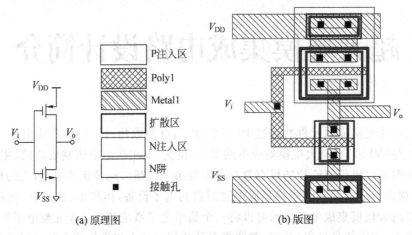

(a) 原理图　　　　　　　　　　(b) 版图

图 6.1　反相器电路

根据应用不同,集成电路设计可分为通用集成电路设计和专用集成电路(ASIC)设计。通用集成电路是指不同厂家都在同时生产的标准系列产品,如 CPU、ROM、RAM、A/D、D/A 变换器等。这类产品往往社会需求量大,通用性强。专用集成电路是为专门目的而设计的集成电路,它又包括标准专用集成电路和定制集成电路,专为某一类特定应用而设计的集成电路称为标准专用电路,专为某一用户的特定应用而设计的集成电路称为定制专用电路。ASIC 的特点是集成度高、种类多、封装形式多样等。专用电路由于一般批量较小,相比之下,研制时的流片代价就相当昂贵,在设计成本中占很大比例,这就要求芯片的首次设计正确率一定要高。因此,在设计前应认真进行需求分析,在设计中的每一阶段都要反复验证与检查,以确保较高的一次投片成功率。

6.2　VLSI 设计方法和需求分析

集成电路设计时首先要做需求分析。所谓需求分析,是指对要解决的问题进行详细的分析,弄清楚问题的具体要求,如需要输入什么形式的数据,要得到什么样的结果,输出的形式是什么等。需求分析可以按照以下过程进行:

(1) 用户与开发人员进行充分的交流。设计人员不是用户问题领域的专家,不熟悉用户的业务活动和业务环境;而用户不熟悉设计有关的专业问题。由于双方互相不了解对方的工作,又缺乏共同语言,所以在向对方表达自己想法时可能存在隔阂,从而影响对问题的正确理解。这就需要用户和开发人员进行很好的交流。

(2) 明确满足用户需求的集成电路的具体功能。包括电路功能实现需要几个部分,各个部分的基本功能,以及各部分的设计标准。

(3) 功能定义。包括了解各个部分输入和使用数据类型,加工处理这些数据的方式,输出形式,输出的作用对象等。

(4) 协助用户明确上述分析结果是否满足要求。包括处理要求、完全性与完整性要求等。

（5）确定完成设计任务所采用的具体设计方式。

在做好需求分析的基础上，下一步是选取合理的设计方式，高效地完成集成电路设计。

VLSI 电路设计一般可采用全定制设计（Full Custom Design）与半定制设计（Semi-custom Design）两种方式。全定制电路设计是从上到下，直至晶体管的尺寸大小、位置都需要亲自完成的设计方式。它要求设计者具备逻辑、电路设计和制造技术等专业知识。完成一个芯片通常需要设计者花费大量时间。但采用全定制方式设计的芯片往往性能较好，如工作速度快、功耗低、占用面积少等。半定制不需要专业设计者的全程参与，设计自动化程度高，整个设计过程所需的时间较短，费用较低。但所得芯片的功耗、速度和面积等往往不如全定制设计结果。半定制设计方式主要包括门阵列设计（Gate Array Design）、标准单元设计（Standard Cell Design）以及采用可编程逻辑器件（Programmable Logic Device，PLD）进行设计等。同时各种设计电路要尽量满足可测性设计（Design For Testability，DFT）和可靠性设计要求。可测性的重要作用体现在易于检查具体电路功能是否与设计者期望一致，并且能通过测试确认找出电路失效的原因并加以改正。可测试性设计包括测试生成、测试验证和功能测试；可靠性是指电路在规定时间和规定的条件下，完成规定功能的能力，是电路稳定性的一种表现。

设计集成电路时，应充分考虑电路的速度、功耗、面积以及费用等要求，并以此为基础，合理地选择设计方式。

6.2.1 门阵列设计

1. 门阵列设计简介

门阵列设计又称为母片设计（Master Design）。在芯片上，基本单元重复排列成阵列形式，其结构示意图如图 6.2 所示。

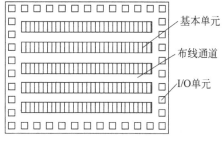

门阵列每个基本单元包含若干器件，通过连接单元内的器件使每个单元实现某类门功能，再通过在布线通道布线，实现各单元之间的连接，完成电路设计要求。门阵列周围的 I/O 单元也可由金属编程。这种设计只需选择单元并完成连线即可实现要求功能，因此门阵列设计可在相同芯片上完成不同的需求设计。

图 6.2 门阵列结构示意图

2. 基本单元结构

门阵列的基本单元结构有多种，典型的 CMOS 单元结构包含两对或者三对共栅或者不共栅的 NMOS 晶体管和 PMOS 晶体管。图 6.3(a) 是一种典型的四管单元结构图，两个 PMOS 管和两个 NMOS 管各自串联，NMOS 对管和 PMOS 对管的栅极分别相连，图 6.3(b) 是其版图。这种单元方便实现基本逻辑门电路，但是构成传输门却不容易。

常见的四管单元的另一种形式如图 6.4(a) 所示。与图 6.3(a) 相比，一对 NMOS 管和 PMOS 管的栅相连，而另一对没有相连。这种结构容易实现传输门和反相器。图 6.4(b) 是其版图。

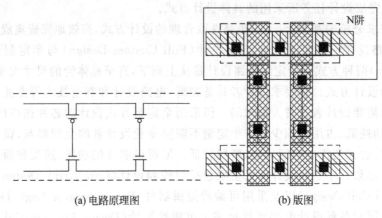

(a) 电路原理图　　　　　　　　(b) 版图

图 6.3　共栅结构四管单元

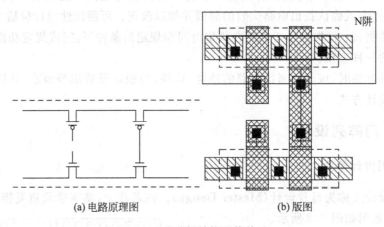

(a) 电路原理图　　　　　　　　(b) 版图

图 6.4　非共栅结构四管单元

第三种常见的基本单元结构由 6 个晶体管构成,如图 6.5 所示。这种结构容易构成存储单元。

在实现某种功能时,要恰当地选择四管单元和六管单元,否则会出现面积浪费的问题。例如,若要实现一个两输入与非门时,需要 4 个晶体管,只需要一个四管单元,如果采用六管单元,就会浪费 2 个晶体管。再如,若要实现一个三输入或非门时,需要 6 个晶体管,这时如果采用四管单元,就需要 2 个四管单元,但是 2 个四管单元中的 8 个晶体管只用了 6 个,就会浪费

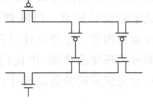

图 6.5　六管单元基本结构

2 个晶体管面积;若采用六管单元,则只需要一个。这样看来似乎采用单管单元或两管单元在建立任何门时都不会出现浪费现象,但因为每个单元都需要一个隔离环,它占有相当的面积,所以使得单管或两管单元结构门阵列的总面积并不节约。综合考虑各种因素,不同的逻辑结构应选择合适的基本单元,使得总面积最小。

3. 设计流程

不同门阵列设计系统提供的设计工具各不相同,但过程基本一致。图 6.6 为门阵列设

计的典型设计流程图。首先根据用户提出的要求,输入逻辑图或者硬件描述语言(Hardware Description Language,HDL)描述,使用测试向量对逻辑功能进行验证。然后进行逻辑与时序仿真,并完成布局、布线。此后,考虑寄生参数再次进行逻辑与时序仿真。用户认可结果后,生成掩膜版、制造芯片并封装测试。

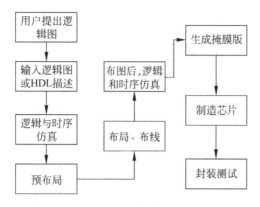

图 6.6　门阵列设计流程

4. 优点和不足

目前,有多种工艺支持门阵列实现,主要包括 CMOS、TTL、ECL、NMOS、I^2L、CMOS/SOS 等,采用相同尺寸的基本单元和 I/O 单元,并完成了连线以外的所有加工工序。门阵列设计使用已经加工过的母片为主体进行最后的加工,布局布线、仿真与测试等均采用自动化工具实现,制造周期短。在门阵列设计中需要定制的掩膜版一般只有 2～4 块,所以成本比较低。对于门阵列设计,很多不同的设计可以采用相同的测试工具测试,可测性好。当工艺改变或单元结构需要变化时,只需要较少的修改,相关软件工具无须更换,原始投资较低。上述特点使得门阵列设计在多个领域获得迅速推广应用。

当然,门阵列设计也存在不可避免的缺点:首先是单元内的晶体管使用率不高。其次,布线存在一定困难。母片上所提供的布线通道是确定的,为了保证实现多种功能的布线均可成功,就要求加宽通道,从而使母片面积增大,但是这样会增加成本,提升产品价格。最后,由于需要适应各种不同的需求,基本单元中的晶体管尺寸一般设计较大,所以相比于其他形式的设计,门阵列面积和功耗较大而速度较低。此外,由于晶体管尺寸固定不变,无法因负载、扇出等的具体情况而实现特殊设计,因而难以保证门延迟的均匀性。

6.2.2　标准单元设计

标准单元设计是 ASIC 设计的主流方式,也是各 EDA 厂商广泛支持的设计方法。在标准单元设计中,所有标准单元一般由半导体代工厂提供,并存入设计系统的物理单元库中以便调用,标准单元的逻辑符号及电学特性则存入逻辑库中。

标准单元经过人工优化、性能仿真和实际测定,因此与门阵列设计相比,基于标准单元设计所得的 ASIC 的面积和性能都有较大程度的改善。设计者从标准单元库中选择合适的单元,使用 EDA 工具进行布局布线,完成芯片的全套掩膜版设计。各标准单元一般具有同一高度,但是宽度不等,标准单元设计结构示意图如图 6.7 所示。

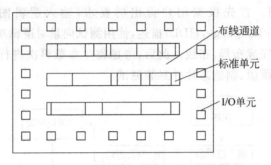

图 6.7　标准单元设计结构示意图

（图中标注：布线通道、标准单元、I/O单元）

标准单元设计的电路中,布图时单元排列成行,行与行之间留有布线通道,在布线通道内进行布线。电源和地的位置通常安放在电路的上下端,从单元的左右两侧出线,连线宽度需一致,以便单元间电源线及地线的对接。在使用等高标准单元设计时,会受到一些限制。首先,等高标准单元受单元规则结构的限制,在构成复杂的电路时,芯片面积的利用率较低。其次,高精度的模拟电路往往不能采用标准单元设计法。随着标准单元设计技术日益成熟,标准单元库的内容和形式也不断发展完善,不仅支持等高标准单元,还可支持可变高度的单元。

1. 标准单元库

标准单元库是标准单元设计的基础。设计者完成的是电路布局以及单元之间的布线。标准单元库中每个单元有三种描述形式:单元逻辑符号、单元拓扑和单元版图。

逻辑符号描述的是一种图形符号,标有输入输出端,逻辑符号描述应符合国家标准或国际标准。

单元拓扑是对单元版图外部尺寸和有关位置信息的描述。单元拓扑显示的是版图单元的宽度、高度、输入输出端口和控制端口的位置,但是不显示版图内部的具体信息。单元拓扑是版图主要特征的抽象描述,有效地减少了数据量,提高了设计效率。

单元版图以标准版图数据格式存储在计算机中,供设计者直接调用。

标准单元库中的单元通常有以下几种类型[2]:

(1) 小规模逻辑:NOR、XOR 、NAND、AOI(与或非门)、OAI(或与非门)、反相器、缓冲器、触发器等。

(2) 中规模 MSI 逻辑:编码器、解码器、加法器、比较器、奇偶校验器等。

(3) 存储器:ROM、RAM 等。

(4) 功能模块:微控制器、通用异步接收/发送器(Universal Asynchronous Receiver/Transmitter,UART)、乘法器、精简指令集处理器 (Reduced Instruction Set Computer,RISC)核等。

2. 标准单元设计的流程

标准单元设计和门阵列设计的基本过程相似(见图 6.8),但是又有区别。

(1) 逻辑图转化过程中,门阵列设计法中是转化为门单元(或者宏单元),标准单元设计则是转化为标准单元库中的标准单元。

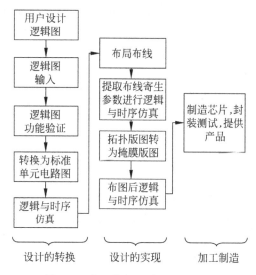

图 6.8 典型的标准单元设计流程

（2）门阵列设计的母片在设计之前已经选定，所以门单元数、I/O 数以及布线通道的间距位置都是确定的；标准单元设计中单元数、I/O 数则取决于具体设计要求，布局布线所受约束也相对较低。

（3）与门阵列设计相比，标准单元设计的成本更高。因为门阵列设计时所定制的掩膜版是 2～4 块，而标准单元设计需要定制各层掩膜版，多于门阵列设计。

3. 标准单元设计优缺点

与门阵列设计法相比，标准单元设计具有如下优点：

（1）标准单元设计法的布图方式更加灵活，使得标准单元设计可具有 100% 的连线布通率。

（2）芯片中没有无用的单元和晶体管，所以面积利用率更高。

（3）可以与全定制设计方法相结合，在芯片中加入全定制设计功能块，提高电路的性能。

标准单元设计的不足之处在于：

（1）标准单元设计的原始投入大于门阵列设计。单元库的开发需要大量的人力和物力。而且在工艺飞速发展的今天，能否建立在较长时间内适应技术发展和应用要求的单元库是一个值得考虑的问题。

（2）标准单元库的成本比门阵列高。门阵列的掩膜版只需要 2～4 块，而标准单元所用掩膜版全部需要定制，芯片加工也需经历全过程，因此成本较高。

（3）标准单元设计单元布置和布线优化通常更加复杂。

6.2.3 全定制设计

1. 全定制设计简介

全定制设计方法，就是设计人员根据用户提出的芯片功能、性能、允许的芯片面积和成本等要求,对电路的结构和逻辑的各个层次进行精心设计,从每个晶体管的几何形状、方向以及位置选择到电路的设计方案进行反复比较,对电路的性能作深入分析。它要求设计者具备逻辑、电路设计和制造技术等专业知识,完成一个芯片通常花费大量时间。设计一般采用人机交互图形编辑系统,由设计人员设计版图中各个器件以及器件间的连线。对于普通电路结构,一般每个设计者每天能够完成几十个晶体管的布局和互连。对于具有重复性结构的网络,如 RAM、ROM 等,通过精心设计网络中的不同单元,可利用重复单元得到整个网络的版图,从而能得到高性能芯片。

2. 设计流程

全定制设计作为一种灵活性很强的设计方式,遵循集成电路层次化设计原则。首先根据要求进行功能描述和寄存器级设计。在寄存器级设计中把电路分成多个单元模块,再对各个单元模块进行逻辑设计、电路设计直到版图设计。最后,将各单元整合,连线完成整体电路设计。全定制设计流程参见图 6.9。

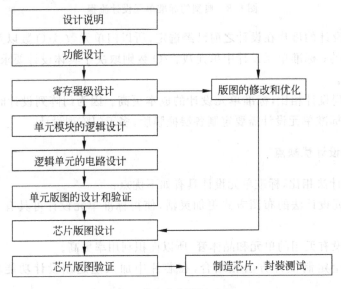

图 6.9　全定制设计流程

在全定制设计中,版图验证比半定制中的作用更加突出。因为全定制设计是手工设计,产生错误的可能性更大,因此应在版图编辑后用相关 EDA 工具进行彻底检查。版图验证包括设计规则检查、电学规则检查、版图与逻辑图对比检查、版图寄生参数提取和后仿真等。各种验证具体实现以下功能:

(1) 设计规则检查(DRC)。检验设计的版图是否有违反设计规则的错误。

(2) 电学规则检查(ERC)。检查版图中电学连接的错误,如断路、短路及非法连接等。

(3) 版图与原理图对比检查(LVS)。通过提取电路网表将物理版图还原成原理图,与设计原理图进行对照,检查是否一致。

(4) 版图寄生参数提取(PEX)。提取版图中各种器件的寄生参数,如金属连线的电阻、MOS 管的电容等。

(5) 后仿真。对带有各种寄生参数的版图进行逻辑和时序模拟仿真。

3. 全定制电路的结构化设计特征

结构化设计由 Mead 和 Conway 首先提出,使系统设计者可直接参与芯片设计以提高系统性能。为了减少系统设计的复杂性,结构化设计采用层次性、模块性、规则性、局部性等设计技术。

(1) 层次性[3]。由于集成电路设计的规模较大、较为复杂,全定制设计一般根据内部相关性将系统划分为若干模块,再将模块划分成更小的子模块,直至模块大小达到可以接受的程度。

(2) 模块性。系统被划分为模块后,模块的功能要以明确的方式定义。模块性有助于设计人员分析问题并做出分工。

(3) 规则性。指在不同设计层次,均采用基于标准结构的设计方法。规则性设计可以简化设计流程,在一定程度上降低设计的复杂度。如电路级可以采用一致的晶体管;逻辑级可以采用相同的门结构;在更高层次上,可以基于标准结构形成上层架构。

(4) 局部性。通过有效定义模块接口,降低模块内部结构对外部接口的影响。局部性可以使设计者在进行系统设计时无须关心模块的内部情况。

4. 全定制设计的优缺点

全定制设计的优点是设计的芯片具有较高的集成度,能有效利用芯片面积,设计灵活性好,芯片性能高。

全定制设计的缺点是设计周期长、费用高,不适于小批量生产。

6.3 VLSI 设计实现策略

VLSI 设计过程中,通常采用正向设计和反向设计两种方式。正向设计通常用于实现一个新设计,而反向设计则是在对他人设计进行剖析的基础上进行改进而得。这两种设计方法可以采用“自顶向下”(Top-down)和“自底向上”(Bottom-up)两种不同的设计实现策略。

自顶向下设计是指自上而下逐级分解、变换,最终将系统要求转变为电路结构和版图的过程。首先需要进行行为设计,即确定集成电路的功能、性能以及允许的芯片面积和成本等指标;然后进行结构设计,即根据系统行为特点,将其逐级分解,最终得到接口清晰、相互关系明确、功能简单的模块单元;接下来进行逻辑设计,即得到模块单元的逻辑形式。在设计过程中,某种功能块可能采用多种逻辑设计来实现。为了降低系统复杂度,并充分发挥EDA 工具的强大功能,通常尽可能采用规则结构或利用已经通过验证的模块单元实现;最后是完成整体电路结构设计,并进行电路版图设计[4]。

与自顶向下设计过程相反,自底向上设计是在系统划分和功能分解的基础上,先进行模块单元的电路结构和版图设计,并充分优化,然后逐级向上完成各级功能模块设计,直至实现整个系统。自底向上设计的优点是可以优化局部设计,这种对于模块单元的精心设计可以为以后的更高层次设计提供良好的基础。但是自底向上设计也存在缺点,由于它是从底层模块单元开始向上设计,因此易缺乏全局观,不能较好地考虑整体系统的设计要求。

对于正向设计,在实际设计过程中,可以将自顶向下和自下向上两种设计策略结合起来使用。这样既可以更清楚地掌握设计全局,又可以实现局部最优。在完成芯片结构规划后,先进行门级单元的电路和版图设计,经过反复仿真、优化,形成标准单元库,对于相同功能的门单元可以根据其优化目标的不同,例如高速、低功耗、面积最小等,提出多种不同的电路实现方式,为上层设计提供足够多的选择和精确的信息。对于反向设计,无论是采用"Top-down"还是"Bottom-up"设计策略,都是从版图剖析开始,提取出电路以后,对电路进行功能分析,此后的设计步骤可以采用不同的方式。

典型的 VLSI 设计策略是采用"自顶向下"方式,主要分为三个阶段:高层综合(High Level Synthesis,也称为行为级综合(Behavior Synthesis))、逻辑综合(Logic Synthesis)和物理综合(Physical Synthesis)。各阶段所对应的设计次序是:行为与结构设计、逻辑设计、电路和版图设计[5]。设计流程如图 6.10 所示。

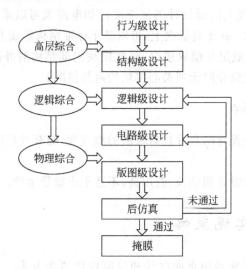

图 6.10　VLSI 的 Top-down 设计流程

1. 高层综合

高层综合也称为行为级综合,是指对系统所描述的行为、各组成部分的功能以及输入、输出,采用 VHDL 和 Verilog HDL 等进行描述,然后进行行为级综合,并通过仿真验证。

高层综合的任务是将一个设计的行为级描述转换成结构描述。它首先对描述设计的硬件语言进行翻译和分析,对于给定的性能、面积和功耗的条件,确定需要哪些硬件资源,如执行单元、存储器、总线等,然后确定结构中各种操作的次序。高层综合的目的是在满足目标和约束的条件下,寻求一种代价最小的硬件结构,并且使之最优化。

2. 逻辑综合

逻辑综合是指利用 EDA 综合工具将高层次综合中所得逻辑级行为描述转换为门级单元的结构描述,也就是网表描述,然后进行门级逻辑仿真验证。

逻辑综合包括逻辑设计和电路设计两个部分。逻辑级行为描述可以是状态转移图、有限状态机,也可以是布尔方程、真值表。逻辑设计的作用是将逻辑级行为描述转换为逻辑级结构描述,即门级网表。电路设计是将逻辑设计结果转换为具体电路实现。在电路设计中要综合考虑电路的面积、速度、功耗等指标,目标是实现面积最小,速度最快,功耗最低或各种性能指标之间的某种折中,以达到系统整体优化的目标。

3. 物理综合

物理综合也称为版图综合(Layout Synthesis),是指将逻辑综合中所得的网表转换为最终版图,完成版图设计。这时需要确定版图中每个单元的几何形状、大小、位置及各单元之间的连接关系。

物理综合包括物理设计和设计验证两个部分。物理设计的任务是将门级网表转化为版图,它要将电路中的每一个元器件,包括晶体管、电阻、电容等,以及它们之间的连线转换成集成电路制造所需的版图信息。设计验证是确定所完成的版图是否正确地反映了电路设计结果,是否符合集成电路制造厂商工艺规则的要求。物理综合的详细步骤如图 6.11 所示。

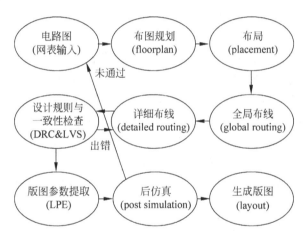

图 6.11 物理综合的详细步骤

物理设计,即版图设计的第一步是布图规划。布图规划是指对设计进行物理划分,同时对设计的布局进行规划和分析。通过分析可以估算芯片的面积和较为精确的互连延迟信息,以及分析布线区域的拥塞程度等。接着进行布局,就是将模块安置在芯片上的适当位置。布局一般要求芯片面积最小、电学性能最优,并且容易进行布线。物理设计的最后一步是进行布线,包括全局布线和详细布线。布线是指根据电路的连接关系,在满足工艺规则和电学性能要求的前提下,在指定的区域内完成元器件互连,同时要尽可能对连线长度进行优化。

在版图设计完成后,必须进行版图验证。首先是设计规则检查和一致性检查,然后进行版图提取。因为对于版图上的器件和连线,其寄生电阻、电容和电感的分布情况及大小无法在电路设计阶段准确得知,这将直接影响高层综合和逻辑综合阶段电路模拟仿真结果的准确性和精度。通过版图寄生参数提取,包括提取寄生电阻、寄生电容等和电路连接关系,将寄生效应影响代入电路,使得后仿真的结果更加接近于芯片的实际情况。上述检查和仿真通过后,物理综合步骤完成,可以将版图提交给集成电路制造厂。

6.4　VLSI 设计挑战

随着科学技术的不断发展,各种用于数据处理和通信设备的电路,其功能越来越复杂,将多种功能集成在同一芯片上的需求不断增加,导致集成电路的规模越来越庞大、电路时钟频率越来越高、电源电压越来越低、电路版图布线层数越来越多。这对 VLSI 的设计带来了更大的挑战。

6.4.1　集成度不断增加

由于工艺技术的改进和互连技术的进步,过去五十多年来,集成电路的集成度一直在增大。我们熟知的摩尔定律(Moore's Law)指出集成电路上可容纳的晶体管数目,约每 18 个月就会增加一倍,性能也将提升一倍。1958 年人类制造出第一块集成电路芯片。自此,集成电路的发展经历了小规模(SSI)、中规模(MSI)、大规模(LSI)等几个阶段,目前已进入超大规模(VLSI)、特大规模(ULSI)和巨大规模集成电路(GLSI)阶段,并且进入系统级芯片(SoC)时代。

在硅基集成电路的发展历程中,有两类非常具有代表性的产品,一个是微处理器,另外一个是 DRAM(动态随机存储器)。20 世纪 70 年代初问世的第一代微处理器 4004,采用了 $10\mu m$ CMOS 工艺,总线位数 4 位,工作电压 12V,集成度为 2300 个器件,时钟频率 0.108MHz。经过 $6\mu m$、$3\mu m$、$1.5\mu m$、$1.0\mu m$、$0.8\mu m$、$0.5\mu m$、$0.35\mu m$、$0.25\mu m$、$0.18\mu m$、$0.13\mu m$、90nm、65nm 等阶段,2007 年 1 月英特尔宣布采用突破性的晶体管材料,即高 k 栅介质和金属栅极用于公司 45nm 工艺英特尔酷睿双核、Core 2 四核处理器以及至强系列多核处理器[6]。2010 年 3 月 16 日,英特尔在北京推出了一款 6 核心处理器,全名为 2010 全新酷睿 i7 处理器至尊版 Intel Core i7 980x。这是全球首款基于 32nm 的 6 核心 12 线程处理器,核心代号为 Gulftown,主频达到了 3.33GHz,该微处理器采用了第二代高 k＋金属栅极的制程技术,集成 11.7 亿个晶体管,Gulftown 芯片的面积为 $248mm^{2}$[7]。

图 6.12[8]所示为 20 世纪后 30 年微处理器芯片中晶体管数量发展的大体趋势,从 4004、8008 到奔腾Ⅳ处理器以及双核微处理器,芯片中晶体管的数量呈现迅速上升趋势,特征工艺尺寸从 $10\mu m$ 降至 45nm,基本符合摩尔定律。图 6.13[9]、图 6.14[10]和图 6.15[7]分别是英特尔第一代 CPU 4004、奔腾Ⅳ和酷睿 i7 处理器芯片的微显示照片。

图 6.16 所示为芯片面积的发展趋势。随着芯片面积的不断增大,单个芯片上可以集成更多的晶体管,同时实现更加强大的逻辑功能[6]。

随着工艺尺寸的不断缩小,整个芯片所需电源电压也在不断降低,可以达到更低的功耗指标。芯片电源电压变化趋势如图 6.17 所示。

由于芯片的集成度也不断增大,金属层数较少已不能实现器件的有效互连。为了解决上述问题,同时避免金属布线过于密集造成的线间寄生电容过大,金属层数也在不断地增多。金属层数的发展趋势如图 6.18 所示。

图 6.19 显示了以 CPU 为代表的集成电路时钟频率的发展趋势。更快的时钟频率意味着更快的运算速度和更强大的处理功能。随着科学技术的不断发展,对更高时钟频率的追求将不断进行下去。

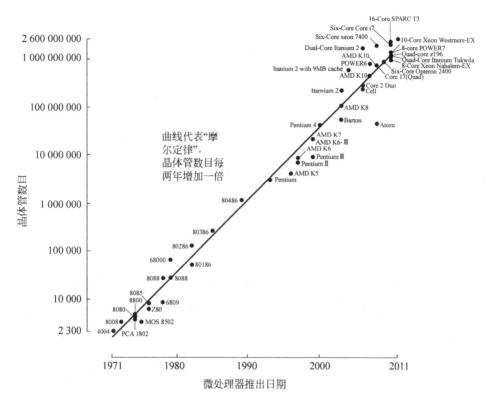

图 6.12　微处理器集成度

图 6.13　英特尔公司第一代 CPU 4004 微显示照片

（注：电路规模 2300 个晶体管；生产工艺 $10\mu m$；时钟频率 108kHz）

图 6.14　英特尔公司奔腾Ⅳ处理器芯片微显示照片

(注：电路规模 42 000 000 个晶体管；生产工艺 0.18μm；时钟频率 1.5GHz。)

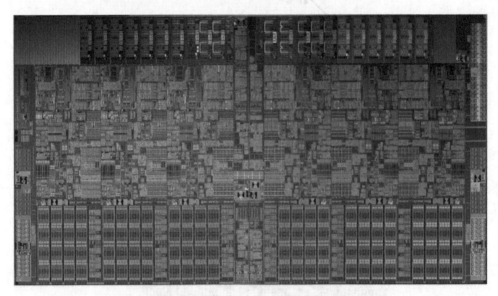

图 6.15　英特尔公司酷睿 i7-980x 处理器芯片微显示照片

(注：电路规模 1 170 000 000 个晶体管；生产工艺 32nm；时钟频率 3.33GHz。)

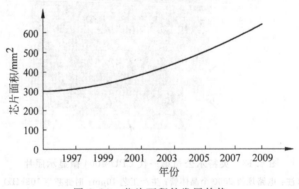

图 6.16　芯片面积的发展趋势

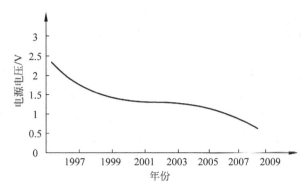

图 6.17　芯片电源电压发展趋势

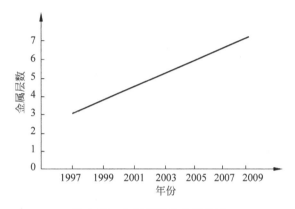

图 6.18　金属层数的发展趋势

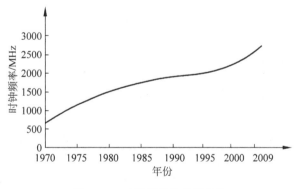

图 6.19　时钟频率的发展趋势

6.4.2　工艺线宽的缩小

与集成度的不断提高相辅相成,现代集成电路的最重要特点是工艺特征尺寸越来越小。

工艺线宽是指集成电路生产工艺可以实现的晶体管最小沟道长度或互连线最小宽度,是集成电路工艺水平先进程度的主要指标。线宽越小,相同芯片面积集成度越高,即在同一面积上可集成更多的器件。

多年来,世界集成电路产业一直以 3~4 倍于国民经济增长速度迅猛发展,新技术、新产品不断涌现。在 1980 年,也就是 VLSI 刚刚起步的时候,最小特征尺寸的典型值为 $2\mu m$,并且当时预计到 2000 年将减小至 $0.3\mu m$。然而实际技术的发展远远超出人们的预想:1995 年最小特征尺寸就已经达到了 $0.25\mu m$,而在 2001 年更是达到了 $0.18\mu m$。第一个 64Mb 的 DRAM(动态随机存储器)和 Intel Pentium 微处理芯片包含了 300 万个晶体管,这是当时集成密度的极限。1997 年初,NEC 公司第一个基于 $0.15\mu m$ 制造工艺的 4Gb DRAM 生产成功。目前,世界集成电路大生产已经进入纳米时代,新型器件结构带动了新工艺发展,纳米级光刻工艺广泛使用,全球多条 90nm/12in 的生产线用于规模化生产,基于 65~40nm 水平线宽的生产技术基本成形,Intel 公司的 CPU 芯片已经采用 14nm 的生产工艺,其内集成了13 亿个晶体管。

图 6.20 所示为 20 世纪 70 年代后期以来集成电路中晶体管最小特征尺寸的发展历程。

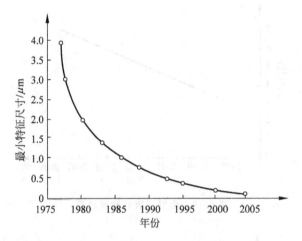

图 6.20　集成电路最小特征尺寸的发展历程

6.4.3　集成电路的生产成本

集成电路的成本主要包括设计费用、制造费用和测试费用。开发设计费用一般以人年计算,即开发过程中的人数与时间的乘积。设计时间在设计成本中占主要地位,它不仅影响产品最终的成本,而且受市场竞争的制约。一般来讲,对于市场需求量大、通用性强的通用电路,可用全定制设计方式,以减小芯片面积,提高电路性能,但是这种设计方式的缺点是需要耗费更长的时间。对于用量不大的专用电路,可采用半定制的设计方式,以缩短设计周期,降低设计费用,但是这种方式也存在着缺点,即对芯片面积的利用率很低。

如前所述,集成电路可以分为通用集成电路和专用集成电路。前者生产批量大,设计费用分摊在每个芯片上就不大。因此,对芯片的性能(和市场竞争力紧密相关)和芯片的利用率(和生产成本紧密相关)要求高,而对设计成本、设计周期的要求可以放宽。后者则着重设计成本和设计周期,对 EDA 工具提出了更高的要求。

用户在完成了电路设计之后,可以采用全定制法、半定制法、标准单元法和可编程逻辑器件法等方式实现[6]。

上述四种集成电路实现方式的成本及设计复杂度比较如表 6.1 所示。

表 6.1　集成电路费用及设计复杂度

电 路 类 型	单片价格	开发费用	设计复杂度
全定制法	低	高	复杂
半定制法	较低	较高	较复杂
标准单元法	较高	较低	较简单
可编程逻辑器件法	高	低	简单

从表 6.1 可以看出,从全定制法到可编程逻辑器件法,单片价格逐渐升高,开发费用逐渐降低,设计复杂度逐渐降低。图 6.21 是不同产量时几种设计方法的生产成本的比较。

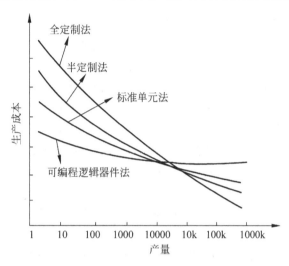

图 6.21　不同产量时几种设计方法的生产成本

6.4.4　成品率与缺陷产品

随着集成电路技术的不断发展,尤其是现代工艺进入亚微米和深亚微米工艺阶段后,集成电路制造中的关键问题是保持或提高集成电路的成品率。由于集成电路生产工艺中的扰动,在制造过程中(特别是光刻工艺中),晶圆上有可能会引入缺陷,即实际形成的图形与理想中的图形之间有偏差。集成电路的产品效益完全取决于其生产成品率,由于缺陷的存在,即使在成熟的工艺生产线条件下,成品率也不可能达到 100%。缺陷是影响集成电路成品率与可靠性的主要因素,在集成电路的制造过程中始终存在着缺陷。随着制造工艺的不断改进,超净室的应用,在很大程度上减少了缺陷密度,但随着集成电路复杂度与芯片面积的增加、特征尺寸和栅氧化层厚度的减小,每个芯片上的晶体管密度不断增加,使缺陷的影响进一步增加。

决定半导体产品市场竞争和质量的重要因素是集成电路的成品率和可靠性。定性来讲,成品率低不可能有可靠性高的产品,可靠性高的产品必须由成品率高的工艺线来生产。因此如何定量地表征可靠性与成品率之间的关系,如何通过集成电路制造成品率对该生产线产品的失效率做出有效估计,一直是科研工作者比较关注的问题。成品率估计对集成电路业变得越来越重要,制造厂首次引入新技术时,成品率通常只有 20%,通过分析成品率低的原因,可以提高成品率。

从机理方面分析,缺陷可以粗略地分为总体缺陷和点缺陷两种类型。总体缺陷是集成电路中规模相对比较大的缺陷,主要由以下几种原因造成:

(1) 在工艺过程中由于操作失误造成圆片上形成刮痕和晶圆表面的损伤;

(2) 工艺过程中由于掩膜版或腐蚀液的偏差等,造成某些部位腐蚀力度不够或欠腐蚀,或者有些部位腐蚀过度等。

点缺陷是指在工艺过程中,由于应用的材料和环境等因素的变化所引起的局部缺陷,主要来源有以下三种:

(1) 洁净室级别不够,内部空气中存在灰尘微粒;

(2) 硅片和工艺线上设备的物理接触;

(3) 腐蚀液等各类化学试剂中的杂质微粒等。

这两类缺陷对成品率的影响都很大,但是它们影响的机理与因素是不一样的。对一条设计成熟、可控性良好的工艺线来讲,总体缺陷可以减少,甚至可以消除。然而要控制点缺陷是非常困难的,由于点缺陷引起的集成电路成品率损失远比总体缺陷造成的成品率损失大得多。对于大面积集成电路,总体缺陷出现的频率几乎独立于芯片面积的大小,而点缺陷出现的数目随着芯片面积的增加而增加。因此在预测集成电路成品率的时候,必须充分考虑点缺陷对它的重要影响,这也是在分析成品率时只考虑点缺陷影响的主要原因。

点缺陷按其损伤机理通常分为丢失物缺陷、冗余物缺陷以及针孔缺陷和结泄漏孔缺陷等。丢失物缺陷通常造成电路的开路故障,而冗余物缺陷、氧化物针孔缺陷和结泄漏孔缺陷常常造成电路短路故障。但是并非所有的缺陷都造成电路故障,这还与缺陷的形状、大小(粒径)和所处的位置有关。

有时缺陷不一定会造成故障,必须分析缺陷所在的位置。只有落在某一特定区域内的缺陷才能形成故障,这个特定区域通常称为关键区域。关键区域的面积称为关键面积。关键面积可以用来表征缺陷造成电路故障的程度。利用关键区域的概念,可以将缺陷分为成品率缺陷(硬故障)、可靠性缺陷(软故障)和良性缺陷三种类型。

成品率缺陷是指在集成电路制造过程中,在电路功能测试阶段可以被检测出来的已经造成电路故障的缺陷,这种缺陷直接影响着电路的成品率,将其称为成品率缺陷。由于这类缺陷一旦出现,就会造成电路功能的永久性失效,所以这类缺陷又称为硬故障。可靠性缺陷是指在电路功能测试阶段虽然没有造成电路故障,但是在电路的运行过程中却有可能影响电路的寿命或者可靠性的缺陷。这类缺陷存在时,电路功能测试阶段不能被检测出来,但由于该缺陷的存在大大缩短了电路的寿命,所以这类缺陷又称为软故障。例如出现在互连线上的丢失物缺陷使得导线的有效宽度在局部范围变得很窄,在导线的该区域增大了电路密度,加剧了此处的电迁移效应,缩短了整个电路的寿命。良性缺陷是指既不影响电路的功能和成品率,又不影响电路的寿命和可靠性的缺陷。这类缺陷在做电路的成品率和可靠性分析时可以忽略不计。同时利用关键区域的面积,给出缺陷成为"硬故障"或"软故障"的概率以及精度较高的集成电路成品率预测模型。利用成品率缺陷与可靠性缺陷之间的关系,进而给出工艺线生产的产品的失效率与该工艺线制造成品率之间的定量关系。在工艺线稳定的条件下,利用该工艺线的制造成品率可以有效地估计出产品的失效率,有效地提高产品的可靠性。

由于缺陷的出现具有随机性,不同粒径的缺陷可能出现在一个芯片的任何位置上,而缺陷出现在芯片上的位置以及缺陷的粒径的大小直接影响着电路的成品率和寿命。下面用图例的形式表示出了不同缺陷出现的位置与对应故障的关系[11]。

如图 6.22 所示,H 表示成品率缺陷,即硬故障,在流片完成以后就使两根导线连在一起,造成短路故障,但是流片完成后可以检测出来,直接加以淘汰。S 表示可靠性缺陷,即软故障,它虽然没有使两条金属线直接连接到一起,但它使两条金属线之间的宽度小于最小宽度 d_{min}。W 表示良性缺陷,它大于最小宽度 d_{min},因此它既不影响成品率也不会使电路在工作过程中失效。

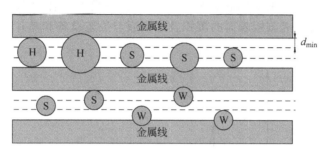

图 6.22　缺陷位置与故障的关系

前面曾提到并非所有的缺陷都能引起集成电路成品率的下降,只有落在关键区内的缺陷才能引起集成电路成品率的下降。图 6.23 给出了粒径为 R 的缺陷造成电路开路或短路故障的关键区域。图 6.23 中阴影部分为开路关键面积,微粒1、2、3 的粒径都为 R,但只有 1 和 2 才会造成开路,形成故障,而 3 不会造成开路故障。

同理,图 6.24 中阴影部分为短路关键面积,微粒 4、5、6 的粒径也为 R,只有 4 和 5 才会造成短路,形成短路故障。由此可见缺陷要造成故障不仅与其自身的粒径大小有关,还与其所处的位置有关。

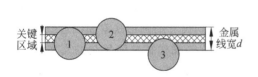

图 6.23　开路故障的形成

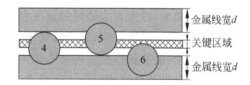

图 6.24　短路故障的形成

由以上分析可见,缺陷出现的频率和缺陷粒径分布对电路故障分析是很重要的。此外,有关缺陷的统计数据还可用于估计成品率、优化制造工艺、测试版图及确定设计规则。实际缺陷的形貌是多种多样的,它们的形貌特征对集成电路的成品率估计有重要影响。但是为了计算方便,通常假设缺陷为圆形的,并且用其最大投影尺寸为直径的圆形缺陷加以近似,这种模型称为最大圆模型。基于此最大圆模型的缺陷粒径分布研究已有较长的历史了。刚开始人们假设缺陷的粒径为一常数,经过一段时间的实验后,发现小粒径的缺陷要比大粒径的缺陷多,且当缺陷的粒径大于某一值后,缺陷密度有下降趋势。借助于光学显微镜,Stapper 提出了缺陷粒径的 $1/R$ 模型,即在缺陷粒径较小时,缺陷出现的频率随粒径的增大呈线性上升关系,并在某一粒径时缺陷出现的频率达到最大值,在粒径进一步增大时缺陷出现的频率随粒径呈 $1/R^n$ 关系下降[12]。

该模型所给出的缺陷粒径分布的归一化分布函数 $h(R)$ 为

$$h(R) = \begin{cases} \dfrac{2(n-1)R}{(n+1)R_0^2}, & 0 \leqslant R \leqslant R_0 \\[3mm] \dfrac{2(n-1)R_0^{n-1}}{(n+1)R^2}, & R_0 \leqslant R \leqslant +\infty \end{cases} \tag{6-1}$$

上式中,R_0 为频率峰值所对应的缺陷粒径。图 6.25 给出了典型的缺陷粒径分布图,通过对实际数据的分析与拟合,Stapper 得到了 n 为 3。从缺陷产生的物理机理出发,Maly 提出了一个基于 Reyleigh 分布的缺陷粒径分布模型[13]。该模型综合考虑了超净环境下的各种杂质和灰尘在硅片或光刻版表面的沉积及光刻版与工艺设备和晶片的机械接触对缺陷的贡献。

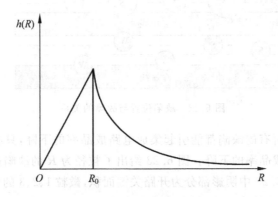

图 6.25　缺陷粒径的分布

通过以上的分析可知,在对成品率进行预测的过程中,缺陷粒径的分布会影响到缺陷在版图上引起的故障概率。若真实缺陷用最大圆模型来近似,则其引起故障的概率会估计过高;同理,若真实缺陷用最小圆模型来近似,则其引起故障的概率会估计偏低。后来又衍生出一种椭圆模型,即用真实缺陷的最大投影尺寸及最小投影尺寸所确定的椭圆来近似真实缺陷,并对椭圆求平均尺寸,最后真实尺寸用直径为该平均尺寸的圆形缺陷加以近似。传统的最大圆模型、最小圆模型及椭圆模型等都是用欧氏等效轮廓代替缺陷复杂的真实轮廓进行处理的。这是一种改变对象结构以适应现有处理方法的策略,虽然经过这样的近似处理可大大简化计算,但在缺陷引起故障概率的预测中会引入较大的误差,导致对成品率的估测精度下降。因此需要不断地寻求新的模型来近似缺陷的轮廓,更好地对成品率进行估测。

利用缺陷轮廓的模型建立成品率模型。表征集成电路成品率的模型有很多种,通常采用的有 Poisson 模型和 IBM 公司的 Stapper 提出的负二项式模型[14]。最常采用的是负二项式模型

$$Y = \mathrm{Pr}\{X = 0\} = \left(1 + \dfrac{\lambda}{\partial}\right)^{-\partial} = \left(1 + \dfrac{AD}{\partial}\right)^{-\partial} \tag{6-2}$$

其中,λ 为芯片上的平均缺陷数,A 为芯片面积,D 为平均缺陷密度,∂ 为成团因子。

实践表明,无论用 Possion 模型还是用负二项式模型表征集成电路成品率,其预测成品率的结果往往都低于实际统计的成品率。主要原因就是这些模型忽略了缺陷与失效的区别。即前面所分析的并不是所有的缺陷都会造成失效,只有那些落在关键面积内的缺陷才会参与形成失效,所以说关键面积可以用来表征缺陷造成电路失效的程度。

作为一个集成电路设计者,在电路的设计阶段不仅要给出电路正确的功能和性能设计,同时还要结合工艺线的能力和实际的工艺水平,实现电路可靠性和成品率的最优化设计。

复习题

(1) 简述集成电路的设计内容。

(2) 比较几种集成电路设计方法,总结如何选取合适的设计方法。

(3) 比较"白顶向下"和"自底向上"两种 VLSI 设计实现策略的优缺点。

(4) 试述衡量集成电路的标准有哪些?

(5) 总结影响集成电路设计成本的因素。

(6) 集成电路的缺陷有哪些?什么是成品率缺陷、可靠性缺陷(软故障)和良性缺陷?

参考文献

[1] (日)岩田穆,角南英夫著.彭军译.超大规模集成电路——基础·设计·制造工艺.北京:科学出版社,2008.

[2] 蔡懿慈,周强.超大规模集成电路设计导论.北京:清华大学出版社,2005.

[3] 鞠家欣.现代数字集成电路设计.北京:化学工业出版社,2006.

[4] 宋玉兴,任长明.超大规模集成电路设计.北京:中国电力出版社,2004.

[5] 王志功,朱恩.VLSI 设计.北京:电子工业出版社,2005.

[6] (美)John P. Uyemura 著.周润德译.超大规模集成电路与系统导论.北京:电子工业出版社,2004.

[7] 英特尔推出首款 32 纳米制程 6 核心处理器,http://digi. tech. qq. com/a/20100316/001477. htm. 2010-03-16.

[8] Wikipedia. Moore's law . http://en. wikipedia. org/wiki/Moore%27s_law.

[9] http://server. chinabyte. com/385/8083885. shtml.

[10] http://server. chinabyte. com/385/8083885_10. shtml.

[11] 赵天绪,段旭朝,郝跃.基于制造成品率模型的集成电路早期可靠性估计.电子学报,2005,33(11): 1965~1968.

[12] 赵天绪,郝跃.集成电路局部缺陷模型及其相关的功能成品率分析.微电子学,2001,31(2): 139~140.

[13] Pineda de Gyvez,J. ,Di,C. IC defect sensitivity for footprint-type spot defects. IEEE Transactions on Computer-Aided Design. 1992,11(5):638~658.

[14] CH Stapper. On yield,fault distribution and clustering of particles. IBM Journal of Research and Development. 1986,30(3):326~338.

第 7 章

VLSI的EDA设计方法

7.1 EDA 历史与发展

电子设计自动化(EDA)技术主要应用于电子电路设计,它以计算机为设计工具,采用高级语言编写设计文件,并利用一整套软件工具自动完成设计系统的逻辑仿真、逻辑综合、时序验证、布局布线等,最终将设计的系统在特定的芯片中加以实现。

EDA 技术经历了一个逐步发展的过程[1]。

20 世纪 70 年代,随着中小规模集成电路的开发应用,人们开始用计算机辅助进行 IC 版图编辑和 PCB 布局布线,取代了手工操作,第一代 EDA 工具由此诞生。

20 世纪 80 年代,为了适应规模和制作上的需要,电路功能设计和结构设计的自动化程度进一步加强,以计算机仿真和自动布线为中心技术的第二代 EDA 技术应运而生。

20 世纪 90 年代后,EDA 技术进一步发展,出现了以高级语言描述、系统仿真和综合技术为特征的第三代 EDA 技术。这极大地提高了设计效率,减轻了设计人员的劳动,缩短了设计周期,提高了设计成功率。

EDA 技术的出现给电子系统设计带来了革命性的变化,并将继续发展,发挥更大的作用。

7.2 VHDL 与 Verilog-HDL

7.2.1 硬件描述语言

硬件描述语言(HDL)是一种利用文字描述数字电路系统的语言。它可以使数字逻辑电路设计者利用语言来描述自己的设计,然后利用 EDA 工具进行仿真验证,再由自动综合工具转换到门级电路网表,最后用专用集成电路(ASIC)或现场可编程门阵列(FPGA)自动布局布线工具把网表转换为具体电路布线结构以实现其功能。

硬件描述语言成功地应用于设计的仿真、验证、综合等各个阶段,使数字电路系统得以迅速发展。迄今为止,已出现了上百种硬件描述语言,其中最常用的为 VHDL 与 Verilog-HDL 两种,并且这两种语言已先后成为 IEEE 标准。

7.2.2 VHDL 与 Verilog-HDL

高速集成电路硬件描述语言 VHDL 是由美国军方组织开发的,旨在开发更为复杂的集成电路,加速电子工业的发展,于 1987 年成为 IEEE 标准。经过不断完善和更新,已被绝大多数集成电路生产厂家和 EDA 工具厂商接受。

Verilog-HDL 是由 Phil Moorby 于 1983 年首创,后来成为 Cadence 公司的专用技术。1990 年,Cadence 公司将其公开后,在世界范围内取得巨大发展,并于 1995 年成为 IEEE 标准。Verilog-HDL 允许设计者用它来进行各种级别的逻辑设计,可以进行数字逻辑系统的仿真验证、时序分析、逻辑综合等,是目前应用最广泛的一种硬件描述语言。

VHDL 与 Verilog-HDL 作为硬件描述语言,有很多相同之处,都能够抽象地表示电路的结构和行为,并可以对设计出来的电路进行仿真与验证,以确保其正确地实现既定功能,都支持逻辑设计中层次与领域的描述,并实现电路描述与工艺实现的分离。但 VHDL 与 Verilog-HDL 又各有其特点。

Verilog-HDL 的语法规则与 C 语言十分相似,语法要求也比较宽松,比较易于掌握。而 VHDL 的语法规则类似于 ADA 语言,语法检查也比较严格。

一般认为 Verilog-HDL 在系统级抽象方面比 VHDL 略差一些,而在门级开关电路描述方面要优于 VHDL。所以 Verilog-HDL 较为适合系统级(System)、算法级(Algorithm)、寄存器传输级(Register Transfer Level,RTL)、逻辑级(Logic)、门级(Gate)、电路开关级(Switch)的设计,而对于特大型(几百万门级以上)系统级(System)设计,VHDL 更为适合。另外,Verilog-HDL 拥有更广泛的设计群体,成熟的资源也比 VHDL 丰富。

7.3 设计工具

在 VLSI 的设计流程中,用到的 EDA 工具主要包括仿真工具、综合工具、版图工具以及其他分析工具。以下将以一个 FM0 编码模块为例简单介绍设计流程中用到的各种 EDA 工具。编码模块的源文件和测试文件为

```
/* encode module */          //  /* 和 */ 之间是注释,在同一行中 // 之后也是注释
module encode (clk,
               rst,
               encode,
               stop_encode,
               q_from_crc,
               q_from_shiftreg,
               ena_crc_send,
               ena_regs_send,
               qout_encode,
               data_shift_encode);
                            //输入输出端口列表,定义模块名字为 encode
input clk;
input rst;
input encode;
input stop_encode;
input q_from_crc;
input q_from_shiftreg;
input ena_crc_send;
input ena_regs_send;
```

```
    output qout_encode;
    output data_shift_encode;          //输入输出端口声明

    reg qout_encode;
    reg [3:1] state;
    reg [3:1] nextstate;               //寄存器类型数据声明

    parameter   S1 = 3'd0,
                S2 = 3'd1,
                S3 = 3'd2,
                S4 = 3'd3,
                Wait = 3'd4;           //参数声明

    assign data_shift_encode = (state == S1)||(state == S4);  //数据流描述

    wire qin_encode;                                         //线网类型数据声明
    assign qin_encode = (ena_regs_send)?q_from_shiftreg:
                                        (ena_crc_send)?(~q_from_crc):1'b?;

    always @(posedge clk)
     begin
     if(rst)                           //rst 为 1 时将 Wait 的值赋给 state
       begin
           state <= Wait;
       end
     else                              //rst 为 0 时把 nextstate 的值赋给 state
       begin
           state <= nextstate;
       end
     end                               //过程结构

    always@(state or qin_encode or encode or stop_encode)
                                       //当括号中的信号发生变化时启动过程
     begin
       case(state)                     //下面是 case 语句,定义状态机
         S1:begin
               if(qin_encode == 1'b0)
                   begin
                       nextstate <= S2;
                   end
                 else
                   begin
                       nextstate <= S3;
                   end
           end
         S2:begin
               if(stop_encode)
                   begin
                       nextstate <= Wait;
                   end
                 else
```

```
                    begin
                        nextstate <= S1;
                    end
            end
        S3:begin
                if(stop_encode)
                    begin
                        nextstate <= Wait;
                    end
                else
                    begin
                        nextstate <= S4;
                    end
                            end
        S4:begin
                if(qin_encode == 1'b0)
                    begin
                        nextstate <= S3;
                    end
                else
                    begin
                        nextstate <= S2;
                    end
            end
        Wait:begin
                if(encode)
                    begin
                        nextstate <= S1;
                    end
                else
                    begin
                        nextstate <= Wait;
                    end
            end
        default:begin
                    nextstate <= Wait;
                end
    endcase
  end

always@(state)
  begin
    case(state)
        S1:begin
                qout_encode <= 1'b0;
            end
        S2:begin
                qout_encode <= 1'b1;
            end
        S3:begin
                qout_encode <= 1'b0;
```

```
                        end
        S4:begin
                qout_encode <= 1'b1;
            end
        Wait:begin
                qout_encode <= 1'b0;
            end
        default:begin
                    qout_encode <= 1'b0;
                end
    endcase
 end
endmodule                       //encode 模块定义结束
/ * testbench * /               //测试模块说明
module encode_test;             //定义一个测试模块,名字为 encode_test
reg clk;
reg rst;
reg encode;
reg stop_encode;
reg q_from_crc;
reg q_from_shiftreg;
reg ena_crc_send;
reg ena_regs_send;
wire qout_encode;
wire data_shift_encode;         //测试模块的端口声明

encode e1 (.clk(clk),
        .rst(rst),
        .encode(encode),
        .stop_encode(stop_encode),
        .q_from_crc(q_from_crc),
        .q_from_shiftreg(q_from_shiftreg),
        .ena_crc_send(ena_crc_send),
        .ena_regs_send(ena_regs_send),
        .qout_encode(qout_encode),
        .data_shift_encode(data_shift_encode));
                        //结构描述,例化模块 encode,端口采用命名关联方式
    always #10 clk = ~clk;
                        //产生时钟信号,占空比 50 %,周期为 20 个时间单位
    initial             //定义 initial 过程
      begin
        clk = 1'b0;
        rst = 1'b1;
        #80 rst = 1'b0;
            encode = 1'b1;
            ena_regs_send = 1'b1;
//80 个时间单位后对 rst 赋值 1'b0,encode 赋值 1'b1,ena_regs_send 赋值 1'b1
        #200 ena_regs_send = 1'b0;
            ena_crc_send = 1'b1;
        #80   stop_encode = 1'b1;
            encode = 1'b0;
```

```
        #80    $ stop;
    end                        //initial 过程结束
  initial
    begin
      #80 q_from_crc = 1'b1;
      #40 q_from_crc = 1'b0;
      #40 q_from_crc = 1'b1;
      #40 q_from_crc = 1'b1;
      #40 q_from_crc = 1'b1;
      #40 q_from_crc = 1'b0;
      #40 q_from_crc = 1'b1;
      #40 q_from_crc = 1'b1;
      #40 q_from_crc = 1'b0;
      #40 q_from_crc = 1'b1;
    end
  initial
    begin
      #80 q_from_shiftreg = 1'b1;
      #40 q_from_shiftreg = 1'b0;
      #40 q_from_shiftreg = 1'b1;
      #40 q_from_shiftreg = 1'b1;
      #40 q_from_shiftreg = 1'b0;
      #40 q_from_shiftreg = 1'b0;
      #40 q_from_shiftreg = 1'b0;
      #40 q_from_shiftreg = 1'b1;
      #40 q_from_shiftreg = 1'b1;
      #40 q_from_shiftreg = 1'b0;
    end
endmodule                      //测试模块结束
```

7.3.1　仿真工具

常见的仿真工具有 Synopsys 公司的 VCS(Verilog Compiled Simulator),Mentor 公司的 ModelSim 以及 Cadence 公司的 Verilog-XL 和 NC-Verilog。其中 Mentor 公司的 ModelSim 因其易用性而迅速崛起,并成为基于廉价 PC 工作站的数字仿真工具的后起之秀,愈来愈受到新手们的欢迎。

ModelSim 具备强大的模拟仿真功能,在设计、编译、仿真、测试、调试开发过程中,提供一整套工具供用户使用,而且操作极其灵活,可以通过菜单、快捷键和命令行的方式进行工作。ModelSim 具有便于使用的窗口管理界面,能够很好地与操作系统环境协调工作。下面将简单介绍 ModelSim 的使用方法[2,3]。

1. 创建一个新的工程

选择菜单命令 File|New|Project 创建一个新工程。弹出 Create Project 窗口,如图 7.1 所示。

输入工程名 Project Name 和工程所在的目录 Project Location。在这个目录下存放设计的工程文件和源文件。默认的库名为 work,ModelSim 会在工程目录下创建一个子目录,即工作库,用来存放编译的结果。

2. 为所创建的工程加入源文件

在 Project 区域右击,选择 Add file to Project 命令,弹出如图 7.2 所示的对话框。将本例中使用的编码模块源文件 encode.v 和测试文件 encode_test.v 加入工程。

图 7.1　创建新工程窗口

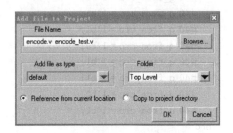

图 7.2　加入源文件窗口

3. 编译文件

在 Project 区域右击,选择 Compile all 命令。编译结束后,单击 Library 标号,将看到两个已编译过的设计。

4. 对设计进行仿真

选择菜单命令 Simulate|Simulate,弹出如图 7.3 所示的对话框,选择仿真文件 encode_test.v,单击 OK 按钮。

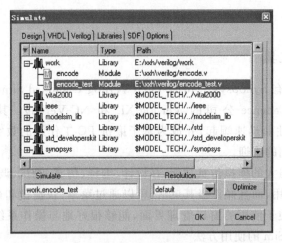

图 7.3　仿真窗口

此时,选择菜单命令 View|Signals 弹出信号显示窗口,选择菜单命令 View|source 查看源文件,选择菜单命令 View|structure 显示仿真结构,选择菜单命令 View|wave 弹出波形窗口。

在 Signals 窗口中,选择要显示的信号,选择菜单命令 Add|Wave|Selected signals 可以将所选信号加入到 Wave 窗口(Signals in Region 选项,可以将当前模块的信号加入到 Wave

窗口,Signals in Design 选项可以将该设计中所有信号加入到 Wave 窗口)。

下面运行仿真,观察波形。

从工具条上可以运行不同的 Run 功能。在工具条上单击 Run 按钮，可以运行仿真,并在运行设置的仿真时间长度后结束(在 Run Length 框 100 ns 中设置运行时间);单击 Run All 按钮，仿真会持续进行下去;单击 Break 按钮，中断运行;单击 Restart 按钮，可以重新载入设计。运行仿真后,仿真波形如图 7.4 所示。

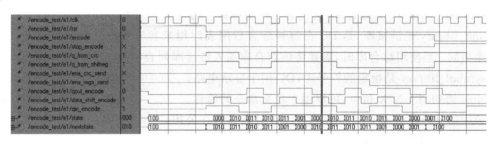

图 7.4　仿真波形

ModelSim 还具有比较波形、测试代码覆盖率等其他功能,详细用法请参考相关帮助文件。

7.3.2　综合工具

在 RTL 源代码设计完成并通过仿真验证后,可以利用综合工具对其进行综合。综合分为逻辑综合和行为综合,这里的综合是指逻辑综合,即将我们用硬件描述语言(Verilog 或 VHDL)描述的设计转换成门级电路的过程。

综合工具进行逻辑综合的过程:首先,分析 HDL 代码,将 HDL 映射为与技术库无关的模型;然后,在设计者的控制下,对这个模型进行逻辑优化;最后,进行逻辑映射和门级优化,根据约束将逻辑映射为专门的技术目标单元库中的单元,形成综合后的网表。

常见的综合工具有 Synopsys 公司的 DC(Design Compiler),Cadence 公司的 BuildGates 和 Encounter RTL Compiler 以及 Mentor 公司的 Leonardo。其中 Synopsys 公司的 DC 是业界使用最广泛的综合工具,下面将简单介绍利用 DC 进行逻辑综合的步骤[4]。

1. 建立综合环境

DC 使用名为.synopsys_dc.setup 的设置文件对综合环境进行设置。启动时,DC 会按下述顺序搜索并装载相应目录下的设置文件:

(1) DC 的安装目录;

(2) 用户的 home 目录;

(3) 当前启动目录。

另外,后面装载的启动文件中的设置将覆盖前面装载的启动文件中的相同设置。下面将结合本例中使用的.synopsys_dc.setup 文件解释各项设置的含义。

```
search_path = search_path + {".", synopsys_root + "/dw/sim_ver"}
search_path = search_path + {"~/synopsyslib/v2.6/synopsys/1999.05/models"}
target_library = {CSM180S120_typ.db}
synthetic_library = {dw_foundation.sldb}
```

```
link_library = { " * " CSM180S120_typ.db }
symbol_library = { CSM180S120.sdb }
alias rt "report_timing"
designer = XXX
company = "ASIC Lab, UESTC."
```

search_path 指定综合工具的搜索路径。

target_library 是生产厂家提供的标准单元综合库,用于逻辑映射。

synthetic_library 是综合库,它包含了一些可综合的与工艺无关的 IP。

link_library 是链接库,是 DC 在解释综合后网表时用来参考的库。一般情况下,它和目标库相同;当使用综合库时,需要将该综合库加入链接库列表中。

symbol_library 是指定的符号库,DC 用于显示电路。

alias 语句与 UNIX 相似,可以用于定义命令的简称。

最后的 designer 和 company 表明了设计者和所在公司。

在 DC 中,定义了 8 种设计实体:

设计(Design):一种能完成一定逻辑功能的电路。设计中可以包含下一层的子设计。

单元(Cell):设计中包含的子设计的实例。

参考(Reference):单元的参考对象,即单元是参考的实例。

端口(Port):设计的基本输入输出口。

引脚(Pin):单元的输入输出口。

线网(Net):端口间及管脚间的互连信号。

时钟(Clock):作为时钟信号源的管脚或端口。

库(Library):直接与工艺相关的一组单元的集合。

正确地理解和熟记这些设计实体的意义,是更好地运行 DC 中各项操作的基础。

2. 启动软件

DC 提供图形用户界面(Graphical User Interface,GUI)和命令行(Tool Command Language,TCL)两种界面,在 UNIX 下执行 dc_shell 命令即可启动 DC 的命令行界面,执行 design_analyzer& 命令即可启动相应的图形界面。启动以后的图形界面如图 7.5 所示。

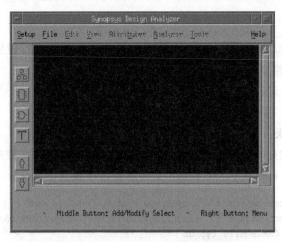

图 7.5　Design Analyzer 的主界面

在图形界面中若需要执行命令行,可以选择 Setup|Command Window 菜单命令打开命令行功能,如图 7.6 所示。在软件启动时,启动文件中所定义的变量已经加载,如果希望改变其他变量的值,可以在 Setup|Variable 菜单中进行设置,如图 7.7 所示。

(a) 命令行菜单

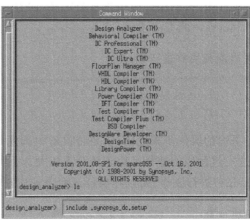
(b) 命令行窗口

图 7.6 Design Analyzer 的命令行功能

(a) 变量菜单

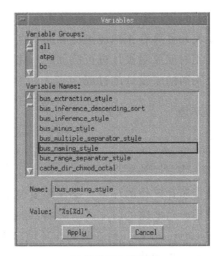
(b) 变量修改对话框

图 7.7 Design Analyzer 中修改变量的值

3. 读入设计

```
dc_shell > read - f encode.v
```

在 DC 中,读入设计可以有两种方法:read 和 analyze + elaborate。

read 可以读入包括 Verilog-HDL 和 VHDL 在内的其他文件格式,如 EDIF、DB、PLA、ST、EQUATION 等。但是,read 命令不支持参数修改以及 VHDL 中的构造体选择等功能。

analyze + elaborate 只能读入 Verilog-HDL 和 VHDL 格式的设计。analyze 对读入的设计文件进行编译,进行语法和可综合性的检查,并将中间结果存入指定的库中。elaborate 命令用于为设计建立一个结构级的与工艺无关的描述,为下一步的工艺映射做好准备。如果在读入的设计中,被调用的模块含参数定义,而且在调用的过程中被重新赋值,则必须用 analyze + elaborate 的方法读入。

4. 设置当前模块并进行链接

```
dc_shell > current_design encode
dc_shell > link
```

在进行下面的操作步骤之前,需要将设计中调用的子模块与链接库中定义的模块建立对应关系,这一过程叫作链接。由于该命令以及以后用到的大部分命令均对当前设计模块(current_design)进行操作,所以在执行该命令前应正确设置当前模块。

5. 实例唯一化

```
dc_shell > current_design encode
dc_shell > uniquify
```

DC 在综合时可能使用不同的电路形式来实现同一个子模块的不同实例,从而使这些来源于同一个模块并且具有相同逻辑功能的实例被 DC 视为不同的设计。当设计中的某个子模块被多次调用时就要对设计进行实例唯一化。实例唯一化就是将同一个子模块的多个实例生成为多个不同的子设计的过程。

6. 设置操作环境

```
dc_shell > current_design encode
dc_shell > set_operating_conditions WCCOM - lib CSM180S120_typ
```

操作环境是指芯片工作的环境。操作环境包括温度、电源电压、工艺偏差、互连模型等参数。这些参数都会对电路的时序产生影响,综合前必须对这些参数进行设置。综合库中一般会提供 worst、typical 和 best 3 种操作环境。采用 report_lib 命令可以列出工艺库中包括工作环境在内的各项参数。

7. 设置连线负载

连线负载在 DC 中用来估算设计内部互连线上的寄生参数,从而对设计内部的连线延迟进行估计,得到更加接近实际的综合结果。DC 中的连线负载设定包括两部分:连线负载大小和连线负载模式。

1) 设置连线负载大小

```
dc_shell > set_wire_load_model - name 8000 - lib CSM180S120_typ
```

一般的工艺库通过设计的规模来表征连线负载的大小。下面给出库文件中可供选择的连线负载大小的种类以及各自对应的设计规模。

```
Wire Loading Model Selection Group:
    Name                : predcaps
        Selection                           Wire load name
    min area    max area
    -------------------
    0.00            100.00              ForQA
    100.00          4000.00             4000
    4000.00         8000.00             8000
    8000.00         16000.00            16000
    16000.00        35000.00            35000
    35000.00        70000.00            70000
    70000.00        140000.00           140000
    140000.00       280000.00           280000
    280000.00       540000.00           540000
    540000.00       1000000.00          1000000
    1000000.00      2000000.00          2000000
    2000000.00      4000000.00          4000000
    4000000.00      8000000.00          8000000
```

DC 会根据连线负载的种类,通过查找表的方式对电容、电阻和面积等电路参数进行估计。如库文件中对负载模型"8000"的定义为

```
Name:               8000
Location:           CSM1800S120_typ
Resistance:         7.8e-05
Capacitance:        0.000123
Area:               0.01
Slope:              189


        Fanout   Length   Points Average Cap Std Deviation
        ----------------------------------------------
            1      28.84
            2      57.40
            3      91.56
            4     163.80
            5     201.95
            6     249.34
            7     269.50
            8     431.20
            9     443.80
           10     553.00
           11     704.20
           12     789.60
           13     800.80
           14     835.80
           15     882.00
           16     918.40
           17     991.20
           18    1138.20
           19    1297.80
           20    1486.80
```

2) 设置连线负载模式

dc_shell > set_wire_load_mode top

连线负载模式规定了跨越多个模块层次的连线及其连线负载的计算方式,DC 支持 3 种连线负载模式,如图 7.8 所示。

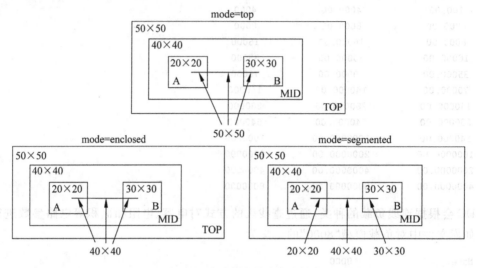

图 7.8　连线负载模式示意图

top:该模块及其子模块中所有连线的连线负载大小均取该模块的值。

enclosed:该模块及其子模块中所有连线的连线负载大小的取值与恰好能完全包含该连线的最底层模块的连线负载大小一致。

segmented:是一种分段模式,意味着一根连线上不同段的连线负载不同,某一段的连线负载与恰好包含该段的最底层模块的连线负载大小一致。

8. 设置输出负载

dc_shell > set_load load_of (CSM18OS120_typ/inv0d1/I) all_outputs()

为了更精确地计算电路的延时,DC 需要知道设计的输出端驱动的负载大小(主要是电容)。

9. 设置输入驱动

dc_shell > set_drive_cell − cell inv0d1 − pin ZN − lib CSM18OS120_typ
all_inputs()
dc_shell > set_drive 0 clk

为了精确计算电路的延时,DC 需要知道设计输入端驱动能力的情况。同时,由于在通常情况下,设计的时钟和复位端都由驱动能力很大的单元或树形缓冲驱动,所以可以用 set_drive 命令将这两个端口的驱动设为无穷大。

10. 创建时钟

dc_shell > create_clock clk − period 30 − wave_form{0 15}

通过−period、−wave_form 等参数可以对时钟的周期和占空比等进行设置。

11. 设置输入延时

dc_shell > set_input_delay 4 − clock clk all_inputs() − "clk"

输入延时概念如图 7.9 所示。图中,时钟周期为 T_c,触发器的传输延时为 T_d,组合逻辑 M 的延时为 T_M,组合逻辑 N 的延时为 T_N,触发器的建立时间为 T_s,则有

$$T_c = T_d + T_M + T_N + T_s \tag{7-1}$$

当时钟设置完毕后,T_c 已经确定,通过设定 $T_d + T_M$,可以对待综合模块的输入部分加以约束(即设定 $T_N + T_s$ 的值)。这里的 $T_d + T_M$ 就是 DC 定义的(对于待综合模块的)输入延时。

12. 设置输出延时

dc_shell > set_output_delay 4 − clock clk all_outputs()

输出延时概念如图 7.10 所示。图中,时钟周期为 T_c,触发器的建立时间为 T_s,组合逻辑 M 的延时为 T_M,组合逻辑 N 的延时为 T_N,触发器的传输延时为 T_d,则有

$$T_c = T_d + T_N + T_M + T_s \tag{7-2}$$

当时钟设置完毕后,T_c 已经确定,通过设定 $T_M + T_s$,可以对待综合模块的输出部分加以约束(即设定 $T_d + T_N$ 的值)。这里的 $T_M + T_s$ 就是 DC 定义的(对于待综合模块的)输出延时。

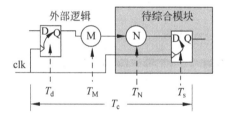

图 7.9 输入延时示意图

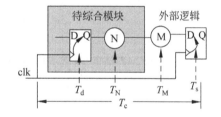

图 7.10 输出延时示意图

13. 设置面积约束

dc_shell > set_max_area 0

将设计的面积约束设为 0 后,DC 将在时序满足的情况下尽可能地优化面积。

14. 设置不进行优化的网络

dc_shell > set_dont_touch_network clk

由于时钟端的负载很大,DC 会使用 Buffer 来增加其驱动能力。但是一般情况下,设计者都使用布局布线工具来完成这项工作,所以可以指示 DC 不要对时钟网络进行修改。

15. 设置时序例外(Exception)

在电路中,将一个数据从一个寄存器传送到下一个寄存器中一般会在一个时钟周期内

完成。如果数据传送超过一个周期,则发生时序例外。在 DC 中,时序例外命令包括

Set_multicycle_path:设置一个多周期路径;

Set_false_path:设置无效路径。

16. 设计综合

dc_shell > compile − map_effort medium

综合过程中,屏幕上会显示综合的进程,如图 7.11 所示。其中第一栏为综合所花费的时间;第二栏为电路面积;第三栏为负的时延裕量;第四栏为所有负的时延裕量的总和(TNS);第五栏反映设计规则的违反程度。

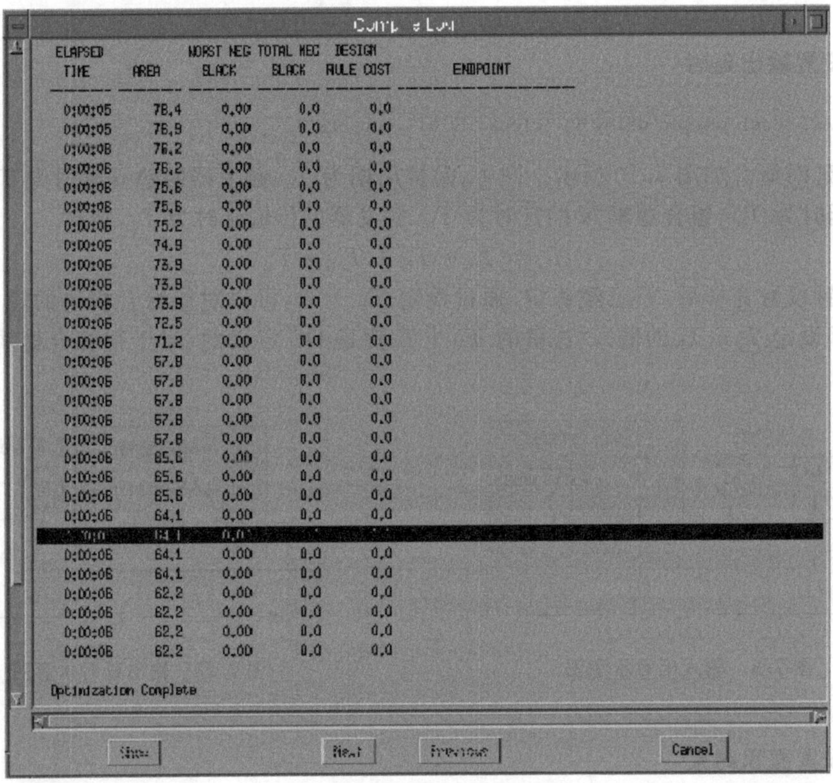

图 7.11　综合进程

这时,还可以在图形界面下看到综合结果,如图 7.12 所示。

17. 报告设计结果

(1) 报告延时信息

dc_shell > current_design encode
dc_shell > report_timing − nworst 3 >"./report/encode_report.rpt"

将设计中的延时信息输出到"./report/encode_report.rpt"文件中,共输出 3 条路径。

(2) 报告面积信息

dc_shell > report_area >>"./report/encode_report.rpt"

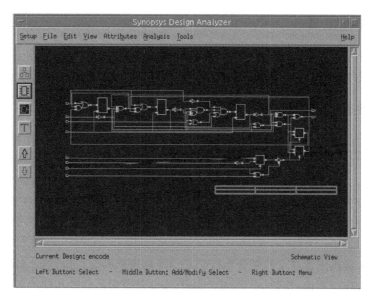

图7.12 综合结果

将面积信息添加到"./report/encode_report.rpt"文件中。

18. 保存设计

dc_shell > write − format db − hierarchy − output ./result/encode.db
dc_shell > write − format verilog − hierarchy − output ./result/encode_gates.v

分别以.db和verilog格式保存设计及其门级网表。

19. 时序文件导出

dc_shell > write_sdf ./result/encode.sdf

将设计的时序描述文件导出到"./result/encode.sdf"中。

dc_shell > write_constraints − max_paths 5 ./result/encode_constraint.sdc

将设计的时序约束文件导出到"./result/encode_constraint.sdc"中。

此外,DC还支持脚本方式,可以先编辑一个脚本文件(例如design.scr),然后键入dc_shell -f design.scr,就可以启动并执行文件中的各条指令。

7.3.3 布局布线工具

综合完成后,可以利用布局布线(Auto Place & Route)工具对设计进行布局布线。VLSI设计中常见的布局布线工具有Cadence公司的Design Planner、CT-Gen、PKS、Silicon Ensemble和SOC Encounter,以及Synopsys公司的Chip Architect、Floorplan Manager、Physical Complier、Astro、IC-Complier和FlexRoute等。基于Astro的具体布局布线过程详见8.3节。

7.3.4　其他工具

除了前面介绍的工具外,设计中经常用到的工具还包括静态时序分析工具 PrimeTime 和形式验证工具 Formality。下面结合实例对这两种工具的使用进行简要介绍。

1. 静态时序分析工具 PrimeTime

在芯片设计的流程中,时序验证占有很重要的地位。通常采用的时序验证方法主要有两种:动态时序仿真(Dynamic Timing Simulation,DTS)和静态时序分析(Static Timing Analysis,STA)。动态时序仿真比较精确,但分析速度较慢,而且不能保证分析的全面性。静态时序分析分析速度较快,而且会对所有的时序路径进行分析,因此现在许多厂家都要求引入静态时序分析。下面将简要介绍 Synopsys 公司的静态时序分析工具 PrimeTime 的基本使用流程[5]。

PrimeTime 提供图形(GUI)和命令行(TCL)两种用户界面。执行 pt_shell 命令可启动 PrimeTime 的命令行界面,执行 pt_shell ＞start_gui 命令即可启动相应的图形界面,图形界面如图 7.13 所示。PrimeTime 中对设计进行约束的方式与 Design Compiler 基本相同。

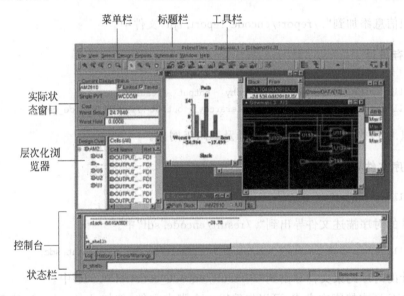

图 7.13　PrimeTime 图形界面

1) 设置设计环境

设置查找路径,本例中设为当前路径:

```
pt_shell > set search_path "."
```

设置链接路径,指定所需的库文件:

```
pt_shell > set link_path " * CSM18OS120_typ.db"
```

这里符号" * "的意思是,当 PrimeTime 在链接时,它会使用内存中的设计文件和库文件。

读入设计文件：

```
pt_shell > read_verilog encode_gates.v
```

PrimeTime 可以接受的文件类型包括 Synopsys 数据库文件(.db)、Verilog 网表文件、EDIF 网表文件和 VHDL 网表文件。本例中读入设计的是 Verilog 网表文件。

链接设计：

```
pt_shell > link_design encode
```

链接就是在 link_path 定义的库文件中寻找到设计中所需要的元件，将设计例化的过程。而且 PrimeTime 每次只能链接一个设计，当链接一个新的设计后，以前的设计将变成未链接的，相应的时序信息也会丢失。

设置操作条件(operating conditions)和线上负载(wire load)：

```
pt_shell > set_operating_conditions - library CSM180S120_typ.db - min BCCOM - max WCCOM
pt_shell > set_wire_load_mode top
pt_shell > set_wire_load_model - library CSM180S120_typ - name4000 - min
pt_shell > set_wire_load_model - library CSM180S120_typ - name 8000000 - max
```

不同的操作环境(Operating Condition)代表不同的工艺(Process)、电压(Voltage)和温度(Temperature)，这些因素都会对延时的计算产生影响。

静态时序分析主要有 3 种分析方式：single、worst_best 和 on_chip_ variation。本例中采用 worst_best 的分析方式。在这种分析方式下，PrimeTime 在产生 setup timing report 时使用最大的操作条件和线上负载，在产生 hold timing reports 时则使用最小的操作条件和线上负载，可以对设计进行较为严格的时序分析。

2) 设置时序约束

设置时钟参数：

```
pt_shell > create_clock - period 30 [get_ports clk]
pt_shell > set clock [get_clock clk]
pt_shell > set_clock_uncertainty 0.5 $ clock
pt_shell > set_clock_latency - min 3.5 $ clock
pt_shell > set_clock_latency - max 5.5 $ clock
pt_shell > set_clock_transition - min 0.25 $ clock
pt_shell > set_clock_transition - max 0.3 $ clock
```

设置端口延时：

```
set_input_delay 4.0 [get_ports {encode}] - clock $ clock
set_input_delay 4.0 [get_ports {rst}] - clock $ clock
set_input_delay 4.0 [get_ports {stop_encode}] - clock $ clock
set_input_delay 4.0 [get_ports {q_from_crc}] - clock $ clock
set_input_delay 4.0 [get_ports {q_from_shiftreg}] - clock $ clock
set_input_delay 4.0 [get_ports {ena_crc_send}] - clock $ clock
set_input_delay 4.0 [get_ports {ena_regs_send}] - clock $ clock
set_output_delay 2.0  [qout_encode] - clock $ clock
set_output_delay 2.0  [data_shift_encode]    - clock $ clock
```

设置驱动单元和电容负载：

```
pt_shell > set_driving_cell – lib_cell inv0d1 – library CSM180OS120_typ  [all_inputs]
pt_shell > set_capacitance 0.5 [all_outputs]
```

这时可以利用命令 check_timing 检查设计的约束。

除此之外,还可以对错误路径(False Paths)、多循环路径(Multicycle Paths)、用户定义的最大最小延迟约束以及无效的时序弧等时序例外进行设置。

如果在 Postlayout 后进行时序分析,则只需将包含延时信息的 .sdf 文件利用 read_sdf 命令读入即可,而不必再做相关约束。

3) 运行分析

```
pt_shell > report_constraint
pt_shell > report_timing
```

分析设计的时序问题,既可以通过相关报告进行分析,也可以通过图形界面进行更加直观的分析。

此外,PrimeTime 支持脚本方式,可以通过命令 source —echo 脚本文件名调用相关脚本文件。

2. 形式验证工具 Formality

在数字集成电路设计中,随着芯片尺寸和集成度的提高,对设计进行相关验证的难度也增加。形式验证就是通过比较两个设计逻辑功能的等同性来对电路的功能进行验证。

Formality 是 Synopsys 公司的形式验证工具,由于 Formality 在验证时不需要输入任何测试矢量,因此利用 Formality 进行设计过程中的逆向验证,可以在更短的时间内得到较为完全的验证结果。任何一个电路设计进行改动后都可以使用 Formality 验证其逻辑功能是否改变。下面将简要介绍 Formality 的基本使用流程[6]。

Formality 同样提供图形(GUI)和命令行(TCL)两种用户界面。执行 fm _shell 命令可启动 Formality 的命令行界面,执行 fm_shell > start_gui 命令即可启动相应的图形界面。图形界面如图 7.14 所示。

1) 设置查找路径

```
fm_shell > set search_path "."
```

2) 读入共享技术库

```
fm_shell > read_db CSM180S120_typ.db
```

3) 设置参考设计(Reference Design)

形式验证过程中涉及两个设计:

Reference Design:标准的、逻辑功能符合要求的设计。

Implementation Design:修改后的、逻辑功能尚待验证的设计。

而且 Formality 需要建立 Container 来读入设计文件。

建立 container

```
fm_shell > create_container ref
```

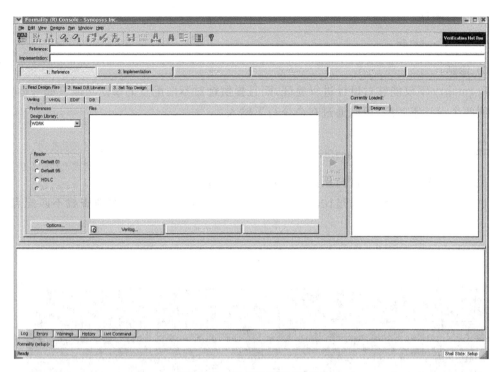

图 7.14 形式验证图形界面

读入设计

> fm_shell > read_verilog encode.v

其中,encode.v 为 RTL 级源文件。

Formality 可以接受的文件类型包括 Synopsys 数据库文件(.db)、Verilog 网表文件、EDIF 网表文件和 VHDL 网表文件。

确认设计为 Reference Design

> fm_shell > set_reference_design ref:/WORK/encode (设计全名)

链接设计

> fm_shell > link $ ref

4) 设置执行设计(Implementation Design)

建立 container,读入设计文件

> fm_shell > read_verilog − c impl − netlist encode_gates.v

这里,encode_gates.v 是门级网表文件。

确认 Implementation Design

> fm_shell > set_implementation_design impl:/WORK/encode

链接

> fm_shell > link $ impl

5）运行验证

```
fm_shell > verify
```

6）诊断

Formality 不仅能够对设计进行验证，而且提供针对不匹配点的诊断功能。如果运行结果表明两个设计不匹配，可以通过在命令行下输入：

```
fm_shell > diagnose
fm_shell > report_error_candidates
```

获得关于不匹配点的错误报告，从而可以对每一个不匹配点分别进行诊断。

也可以在图形界面下，通过比较不匹配点的逻辑锥，更加简便直观地查找不匹配点，如图 7.15 所示。

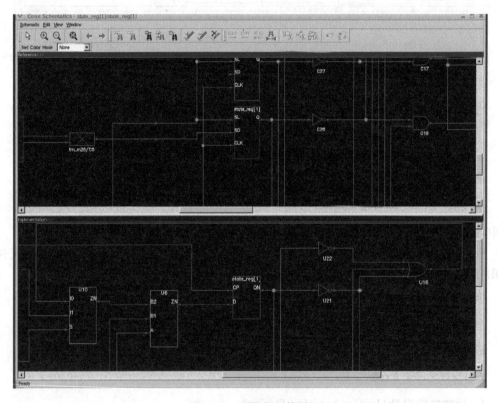

图 7.15　逻辑锥比较图

复习题

(1) 简述 EDA 技术的发展过程。

(2) 什么是硬件描述语言？VHDL 与 Verilog-HDL 的区别是什么？

(3) 结合 VLSI 的设计流程，试述常用的 EDA 工具有哪些？

(4) 在对设计进行综合的过程中，需要加入哪些约束？

(5) 试述对设计进行静态时序分析的基本步骤。

参考文献

[1]　刘艳萍,高振斌,李志军.EDA实用技术及应用.北京：国防工业出版社,2006.

[2]　任艳颖,王斌.IC设计基础.西安：西安电子科技大学出版社,2004.

[3]　Mentor Graphics. Modelsim User Guide.

[4]　SYNOPSYS. Design Compiler User Guide.

[5]　SYNOPSYS. PrimeTime User Guide.

[6]　SYNOPSYS. Formality User Guide.

第 8 章

集成电路版图设计

　　由第 2 章所述集成电路的制造工艺可知,集成电路的制造具有很强的专业性和特殊性,集成电路的版图是集成电路设计与制造的桥梁。

　　集成电路的版图定义为制造集成电路时所用光刻掩膜版上的几何图形。以 CMOS 集成电路为例,这些几何图形包括如下几层:N 阱、有源区、N^+ 注入和 P^+ 注入、多晶硅、接触孔以及金属层。

　　值得注意的是,由于集成电路制造过程中不可避免地存在对准偏差,所以为了保证晶体管被包含在 N 阱内,应使 N 阱环绕器件时留有足够的裕量;同样,有源区边界与注入区之间应有足够的间距。诸如此类的考虑,使得集成电路的版图设计既要考虑电路设计的要求,又要考虑电路制造的限制,于是便有了版图设计规则的出现。

8.1　版图设计规则

　　一方面,电路设计师希望电路设计尽量紧凑,另一方面,工艺工程师却希望是高成品率的工艺,版图设计规则是使他们都满意的折中。具体地讲,版图设计规则是由几何限制条件和电学限制条件共同决定的版图设计的几何规定。这些规则列出了掩膜版各层几何图形的最小宽度(Width)、最小间距(Space)、必要的交叠(Overlap)和与给定的工艺相配合的其他尺寸。

　　设计规则是从生产过程中总结出来的,设计规则本身并不代表光刻、化学腐蚀、对准容差的极限尺寸,它所代表的是容差的要求。在制定设计规则时主要考虑加工过程中可能出现的偏差:各层掩膜版之间可能对不准,光刻腐蚀可能过度,曝光可能过分或不足,纵向扩散的同时可能会发生横向扩散,硅片在高温下可能变形等,因此应给加工选择一定的安全裕量。

　　一般而言,设计规则越严,电路性能越好,集成度越高,但成品率会降低;反之,成品率越高,但电路的性能和集成度会降低。所以,设计规则应提供电路性能与成品率之间最佳的折中,在保证电路性能参数要求的前提下,提高电路安全系数,力求最高的成品率,从而获得最大的经济效益。也就是说,优良的版图设计规则,应在保证电路性能的前提下,尽可能地有利于工艺制造。在确定版图设计规则的时候必须以某些工艺条件为前提,为了便于版图设计和同级产品的制造,一般把工艺分为各种级别,例如:$3\mu m$ 工艺、$0.35\mu m$ 工艺、$0.18\mu m$

工艺、0.13μm 工艺、65nm 工艺等,每一级别都有与版图设计规则相对应的一套工艺流程和工艺要求。

8.1.1 版图设计规则分类

版图设计规则的描述方法通常可以分为两类:整数格式的 λ 规则和微米设计规则。

1. λ 规则

美国学者 Mead 和 Conway 首先提出 λ 规则的基本思想。λ 规则是建立在单一参数 λ 之上,λ 取最小沟长的一半,其他的尺寸都用 λ 的整数倍来表示。例如,在 3μm 工艺中,λ = 1.5μm,则 2λ = 3μm,3λ = 4.5μm。用 λ 表示的设计规则基本上可以保持不变,这样一来,就可以使设计规则得以简化,对于同一类设计规则(如 CMOS 的 N 阱工艺规则)对应一套 λ 值,对于不同的设计级别,只要改变 λ 值就可以了。

λ 规则已成功地应用于 4~1.2μm 工艺。但是,随着工艺尺寸的进一步缩小,λ 规则逐渐显现出其不足之处,要么在某些方面增加了工艺难度,要么可能造成芯片面积的浪费。例如,对于 1μm CMOS 工艺的微米规则中 N 阱最小尺寸为 2μm,N^+、P^+ 注入与接触孔的最小交叠为 2μm;而在对应的 λ 规则中(λ = 0.5μm),N 阱最小尺寸为 10λ = 5μm,N^+、P^+ 注入与接触孔的最小交叠为 λ = 0.5μm。在尺寸缩小的过程中,有些尺寸,如焊盘(PAD)、引线孔等,不可能都按比例缩小,所以,必然有一部分版图尺寸需要独立地加以规定[1]。

2. 微米规则

基于 λ 的设计规则简单清楚,非常适用于初学者,但通常不易达到最佳电路性能指标和最小芯片面积。基于实际真实尺寸的微米规则,对于所有容差都有合理精确的限定,微米规则通常会给出制造中所要用到的最小尺寸、间距及交叠等的一览表,其中每个被规定的尺寸之间没有必然的比例关系,因而设计规则较复杂。举例来说,多晶硅最小线宽可能列为 1μm,而通孔的最小尺寸可能列为 0.75μm。但由于各尺寸可以相对独立地选择,所以可以把尺寸定得合理。各个集成电路厂家的生产条件和生产经验不同,他们制定的设计规则就有可能不同。微米规则可以充分发挥生产工艺的潜力,设计出高性能、高密度的芯片。到了亚微米、深亚微米工艺水平,由于 λ 规则存在较大的不足,一般在工业实际制造中,都以微米规则为主。

8.1.2 版图设计规则举例

下面以微米规则表示的 GF 0.18μm CMOS N 阱工艺的部分规则为例,说明版图设计规则的具体含义,其中,表 8.1~表 8.6 分别列出了 N 阱(Nwell)规则、有源区(active)规则、多晶硅 2(poly2)规则、接触孔(contact)规则、金属 n 规则、通孔 n 规则,图 8.1~图 8.6 是对应各条设计规则的示意图。

表 8.1 N 阱规则 μm

规 则 编 号	规 则 说 明	版 图 规 则
NW.1a	最小宽度	0.86
NW.1b	N 阱电阻最小宽度	2.10
NW.2a	与等电位的 N 阱间的最小间距	0.60
NW.2b	与不同电位的 N 阱间的最小间距	1.40
NW.3	与 N 阱电阻的最小交叠距离	0.50

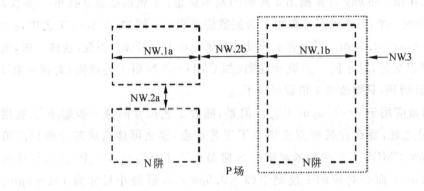

图 8.1 N 阱规则示意图

表 8.2 有源区规则 μm

规 则 编 号	规 则 说 明	版 图 规 则
DF.1a	有源区最小宽度	0.22
DF.1b	表面电阻率较低时的最小宽度	0.30
DF.2	沟道宽度	0.22
DF.3a	有源区间的最小间距	0.28
DF.3b	在相同的阱下对接时从 N 有源区到 P 有源区的最小/最大间距	0.00
DF.4	N 阱与 N 有源区的距离	0.12
DF.5	从 N 阱到 P 有源区阱接触部分的间距	0.12
DF.6	在栅极或源极/漏极之外延伸出的部分	0.24
DF.7	N 阱对内部 P 有源区的重叠	0.43
DF.8	N 阱之外从 N 阱到 N 有源区的间距	0.43
DF.9	有源区的最小面积	$0.2025\mu m^2$
DF.10	场区的最小面积	$0.26\mu m^2$
DF.11	对接扩散边缘的长度	0.30
DF.12	有源区一定要被 N^+ 或 P^+ 注入区覆盖	

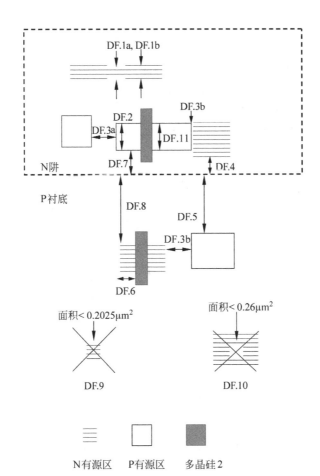

N有源区   P有源区   多晶硅2

图 8.2   有源区规则示意图

表 8.3   多晶硅 2 规则 μm

规 则 编 号	规 则 说 明	版 图 规 则
PL.1	内部连接时的最小宽度	0.18
PL.2a	栅极宽度(非超低功耗工艺下)	0.18
PL.2b	栅极宽度(超低功耗工艺下)	0.20
PL.3a	多晶硅之间的间距	0.25
PL.3b	有源区低表面电阻率条件下跨接在有源区的多晶硅 2 之间的最小间距	0.38
PL.4	在有源区之外延伸出的多晶硅 2 的长度	0.22
PL.5a	场区内未和有源区有连接的多晶硅 2 到有源区的最小间距	0.10
PL.5b	场区内和有源区有连接的多晶硅 2 到有源区的最小间距	0.10
PL.6	有源区内不允许出现 90°的拐角走向	
PL.7	弯曲 45°时的栅极宽度	0.20
PL.8	覆盖整个芯片的多晶硅 2 的量应该大于或等于 14%,应当添加虚拟的多晶硅 2 线条以满足最小的多晶硅 2 的密度要求	14%

续表

规 则 编 号	规 则 说 明	版 图 规 则
G_PL.8a	125μm 布线时最小的多晶硅 2 的密度	≥15%
G_PL.8b	对 3.3V 的电路,125μm 布线时最小的多晶硅 2 的密度	≤70%
PL.1.a.DV2N	NMOS 的栅极宽度(即沟道长度)	0.35
PL.1.a.DV2P	PMOS 的栅极宽度(即沟道长度)	0.30

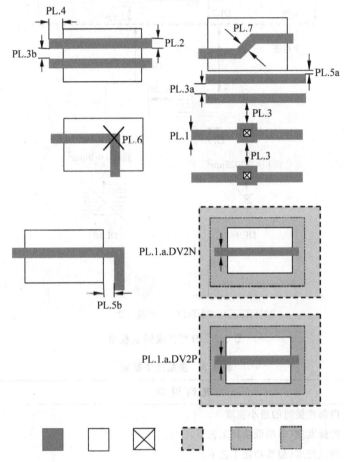

多晶硅2　有源区　接触孔　双栅氧区　N⁺注入　P⁺注入

图 8.3　多晶硅 2 规则示意图

表 8.4　接触孔规则

μm

规 则 编 号	规 则 说 明	版 图 规 则
CO.1	最小/最大的接触孔尺寸	0.22
CO.2a	接触孔间间距	0.25
CO.2b	在 4×4 或者更大的接触孔阵列中的接触孔间距	0.28
CO.3	多晶硅 2 对接触孔的覆盖	0.10
CO.4	有源区对接触孔的覆盖	0.10
CO.5a	在有源区 N⁺ 注入区对接触孔的覆盖	0.10

续表

规 则 编 号	规 则 说 明	版 图 规 则
CO.5b	在有源区 P$^+$ 注入区对接触孔的覆盖	0.10
CO.6	金属 1 对接触孔的覆盖	0.005
	① 金属 1(小于 0.34μm)的尽头处对接触孔的覆盖	0.06
	② 若金属 1 的一边对接触孔的覆盖小于 0.04μm，邻近的两边对接触孔的覆盖	0.06
	③ 对最小的接触电阻变化，实现对接触孔各边覆盖的最小的金属 1 的尺寸	0.12
CO.7	有源区接触孔到多晶硅 2 的距离	0.16
CO.8	多晶硅 2 上的接触孔到有源区的距离	0.20
CO.9	决不允许接触孔位于 N 有源区和 P 有源区的对接线上	
CO.10	不允许接触孔出现在跨接于有源区的多晶硅 2 上	
CO.11	不允许接触孔出现在场氧区	

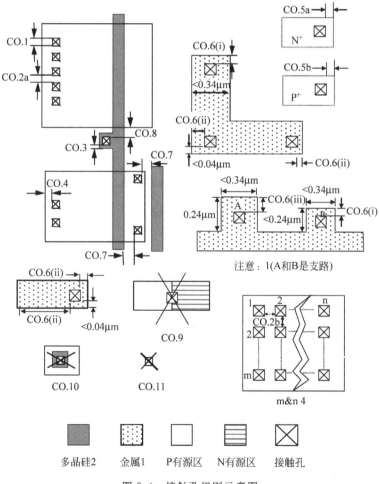

图 8.4 接触孔规则示意图

表 8.5　金属 n 规则　　　　　　　　　　　　　　　　　　　　　　μm

规 则 编 号	规 则 说 明	版 图 规 则
Mn.1	金属 n 最小宽度	0.23($n=1$) 0.28($2{\leqslant}n{\leqslant}5$)
Mn.2a	金属 n 与金属 n 最小间距	0.23($n=1$) 0.28($2{\leqslant}n{\leqslant}5$)
Mn.2b	长和宽都大于 $10\mu m$ 的宽金属间的间距	0.30
Mn.3	金属 n 的最小面积	$0.1444\mu m^2$
Mn.4	覆盖整个芯片的金属 n 的面积应该大于 30%	

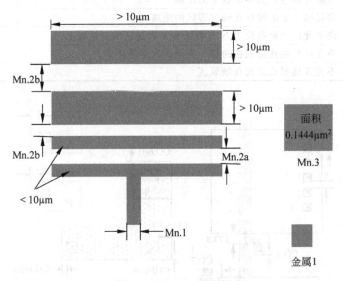

图 8.5　金属 n 规则示意图

表 8.6　通孔 n 规则　　　　　　　　　　　　　　　　　　　　　　μm

规 则 编 号	规 则 说 明	版 图 规 则
Vn.1	最大/最小的通孔 n 的尺寸($1{\leqslant}n{\leqslant}4$)	0.26
Vn.2	通孔 n 与通孔 n 最小间距($1{\leqslant}n{\leqslant}4$)	0.26
Vn.3	金属 n 对通孔 n 的覆盖	0.00($n=1$) 0.01($2{\leqslant}n{\leqslant}5$)
	① 小于 $0.34\mu m$ 的金属 n 的末端对通孔的覆盖	0.06
	② 若金属 n 的一边对通孔的覆盖小于 $0.04\mu m$，邻近的两边对通孔的覆盖	0.06
	③ 对最小的接触电阻变化来说，实现对通孔各边覆盖的最小的金属 n 的尺寸	0.12
Vn.4	金属($n+1$)对通孔的覆盖	0.01
	① 小于 $0.34\mu m$ 的金属($n+1$)的末端对通孔的覆盖	0.06
	② 若金属($n+1$)的一边对通孔的覆盖小于 $0.04\mu m$，临近的两边对通孔的覆盖	0.06
	③ 对最小的接触电阻变化来说，实现对通孔各边覆盖的最小的金属($n+1$)的尺寸	0.12

续表

规 则 编 号	规 则 说 明	版 图 规 则
Vn.5	允许堆积在接触孔的通孔 n 存在	
V5.1a	最大/最小的通孔 5 尺寸	0.26
V5.2a	通孔 5 间距	0.26
V5.1b	针对 8KÅ 及以上的顶层金属的最大/最小的通孔 5 尺寸	0.36
V5.2b	针对 8KÅ 及以上的顶层金属的最大/最小的通孔 5 之间的间距	0.35

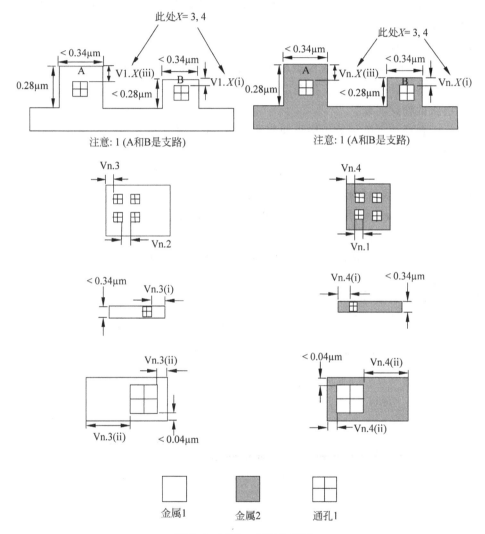

图 8.6　通孔 n 规则示意图

　　以上设计规则只是列出了在设计过程中常遇到的一些情况,除此之外还有一些更为细致的规则。可见微米设计规则的规定较为详细、精确。当今工艺尺寸的不断减小和微米规则定义的灵活性,使其成为工业首选。

8.2　全定制版图设计

如 6.2 节所示,集成电路设计一般可分为全定制与和半定制两种设计方式,版图设计的方法可分为全定制和半定制两大类。全定制版图设计,即所有的版图均由人工生成,得到的版图比较紧凑、利用率高、性能好,适用于小规模 ASIC,特别是模拟电路。全定制版图设计的特点是针对每个晶体管进行电路参数和版图优化,以获得最佳性能和最小的芯片面积。这种设计方式对工具的依赖性最小,版图工具主要协助完成图形绘制和验证。当然,随着 EDA 技术的进步,全定制设计的自动化程度也在不断提高。大部分 EDA 公司都提供实用的交互版图编辑器,如 Cadence、SpringSoft、华大电子等都有功能完善、性能良好的编辑工具,下面分别予以介绍。

Cadence 公司的 Virtuoso 版图编辑器是 Virtuoso 全定制设计平台中业界标准的基本全定制物理版图设计工具。它支持全定制数字电路、混合信号以及模拟电路设计在器件、单元和模块层次的物理实现。

Virtuoso 包括业界唯一的规格驱动环境,使用通用模型和方程的多模式仿真,$0.13\mu m$ 及以下工艺的先进硅分析,以及一个全芯片混合信号集成环境。Virtuoso 平台可分别使用 Cadence CDBA 数据库和业界标准的 OpenAccess 数据库。使用 Virtuoso 平台,设计团队能够迅速进行准确、准时的硅基芯片设计,工艺尺寸从 $1\mu m$ 到 65nm 及以下。

使用 Virtuoso 版图编辑器,在层次化的多窗口环境中使用全套用户配置和简单易用的纯多边形版图编辑特性来加快设计全定制版图。通过可选的参数化单元(Pcell)和强大的具有直接访问数据库功能的脚本语言 SKILL,工具配置和与其他工具的交互操作,可以获得额外的加速性能。

Virtuoso 版图编辑器的优点概括如下:

(1) 层次化数据管理方式,易于生成和导航复杂设计,如图 8.7 所示。

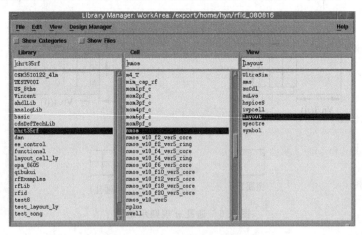

图 8.7　易于生成和导航复杂设计

(2) 使用 Pcell 提高生产率与进行设计优化,如图 8.8 所示。Pcell 能缩短设计输入时间和减少设计规则违例,提供设计自动化加速,将冗长和重复性的版图设计任务最小化,Pcell 支持改变尺寸、形状或每个单元实体内容而不改变原始单元,并使用可变设置简化复杂形状和器件的生成、编辑和管理,加速版图设计任务和减少设计违规。

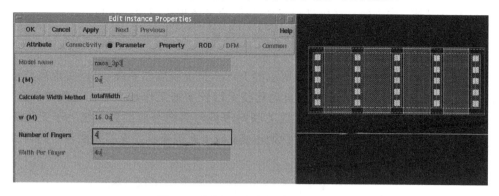

图 8.8 调用 Pcell 产生多指 MOS 管

(3) 完全层次化的多窗口编辑环境。Virtuoso 版图编辑器提供在任意编辑会话中打开多个单元或模块的能力,如图 8.9 所示,或在同一个设计的不同视图中帮助确认复杂设计的一致性。集成的全局视窗是直观的导航助手,能帮助在总体设计的上下文内定位放大的详细区域。选择、缩放、重画和其他常用的命令提高了版图设计效率。

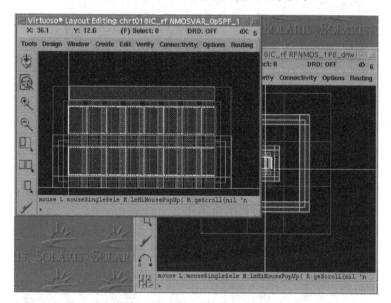

图 8.9 层次化的多窗口编辑环境

(4) 提供高度可定制编辑环境。Virtuoso 版图编辑器具有可定制的全定制版图编辑环境和特点。这源自灵活、强大的 SKILL 编程语言支持。SKILL 允许直接访问设计数据库和工具,满足任何全定制设计方法或工艺技术的全定制设计要求。此外,OpenAccess 数据库版本支持基于 C 语言的 API 和工具箱,允许工具定制和工具互相操作功能。

SpringSoft 公司的 Laker 全定制版图系统致力于优化版图设计流程中的关键步骤,为模拟、混合信号、存储和全定制数字 IC 设计提供了强大的解决方案。通过提供直观的实现方法和可控的自动化,Laker 版图系统让优质版图结果得以快速实现,它能够提供的帮助包括

（1）简化操作：大量烦琐，容易出错的版图操作自动化产生。

（2）优化品质：先进的自动化过程完全可控，充分体现版图设计技巧。

（3）减少支持：大幅减少设计支持部门的工作量。

（4）降低成本：降低总体设计成本。

在标准设计流程中采用如图 8.10 所示的 Laker 全定制版图系统，可以实现高质量、高密度、先进工艺的版图设计。Laker 的自动化技术以较少的工作量产生优化版图。它可以加速项目进程，同时优化版图质量；高效关联网表将电路图与版图数据统一于工作环境；节省总体 DRC/LVS 运行时间，确保设计期正确；减少或消除单元库编程准备时间，代以独特的器件生成技术。

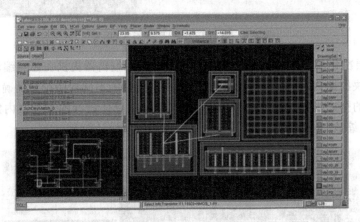

图 8.10　Laker 全定制版图系统

Laker 全定制版图系统具有独特的自动化技术，其核心是 SpringSoft 专利技术的魔术单元（Magic Cells，MCell™）、参数化器件技术和内建 DRC 引擎，用于支持系统的规则驱动（Rule-driven）版图设计能力。MCell（如图 8.11 所示）是高度自动化的电路驱动版图（Schematic Driven Layout，SDL）流程的基础，包含一个棒状图（Stick Diagram）编译器，可实现用户定义的器件规划、连线和面积优化操作。

MCell 包括晶体管、电容、电阻、接触孔和保护环，适用于不同制造工艺，并不需要任何编程即可实现。它可以快速生成复杂器件的优化版图，例如多栅晶体管、保护环、接触孔阵列、叉指状电容/电阻等。

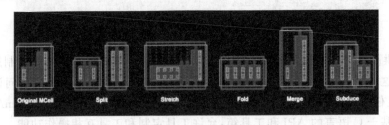

图 8.11　Laker Mcell

除此之外，Laker 全定制版图系统还具有一些进阶功能。它采用独特技术处理设计规则、连接关系和参数，使之在版图设计过程中被有效、统一和自动化地使用。系统的电路驱动版图能力大幅削减操作时间，使更多精力用于创造更完美的版图。Laker 以直观的方式解决了版图设计需求中的关键问题,使版图质量尽在掌控。

华大电子的九天(Zeni)系统软件具有稳定、实用化程度高、用户界面友好、灵活,与流行的 EDA 系统良好兼容,支持为数众多的标准数据格式转换等特点。九天 EDA 系列工具面向全定制模拟集成电路和数模混合电路设计,覆盖了从原理图输入、电路仿真、交互式自动布局布线、版图编辑、版图验证、寄生参数提取和反标、信号完整性分析等 IC 设计全流程,将前后端各种工具的数据置于一个统一的设计管理平台上,为用户提供了一个集成化的设计环境。

九天系统软件提供的交互式版图设计环境,使得设计者可以根据所设计电路的性能要求,对图形反复进行布置和连线,达到较佳的布局效果,最大限度地利用芯片面积、提高成品率,因而被广泛地应用于全定制版图设计中[5]。

8.3　自动布局布线

在数字集成电路设计中,当数字前端将寄存器传输级(RTL)设计综合成门级网表,并通过综合,将门级网表交给后端设计人员,由后端人员完成门级网表的物理实现,即把门级网表转成版图。后端设计的主要任务是将门级网表实现成版图,对版图进行设计规则检查(DRC)和一致性验证(LVS),并提取版图的延时信息,供前端做后仿真和静态时序分析(STA)使用。

将门级网表实现成版图的过程即自动布局布线(Auto Place & Route,APR)过程,业界比较著名的自动布局布线工具有 Cadence 的 SE(Silicon Ensemble)、SoC Encounter ,Synopsys 的 Astro。SE 是业界优秀的布局布线工具之一,不但布通率高,而且大幅度缩短了布线时间,提高了工作效率。SoC Encounter 是 Cadence 公司近几年才推出的版图工具,相比于 SE,效果更好,界面也更加友好[6]。Astro 是用于超深亚微米集成电路设计的布局布线工具,可以对电路进行时序、面积、噪声和功耗等方面的优化。它的优点在于使用了具有专利的布局布线法,可以产生最高芯片密度的设计。Astro 使用先进的全路径时序驱动布局布线、综合时钟树算法和通用时序引擎,可获得快速时序收敛;应用了如天线效应抑制和连接孔等先进特性,能适应超深亚微米的工艺要求;高效的工程开发管理和递增式处理机制,可确保设计的最新更改能快速实现。

下面介绍基于 Astro 自动布局布线工具的工作流程,其基本流程如图 8.12 所示,共包含七大步骤。

其中,每大步骤里面包含很多小的步骤,并根据各个不同的芯片特点而有很多的变化[7]。下面以一个简单的 4×4 Booth 乘法器的布局布线流程为例,对各步骤中应该注意的问题进行详细讲述。

在用 Astro 进行布局布线前,首先要建立工作目录 work,并将一些必要的库和文件放置在 work 目录中,主要包括综合后的门级网表、时序约束文件(SDC 文件)、TDF 文件、参考库、技术库、层的映射文件、天线规则文件等。表 8.7 列出了本例中用到的相关文件。

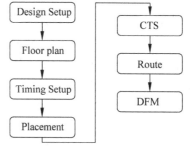

图 8.12　Astro 自动布局布线
基本流程

表 8.7　Booth 乘法器 APR 所用到的相关文件

输入文件类型	文件名称及路径(相对路径)
门级网表	../dcsource2/mul.v
时序约束文件	../dcsource2/mul.sdc
TDF 文件	./iopin.tdf
参考库	../ref_lib/CSM18IO221_6lm_fr;
	../ref_lib/CSM18OS120_fr
技术库	../tec_lib/chrt18ol6.tf
层的映射文件	../tec_lib/gdsOutStdLayer.map
天线规则	../tec_lib/chrt18ol6_ant.cmd

为了详细说明执行步骤及每一步的参数设置,本例中采用基于 Astro 图形界面的菜单执行方式。图 8.13 所示为在 work 目录下启动的 Astro 图形界面。另外,还可以将每一步执行的操作写成脚本文件,在后续应用中只需改变一些参数设置,运行脚本即可完成多步操作的执行,这样可以提高布局布线速度。

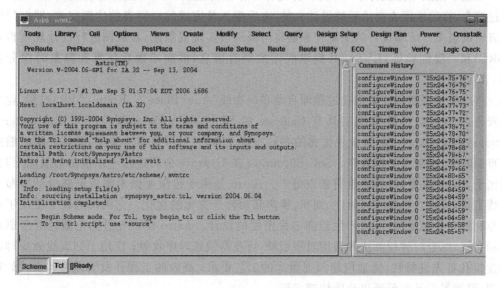

图 8.13　Astro 图形界面

(1) Design setup。数据的准备和导入,读入网表,跟工艺厂提供的标准单元库和 PAD 库以及宏模块库进行映射。

① 建立新的 Library。执行 Library | Create 命令,出现如图 8.14 所示对话框,输入库的名称,并提供技术文件。注意把大小写设置为敏感,即 Set Case Sensitive。

② 添加参考库。执行 Library | Add Ref 命令,出现如图 8.15 所示对话框。主要添加工艺厂提供的标准单元和 I/O 库,以及前端定制的宏单元库,如 Cache、RAM、ROM、PLL 等。添加完毕后执行 Library | Show Refs 命令显示参考库以确认,如图 8.16 所示。

图 8.14　建立新的库 Library

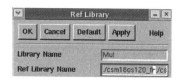

图 8.15 添加参考库

图 8.16 显示参考库

③ 读入前端网表。执行 Tools|Data Prep 命令和 Netlist In|Verilog In 命令,出现如图 8.17 所示对话框。主要是指定前端网表的路径,执行后在 Mul library 里会多出一个 NETL 的资料夹。

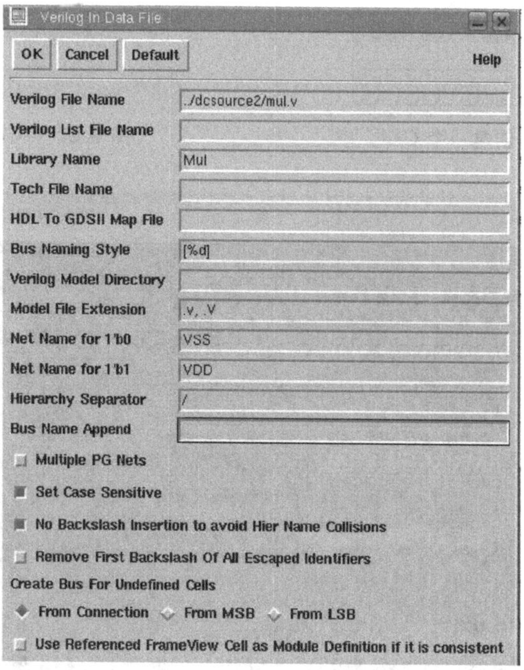

图 8.17 读入前端网表

④ 展开网表。执行 Netlist In|Expand 命令,出现如图 8.18 所示对话框。因为一般读入的是层次化的网表,需要展开(Flatten)。单击 Global Net Options 按钮,出现如图 8.19 所示(全局网选项)对话框,分别加入 VDD、VSS。因为综合后的网表不包含 P/G(Power/Ground),所以需要在此加入。执行后在 Mul library 里会多出一个 EXP 的资料夹。

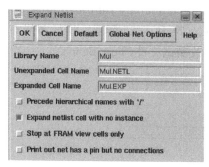

图 8.18 展开网表

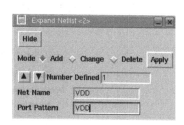

图 8.19 Global Net Options

⑤ 打开第一步创建的库。执行 Tools|Astro 命令和 Library|Open 命名,出现如图 8.20 所示的对话框。新创建一个 CELL,执行 Cell|Create 命名,出现如图 8.21 所示对话框。执行后会开启一个新的 Cell 窗口。

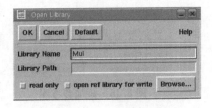

图 8.20　打开创建的库

⑥ 绑定。执行 Design Setup|Bind Netlist 命令,出现如图 8.22 所示对话框。该步骤把展开的网表绑定到刚创建的 Cell 中,该 Cell 就包含了网表中的所有单元,如图 8.23 所示。

图 8.21　创建一个 Cell

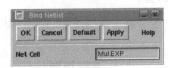

图 8.22　绑定网表

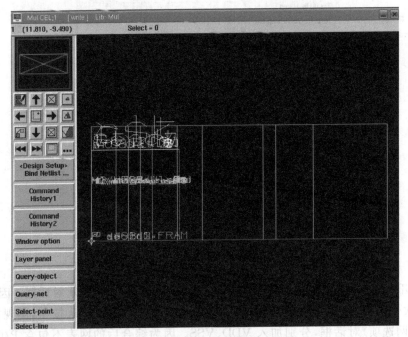

图 8.23　包含所有网表单元的 Cell

⑦ 保存网表的层次化信息。执行 Cell|Initialize Hierarchy Information 命令和 Cell|Mark Module Instances Preserved 命令,分别如图 8.24 和 8.25 所示。这样布局布线结束后能够输出层次化的网表用于后仿真,而不需要再改测试文件(Test Bench)。

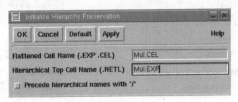

图 8.24　初始网表的层次化信息

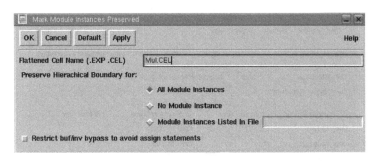

图 8.25 Mark Module Instances Preserved

⑧ 保存 Cell。执行 Cell|Save 命令。另存一份作为备份,执行 Cell|Save As 命令,如图 8.26 所示。对于布局布线的七个大步骤,每完成一个步骤,最好都进行一次存储,以便如果后面的操作或设置有不恰当的地方,可以返回到前面存储的 Cell 再重新操作,而不必再从第一步做起。

(2) FloorPlan:整体布局,规定了芯片的大致面积、管脚位置(TDF 文件)、宏单元位置以及电源环参数等粗略的信息。

① 读取 I/O Constraints。执行 Design|Load TDF 命令,出现如图 8.27 所示对话框。这一步通常可以这样做:先做 Floorplan 设定,然后导出 I/O 脚(Dump io pins),修改生成的 TDF 文件,把各个管脚放到合适的位置(例如时钟信号,要将其放在某边的中间,这样可保证时钟到达对称触发器的延时相同,有利于时钟的同步),然后再把这个修改好的文件载入。

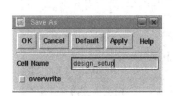

图 8.26 保存

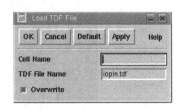

图 8.27 载入管脚位置文件

② Floorplan 设定。执行 Design Setup|Set Up Floorplan 命令,出现如图 8.28 所示对话框。主要设定芯片核心(Core)的布局利用率及单元行的排布方式等。对于芯片利用率的设置可以通过反复迭代来实现。例如开始可以设定为 0.5,若后面的布线很容易布通且能满足时序要求,可以提高布局利用率,反复尝试选择一个较合适的百分比,可以在减小芯片面积,又能满足时序要求的前提下完成布线。执行 Set Up Floorplan 命令后的 Cell view 如图 8.29 所示。

③ 建电源环和电源条带。首先执行 PreRoute|Connect Ports to P/G 命令。这一步将网表中的电源和地分别标志为 VDD 和 VSS,以便在以后自动连接到电源和地上。然后执行 PreRoute|Rectangular Rings 命令,出现如图 8.30 所示对话框,设置电源环四边的宽度和所用的金属层。一般将横向的电源线放在第一层或第三层,纵向的电源线放在第二层或第四层,由于上层金属的电阻一般较小,所以电源线常布于上层。执行 PreRoute|Straps 命

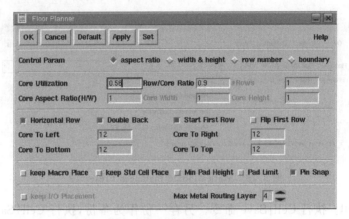

图 8.28　整体布局设置

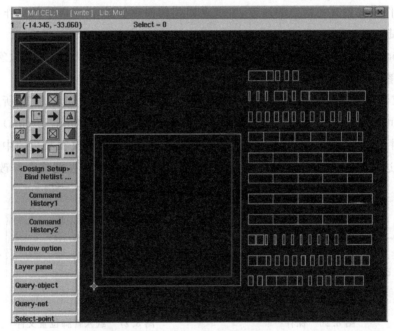

图 8.29　Floorplan 后的 Cell view

令,出现如图 8.31 所示对话框,可以在芯片指定位置建立电源条带,以减小寄生电阻压降(IRdrop),充分供电。本例所布电源环及条带如图 8.32 所示。

④ 保存 Cell。执行 Cell|Save 命令及 Cell|Save As 命令。

(3) Timing setup。读入时序约束文件(SDC 文件),设置好 timing setup 菜单,为后面进行时序驱动的布局布线做准备。

① 设置时序面板。执行 Timing|Timing Setup 命令,出现如图 8.33 所示的对话框。先选择 Environment 选项,选项如图 8.33 所示,单击 Apply 按钮;然后选择 Parasitics 选项,Operating Cond 选择 Max、Min,Capacitance Model 选取 TLU,点击 Apply 按钮;再选择 Model 选项,同样 Operating Cond 选择 Max、Min,Delay Model 选择 Elmore 即可。Delay Model 定义当前延时的模型:Elmore 模型最快,但精度较低;Awe 模型较慢,但精度较高;Arnoldi 模型最慢,但精度最高。

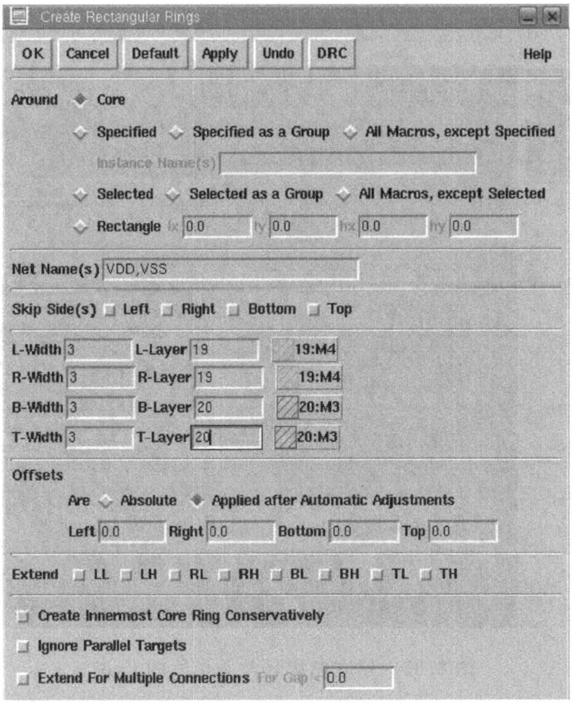

图 8.30 设置电源环

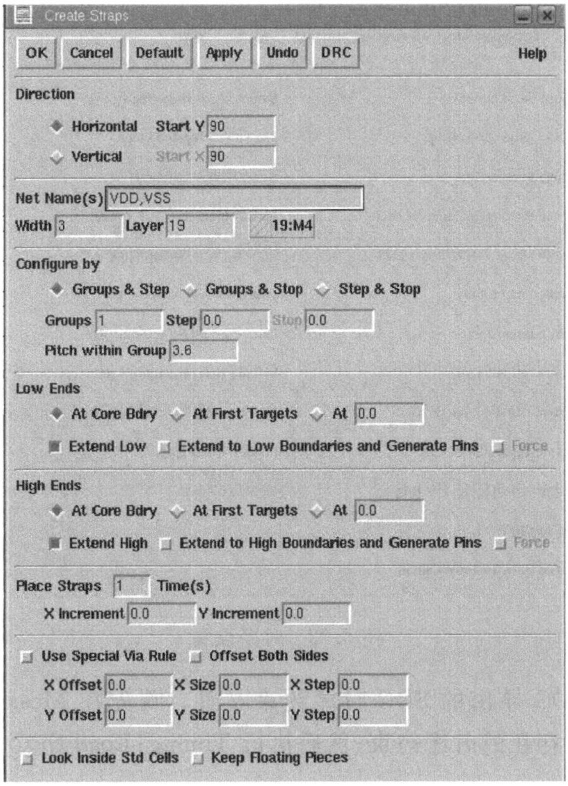

图 8.31 建立电源条带

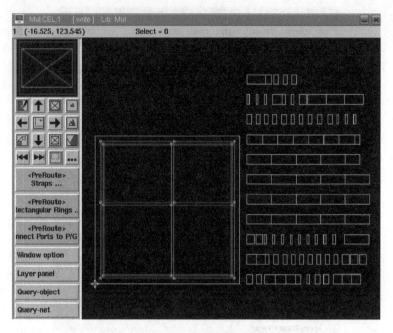

图 8.32　建立电源环及条带后的 Cell

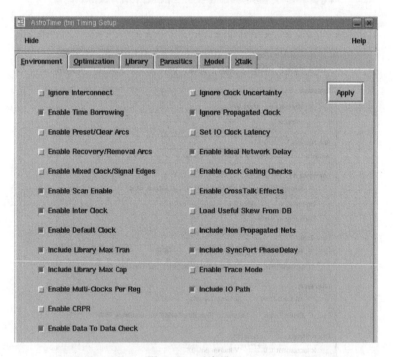

图 8.33　时序设置

　　② 载入前端用 DC 导出的 SDC 时序约束文件。首先在 Message/Input Area 输入 ataRemoveTC 移除已存在的时序约束,然后执行 Timing|Load SDC 命令,出现如图 8.34 所示对话框。

　　③ 检查 SDC 文件是否约束完全。执行 Timing|Timing Data Check 命令,并与前端设

计人员讨论哪些是可以忽略的。

④ 将时序面板中的 Ignore Interconnect 选项设置为 Enable,这样设置比较宽松;然后报告时序,执行 Timing|Timing Report 命令。此时要求有比较大的裕量,这样后面计算实际延时才可能满足。图 8.35、图 8.36 分别显示出本例的建立时间(setup time)和保持时间(hold time)的 slack 都为正值。

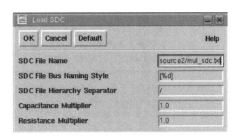

图 8.34　载入 SDC

⑤ 保存 Cell。执行 Cell|Save 命令及 Cell|Save As 命令。

```
Astro Timing Report

4
close   save as

M2/U12/Z          0.0260    4   0.2948   0.6618   2.5764 f      M2/n21
M2/U13/A1                       0.2948   0.0000   2.5764 f      nr02d1
M2/U13/ZN         0.0990    9   1.8140   0.8544   3.4308 r      add
M1/U3/A2                        1.8140   0.0000   3.4308 r      xn02d1
M1/U3/Z           0.0340    1   0.3324   0.7399   4.1707 f      M1/*cell*109/U4/Z_0
M1/r108/U1_0/B                  0.3324   0.0000   4.1707 f      ad01d0
M1/r108/U1_0/CO   0.0230    1   0.3791   0.6400   4.8107 f      M1/r108/\carry[1]
M1/r108/U1_1/CI                 0.3791   0.0000   4.8107 f      ad01d0
M1/r108/U1_1/CO   0.0230    1   0.3791   0.5914   5.4021 f      M1/r108/\carry[2]
M1/r108/U1_2/CI                 0.3791   0.0000   5.4021 f      ad01d0
M1/r108/U1_2/CO   0.0230    1   0.3791   0.5914   5.9935 f      M1/r108/\carry[3]
M1/r108/U1_3/CI                 0.3791   0.0000   5.9935 f      ad01d0
M1/r108/U1_3/CO   0.0230    1   0.3791   0.5914   6.5848 f      M1/r108/\carry[4]
M1/r108/U1_4/CI                 0.3791   0.0000   6.5848 f      ad01d0
M1/r108/U1_4/CO   0.0230    1   0.3791   0.5914   7.1762 f      M1/r108/\carry[5]
M1/r108/U1_5/CI                 0.3791   0.0000   7.1762 f      ad01d0
M1/r108/U1_5/CO   0.0230    1   0.3791   0.5914   7.7676 f      M1/r108/\carry[6]
M1/r108/U1_6/CI                 0.3791   0.0000   7.7676 f      ad01d0
M1/r108/U1_6/CO   0.0070    1   0.2533   0.4963   8.2638 f      M1/r108/\carry[7]
M1/r108/U1_7/A3                 0.2533   0.0000   8.2638 f      xr03d1
M1/r108/U1_7/Z    0.0100    1   0.2540   0.8843   9.1482 f      M1/N79
M1/U9/A2                        0.2540   0.0000   9.1482 f      an12d1
M1/U9/Z           0.0040    1   0.1284   0.2810   9.4292 f      M1/N82
M1/\product_reg[7]/D            0.1284   0.0000   9.4292 f      decrq2
--------------------------------------------------------------------

Rising edge of clock clk                10.0000  10.0000
Clock Source delay                       0.0000  10.0000
Clock Network delay                      1.0000  11.0000
Clock Skew                               0.0500  10.9500
Setup time                               0.6797  10.2703
--------------------------------------------------------------------
Required time                                    10.2703
Arrival time                                      9.4292
--------------------------------------------------------------------
Slack                                             0.8411  (MET)
********************************************************************
+
```

图 8.35　建立时间

(4) Placement:详细布局,力求使后面布线能顺利满足布线布通率 100% 的要求和时序的要求。Astro 的详细布局是一个时序驱动的过程,它尽量把关键路径的单元放在一起来满足时序和减少电阻电容延时 RCs。RCs 是建立在虚拟布线基础上的,所以在设置 placement common option 时,打开 Timing driven optimization 选项。

① 设置 Placement 选项。执行 InPlace|Placement Common Options 命令,出现如图 8.37 所示对话框。Optimization Mode 选项要把 Congestion 和 Timing 都选上,通过优化单元布局使拥塞最小,且能满足时序要求。No Cell under Preroute of 选项主要指定金属层电源条带下不布标准单元。

② 预布局优化。执行 PrePlace|Pre-Placement Optimization 命令,出现如图 8.38 所示对话框。Pre-Placement Optimization 命令可以全面优化时钟,它可以重新计算面积并做一

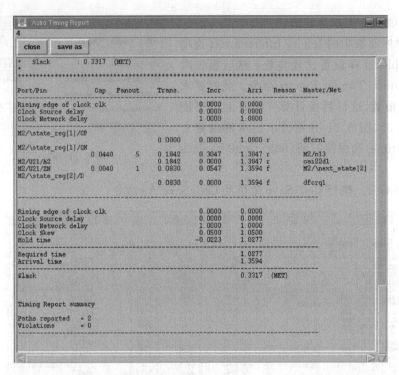

图 8.36　保持时间

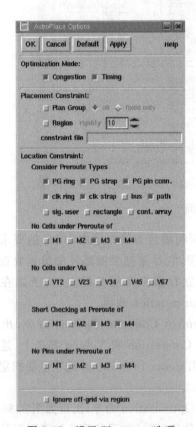

图 8.37　设置 Placement 选项

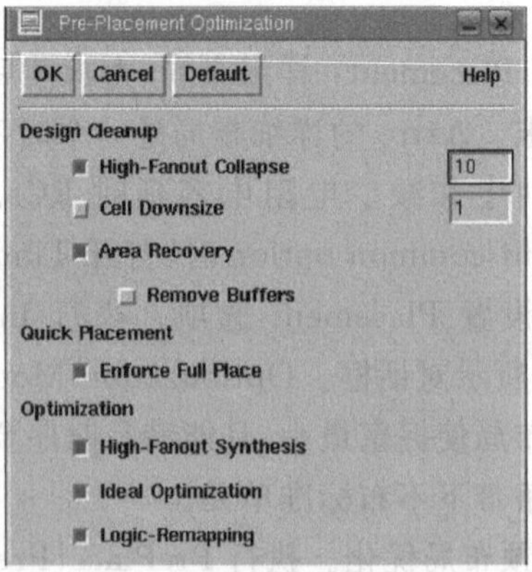

图 8.38　预布局优化

些其他的优化。这个步骤的目的是用最小的网表进行布局。之所以称为最小的网表是因为它是一个逻辑上的网表,可以通过布局计算出最小的面积、扇出和最优的时序。本例选择了High-fanout collapse 和 High-fanout synthesis。优化之前的网表中,缓冲器经常被集中在一起;在优化以后,电路中的高扇出点被打散,缓冲器被分散到很大的一个区域中,slack 减少。如图 8.39 所示,通过预布局优化,标准单元进入布局区域。

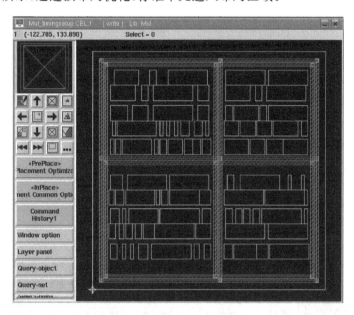

图 8.39　预布局优化后的 Cell

③ 执行 PreRoute|Connect Ports to P/G 命令和 PreRoute|Standard Cells 命令,确保所有单元都连接到电源环或电源条带。执行结果如图 8.40 所示。

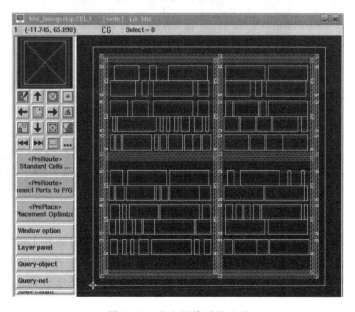

图 8.40　连电源线后的 Cell

④ 标准单元放置。执行 InPlace|Design Placement 命令,出现如图 8.41 所示对话框。选择模式 congestion＋timing,并打开 In-Placement Optimization 选项来改善 Setup Time 的 Slack 值和清除高扇出网络。在 routability vs. timing 滚动条上,本例设置数值为 5,这是在可布线性(Routability)和时序(Timing)上优化的一个折中值。如图 8.42 所示,当完成这个步骤时,标准单元的位置相对固定下来。

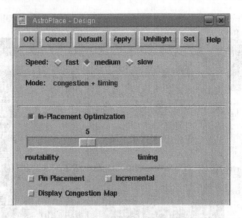

图 8.41　标准单元放置

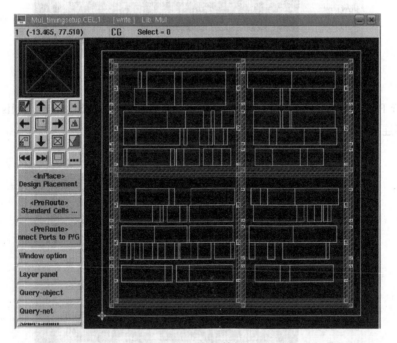

图 8.42　布局结果

拥塞(Congestion)和时序是一对矛盾,如果在一个时序关键路径上的单元被放置在相距很远的地方,那么连线则需要很长的路径,会造成很大的时序违例(Timing Violation)。相反地,如果单元被很集中地放置,解决了连线问题,但是在一个区域内的单元密度就会过大,造成拥塞。

⑤ 观察 Congestion 情况。执行 InPlace|Display Congestion Map 命令,可观察布局拥

塞分布情况,本例执行结果如图 8.43 所示。

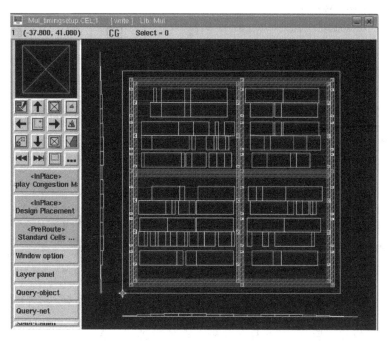

图 8.43 Congestion 情况显示

⑥ 优化标准单元放置。执行 PostPlace|Post-Placement Optimization Phase 1 命令,出现如图 8.44 所示对话框。这一步也称 PPO1,本次优化主要优化 Setup Time、Max Transition 和 Max Capacity。执行 Timing|Timing Report 命令进行时序报告,会发现 Setup Time 的 Slack 有所优化。选中 Use Global Routing 选项可以提高精确性。

⑦ 保存 Cell。执行 Cell|Save 命令及 Cell|Save As 命令。

(5) 时钟树综合(Clock Tree Synthesis,CTS),是为了将时钟从根节点出发连接到所有的时钟节点和寄存器,并在它们之间平衡时钟倾斜(skew)。

① 设置时钟综合选项。执行 Clock|Clock Common Options 命令,出现如图 8.45 所示对话框,应用默认选

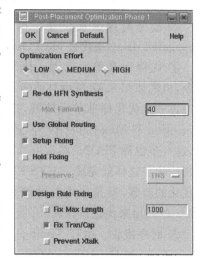

图 8.44 PPO1

项即可。因为本例中 Clock Nets 在 SDC 文件里有定义,所以此处 Clock Nets 可不填。

② 时钟树综合。执行 Clock|Clock Tree Synthesis 命令,出现如图 8.46 所示对话框。Design level 中 Block 选项针对无宏单元(Macro)的设计,而 Top 选项针对含 Macro 的设计。本例中全部为标准单元,故选 Block 选项。时钟树实际上是在网表中插入了一些缓冲器,网表修改了,但其功能不变。

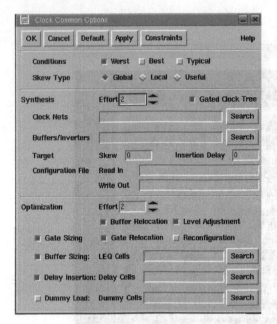

图 8.45　时钟综合选项

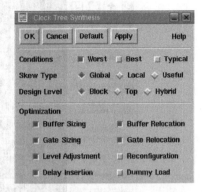

图 8.46　时钟树综合

当完成时钟树综合后，可以查看和分析存在的时钟树。Astro 提供了方便的观察时钟树的 Interactive CTS。还可以执行 Clock|Skew Analysis 命令来观察时钟的 Global Skew、Longest Path Delay 和 Shortest Path Delay。

③ 改变时序面板设置。执行 Timing|Timing Setup 命令，要改变时序面板中的 propagated delay 来代替 ideal clock，并设置 ignore clock uncertainty。

④ 优化标准单元放置。执行 Post-Placement Optimization 命令，出现如图 8.47 所示对话框。前面在 Placement 步骤中已经执行过一次优化标准单元放置，这一次除优化 Setup Time、Max Transition 和 Max Capacity 外，还要优化 Hold Time。与前面对应，这一步也称 PPO2。然后可以通过键入 astCTO 命令，执行时钟树优化。这样就完成了 CTS-PPO2-CTO 的时钟树综合和时钟树优化的步骤，但是如果时钟倾斜很大，还可以按照 CTS-CTO-PPO2 的顺序来优化设计。

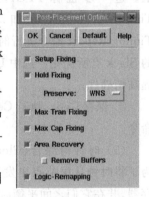

图 8.47　优化标准单元

⑤ 时序报告。执行 Timing|Timing Report 命令，可以看到 Setup Time 和 Hold Time 的 Slack 都会得到优化。

⑥ 保存 Cell。执行 Cell|Save 命令及 Cell|Save As 命令。

（6）Route：布线，先对电源线和时钟信号布线，然后对信号线布线，目标是最大程度地满足时序。

① 标准单元电源连接。执行 PreRoute|Connect Ports to P/G 命令和 PreRoute|Standard Cells 命令。在 Placement Optimization 时有些门或缓冲器可能被加入或去除，所以必须重新再做一次 Power/Ground Connection。

② 设置布线选项。执行 Route Setup|Route Common Options 命令，本例中的选项设置如图 8.48 对话框所示。其中 Global Routing 选项选择 Timing Driven，通过减小相关连

线长度来满足时序要求,要求设置的数值不大于 7。对于 Congestion weight 选项,其值越大,连线越长,从而降低布线拥塞率,要求设置值不大于 12。4 是降低连线长度和避免拥塞的一个好的平衡点,若布线比较容易可降低该值,反之可提高该值。

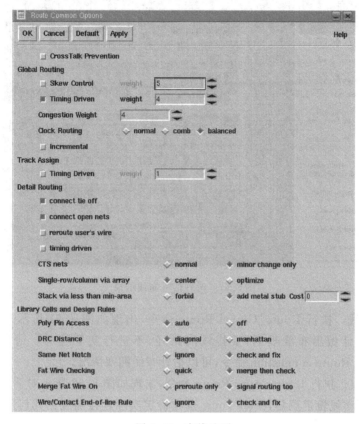

图 8.48　布线选项

③ 时钟信号布线。执行 Route|Route Net Group 命令,本例选项设置如图 8.49 对话框所示。该步执行时钟信号布线,先布简单的 clock net,然后再布关键的 clock net,这样就能得到最优的布线。完成此步骤,可以看到有时钟信号线连接在标准单元上,如图 8.50 所示。

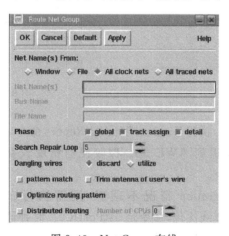

图 8.49　Net Group 布线

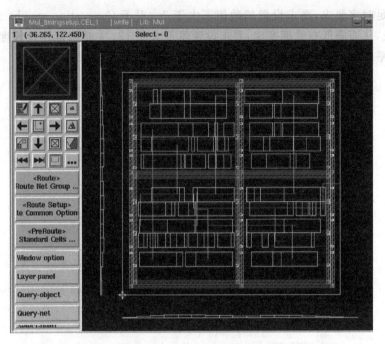

图 8.50　时钟信号布线结果

④ 全局布线。执行 Route | Global Route 命令,出现如图 8.51 所示对话框。Global Route 选项对设计做出布线规划,安排线网路径,不进行实际连接。通过执行 Route | Estimate Global Route congestion 命令,可以估计布线拥塞情况。

⑤ 自动布线。执行 Route | Auto Route 命令,出现如图 8.52 所示对话框。其中,track assign 选项进行布线轨道规划,detail route 选项确定实际连接路径的几何形状。执行结果如图 8.53 所示。

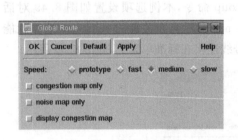

图 8.51　全局布线

图 8.52　自动布线

⑥ 修改时序面板设置。执行 Timing | Timing Report 命令,选取 Model tab 选项,延时模型改为 AWE,前面已经提到 AWE 是一种较慢但精度较高的模型。时序报告,执行 Timing | Timing Report 命令。

⑦ 若 Timing 或 Congestion 情况不理想,则需执行布线后优化时钟,命令是 astPostRouteCTO,并执行布线优化,命令是 astPostRT。时钟倾斜可能已经被之前的连线打乱,所以要用 PostRoute CTO 加以改善。布线优化对于修正串扰很有帮助。

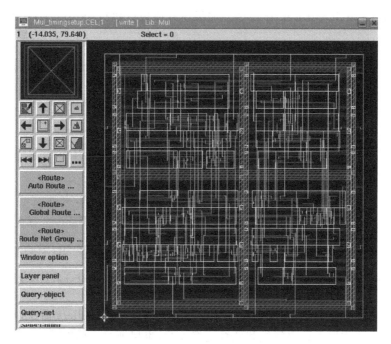

图 8.53 自动布线结果

⑧ DRC。执行 Verify|DRC 命令,如图 8.54 所示,注意选择 List Error Summary Immediately 选项,即执行完 DRC 立刻显示错误列表。若有 DRC 违反,则需执行 Route|Search and Repair 命令修正。

⑨ 保存 Cell。执行 Cell|Save 命令及 Cell|Save As 命令。

(7) 可制造性设计(Design for Manufacture,DFM)。为满足设计规则,使代工厂能够成功制造出该芯片而做的修补工作,如填充 Dummy 等。

① 修天线违规。天线效应是指与 MOS 管栅极直接相连的金属线面积过大,在金属线制作过程中金属吸收电荷过多,而 MOS 管氧化层很薄,容易形成高压而将氧化层击穿。解决天线效应违规一般有两种途径:一是通过上层金属桥接的方法,将天线效应违规的金属线跳至上层然后再跳下来;二是通过在金属与衬底之间插入反向二极管来限压。两种方法的示意图如图 8.55 所示。

图 8.54 DRC

首先载入天线规则,在 Message/Input 区域输入 load../tec_lib/ chrt180l6_ant.cmd,然后执行 Route Setup|HPO Signal Route Options 命令,设定 Antenna Ratio 的计算模式,如图 8.56 所示,Charge-Collecting Antenna 选择 advanced,告诉 Astro 利用天线规则中的相关设定检查天线效应,最后在 Message/ Input Area 输入 axReportAntennaRatio(geGetEditCell),报告设计中的 Antenna Ratio。如果出现违规,必须用 Search&Repair 修

正,执行 Route|Search and Repair 命令。如果还有违规就执行 axgInsertDiode 插入二极管来修正。

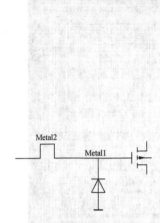

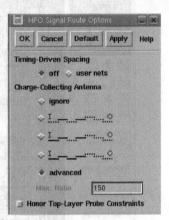

图 8.55 天线违规解决方法示意图 　　　　图 8.56 HPO 信号布线选项

② 在 Core 中填充 Filler Cell。执行 PostPlace|Add Core Fillers 命令,出现如图 8.57 所示对话框。该步主要保证电源线和地线连接连续,也保证每行标准单元 N 阱的连续。

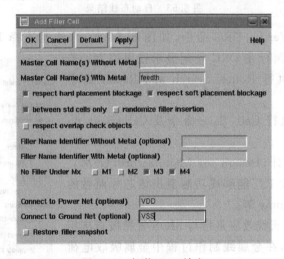

图 8.57 加载 Core 填充

③ 填充 Notch&Gap。执行 Route Utility|Fill Notch/Gap 命令,出现如图 8.58 所示对话框,选 Default 即可;填充金属 dummy。执行 Route Utility|Fill Wire Track 命令,出现如图 8.59 所示对话框。该步主要是填充金属,满足金属密度。Spacing to routing 选项选择 2～3 倍间距,这样既能保证金属密度,又不容易有最小间距错误。由于该步易造成 DRC 违规,可在 Virtuoso 中手动添加。

④ DRC 与 LVS。执行 Verify|DRC 命令和 Verify|LVS 命令,选择 default 即可。如果有违规,则执行 Search&Repair 进行修复。至此布局布线的全过程已经完成,本例布局布线的最后结果如图 8.60 所示。这里只显示了布线结果,没有显示标准单元。

⑤ 文件输出:输出 GDSII、Verilog 网表、SPEF 等文件。

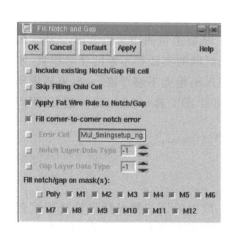

图 8.58 填充 Notch/Gap

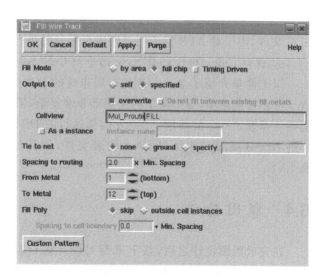

图 8.59 填充 Wire Track

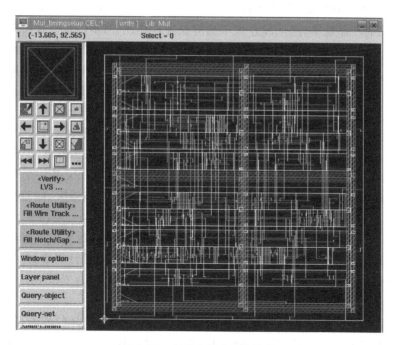

图 8.60 布局布线的最终结果

输出 GDSII。执行 Tools|Data Prep 命令和 Output|Stream Out 命令输出 GDSII 版图文件。注意 Output Pins 选项要选 As Text,否则使用 Calibre 做 LVS 会有问题;Output Pins 选项还要选 As Geometry,否则导出的版图会没有管脚的形状。

输出 Verilog 网表。首先执行 Cell|Close 命令,关闭当前的 Cell,然后执行 Cell|Repair Hierarchy Information 命令,重新修复 net 和 instance 的连线,修复层次化信息,最后执行 Cell|Hierarchical Verilog Out 命令,输出网表。

执行 Timing|SPEFOUT 命令可输出 SPEF 文件。SPEF 文件包含版图的寄生参数信

息,用于 PrimeTime(PT)进行 APR 后的静态时序分析(STA)。PT 完成 STA 后可导出 SDF 文件,用于对 APR 后的门级网表反标延时进行后仿真。

⑥ 保存 Cell。执行 Cell|Save 命令及 Cell|Save As 命令。

以上简单介绍了 Astro 自动布局布线的七大步骤。从以上截图中可以看出,Astro 包含了许多功能菜单,每个菜单的使用都非常复杂,需要长时间的实践和不断的技术积累,才能熟练掌握 Astro 的使用。Astro 内部执行的 DRC 和 LVS,检查不够严格,一般需要将导出的 GDSII 版图文件及 Verilog 网表文件,用其他版图验证工具(如 Calibre)进行 DRC 和 LVS。

8.4　版图验证

在完成版图设计之后,接下来要对设计进行验证。版图验证主要包括设计规则检查(DRC)、电学规则检查(ERC)、版图和电路一致性检查(LVS)、版图寄生参数提取(LPE)、寄生电阻提取(PRE)等。随着芯片集成度和规模的不断提高,在设计的各个层次上所需进行的验证工作量也在不断增加,尤其是版图 DRC/LVS 验证变得越来越复杂,但其对于消除版图设计错误、提高产品良率、降低设计成本具有决定性作用。DRC 验证版图是否符合设计规则;LVS 验证版图与电路原理图之间是否一致,也就是验证版图的逻辑功能。只有 DRC 和 LVS 都通过,才能认为是基本合格的版图。当前业界比较常用的版图验证工具主要有 Cadence 公司的 Diva(Online)和 Dracula,Synopsys 公司的 Hercules,Mentor 公司的 Calibre 等。

Cadence 公司的 Diva 和 Dracula 这两种版图验证工具的主要区别是: Diva 是整合在 Virtuoso 环境内的,在验证小面积的版图时速度较快,同时由于采取在线交互方式,界面友好,易于上手,但其缺点是难于对大型芯片进行完整验证。Dracula 是一个单独的验证工具,可以独立运行。相比之下,Dracula 的运算速度较快,而且功能强大,能验证和提取较大的电路。

Hercules 拥有进行超深亚微米工艺验证的能力,可进行亿门级的微处理器和千万门级的 ASIC 的物理验证。Hercules 通过更加高效的验证可以缩短设计周期,并提供图形界面来帮助设计人员快速发现和改正违规错误。它还可以和 Synopsys 公司的 Milkyway 数据库进行无缝连接。

Mentor Graphics 公司所提供的版图验证工具 Calibre 以其优异的性能,逐渐成为深亚微米物理验证的工业标准。Calibre DRC 用于版图的设计规则检查,具有高效能、高容量和高精度,还具有足够的弹性,即便是对于包含设计方法、规则及加工工艺差异极大的数模混合电路的系统芯片,也可以方便地同时进行验证。其在 DRC 方面的优点主要表现在以下几个方面:层次化的检查、直接进行版图数据的转换、特定区域的局部检查、规则分组和选定、多线程,并且 Calibre 可以进行部分 DFM 检查。Calibre 在进行 LVS 检查时可以通过层次化的查错方式更准确地定位错误,并通过版图、原理图、网表之间的良好交互能力帮助设计人员迅速、准确地解决问题。其在 LVS 方面的优点主要表现在以下几点:层次化的验证、分步骤的验证、电源和地的短路解决;对于 IP 的检查,Calibre 可以屏蔽 IP 内部的比较,只检查 IP 各个端口连接的正确性,确保 IP 的正确使用[5]。

本节将以 Calibre 的 DRC/LVS 为例,简要介绍版图的验证流程。Calibre 既可以在 UNIX 下独立启动,也可以借由与 Virtuoso 的链接直接在 Virtuoso 中启动。下例为在 Virtuoso 中启动 Calibre,并对图 8.61 所示的运算放大器版图进行 DRC/LVS 验证[8]。

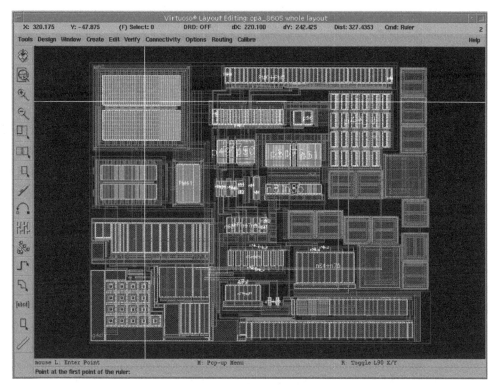

图 8.61 运算放大器版图

(1) 如图 8.62 所示,执行 Caibre|Run DRC 命令启动 Calibre 的 DRC 界面,其 DRC 步骤如下:

① 设置 Rules 选项,如图 8.63 所示。输入 Calibre-DRC 的 Rules File,View 可对其进行编辑;指定 Calibre-DRC 运行的路径,其所产生的相关档案将存放在此目录。

② 设置 Inputs 选项,如图 8.64 所示。可指定 run Hierarchical 或 Flat 模式;输入 GDSII 文件,或是选择 Export form layout viewer,即从版图上自动提取版图文件;可以通过 Area 指定只检查版图的某部分。

图 8.62 Calibre 菜单

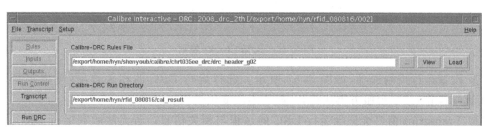

图 8.63 设定 DRC Rules

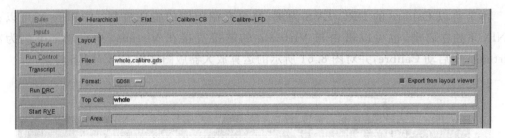

图 8.64　设置 Inputs 选项

③ 设置 Outputs 选项,如图 8.65 所示。在 DRC Results Database 选项中指定 DRC Result 的文档名和格式,其预设名称为 layout_cell_name. drc. result,预设名称可以在菜单 Setup|Option 更改。可选择 Show results in RVE,在运行完 DRC 立即开启 RVE 视窗。指定 DRC Report 的文档名,其预设名称为 layout_cell_name. drc. summary,可选择每运行一次 DRC 将结果覆盖或依附原始的报告文档。选择 View summary report after DRC finishes,当运行完 DRC 即显示总结报告。

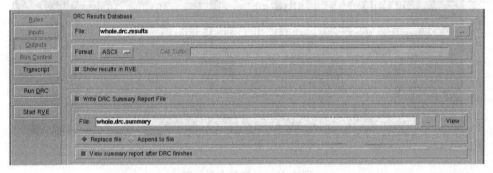

图 8.65　设置 Outputs 选项

④ 执行 setup|select checks 命令,出现如图 8.66 所示的对话框,可以选择要执行的检查规则。其中 Checks 选项中显示出规则文件里的所有规则,可以选择某些规则不做检查;Groups 选项中显示由规则文件里定义的组,可以选择某些特定的组或规则不做检查。

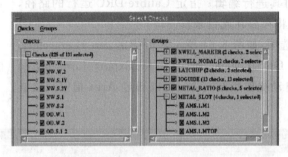

图 8.66　选择 Checks 规则

⑤ 设置运行控制选项,如图 8.67 所示。选择运行 DRC 的相关选项,可决定是否以 64bit 远端操作,或多台服务器执行,一般均不改变预设值。

⑥ Transcript 窗口会记录运行 DRC 的过程与相关信息。若无法顺利运行 DRC,可由此查看错误信息,亦可执行 Transcript|Save as 命令存为日志文件。

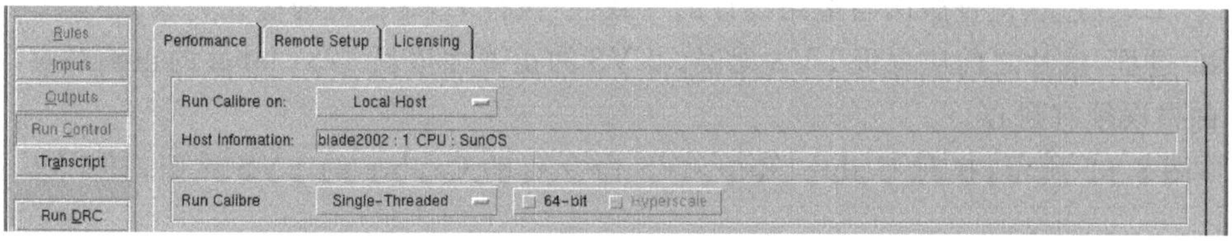

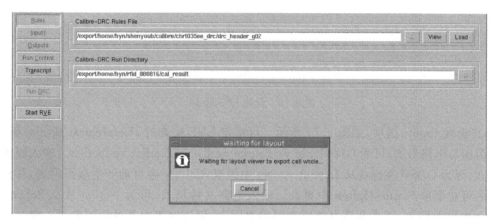

图 8.67　运行控制选项

⑦ 运行 DRC。当完成相关设置后,可以执行 Run DRC,如图 8.68 所示。

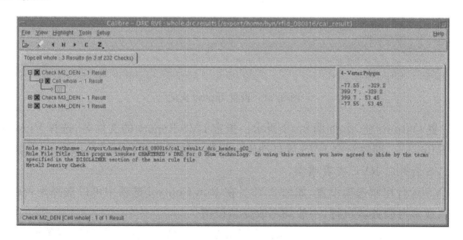

图 8.68　DRC 运行

⑧ DRC 运行结束后会自动弹出 RVE 和 Summary report 窗口,若没有设置自动弹出选项则可以单独打开它们。如图 8.69 所示,RVE 窗口中会显示版图中所存在的错误的形式、坐标和错误描述。点击窗口左侧要关注的错误形式,右侧会显示其坐标,下方会给出具体的错误描述。通过单击错误坐标,会对应到版图上相应错误的位置,可以逐一对其进行修改。如此修改结束后,再次运行 DRC,若还有错误要再次进行修改并运行 DRC,直到消除所有 DRC 错误。

图 8.69　DRC 的 RVE 窗口

　　(2) LVS 过程检查版图与电路设计的一致性,执行 LVS 比对前应先完成 DRC,LVS 包含 ERC 过程,流片之前应保证 LVS 无误。LVS 的正确性依赖 Text label 的正确对应,更正 LVS 的错误须有耐心。

　　如图 8.62 所示,执行 Caibre|Run LVS 命令启动 Calibre 的 LVS 界面,其 LVS 步骤如下:

　　① 设置 Rules,如图 8.70 所示。输入 Calibre-LVS 的规则文件,View 可对其进行编辑;指定运行 Calibre LVS 的路径,其所产生的相关文件会存放在此路径下。

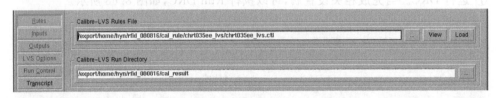

图 8.70　设置 LVS Rules

　　② 设置 Inputs 选项,如图 8.71 所示。可指定 LVS 检查的 Hierarchical 或 Flat 模式;选择版图与电路形式,可为 GDSII file vs Source netlist 或 Netlist vs Netlist。输入版图文件格式,可为 GDSII 文件或从 Layout viewer 中提取,Calibre 会自动产生版图网表,其预设文档名可在菜单 Setup|Option 中更改。输入电路文件格式,可为 Netlist 或从 Schematic viewer 中提取网表,通常利用电路原理图提取网表,但该网表中器件的模型名一般与版图网表不匹配,因此在提取后要手动修改原理图网表的器件模型名。在 H-Cells 选项中指定 Run Cell 的方式,有自动比对(Automatch)与输入 Hcell table 两种使用方式;也可以采用缺省设置,两种方式都不选择。

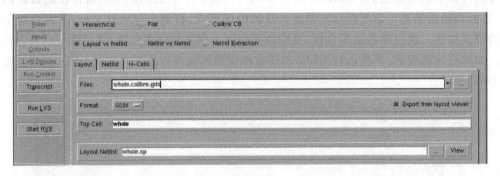

图 8.71　设置 Inputs 选项

　　③ 设置 Outputs 选项,如图 8.72 所示。指定 LVS Report 的文件名,选择 View Report after LVS finishes,即执行完 LVS 后自动弹出报告;选择建立 SVDB Database,并选择在执行完毕 LVS 后开启 RVE 查看错误。

　　④ LVS 运行控制选项设置,如图 8.73。在 Run Control 选项中可以选择是否以 64bit,远端操作,或多台服务器执行,一般均不改变预设值。

　　⑤ 运行 LVS,如图 8.74 所示。如果 LVS 完全一致,则在报告中出现笑脸符号代表 LVS check 正确,RVE 也将显示设计匹配(Designs Match)。如果存在检查不一致的地方,就要按照 RVE 的错误说明及坐标定位,对版图进行修改直到消除所有错误。

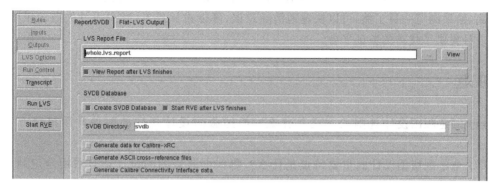

图 8.72　设置 Outputs 选项

图 8.73　LVS 运行控制选项

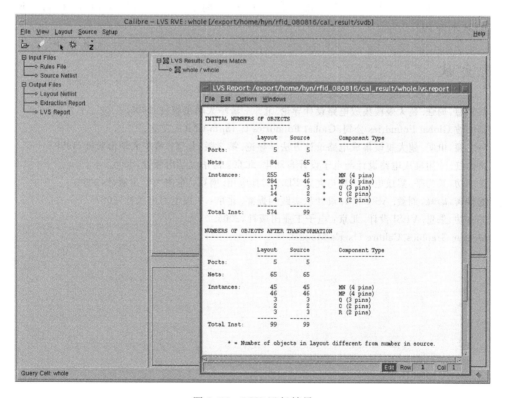

图 8.74　LVS 运行结果

通过以上流程可以看出 Calibre DRC/LVS 使用方式灵活快捷、功能强大、验证准确、精密度高、结果浏览一目了然，可以快速地消除错误，降低设计成本，减少设计失败的风险，为产品设计提供了优秀的验证平台。

复习题

（1）制定版图设计规则的意义是什么？简述版图设计规则的两种常用描述方法及特点。

（2）全定制版图设计的主要特点是什么？哪些电路版图的设计适合采用全定制版图设计？

（3）数字电路后端设计的主要任务是什么？

（4）什么是自动布局布线？

（5）简述基于 Astro 的自动布局布线流程及每一步骤完成的主要任务。

（6）在自动布局布线过程中放置电源环和电源条带的基本原则是什么？建立电源条带的目的是什么？

（7）基于 Astro 的自动布局布线过程中预布局优化和两次布局后优化的目的分别是什么？

（8）什么是天线效应？消除天线效应的两种常用方法是什么？

（9）DRC 和 LVS 两种版图验证手段的目的分别是什么？简述 Calibre 执行 DRC 和 LVS 的基本流程。

参考文献

[1] 蔡懿慈,周强.超大规模集成电路设计导论.北京：清华大学出版社,2005.

[2] 新加坡 Global Foundries 公司. Global Foundries 0.18μm CMOS 工艺.

[3] 杨之廉,申明.超大规模集成电路设计方法学导论.第 2 版.北京：清华大学出版社,1999.

[4] 路而红.专用集成电路设计与电子设计自动化.北京：清华大学出版社,2004.

[5] 王志功,景为平.集成电路设计与九天 EDA 工具应用.南京：东南大学出版社,2004.

[6] 池雅庆,廖峰,刘毅.ASIC 芯片设计从实践到提高.北京：中国电力出版社,2007.

[7] 王志功,朱恩.VLSI 设计.北京：电子工业出版社,2005.

[8] Mentor Graphics. Calibre User's Manual.

第9章

测 试 技 术

9.1 芯片测试意义

对于集成电路设计来说,测试是一个非常重要的环节,尽管大部分的设计问题已经在电路设计过程中被 EDA 软件所解决,但是不同层次上的测试和测试方法的研究仍然是设计者的重要工作内容。

集成电路的成品率定义为每个晶圆中好的芯片数目占晶圆总芯片数的百分比。由于制造工艺的复杂性,使得并非晶圆上的每个芯片都能正常工作,起始材料、制造过程或光刻过程上的小缺陷都可能造成芯片损坏而丧失特性。集成电路测试的目的在于决定哪些芯片是好的,并能应用于系统中[1]。

概括地讲,集成电路测试是指导产品设计、生产和使用的重要依据,是提高产品质量和可靠性、进行全面质量管理的有效措施。图 9.1 显示了集成电路测试与生产和应用之间的关系,说明了集成电路测试在整个集成电路设计中的重要性。

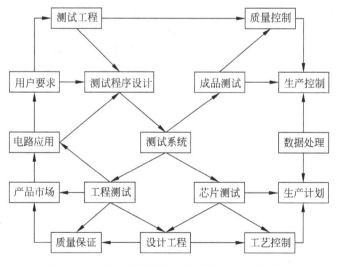

图 9.1　集成电路测试与生产和应用之间的关系

VLSI 时代芯片制造的复杂程度一直在不断提高,目前集成电路的工艺线宽尺寸已进入到了 22nm 的技术节点。为了减少致命缺陷的数目,硅片生长过程中的污染被控制到了分子级。硅片直径的增加允许在硅片上制作更多的芯片,同时需要新的制造设备和传送方式。然而,芯片的制造不仅仅是制作过程,在电路设计、生产材料选择上均需要测试,以验证其性能是否符合规格要求。当这些测试验证都通过后,芯片才能投入生产。

芯片测试是为了检验规格的一致性而在硅片级集成电路上进行的电学参量测试。芯片测试的目的是检验可接受的电学性能。测试过程中使用的电学规格随测试目的而有所不同。如果发现缺陷,产品小组将用测试数据来确保有缺陷的芯片不会送到客户手里,并纠正制作过程中的问题。

在芯片制造的最后阶段,所有硅片上的芯片都要经过芯片测试,以便检验硅片上哪些器件工作正常。芯片测试是 IC 制造中的一个重要阶段,其目标是:

(1) 芯片功能:检验所有芯片功能的操作,确保只有好的芯片被送到装配和封装的下一个 IC 生产阶段。

(2) 芯片分类:根据工作速度(通过在几个电压值和不同时间条件下测试得到)对好的芯片进行分类。

(3) 生产成品率响应:提供重要的生产成品率信息,以评估和改善整体制造工艺的能力。

(4) 测试覆盖率:用最小的成本得到较高的内部器件测试覆盖率。

造成集成电路失效的原因很多,既有微观的缺陷,如半导体材料中存在的缺陷;又有工艺加工中引入的器件不可靠或错误,如工艺工程中的带电粒子沾污,接触区接触不良,金属线不良连接或开路等;当然还有设计不恰当所引入的工作不稳定等原因。

集成电路中的故障就是上述一系列原因所造成的引线短路或者引线开路,从而引起的引线间不正确的连接或信号传输失效等。测试过程实际上是一个比对结果的过程,对门级器件外节点的测试就是假设在待测节点存在一个故障状态,然后反映和传送这个故障到输出观察点。在实测中如果在输出观察点测到该故障效应,则说明该节点确实存在假设的故障,如果不是故障效应则说明该节点不存在假设的故障。

针对由于引线短路及引线开路所引起的各种故障,对其进行分类,主要包括两种类型:固定故障和桥接故障。所谓的固定故障,就是被测节点或被测信号线被固定在某个状态,与测试的输入值的状态变化无关。固定故障又可以分为固定于 1 故障(Stuck-at-1,简写 s-a-1)和固定于 0 故障(Stuck-at-0,简写 s-a-0),发生固定故障的两输入与非门如图 9.2 所示。固定故障是在 VLSI 测试中使用最早和最普遍的故障模型。另外一种是桥接故障,它是指由于

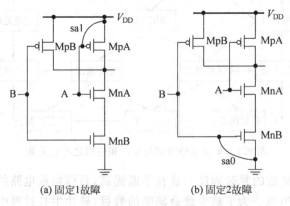

(a) 固定1故障　　　　　　　　　　(b) 固定2故障

图 9.2 发生固定故障的两输入与非门

发生了不应有的信号连接而导致的逻辑错误。当然对于与电源或地线的连接错误在这里不予考虑,因为它们导致的是固定性故障,所以,这里的桥接故障是除了对电源和地短接以外的连接性错误。桥接故障往往会比较复杂,其逻辑错误的定位也较固定故障困难很多。

测试缺陷数据被应用于成品率管理中以减少硅片缺陷。电学测试数据根据每个芯片上失效的芯片数目把硅片分为通过和失效两类。通过/失效的数据被用来计算表示硅片上的合格芯片所占百分比的成品率。产品小组通过分析硅片测试的数据来确定问题的来源,并实施修正措施,从而达到减少缺陷的目的。

半导体制造商的成败依赖于硅片的成品率。据估计,成品率每降低一个百分点,制造商将损失一百万到八百万美元[2]。

集成电路测试可以在以下不同层次中进行,在越早层次测出故障芯片,则可维持越低的制造成本,例如,在不同层次中测出故障芯片所需要的费用分别为

  (1) 芯片级 $ 0.01～$ 0.1
  (2) 封装芯片级 $ 0.1～$ 1
  (3) 板级 $ 1～$ 10
  (4) 系统级 $ 10～100
  (5) 现场 $ 100～$ 1000

显然,若错误能在芯片层次中被测出来,制造成本最低。在某些情况下,出于对发展适当的晶圆级测试所需的费用、混合信号的需求或速度的考虑,需要对封装芯片级或板级进行进一步的测试。元件厂商只能在芯片级或晶圆级进行测试,特殊的系统需要在系统级中进行全面的测试[1]。

芯片测试对硅片制造的贡献很大。由于制造工艺在不断进行工艺改进以维持摩尔定律的,因此,从这方面来看,芯片制造工艺永远不可能完全处于控制之下。芯片测试提供了一种可以确保工艺和设计的改变不会对客户芯片性能产生负面影响的度量方法。低产出的硅片意味着芯片制造商可能没有能力生产足够的高性价比的芯片供应市场,致使他们的产品在其他高成品率、芯片供应充足的竞争者面前不堪一击。因此,拥有能反映 IC 产品性能(相对于产品规范)的良好的测试数据十分重要。

9.2　芯片测试过程

9.2.1　测试过程简介

芯片测试是通过测试探针给芯片 I/O 的电接触点加入几组激励、采样响应输出,并根据这一组测试的结果来决定是否接受这一芯片的过程。

依照器件开发和制造阶段的不同、采用的工艺技术的不同、测试项目种类的不同以及待测器件的不同,测试技术可以分为很多种类。

1. 按测试阶段分类

按测试阶段分类,可分为器件开发阶段的测试和制造阶段的测试。器件开发阶段的测试又包括

（1）特征分析。保证设计的正确性,决定器件的性能参数。

（2）产品测试。在确保器件的规格和功能正确的前提下,减少测试时间,提高成本效率。

（3）可靠性测试。保证器件能在规定的年限之内能正确工作,包括筛选测试和寿命测试。

（4）来料检查。保证在系统生产过程中所有使用的器件都能满足它本身规格书的要求,并能正确工作。

制造阶段的测试包括

（1）圆片测试。在圆片测试中,要让测试仪管脚与器件尽可能地靠近,保证电缆、测试仪和器件之间的阻抗匹配,以便于时序调整和矫正。因而探针卡的阻抗匹配和延时问题必须加以考虑。

（2）封装测试。器件插座和测试头之间的电线引起的电感是芯片载体及封装测试的一个首要的考虑因素。

（3）特征分析测试。包括门临界电压、多域临界电压、旁路电容、金属场临界电压、多层间电阻、金属多点接触电阻、扩散层电阻、接触电阻以及 FET 寄生漏电等参数测试。

2. 按测试项目种类分类

按测试项目种类可分为功能测试、直流参数测试和交流参数测试。

（1）功能测试。功能测试通常是设计者建立的第一个测试,为设计过程的一部分,功能测试包括直流测试、交流测试、动态测试、功能测试、工作范围测试。对于如何确保给出好的功能测试向量,目前并无好的理论,最好的办法是去模拟芯片或系统,使其越接近实际越好,但通常由于模拟时间太长,此方法并不实用。改善的方法是将模拟层次随着在较低层被验证后而往上移。例如,滤波器中的门级加法器和暂存器可用函数模型代替,滤波器本身可再用另一函数模型取代。在每一层次中,可用小测试程序来验证新的较高层的函数模型与较低层的门或函数模型。

（2）直流参数测试。开路/短路测试,输出驱动电流测试,漏电电源测试,电源电流测试,转换电平测试等。

（3）交流参数测试。传输延迟测试,建立保持时间测试,功能速度测试,存取时间测试,刷新/等待时间测试,上升/下降时间测试。

直流(Direct Current,DC)参数测试是基于欧姆定律的用来确定器件电参数的稳态测试方法。例如,漏电流测试就是在输入管脚施加电压,这使输入管脚与电源或地之间的电阻上有电流通过,然后测量其该管脚电流的测试。输出驱动电流测试就是在输出管脚上施加一定电流,然后测量该管脚与地或电源之间的电压差。

通常的 DC 测试包括

接触测试(短路-开路)。这项测试保证测试接口与器件正常连接。接触测试通过测量输入输出管脚上保护二极管的自然压降来确定连接性。二极管上如果施加一个适当的正向偏置电流,二极管的压降将是 0.7V 左右,因此接触测试就可以由以下步骤来完成:

（1）所有管脚设为 0V;

（2）待测管脚上施加正向偏置电流"I";

（3）测量由"I"引起的电压；

（4）如果该电压小于0.1V，说明该管脚短路；

（5）如果该电压大于1.0V，说明该管脚开路；

（6）如果电压在0.1～1.0V之间，说明该管脚正常连接。

漏电流（I_{IL}，I_{IH}，I_{OZ}）测试：理想条件下，可以认为输入及三态输出管脚和地之间是开路的。但在实际情况下，它们之间为高电阻状态。它们之间的最大的电流就称为漏电流，或分别称为输入漏电流和输出三态漏电流。漏电流一般是由于器件内部和输入管脚之间的绝缘氧化膜在生产过程中太薄引起的，形成一种类似于短路的情形，导致电流通过。如图9.3(a)所示，假设两级反相器的第二级的输入信号V_{in}为"0"逻辑电平，输出则为"1"逻辑电平，如果第二级的PMOS管存在缺陷，如图9.3(a)所示的漏电流I_{DD}就可能过大，如图9.3(b)所示，在输入输出发生电平转换瞬间，I_{DD}会出现一个尖峰脉冲，而当电平稳定时，I_{DD}的值很小，如果测量到的I_{DD}为图9.3(b)中的实线，则表明此时电路存在漏电流缺陷。通过漏电流测试发现的最普遍的缺陷是物理短路（桥接）、电源和地短接、栅氧化层短路和穿通。漏电流测试的缺点是很难确定缺陷的根源。不过漏电流测试明显地减少了缺陷遗漏，提高了IC可靠性（降低了产品在早期的失效率），并降低了对老化测试的需求。须要指出的是，在深亚微米CMOS IC中，由于不断增加的MOS晶体管亚阈值电流使得发现缺陷更加困难，漏电流测试的好处正在被削弱[2]。

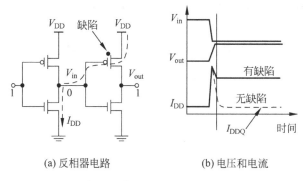

(a) 反相器电路   (b) 电压和电流

图9.3 漏电流测试的电路图

三态输出漏电流I_{OZ}是当管脚状态为输出高阻状态时，在输出管脚使用V_{CC}（V_{DD}）或GND（V_{SS}）驱动时测量得到的电流。三态输出漏电流的测试和输入漏电流测试类似，不同的是待测器件必须被设置为三态输出状态。

转换电平（V_{IL}，V_{IH}）：转换电平测量用来决定器件工作时V_{IL}和V_{IH}的实际值。V_{IL}是器件输入管脚从高变到低时所需的最大电压值，相反，V_{IH}是输入管脚从低变到高时所需的最小电压值。这些参数通常是通过反复运行常用的功能测试，同时升高（V_{IL}）或降低（V_{IH}）输入电压值来决定的。而导致功能测试失效的临界电压值就是转换电平。这一参数加上安全裕度就是V_{IL}或V_{IH}规格。安全裕度代表了器件的抗噪声能力。

输出驱动电流（I_{OL}，I_{OH}）：输出驱动电流测试保证器件能在一定的电流负载下保持预定的输出电平（V_{OL}，V_{OH}）。V_{OL}和V_{OH}规格用来保证器件在器件允许的噪声条件下所能驱动的多个器件输入管脚的能力。

电源功耗（I_{CC}，I_{DD}，I_{EE}）：该项测试决定电路的电源功耗大小，也就是电源管脚在规定的电压条件下的最大电流消耗。电源功耗测试可分为静态电源功耗测试和动态电源功耗测试。静态电源功耗测试决定器件在空闲状态下最大的电源功耗,而动态电源功耗测试决定器件工作时的最大电源功耗。

交流参数测试测量电路中晶体管转换状态时的时序关系。交流测试的目的是保证电路在正确的时间发生状态转换。输入端输入指定的边沿信号,特定时间后在输出端检测预期的状态转换。

常用的交流测试有传输延迟测试、建立和保持时间测试,以及频率测试等。

传输延迟测试是指在输入端产生一个状态(边沿)转换和导致相应的输出端的状态(边沿)转换之间的延迟时间。该时间从输入端的某一特定电压开始到输出端的某一特定电压结束。一些更严格的时序测试还会包括以下的这些测试项:

三态转换时间测试:

T_{LZ},T_{HZ}:从输出使能关闭到输出三态完成的转换时间。

T_{ZL},T_{ZH}:从输出使能开始到输出有效数据的转换时间。

存储器读取时间:从内存单元读取数据所需的时间。

如图 9.4 所示,测试读取时间的步骤一般如下所示:

(1) 往单元 A 写入数据'0';

(2) 往单元 B 写入数据'1';

(3) 保持使能端$\overline{\text{RD}}$(READ)有效并读取单元 A 的值;

(4) 地址转换到单元 B;

(5) 转换时间就是从地址转换开始到数据变换之间的时间。

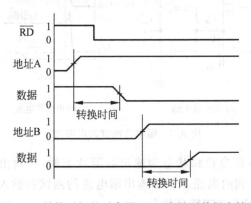

图 9.4 转换时间的时序图(地址有效到数据有效)

写入恢复时间:在写操作之后到能读取某一内存单元所必须等待的时间。

暂停时间:内存单元所能保持它们状态的时间,本质上就是测量内存数据的保持时间。

刷新时间:刷新内存的最大允许时间。

建立时间:输入数据转换必须提前锁定输入时钟的时间。

保持时间:在锁定输入时钟之后输入数据必须保持的时间。

频率:通过反复运行功能测试,同时改变测试周期,来测试器件运行的速度。周期和频率通常通过二进制搜索的办法来进行变化。频率测试的目的是找到器件所能运行的最快速度。

3. 按测试具体目的分类

根据测试的目的,VLSI 的测试可以分为以下 5 种类型:

1) 电学测试

电学测试是从待测器件中鉴别并分离出有电气故障的器件。一个电器故障就是其中一个单元没有达到器件的性能规格。具体来讲,电学测试就是对待测器件(Device Under Test,DUT)施加一连串的电学激励并测试 DUT 的响应。对于所加的每一项激励,将所测得的响应和期望值相比较,任何一个器件如果所测得的响应在期望值范围之外,这个器件就被认为是有故障的。

在生产模式中,电学测试的执行通常要使用一个测试系统或平台,它由一个测试仪和一个处理机组成,如图 9.5 所示。这样的测试系统又常被称为自动测试装置(Automatic Test Equipment,ATE)。测试仪执行测试,而处理机负责传送 DUT 到测试点和定位 DUT,同时负责在测试过程执行完之后把器件重新装入到另一个管子里。

图 9.5　VLSI 自动测试设备

由测试仪进行的测试过程是由测试程序或测试软件控制,这些测试程序通常是由高级语言(如 C++或 Pascal)编写的。测试过程由一系列的测试模块组成,每一测试模块测试 DUT 的某一特定参数。每一个测试模块内包括被测参数和必要的给定参数、测试激励以及测试时间信息。

有两种版本的测试程序:一种是生产模式版本(Production Version),另一种是品质保证版本(Quality Assurance,QA)。与 QA 版本相比,生产模式版本具有更严格的限制,而 QA 版本则接近于数据手册(Datasheet)。生产模式版本和 QA 版本之间限制的差异或者防护带(Guard Bands)应该足够大,以便将由于整个测试过程中不稳定或噪声导致的误差考虑在内。当然也不能太大,否则会导致超出被否决的范围(Over-rejection)。如果防护带选择恰当,任何一个器件只要通过了生产模式测试,几乎就能通过数据手册上的限制,不管使用哪个测试仪器。

测试程序通常包括两种类型的测试模块,即参数测试和功能测试。功能测试检查器件能否执行它的基本操作。参数测试检查器件是否表现出正确的电压、电流或者功率特性。参数测试通常是在一个节点处施加一个恒压并在那个节点处测量电流响应(Force-voltage-measure-current,FVMC),或者施加恒流并测量电压响应(Force-current-measure-voltage,FCMV)。

电学测试通常是在室温下进行的,不过根据筛选需求有时也需要在其他温度下测试。

例如在高温下更容易检测到闩锁效应,而在低温下更容易检测到热载流子故障。除了 25℃外,其他一些标准测试温度包括-40℃、0℃、70℃、85℃、100℃和125℃。

2) 老化测试

老化测试是对封装好的电路进行可靠性测试(Reliability Test),它的主要目的是为了检出早期失效的器件,称为 Infant Mortality。在该时期失效的器件一般是在硅制造工艺中引起的缺陷(即它属于坏芯片,但在片上测试时并未发现)。在老化试验中,电路插在电路板上,加上偏压,并放置在高温炉中。图 9.6 所示即为老化测试版,图 9.7 所示为老化测试炉。老化试验的温度、电压负载和时间都因器件的不同而不同。同一种器件,不同的供应商也可能使用不同的条件。但比较通用的条件是在 125~150 ℃温度下,通电电压在 6.2~7.0V(一般高出器件工作电压 20%~40%)通电测试 24~48 小时[10]。

图 9.6　老化测试版　　　　　　　　图 9.7　老化测试炉

老化测试本质上是模仿 DUT 的工作寿命,因为在老化测试过程中所施加的电学激励可以反映 DUT 在它整个可用寿命周期当中所经历的最坏情况偏置。根据老化测试进行的时间,所测得的可靠性信息可能会适合于 DUT 早期的工作寿命,也可能适合于 DUT 用坏的时候。老化测试可以被用作一个可靠性监控或者一个生产筛子(Production Screen),以降低器件潜在的早期失效率。

早期故障(Early Life Failure,ELF)监控老化测试,顾名思义,执行此项是为了筛选出潜在的早期故障。这项操作最多需要 168 个小时,通常 48 小时就可以了。在 ELF 监控老化测试之后的电学故障被称为早期故障,意思是有这种故障的器件会在正常的操作过程中过早地失效。

高温操作寿命测试(High Temperature Operating Life,HTOL)与 ELF 监控老化测试相反,测试的是样品在被用坏的状态下的可靠性。HTOL 测试操作需要 1000 个小时,中间在 168 小时和 500 小时的时候读取测试点[3]。

为了了解集成电路器件的使用寿命和可靠性,除了上述的老化测试外,常用加速试验使器件在较短的时间里失效,并进行失效机理分析,以便尽快找到失效原因,改进设计或工艺条件,提高器件的寿命和可靠性。加速试验(Accelerated Test)是可靠性测试中的一种,一般选择一个或几个可能引起器件失效的加速因子,如潮气、温度、溶剂、润滑剂、沾污、一般的环境应力和剩余应力等,模拟器件在实际使用过程中可能遇到的使用环境。对绝大多数集成电路产品来讲,最短的工作时间也有好几年,但是,制造的时间却很短,因此,在常规操作条件下做品质测试(Qualification Test)是不太实际的,也是不经济的。对于使用寿命很长、可靠性很高的产品来讲,在60%的置信度(Confidence Level)条件下,以每千小时0.1%的失效速率(即103FIT,Failure Unit)测试产品,则无失效时间长达915 000小时[10],即若器件样本数为915,则要测试1000小时才会有一个器件失效;若器件的样本数为92,则要测试10 000小时才会有一个器件失效,这样的测试既不经济又费时,因此,必须在加速使用条件下进行测试。

3）特性测试

特性测试也称为设计测试或验证测试。这类测试在生产之前进行,目的是验证设计的正确性,并且器件要满足所有的需求规范。需要进行功能测试和全面的AC/DC测试。特性测试确定器件工作参数的范围。通常测试最坏情况,因为它比平均情况更容易评估,并且通过此类测试的器件将会在其他任何条件下工作。选择一个能判断芯片好坏的测试做最坏情况测试,对两个或更多环境参数的每一种组合反复进行测试,并记录结果。这就意味着要改变诸如 V_{cc} 等不同的参数,重复进行功能测试和各种AC/DC测试。

特性测试诊断和修正设计的错误、测量芯片的特性、设定最终规范,并开发生产测试程序。有时一些特性测试将进入器件的生产过程,以改善设计,提高良率。

4）生产测试

每一块加工的芯片都需要进行生产测试,它没有特性测试全面,但必须判定芯片是否符合设计的质量和要求。测试矢量需要高的故障覆盖率,但不需要覆盖所有的功能和数据类型,测试时间(即测试费用)必须最小。不考虑故障诊断,只做通过或不通过的判决。生产测试的特点就是时间短,但又必须检验器件的相关指标。它对每一个器件进行一次性的检查,不重复。只是在正常环境下测试这些DUT的参数是否符合器件的规格指标。

5）成品检测

将采购到的器件集成到系统之前,系统制造商都要进行成品检测。根据具体情况,这个测试可以与生产测试相似,或者比生产测试更全面些,甚至可以在特定的应用系统中测试。成品检测亦可以随机抽样进行,抽样的多少依据器件的质量和系统的要求而定。成品检测最重要的目的就是避免将有缺陷的器件放入系统中,否则诊断成本会远远超过成品检测的成本[4]。

9.2.2 主要测试方法

1. 数字VLSI测试

1）CMOS测试

对于数字CMOS电路的测试,其方法比较简单。通过给电路一组输入激励,将芯片做出的实际响应和理论值比较,即可进行测试以确定它是否能正常工作。

测试的过程如图9.8所示,一个测试向量是一个二进制输入的阵列,它们应用到需要进行测试的器件(DUT)或测试的芯片(Chip Under Test,CUT)。对于每个输入向量,比较其响应和期望值。为了得到全面而充分的测试,需要设计一个测试向量组来决定芯片的工作情况。为了节省时间和成本,测试向量的生成以及如何获得一个最小

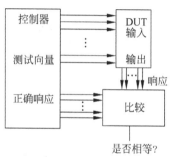

图9.8 测试问题略图

的测试向量组,都是测试工作非常有挑战的方面。

现在来看一个两输入与非门 NAND2 的例子,其输入为 A 和 B。如图 9.9(a)把 MpA 的栅极固定在高电平,模拟固定 1 故障,保持截止状态,使 MnA 导通。按图 9.9(b)所示,把 MnB 的栅极固定在低电平,模拟固定 0 故障,阻止 MnB 导通,使 MpB 导通。这两个电路表示了两个不同的情况,可以用来推导为发现每个问题所需要的测试向量。表 9.1 提供了必要的信息。NAND2 的正常响应为 F,图 9.9(a)、9.9(b)的故障响应分别为 F_{sa1} 和 F_{sa0}。在 sa1 中,由于 MpA 不导通,这个门的输出在输入 $(A,B)=(0,1)$ 时不能被上拉到逻辑 1。所以这个向量可以用来测试这个问题,因为它本来应当产生一个逻辑 1 的输出。在 sa0 中,MpB 总是导通,所以输出固定在 1。这个故障可以运用一个输入向量 $(A,B)=(1,1)$ 来发现。

CMOS 测试由于每个电路节点都有电容性,能在一个短的时间内存储电荷,这点导致了测试的复杂性。对一个门应用一组测试向量,就有可能受这个特点的影响。考虑图 9.10 的 NAND 门的开路故障。它阻止 MpA 导通并通过输入组合 $(A,B)=(0,1)$ 检测出来。然而输出节点具有电容 C_{out},不能忽略。若将序列 $(A,B)=(0,0),(0,1),(1,0),(1,1)$,依次输入,那么存储电荷的存在可使该门的操作看起米正确。这点可以从表 9.2 的工作情况表中判断。由于 C_{out} 可以保持电荷,当输入向量从 $(A,B)=(0,0)$ 变化到 $(A,B)=(0,1)$ 时,输出将仍然看上去是逻辑 1。由于其余的输入可得到正确的结果,就会完全失去发现这个故障的机会。

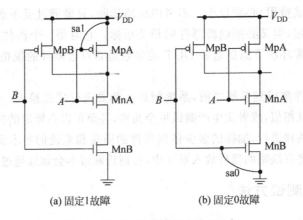

(a) 固定1故障   (b) 固定0故障

图 9.9   发生固定故障的 NAND2 门

表 9.1   NAND2 的工作情况

A	B	F	F_{sa1}	F_{sa0}
0	0	1	1	1
0	1	1	0	1
1	0	1	1	1
1	1	0	0	1

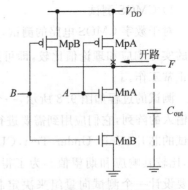

图 9.10   电荷存储对测试的影响

表 9.2 电荷存储问题的工作情况表

A	B	F	A	B	F
0	0	1	1	0	1
0	1	1	1	1	0

为弥补这个问题,可以采用一个初始化向量,它在应用真正的测试向量前对这个门做些"准备"。在本例中,序列$(A,B)=(1,1)$可以使输出放电到 0V,阻止$(A,B)=(0,1)$产生逻辑 1 的输出,从而发现这个故障。

测试的另一类问题来自于固定通或固定断(Struck-on 或 Struck-off)的故障。考虑图 9.11(a)电路,其中的 MpA 就具有固定通(短路)故障。如果应用一个输入向量$(A,B)=(1,1)$,那么 MnA 和 MnB 就会与 MpA 一起导通。这相当于 9.11(b)所示的电阻等效模型。由分压公式得到输出电压

$$V_{out} = \left(\frac{R_{nA} + R_{nB}}{R_{nA} + R_{nB} + R_{pA}} \right) V_{DD} \tag{9-1}$$

由于 MOS 管的电阻取决于宽长比,所以电压可能是一个很低的值,它使得这个门看起来在正确工作。当$(R_{nA} + R_{nB})$比R_{pA}小时就会出现这种情况。

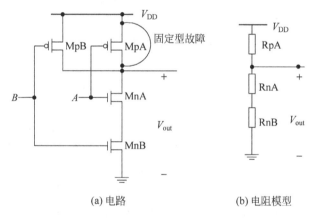

(a) 电路   (b) 电阻模型

图 9.11 NAND 门的固定型故障

对一个 CMOS 芯片加上一个电源电压可以引起一个电流I_{DD}。当信号输入稳定时,可以测量到静态漏电流I_{DDQ},如图 9.12 所示。每个芯片都有一个正常大小的电流范围,I_{DDQ}测试的基础是如果认为存在一个不正常的漏电电流,则表明芯片上存在问题。I_{DDQ}测试通常被安排在测试周期开始时,如果一个芯片不能通过这个测试,那么它就被放弃而不再进一步测试。

图 9.13 显示了I_{DDQ}漏电流的来源。当把输入电压V_{in}从小到大扫描到一个非门时,电源电流I_{DD}的变化如图所示;峰值电流发生在中点电压$V_{in} = V_{out}$处。当输入稳定在逻辑 0 或逻辑 1 的电压范围时,只有静态漏电电流I_{DDQ}流动。它包括反向偏置的 PN 结电流、亚阈值电流以及其他电流。如果测量得到的漏电电流值不正常,就可以认为芯片有问题[5]。

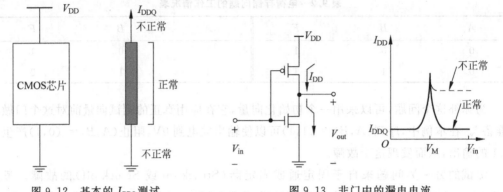

图 9.12   基本的 I_{DDQ} 测试   图 9.13   非门中的漏电电流

2) 组合电路测试

1959 年,在 Datamatic 公司,Eldred 以一篇论文开启了组合逻辑电路测试的时代。1966 年,J. P. Roth 提出了一个组合电路测试生成的完全算法,称为 D 算法,为数字硬件故障系统化测试矢量生成技术奠定了基础。自动测试矢量生成(Automatic Test Pattern Generation,ATPG)是为测试电路而生成测试矢量的过程,其中电路是用逻辑级网表(电路图)严格描述的。这些算法通常采用故障生成器程序进行描述,该程序产生最小化的压缩故障表,以便使设计人员不必关心故障的产生。在某种意义上,ATPG 算法具有多重目的,因为它们可以生成电路的测试矢量,可以发现冗余的电路逻辑,还可以证明一种实现电路是否与另一种实现电路相匹配。

首先解释结构测试和功能测试之间的区别。一个完整的功能测试将检查真值表的每一项,产生完全测试电路功能的完备测试矢量集。图 9.14 给出了一个 64 位行波进位加法器,并给出了该加法器基本单元的逻辑设计。从功能上看,这个加法器有 129 个输入和 65 个输出,因此要完全测试它的功能需要 2^{129} 个输入测试矢量,产生 2^{65} 输出响应。目前最快的自动测试设备(ATE)可在 1GHz 频率下工作。假设测试仪和被测电路(CUT)可工作于 1GHz 频率下,如果将这些测试矢量施加到 CUT 上,那么这样的 ATE 将花费 2.158 056 614 2× 10^{22} 年的时间[4]。因此可以看到,除了小电路外,这种穷举的功能测试方法是不切实际的,而且现在大多数电路的规模是极大的。

结构测试最大的优点是允许人工开发算法。在删除等效故障之后,结构测试仅检测这个电路每条连线上最小的固定故障集。对于一个逻辑电路的两个故障,如果通过变换电路使两个故障电路有相同的输出函数,那么这两个故障就是等价的。等价故障又称为不可分辨故障,它们有完全一样的测试集。如果采用故障等价,那么当忽略进位线上故障等价时,这个加法器的每一个位片只有 27 个故障,如图 9.14 所示。这个加法器没有冗余硬件,总的结构故障只有 64×27=1728 个,因此最多只需要 1728 个测试矢量。1GHz 的 ATE 施加这些测试矢量只需要 0.000 017 28s 的时间,并且由于这个测试矢量集覆盖了加法器中所有可能的结构固定故障,因此它可以获得与上面描述的难于处理的功能测试矢量集完全相同的故障覆盖率。电路设计者经常会提供 75% 的故障模型,它能俘获最严重的电路缺陷。而 ATPG 所产生的测试矢量是对设计人员产生的功能测试矢量的补充,可以将固定故障覆盖率提高到 98% 以上,且 ATPG 算法的优劣决定了故障电路测试的效率。

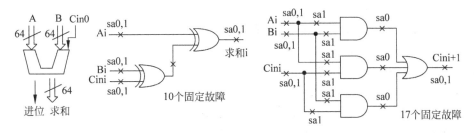

图 9.14 64 位加法器的功能测试与结构测试

ATPG 算法首先给电路插入一个故障,然后通过各种机制激活这个故障,并将它产生的响应通过硬件传播到电路的输出端。输出信号与无故障电路的期望值不同,这样可以检测到这个故障。对于 AND/NAND 门,为了将故障响应从它的一个输入传播到它的输出,可以通过将其他输入置为 1 来实现,其中 1 对于 AND/NAND 门是一个非控制量。对于 OR/NOR 门,为了将故障响应从它的一个输入传播到它的输出,可以将其他输入置为 0,0 对于 OR/NOR 门是一个非控制量。对于 XOR/XNOR 门,为了将故障响应从它的一个输入传输到它的输出,可以根据方便设置所有其他的输入为 1。

目前,至少部分 Intel Pentium 和 AMD K6 微处理器的首选测试方法采用了组合 ATPG。为了便于测试,扫描链插入器给每个电路触发增加了专用的多路选择器(MUX)和时钟硬件,以便在扫描模式下,将这些触发器转变为一个大的移位寄存器。微处理器的全部状态可通过专用测试模式端口输出,其端口称为扫描输出。同样,通过称为扫描输入的专用测试端口,可以将期望的触发器初始状态串行地移位到触发器中。

然而,对微处理器和其他的 VLSI 芯片设计者而言,扫描设计与组合 ATPG 结合是最流行的测试方法,因为此法很容易产生接近 100％故障覆盖率的测试集。另外,测试开发时间是可预测的,并且可在新产品的开发时间表中计算。由于算法问题和不可预测的硬件,目前的时序 ATPG 技术常常会引起大的设计延迟,并且会延长产品开发时间。

相对而言,组合电路 ATPG 被许多人认为是已经比较成熟。40 年来发展产生的算法主要归结为路径敏化方法、基于模拟的方法、布尔可满足性和神经网络方法,且这些方法仍在不断地改进。

3) 时序电路的测试

目前,几乎所有的数字电路都要用到时序电路。这些电路通常由组合逻辑和触发器构成。它们的测试要比上述纯的组合逻辑测试更复杂,原因在于:

(1) 内部存储器状态。电路包含了在测试开始时初始状态未知的内部存储器。因此测试必须将电路初始化到一个已知状态。在施加测试输入后,内部存储器的最后状态只能从原始输出间接地得出。在特殊情况下,为了使内部存储器可控制、可观察,须要加入额外的硬件电路。

(2) 长的测试序列。时序电路中的故障测试代码基本上包含 3 个部分:

① 内部存储器的初始化。

② 激活故障并将它的影响传递到组合逻辑边界的组合测试码。

③ 如果故障影响了多个存储元件,则要在原始输出端逐个观察每个元件的状态。这样,一个故障的测试码可能是以指定顺序施加的几个矢量序列。反之,在组合电路中的任何

故障都可以用单个矢量检测。

单时钟同步电路是一种最简单的时序电路。常用图 9.15 由组合逻辑和触发器构成的同步电路表示,组合逻辑电路的一些输出传送给一组触发器,这些触发器控制该组合逻辑电路的一些输入。图中粗线表示的是信号组。组合逻辑有两类输入,位于上部的称为原始输入(Primary Input,PI),在左边的输入称为伪原始输入(Pseudo Primary Input,PPI)或现态(Present State,PS),是由触发器提供的。类似地,组合逻辑有两类输出,在底部的输出是外部可以观测的,称为原始输出(Primary Output,PO),在右边的输出称为伪原始输出(Pseudo Primary Output,PPO)或次态(Next State,NS),它们的输出作为触发器的输入。输入矢量施加给 PI,在 PO 产生可观测的输出。由于缺乏与 PPI 和 PPO 的直接联系,所以,组合逻辑中的故障检查比较困难。

假定图 9.15 中的触发器是在时钟控制下工作的理想储存元件。图 9.16 所示的主从触发器是一个 1 位储存元件。它由两个锁存器构成,即主(M)锁存器和从(S)锁存器,每个锁存器用交叉耦合的门实现。当 CLK 为低时,D 端输入的数据存入主锁存器,从锁存器保持原来存储的数据不变;当 CLK 为高时,主锁存器保持原来存储的数据不变,主锁存器中的数据存入从锁存器,同时从 Q 端输出。

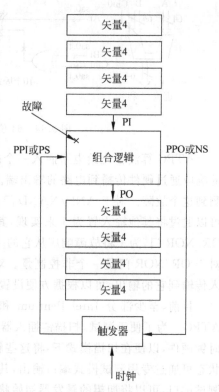

图 9.15 同步时序电路及其测试矢量输入、输出示意图

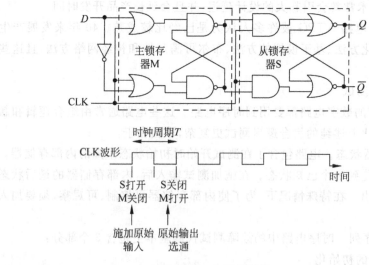

图 9.16 主从触发器

PI 的矢量与时钟周期 T 信号同步,在时钟从低变为高之后施加一个新的矢量。这避免了触发器发生数据和时钟信号同时变化引起的竞争。假定输出在紧邻下一个时钟上升沿之

前达到它们的稳态。因此,在每个时钟周期施加一个矢量并产生一个输出。

时序电路的这种操作被称为"同步"。只要信号经过组合逻辑的传输时间不超过一个时钟周期,它就可以正常地工作。当这个条件满足时,触发器就可以看作带有一个隐含时钟的理想存储元件。换句话说,对每个 PI 矢量和 PPI 状态,产生结果 PO 和 PPO 状态,并且 PPO 状态成为下一个矢量的 PPI。

在电路的门级建模时就要考虑所有的单个固定故障。触发器作为理想存储元件对待,它的时钟信号不明确。因此对时钟信号的故障没有建模。类似地,对触发器的内部故障也没有建模。测试矢量生成的方法可以分为两类:

(1) 时间帧展开。在这种方法中建立了一个电路的模型,使得测试码可以通过组合 ATPG 方法生成。这对门级描述的电路非常有效。对于循环结构、多个时钟或异步电路,效率显著降低。

(2) 基于模拟的方法。在这些方法中使用一个故障模拟器和一个矢量生成器来得到测试码。通常对任何可以模拟的电路都可以生成测试矢量。因此,一个考虑了延迟的模拟器可以对异步电路生成无竞争的测试码。另外,也可以处理在其他层级(寄存器传输级、晶体管级等)建模的电路。

由于时序 ATPG 占用 CPU 时间较多,所以使用了多通道并行处理的方法。一种流行的技术是将故障列表分布在独立生成测试矢量的工作站网络上,这个过程称为故障并行。通过共享生成的测试矢量最小化处理器之间的信息流通量。

基于模拟的测试矢量生成方法从诸如并发故障模拟器(Concurrent Fault Simulator, CFS)的故障模拟器中获得其性能。由于测试矢量的选择要考虑成本,所以在选择时,需要模拟几个实验矢量,如 CFS 可顺序地模拟实验矢量。一种更有效的实现方法是使用多域并发和比较模拟(Multi-Domain Concurrent and Compared Simulator, MDCCS),此法可以并发地估算多个实验矢量的费用。基于模拟的方法适用于所有类型的电路,包括组合电路和时序电路。它的最大优势体现在时序电路特别是异步电路方面。在这种电路中,信号的时序不能被忽略,因此时间帧展开方法会遇到困难。对基于模拟的方法,所有可以模拟的电路都可以测试。在基于模拟的技术中,遗传算法取得了最好的结果。

2. 模拟 VLSI 测试

每一类模拟电路(A/D 转换器、D/A 转换器、滤波器、锁相环等)都有其单独的规格集。对于每一类电路,已经存在可接受的功能测试集和特殊的原型测试的功能测试集及较小的生产测试集,没有普遍的性能规格集,也没有适合于所有电路的通用设计方法。

模拟电路测试可划分为三类:

(1) 设计特征化测试,确定设计是否满足规格;

(2) 验证测试,确定器件未通过测试的原因;

(3) 生产测试,用于大量线性或混合信号电路。

目前,非专门故障模型的功能在模拟电路测试中占支配地位,而基于故障模型的模拟电路测试对其进行了扩展。

模拟电路测试存在进一步的分类法:

(1) 根据电路规格直接生成基于规格的测试,这种方法没有参考模拟故障模型。这种方法很容易被各种电路所采纳。然而,采用大量规格数,测试将变得更昂贵,因此必须减少它的成本。可通过定位规格和消除不必要的测试之间的依赖性来减小测试集。

(2) 基于结构故障模型的测试,这种方法是针对特殊的模型故障集。这允许根据它们的故障覆盖率对模拟测试集量化,因此可对测试集进行分级。当测试到已被其他波形检测过的故障波形时,可以删除该测试子集,这个模型也可减小测试集大小。

1) 静态 ADC 和 DAC 测试

ADC 不是 DAC 的反向,因此每种测试都要求不同的参数定义和不同的测试矢量。理想 ADC 会丢失数据,而理想的 DAC 不会丢失信息,如图 9.17 所示。理想的 ADC 转移函数具有一个不确定的输入电压范围,将这个电压范围映射为各个数字范围值。输入范围内的电压映射为相同的输出代码,理想 DAC 没有这样不确定的范围。因而,ADC 和 DAC 不是彼此的反函数。即使通过了直流 DC 测试和正确代码的数字化输出检查的测试矢量仍不能用于 ADC 的测试,因为噪声、转换误差可能使有缺陷的 ADC 通过测试或好的 ADC 不能通过测试。与 DAC 测试相比,由于 ADC 测试是不确定的,因此它需要设计更多的统计分析。

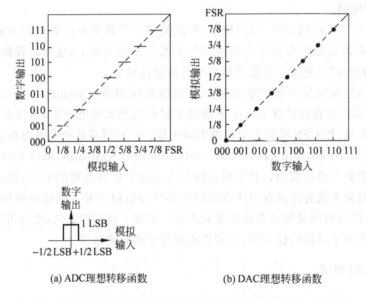

(a) ADC理想转移函数　　　　(b) DAC理想转移函数

图 9.17　理想 ADC 和 DAC 的转移函数

图 9.17 表示 ADC 和 DAC 的理想转移函数,图 9.18 表示 ADC 和 DAC 的直流偏移误差,图 9.19 表示 ADC 和 DAC 的增益误差,图 9.20 表示直流 DAC 的非线性误差。

2) 传输参数与本征参数

传输参数(或称性能参数)表示被嵌入的转换器的通道如何影响多音测试信号,包括增益、信噪比、互调失真(Intermodulation Distortion,IMD)、噪声功率比(Noise Power Ratio,NPR)、差分相移和包络延迟失真等参数。其中,多音测试是由多音调组成的混合模拟测试波形激励 DUT 的一种模拟测试方法,其中每个音是一个具有各自频率、相位和振幅的正弦曲线。

本征参数定义了 DUT 的规格。转换器输入电压满量程范围(FSR)、增益、位数、静态

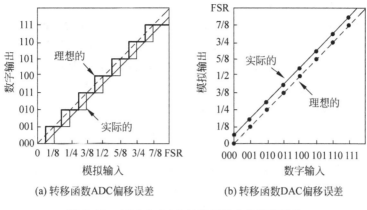

(a) 转移函数ADC偏移误差

(b) 转移函数DAC偏移误差

图 9.18　ADC 和 DAC 转移函数中的偏移误差

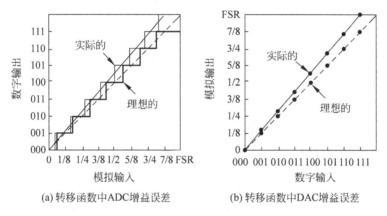

(a) 转移函数中ADC增益误差

(b) 转移函数中DAC增益误差

图 9.19　ADC 和 DAC 转移函数中的增益误差

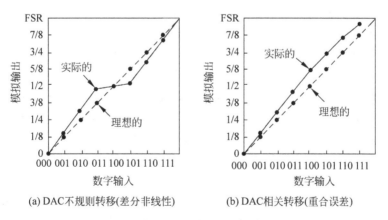

(a) DAC不规则转移(差分非线性)

(b) DAC相关转移(重合误差)

图 9.20　DAC 转移函数非线性误差

线性(差分和积分)、最大时钟速率和代码格式通常称为 ADC 和 DAC 的本征参数。建立时间和闪烁面积仅与 DAC 有关。建立时间表示 DAC 输出上重构滤波器花费多长时间可稳定到它的正确值。闪烁面积是闪烁脉冲表示的 DAC 输出的面积。随着频率和转换速率的提高,测试传输参数变得比测试本征参数更有用。

3) 理想 ADC 的不确定性和失真

Mahoney 指出,即使理想的 ADC 也有出现不确定性和失真的可能。旋转图 9.17(a),使转移斜率水平,则误差函数像锯齿波那样是可辨别的。ADC 的步长为统计数,实际电压引起的下一个代码的变化存在不确定性。锯齿波振幅的均方根(Root Mean Square, RMS)量化值的不确定因素,也是通过转换器发射模拟信号而引入的 RMS 失真值。锯齿波具有 1LSB 的峰-峰值。当 Q 是量化电压(LSB)时,RMS 量化失真电压是

$$D = \frac{Q}{\sqrt{12}} V, \quad RMS \tag{9-2}$$

n 位线性二进制 ADC 的额定满量程(FSR, Full Scale Range)中存在 2^n 个代码电平,但是电平台阶两端没有外边界。AT&T 公司采用分配虚拟边的协定,即如果转移函数超过 FSR 点,判定电平出现在这个边上。这些边表示 ADC 的限幅电平。

当给理想 ADC 施加正弦波时,峰值刚好接触到虚线边,那么 RMS 幅值变为

$$FS 正弦振幅 = \frac{Q \times 2^n}{\sqrt{8}} V, \quad RMS \tag{9-3}$$

通过将 RMS 幅值划分为 RMS 量化失真,可得到

$$[2^n \times \sqrt{1.5}]^{-1} \tag{9-4}$$

将这个值转换为分贝,可获得

$$相对失真电平 = -(6.02n + 1.761)(dB) \tag{9-5}$$

4) DAC 转移函数误差

仅采用转换器转移特性的两个端点评估偏移误差和增益误差是不精确的。通常还采用差分非线性(Differential Non-Linear, DNL)测试转换器评估转移曲线中实际的每一步线性增量之间的差。差分线性误差(Difference Linear Error, DLE)函数一步一步地列出实际转换器增量与线性增量(实际垂直发射到最优拟合的参考线)之差。DNL 定义为 DLE 函数的均方根。先计算增量步值,然后减去来自这些步的最优拟合线的斜率步宽度的乘积。积分非线性(Integral Non Linear, INL)测量参考线与实际转换器转移函数之差。从最低代码直到期望的代码,在增加代码级数情况下,通过积分不同的 DLE 误差矢量计算积分线性误差(Integral Error Linear, IEL)函数。INL 是 ILE 函数的均方根值。重叠误差是由 DAC 中非常数位加权引起的。DAC 中发生与时间有关的误差,属于随机噪声,因此实际 DAC 在它的转移函数中存在毛刺。由于电流开关的截止和导通之间存在时序变化,某些设计具有滞后现象,某些设计具有闪烁或甚至在模拟输出存在循环。此外,模拟电路的 RC 跌落会造成稳定输出延迟。

5) ADC 转移函数误差

ADC 的差分线性误差 DLE 是表示每个代码步长如何区别于理想步长的分布图。定义的差分线性与 DAC 不同,因为 ADC 有比较器,而 DAC 没有。DLE 为统计步长(每个代码的数量大小)减去平均步长。如果 DLE 小于 -1,这个代码宣布为漏失的代码。典型地,通过计数直方图中的代码计算 DLE,实际没有求代码边,直方图是每个数字输出代码出现的次数。ADC ILE 是这些代码步长与理想转换器特性之差的积分,可采用最优拟合线性测量。图 9.21 表示 ADC 理想的测量转移特性,转移特性表示每个代码步长如何与理想步长不同。

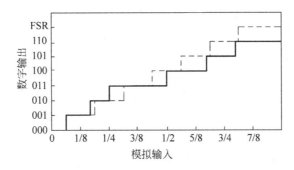

图 9.21 采样的转换器转移函数实例

6) DAC 测试方法

测试简单和低速的 D/A 转换器时,首先数字化 DAC 的输出步长,然后对它们进行平均,再计算 DNL 和 INL。然而,对于高性能 DAC,必须采用下面方法,以确保高质量的产品。

间接电压测量:

16 位 D/A 转换器具有 15ppm 步长,其要求测量误差低于 2ppm。为了达到这个目标,采用间接测量是必需的。DAC 转移函数误差表示点的垂直位移。由于下列原因,DAC 转移函数的直接测量是不合适的。

(1) 16 位 DAC 具有 65536 个代码,而 24 位 DAC 具有 16777216 个代码。如果对这些代码进行遍历测试则需要花费很长时间,并且有可能不能遍历到所有代码,因此通常采用寻找测试代码子集的方法实现。

(2) 直接测量需要过高的精确,由于测量条件的限制,测量误差一般至少为 $\pm 1/10$LSB。

可测量转移函数中的每个时间间隔,但是不能直接测量每个步长,因为电压定义代码步长发生在不同时刻。目标是求

$$(V_y + C + e) - (V_x + C + e) = V_y - V_x \pm 2e \tag{9-6}$$

式中,V_x 是较小的相邻电压;V_y 是较大的相邻电压;C 是可重复的测量误差;e 是不可重复的峰值测量误差。

对于 14 位 DAC,步长变为 61ppm(10V 范围内 610μV 的 DAC)。限制 $2e$ 到 61μV,以保持测量误差到 6.1ppm,这样 e 仅为 30.5μV——这太困难了,并且成本非常昂贵。解决方法是采用间接测量,通过转向针对差值的计算来避免对计算大的绝对值进行测量。随机噪声加重了这个问题,举例来说,10μV RMS 高斯噪声将产生高达超过 30.5μV 的误差。为了避免这个问题,采用可控制带宽测试夹具降低带宽,虽然这会增加测试时间。

测量方法为:测量 $V_y - V_x$ 的差(不是测量 V_y 和 V_x),比较这个差值与可编程偏压 V_b。V_b 不需要精确——仅要求是稳定的、静止的,可以在几毫伏范围内进行分辨。通过测量 $V_x - V_b$ 和 $V_y - V_b$,其值与 $V_y - V_x$ 的差处于相同的数量级。V_b 应该是 0.1% 精确可编程的直流电源,具有更好的分辨率。采用低噪声仪器中的放大器把 $V - V_b$ 差放大 100 倍,然后通过一个平衡保护电缆将这个差值发送到系统电压计进行测量。其优点是:

(1) 在仪器放大器处消除了电压计和放大器偏差。

(2) 增益误差仅发生在这个差值中(1LSB 数量级)。

（3）这两个读数范围的设置和位置决定了电压计跟踪误差（非线性），并且可大大减小设定范围。例如，测量 $610\mu V$ 步长，放大 100 倍，可以达到 0.5V 的电压计范围。采用满量程 0.02%（200ppm）电压计跟踪精度，仅可获得 $\pm 100\mu V$ 最坏情况误差，而放大 100 倍后反射到 DUT 的值是 $\pm 1\mu V$，或 1/600 LSB。

（4）通过保持两个读数彼此接近，可进一步减小跟踪误差。

（5）由于前置放大之后，电压计和电缆噪声是 $100\mu V$ RMS，仅有 $1\mu V$ RAM 反射到 DUT。

影响精度的主要因素是 DUT 输出随机噪声。为了减小噪声，对电压计进行平均读数。采用 8000s/s 的采样速率，进行 100 个采样。在电压计工作之前，通过抑制数据总线 1ms 可消除数字串扰。

INL 测量的引出：测量 $\Delta_i = \Uparrow \left\{ \dfrac{0001000000}{0000111111} \right\}$（$\Uparrow$ 表示升高存储器地址）的方法，位 i 增加 1 个代码引起模拟电压变化，其中 1(MSB) $\leqslant i \leqslant n$(LSB)。根据所有测量的 Δ，重新构造 DAC 点图。误差是实际位贡献与正常值之间的差。$V_{max} = \sum V_i = \sum B_i$，因此，$\sum e_i - 0$ 意味着误差有正误差和负误差信号，和是 0。当正的和负的误差分别聚集在一起时，$\sum(+) + \sum(-) = 0$。这两个和定义为整数非线性(INL)的极限，其平均可降低测量误差为

$$INL = \frac{\sum(+) + \sum(-)}{2B_n} \tag{9-7}$$

因此，INL 来自设定 V_i 和 B_i 的差，其差来自测试夹具处测量的附加的电压集 Δ_i。

这个算法可消除非噪声误差：

（1）分母 $2^n - 1$ 是 2 倍正系数和 2 倍负系数之和。Δ_i 值 1% 的误差仅引起 DNL 0.5% 的误差。

（2）分子系数的和是 0，因此，如果所有 Δ_i 具有相同的常数误差，那么它的值趋于 e_i。

（3）如果所有 Δ_i 具有相同的比例误差变化，分子和分母按相同的比例变化，那么 INL 仍然是正确的（在测量过程中，这可消除电压计和放大器的增益误差）。剩余的误差是随机噪声和放大器/电压计的跟踪误差。

根据处理步长 Δ_i 和所有低阶 Δ 的二进制倍数直接求和，可获得 V_i 前 n 个元素串：

$$1 + 1 + 2 + 4 + 8 + 16\cdots$$

表示系数。图 9.22 表示 5 位转换器如何采用这种方法得到下列等式

$$V_1 = 1\Delta_1 + 1\Delta_2 + 2\Delta_3 + 4\Delta_4 + 8\Delta_5$$
$$V_2 = 1\Delta_2 + 1\Delta_3 + 2\Delta_4 + 4\Delta_5$$
$$V_3 = 1\Delta_3 + 1\Delta_4 + 2\Delta_5 \tag{9-8}$$
$$V_4 = 1\Delta_4 + 1\Delta_5$$
$$V_5 = 1\Delta_5$$

首先，求 $V_{max} = \sum V = 1\Delta_1 + 2\Delta_2 + 4\Delta_3 + \cdots$，然后采用表 9.3 中的设置求 B_i。为获得 MSB 误差

$$e_1 = \frac{(2^{n-1} - 1)\Delta_1 - \Delta_2 - 2\Delta_3 - 4\Delta_4 - (2^{n-2} - 2)\Delta_n}{2^n - 1} \tag{9-9}$$

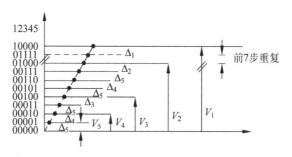

图 9.22　5 位 DAC 单位步长的重叠

因此，对于 $n=5$ 的例子

$$e_1 = \frac{15\Delta_1 - \Delta_2 - 2\Delta_3 - 4\Delta_4 - 8\Delta_5}{31} \tag{9-10}$$

表 9.3　必需的设置

$B_n =$ LSB 的贡献 $= V_{max}/(2^n-1)$
$B_i =$ 第 i 位的贡献 $=$ FSR$/2^i = 2^{n-i}B_n$，FSR 表示满量程
Electrical span 表示 FSR 减去 1LSB(由于 FSR 超过 MSB1 位)
$e_i =$ 误差 $= V_i - B_i$
(＋)表示正误差设定，(－)表示负误差设定

　　通过分子系数的电路移位可获得剩余的 e_i 系数。计算每个 e_i 之后，分别求正值和负值的和，通过计算 INL 生成两个和。Mahoney 方法可测量非线性到满量程的 3ppm，但是绝对精度要求仅仅是 1%。

9.3　可测性设计

　　随着集成电路设计进入 VLSI 技术时代，对芯片的全部状态和功能进行完全的测试是不现实的，因为要完成这样一种测试，它所需要的测试矢量将会是一个天文数字，某意义上可认为完全测试是一种无穷尽的测试方法。为了解决测试的问题，人们设计了多种测试方案和测试结构，提出了可测性设计(DFT)。可测性设计需要在电路设计之初就考虑测试的问题，将可测试设计作为逻辑设计的一部分加以设计和优化。

　　可测性设计的基本原理是：转变测试思想，将输入信号的枚举与排列的测试方法(即完全测试)，转变为对电路内各个节点的测试，即直接对电路硬件组成单元进行测试，降低测试的复杂性。具体实现方法包括将复杂的逻辑电路分块；采用附加逻辑和电路使测试生成容易，并能覆盖全部的硬件节点；添加自检测模块，使测试具有智能化和自动化。当前可测试性设计已经成为一个现代数字系统设计中必不可少的成分，然而，由于它对设计本身增加了硬件开销，也会在不同程度上影响系统的性能，因此必须慎重考虑。另外，可测性设计的测试生成通常是针对门级器件的外节点，而不是直接针对晶体管级。虽然直接针对晶体管级生成测试具有更高的定位精度，但测试的难度与工作量也大大增加。

9.3.1　故障模型

模型是物理实体与数学抽象之间的桥梁。为了对集成电路进行 DTF 分析,必须首先将造成集成电路失效的最基本原因抽象成为高层次的故障模型。集成电路失效通常称作集成电路存在缺陷,表示实际生产得到的集成电路与设计的集成电路之间存在的非故意性差异。对于 VLSI 而言,典型的缺陷包括电路缺陷、工艺缺陷、材料缺陷等。缺陷存在于集成电路制造或使用阶段,如果同一个缺陷重复出现,则意味着集成电路的制造过程或设计需要改进。诊断缺陷和发现原因的过程称为失效模式分析(Failure Mode Analysis,FMA),失效模式分析是集成电路生产过程中的重要环节。

缺陷在抽象的函数级的表示称为故障[4]。故障模型则是从数学的角度表述缺陷的存在及其原因。虽然这种高层故障模型与实际缺陷存在一定差距,但是它可读性强,易综合,易处理。此外,大多数故障模型是独立于集成电路制造技术的,制造工艺的发展并不会使得基于这些故障模型的测试和故障诊断方法失效。当然,随着制造工艺的发展,物理缺陷将变得更加复杂,将使得原有的故障模型不再像过去那么有效了,这时需要定义新的故障模型来更精确地描述各种复杂的物理缺陷的行为。

为了了解故障模型,首先区分一下集成电路中几个容易混淆的概念:缺陷、故障、误差和漏洞。

缺陷是指在集成电路制造过程中,在硅片上产生的物理异常,如出现一些器件的多余或漏缺。故障是指电路由于缺陷所表现出的不正常功能的现象,如电路的逻辑功能固定为 1 或 0。误差是由于故障而造成的系统功能的偏差和错误。漏洞是指由于一些设计问题而造成的功能错误,也即常说的 Bug。表 9.4 列出了一些常见的制造缺陷和相应的故障表现形式[6]。

表 9.4　常见的制造缺陷和相应的故障表现形式

制造过程中的缺陷	故障表现形式
线与线间的短路	逻辑故障
电源与电源间的短路	总的逻辑出错
逻辑电路的开路	固定型故障
线开路	逻辑性故障和延迟故障
MOS 管漏源端的开路	延迟或逻辑故障
MOS 管漏源端的短路	延迟或逻辑故障
栅极氧化短路	延迟或逻辑故障
PN 结漏电	延迟或逻辑故障

下面给出一些常见的故障模型:

1. 固定型故障(Stuck At Fault,SAF)

这是集成电路测试中使用最早和最普遍的故障模型。这种故障可通过对电路的信号线分配固定值(0 或 1)来模拟。最常见的形式是单固定故障,即每条线上有固定 1 或 0 两个故障。具体而言,假设电路或系统中某个信号线上的信号永久性地固定为逻辑 0 或者逻辑 1,简记为 sa0/sa1(Stuck-At-0/1),可以用来表征多种不同的物理缺陷。例如图 9.23 所示,对于 U0 来说,sa1 模拟了输入端口 A 固定在逻辑 1 的故障,对于 U1 来说,sa0 模拟了输出端口 Y 固定在逻辑 0 的故障。

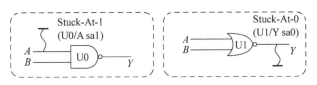

图 9.23　固定型故障

对于数字逻辑电路,假设一个故障仅仅影响了门的互连,每一个连线可以有两种类型的故障:固定 1 故障和固定 0 故障(通常简写为 sa1 和 sa0,或者 s-a-1 和 s-a-0)。因此具有 sa1 故障的线将一直处在逻辑 1 状态,而与驱动它的门的正确的输出逻辑状态无关。

通常情况下,几个固定故障可以在电路中同时出现。一个 n 条线的电路可以有 $3n-1$ 个固定线的组合,因为每一条线都可能是 3 种状态之一:sa1、sa0 或无故障,所有的组合减去唯一的一种全部无故障的情况即得到所有可能的故障数。显然,即使一个中等规模的电路,也会有一个很大的固定故障模型。因此,实际上通常仅考虑单固定故障模型。一个 n 线的电路至少有 $2n$ 个单固定故障。这个数目还可以通过故障压缩技术进一步减小。

定义单固定故障为具有以下 3 个特征的固定故障[4]:

(1) 只有 1 条线有故障;

(2) 故障线永远是 0 或者 1;

(3) 故障可以是 1 个门的 1 个输入或者输出。

例如图 9.24 所示电路,OR 门的输出表示了一个固定 1 故障 sa1,意味着输出保持为 1 而与 OR 门的输入无关。如果 OR 门的正常输出是 1,即它的输入为 01、10 或 11,则这个故障不影响电路中的任何信号。可是,如果或门的输入为 00,则在正常电路中会产生一个 0 输出,而这个故障电路的输出仍然为 1,至于 AND2 门此时的正常值的输出为 0,故障值为 1。

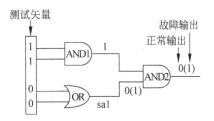

图 9.24　单固定故障示例

这个电路的故障是可观测的,只需将 AND2 的另一个输入置 1,即将 AND1 的输入置 11,就可观测。故可用输入矢量 1100 来测试 sa1,因为这个矢量的正常输出与故障输出不同。

这个例子说明了单固定故障的基本特征。当然以上分析假设各逻辑门的功能是正常的,仅仅考虑了信号的互连故障。图 9.24 的电路中有 7 条线,这些都是单固定故障的潜在点,可能的单固定故障数目为 14。

2. 晶体管固定开/短路故障(Stuck-open/Stuck-short)

MOS 器件的建模和模拟需要特别考虑,在数字电路中,晶体管通常被认为是理想的开关元件,其缺陷模型一般包含两种故障模型——固定开路故障和固定短路故障。通常,一个 MOS 逻辑门由多个晶体管组成。这种故障模型假定只有一个晶体管处于固定开路或者固定短路状态(固定短路也称固定粘路或固定闭路)。例如图 9.25(a)和图 9.25(b)所示电路分别表示固定开路和固定短路故障。在图 9.25(a)中检测固定开路故障时,当输入 A 和 B

均为 0 时，P1 和 P2 管导通，而 N1 和 N2 管关断，使得输出 C 与 V_{DD} 连接而与地隔离。$A=1$ 或 $B=1$ 都将使输出 C 与地连接而与 V_{DD} 隔离。考虑 P1 管固定开路故障，如果 $A=B=0$，那么在无故障的电路中，P1 和 P2 导通，但在有故障的电路中只有 P2 导通，N1 和 N2 开路。因此在正常电路中输出 C 为 1，而在故障电路中处于浮空状态(既不与地连接也不与 V_{DD} 连接)。用 Z 和 $/Z$ 分别表示图 9.25(a)所示电路的正常状态和故障状态。在实际 CMOS 电路中，节点 C 会由于寄生电容的存在而保留前次操作留下的电荷。为了检测这个故障，必须保证 Z 的值为 0。为此，需要输入两个测试矢量，第一个测试矢量 10 用于初始化，使故障电路输出端 C 为 0，并可测试端口 A 的 sa0 故障；第二个测试矢量 00 用来测试 P1 的固定开路故障，并可测试端口 A 的 sa1 故障。完整的测试由两个矢量 10→00 组成，正常电路产生 0→1 的输出，故障电路产生 0→0 的输出。图 9.25(b)所示电路中 P1 管的短路故障也可以用 A 点的固定 0 故障 sa0 来表示。如果 P1 管的输入端 A 点存在固定 0 故障，则意味着即使在 A 点施加 1 输入，但因为 A 点存在固定 0 故障 sa0，致使 P1 一直维持导通状态，即出现晶体管固定短路故障。固定短路故障的后果是产生一个电源电压到地的通路。对于固定短路故障往往需要测量输出端口的静态电流(Quiescent Current of Supply，I_{DDQ})。当出现固定短路故障时，图 9.25(b)所示电路中的输出端 C 的输出状态将由正常态变为不确定态 X，X 的具体状态取决于 PMOS 管和 NMOS 管的导通电阻及阈值电压的大小。

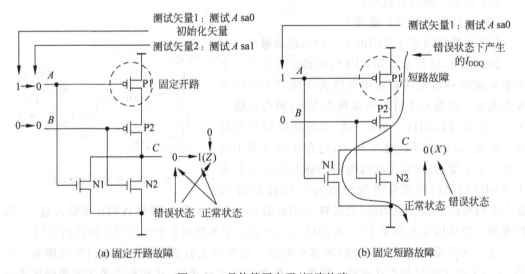

图 9.25　晶体管固定开/短路故障

3. 桥接故障(Bridging Faults)

桥接故障指节点间电路的短路故障。短路点的逻辑值可以是 1 主导(OR 桥接)、0 主导(AND 桥接)或者不确定态，具体状态取决于实际电路的结构。桥接故障通常分为三类：逻辑电路与逻辑电路之间的桥接故障、节点间的无反馈桥接故障和节点间的反馈故障。无反馈的桥接故障发生在组合逻辑电路中，通常用固定故障测试，其覆盖率很高。有反馈的桥接故障复杂些，可以用可编程逻辑阵列(Programmable Logic Array，PLA)为模型。

4. 延迟故障(Delay Fault)

最主要的延迟故障包括跳变延迟故障(Transition Delay Fault,TF)和传输延迟故障
(Path Delay Fault)。跳变延迟故障是指电路无法在规定时间内由 0 跳变到 1 或从 1 跳变到 0 的故障,如图 9.26 所示。其原因可能是组成门电路的晶体管器件翻转速度过慢所引起的。传输延迟故障是指信号在特定路径上的传输延迟,可能是传输路径较长等因素导致的。

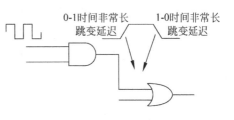

图 9.26　跳变延迟故障

除此之外,还有参数故障、引脚故障、结构故障、竞争故障、冗余故障等。

在抽象出有效故障模型的基础上,就可以开发出各种自动生成矢量 ATPG。目前常用的 ATPG 算法有伪随机算法、AD-Hoc 算法、D 算法、PODEM 算法和 FAN 算法。任何算法都需要一种叫 Path Sensitization 的技术,它指的是在电路中寻找一条路径以使得路径中的错误都能表现在路径的输出端。利用 9.2.2 节所介绍的 ATPG 测试方法即可进行电路的测试。

在故障测试过程中,需要注意所选故障模型和测试方法的故障覆盖率。所谓故障覆盖率是指测试矢量集对于故障的覆盖程度:

$$故障覆盖率 = 被检测到的故障数目 / 被检测电路的故障总数 \tag{9-11}$$

9.3.2　边界扫描测试技术

有了电路的故障模型,就可以进行可测试性设计 DFT 了。而 DFT 的前提是电路的可测性。表征电路可测性的关键是电路内部节点的可控制性和可观察性。可控制性的定义是:通过设置器件的输入值,在电路的每个节点建立一个特定的信号逻辑值(高电平或低电平)的能力。可观察性的定义是:通过控制器件的输入与观察器件的输出来确定电路中任一节点的信号值的能力。大多数 DFT 技术都是通过寻求改善“可控制性”和“可观察性”的途径及研究使用什么样的设计方法,以确保电路节点是可测的。在提高系统可测性方面最流行、工业化程度最高的两种测试方案是边界扫描测试(Boundary-Scan Test,BST)和内建自测试(Built-In Self-Test,BIST)。本小节首先简单介绍 BST 的基本工作原理。

边界扫描测试 BST 是 20 世纪 70 年代发展起来的一种用以解决印制电路板(Printed Circuit Board,PCB)上芯片与芯片之间的互连测试而提出的一种解决方案[6]。随着电子制造商所面临的最大程度地降低成本、提高质量及缩短面市时间的压力越来越大,他们采用的电路板越来越密、器件越来越复杂、电路性能要求也越来越苛刻,这直接导致了电子器件的生产商和电子产品的制造商都倾向于采用最新的更小的封装器件,以采用更小的体积来提供更强的功能,同时降低了成本。但是随之而来的接口问题却日益成为测试的巨大障碍。为了解决此类问题,边界扫描测试技术应运而生。

BST 与集成电路内部的扫描测试技术有很大的差别,BST 是在电路的输入/输出端口增加扫描单元,并将这些扫描单元连成扫描通路。集成电路内部的扫描测试是将电路中普

通的时序单元替换成具有扫描能力的时序单元,再将它们连成扫描通路。

边界扫描测试是一种可测试结构技术,它采用集成电路的内部外围所谓的"电子引脚"(边界)模拟传统的在线测试的物理引脚,对器件内部进行扫描测试。它是在芯片的 I/O 端上增加移位寄存器,把这些寄存器连接起来,加上时钟复位、测试方式选择以及扫描输入和输出端口,而形成边界扫描通道。边界扫描标准——IEEE 1149.1 标准规定了一个四线串行接口(第五条线是可选的),该接口称作测试访问端口(Test Access Port,TAP),用于访问复杂的集成电路,例如微处理器、DSP、ASIC 和复杂可编程逻辑器件(Complex Programmable Logic Device,CPLD)等。测试数据输入(Test Data Input,TDI)引脚上输入到芯片中的数据存储在指令寄存器中或一个数据寄存器中。串行数据从测试数据输出(Test Data Output,TDO)引脚上输出。边界扫描逻辑由测试时钟(Test Clock,TCK)上的信号计时,而且测试模式选择(Test Mode Selection,TMS)信号控制驱动 TAP 控制器的状态。测试复位(Test Reset,TRST)是可选项,可作为硬件复位信号[7]。

边界扫描是在芯片的每一个输入输出引脚上设置一个或几个单元,它们串行相连形成一个扫描通路,从而构成一条扫描链。根据扫描测试规律,对芯片输入、输出引脚上的信号进行控制或采样测试。由于这条扫描链分布在芯片的边界,故称为边界扫描测试,其体系结构如图 9.27 所示。

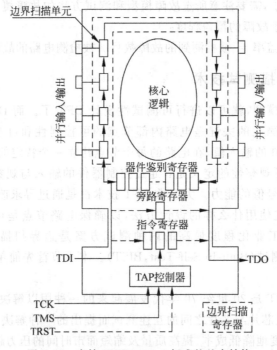

图 9.27   支持 IEEE 1149.1 标准的基本结构

BST 电路中扫描机制主要由测试存取通道(Test Access Port,TAP)及控制器、指令寄存器 IR、旁路寄存器 BR 和边界数据寄存器组 DR 组成。测试存取通道 TAP 控制器,是一个有 16 个状态的状态机,可产生时钟信号和各种控制信号,从而使指令或测试数据移入相应的寄存器,并控制边界扫描测试的各种工作状态。它包含 4 个引脚:测试数据输入端(TDI)、测试数据输出端(TDO)、测试时钟输入端(TCK)、测试模式选择引脚(TMS),有的还加了一个异步测试复位引脚（TRST）。扫描机制中指令寄存器（IR）由串行移位器和并行锁存器组成，其位数由所选指令数决定。一位旁路寄存器可以旁路其他移位寄存器，而获得TDI到TDO的最短扫描路径。边界数据寄存器组DR用于存放测试数据和测试结果，它由串行移位器和并行锁存器组成。

边界扫描的基本组成是边界扫描单元（Boundary-Scan Cell，BSC），通过BSC能实现数据在芯片核心逻辑或它四周的逻辑中的移位操作。边界扫描将芯片内部所有的引脚通过BSC串接起来形成边界扫描链，按照箭头指向，从TDI引入，TDO引出，中间串接了若干个BSC单元。通过这些扫描单元，可以实现许多在线仿真器的功能。在正常模式下，这些测试单元（BSC）是不可见的。一旦进入调试状态，调试指令和数据从TDI读入，沿着测试链通过测试单元送到芯片的各个引脚和测试寄存器中，通过不同的测试指令来完成不同的测试功能。包括用于测试外部电气连接和外围芯片功能的外部模式以及用于芯片内部功能测试（对芯片生产商）的内部模式，还可以访问和修改CPU寄存器和存储器中的数据，设置软件断点，单步执行，下载程序等。

在正常的工作模式下，边界扫描单元作通常的输入输出通道；在测试模式下，测试向量将扫描输入、输出芯片的引脚[8]。

9.3.3 内建自测试技术

BIST技术是在芯片上集成一个或几个被测电路。运用BIST法时，在芯片的测试阶段必须考虑内建自测试的原理：在制造芯片的电路中加入一些额外的自测试电路。测试时从芯片外部施加必要的控制信号，通过运作内建自测试的硬件和软件，检测出被测件的缺陷或故障。显然，这种测试方法不仅简化了测试步骤，而且无须昂贵的测试仪器和设备，但增加了被测器件的复杂性[9]。

图9.28表示用BIST法测试一个器件（被测件DUT）的原理框图。待测BIST芯片一旦接通START信号，就开始测试。当一系列检测工序完成后，从图9.28中OUT端输出测试结果。下面对图9.28芯片内各个软件或硬件功能模块的作用进行说明。

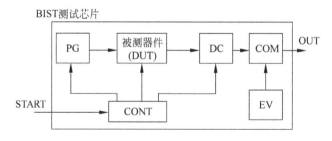

图9.28　测试VLSI芯片的BIST法原理图

（1）CONT：控制器，一旦接上START信号，便与时钟信号一起，产生一个又一个的测试控制信号，并将它们送往PG、DUT和DC模块。

（2）PG：测试图形发生器，与时钟信号一起，逐个产生测试图形，送给被测试器件（DUT）。

（3）DUT：被测对象为电路/芯片。

(4) DC：数据压缩电路，将 DUT 一个接一个输出的信息，压缩成具有一定位数(Bits)的数据。

(5) EV：期望值存放寄存器，是存放正常值(即期望值)的记忆电路。

(6) COM：数据比较器，此模块用来比较在 DC 模块中的最终结果是否与正常值相等，结果由 OUT 端输出。

内建自测试法自动产生测试向量，甚至自动判断结果的正确性，简化了外部测试设备；另外，由于内建测试逻辑与被测试逻辑是在相同的环境下工作，所以可以在被测电路的正常工作速度下对它进行检测，这样既可以提高测试速度，同时也检查了电路的动态特性；当然，内建自测技术是在电路系统内部设计的一些附加的自动测试电路，与电路系统本身集成在同一块芯片上，这样就增加了硅片面积的消耗。

BIST 现在被更广泛地接受为在 VLSI 电路中插入可测试性的首选方法。这是因为 BIST 硬件开销已经降低，特别是对存储器 BIST(1%～3%)更是如此，但也是因为 BIST 允许对大的硬件系统的测试问题进行划分。目前，存储器 BIST 被广泛使用。线性反馈移位寄存器、多输入移位寄存器和内建逻辑块观察器是为 BIST 提供测试矢量生成和响应压缩的最经常使用的方案。另外，随机逻辑 BIST 虽然还没有完全被接受，但其开销是 13%～20%，实验性的随机逻辑 BIST 的芯片面积开销是 6.5%。随机逻辑 BIST 已经被 IBM 和 Lucent Technologies 使用。最后，也存在针对路径延迟故障 BIST 的实验系统[9]。

复习题

(1) 定义芯片的成品率。

(2) 芯片测试的目的和意义是什么？

(3) 什么是芯片的故障？其成因有哪些？解释固定故障和桥接故障。

(4) 芯片测试过程是如何进行分类的？

(5) 数字集成电路和模拟集成电路分别包括哪些测试？

(6) 什么是集成电路的可测性设计？

(7) 说明集成电路的故障、缺陷、误差和漏洞的差异。

(8) 集成电路中常见的故障有哪些？

(9) 简述边界扫描测试的含义。

(10) 简述内建自测试的含义。

参考文献

[1] 蔡懿慈,周强. 超大规模集成电路设计导论. 北京：清华大学出版社,2005.

[2] (美)夸克(Quick,M.)等著. 韩郑生等译. 半导体制造技术. 北京：电子工业出版社,2004.

[3] 译自 http://www.lingmei.com.cn/Chip%20test%20-%20Electrical%20test.htm.

[4] 布什内尔(Bushnell,M.L.)等著. 蒋安平等译. 超大规模集成电路测试——数字、存储器和混合信号系统. 北京：电子工业出版社,2005.

［5］ （美）尤耶缪拉（Uyemura,J. P.）著.周润德译.超大规模集成电路与系统导论.北京：电子工业出版社,2004.

［6］ 郭炜,郭筝,谢憬. SoC 设计方法与实现.北京：电子工业出版社,2007.

［7］ 深圳市拓普达资讯有限公司.边界扫描测试的原理及应用. http://www. smte. net/Get/TECH/2006-5/15/0939320511709470327478339. html,2006-05-15.

［8］ 刘清,徐智穹.系统集成芯片边界扫描测试技术研究.武汉理工大学学报,2004,28(3)：345～348.

［9］ 成立,王振宇,高平,祝俊. VLSI 电路可测性设计技术及其应用综述.半导体技术,2004.

［10］ FPGA/CPLD 集成电路封装知识. 中国变频器网. http://dldz. tede. cn/2008/08 /12179 5686 888324. html,2008-08-05.

[4] 陈飞翔龙张良.Cadence的SoC后端.同济森茶.通讯作者:陈翔通讯出版社,黄景，[J].
北京,2001.

[5] 陈力来福.SoC设计方法与实现[M].北京,电子工业出版社.

[7] 科技生杰各参资料我格品设中华学.学知识的应用在进用.http://www.donew.net/Dci/T187/，
91000711/New/95557T5555e.html.2004-9-30.

[8] 李伟本书.来知生微理与发时管理[J].门见用.2002.15(3)：312-315.

[9] 陈伟,王华.微技生来张[M].门见出版社.2001.

[10] 李字生各.微由系统与各料能[C]门见出版社.2004.11(3)1324-112-12.852
4-10.20.

第 10 章

集成电路封装

10.1 集成电路封装概述

电子工业是一个最具活力、最有诱惑力的领域,并且是最为重要的制造业之一。在相对较短的时期内,它已经成为发达国家中最大的和最具渗透力的制造业。"封装"一词是伴随着电子工业的发展和集成电路芯片制造技术的产生而出现的。

集成电路芯片不是孤立的,它必须通过输入输出与系统中的其他集成电路芯片或组件相连接;而且芯片及其内部的电路是非常脆弱的,需要有一个封装加以支撑和保护。这样,封装应运而生。

10.1.1 封装的含义

集成电路芯片封装狭义上是指利用掩膜技术及微细加工技术,将芯片及其他要素在基板上布置、粘贴、固定和连接,引出接线端子并通过可塑性绝缘介质灌封固定,构成整体立体结构的工艺[1]。

广义上,封装是指封装工程。即将封装体与基板连接固定,装配成完整的系统和电子设备,从而实现整个系统的综合功能。

集成电路封装的目的在于保护芯片不受或少受外界环境的影响,并为之提供一个良好的工作条件,使集成电路具有稳定、正常的功能。封装是集成电路芯片必不可少的保护措施。

10.1.2 封装的功能

集成电路芯片容易受到空气中的水汽、杂质和各种化学物质的污染和腐蚀,为了保证电子设备使用的可靠性,要求尽量避免与外部环境的接触,这就要求集成电路封装结构具有一定的机械强度、良好的电气性能和散热性能,以及化学稳定性。封装实现的功能如下:

(1) 给集成电路芯片上的电路提供电流通路。电子封装首先要能够接通电源,使芯片导通电流。其次,集成电路封装的不同部位所需的电压可能各不相同,要能够将不同部位的电压恰当分布,以减少不必要的损耗。同时,还要考虑接地线的分配问题。

(2) 分配进入或离开集成电路芯片的信号。主要是指将电信号的延迟尽可能减小。在布线时应尽可能使信号线与芯片的相关互连路径以及通过封装的输入输出口引出的路径最短。对于高频信号,还应考虑信号之间的串扰,合理分配信号线和接地线。

（3）散发集成电路芯片产生的热量。主要是指各种封装都要考虑芯片长期工作时如何将聚集的热量散出的问题。不同的封装结构和材料具有不同的散热效果。对于功耗大的芯片，封装还应考虑附加散热片或者使用强制水冷、风冷的方式，以保证在要求的温度范围内芯片能够正常稳定地工作。

（4）支撑和保护集成电路芯片不受恶劣环境的影响。主要是指封装可以为芯片和其他连接要素提供牢固可靠的机械支撑，并且能够适应工作环境和条件的变化。半导体元器件和电路的许多参数，如击穿电压、反向电流、噪声等都和半导体的表面状态密切相关。芯片制造完成后，在封装前一直处于周围环境的威胁之中；而且在使用中，有些工作环境极为恶劣，因此必须将芯片严加保护。

可以做这样的比喻，如果将各种集成电路芯片与电路元器件看作人类的头脑与身体内部的各种器官，封装就是将器官组合在一起的肌肉骨架，封装中的连线就是血管神经，提供电源电压与电路信号，从而充分发挥产品的功能。

10.1.3 封装工程

集成电路芯片封装技术涵盖的技术层面极广，属于一种复杂的系统工程。它涉及物理、化学、材料、机械、电气和自动化等多个学科，使用金属、陶瓷、玻璃、高分子等材料，因此芯片封装是一门跨学科科学，整合了产品的电气特性、热传导特性、可靠性、材料与工艺技术的应用以及成本价格等因素。封装工程开始于集成电路芯片制成之后，包括集成电路芯片的粘贴固定、互连、密封保护、与电路板连接、系统组合，直到最终产品完成前的所有过程。通常以下列三个不同的层次来描述封装过程。

第一级：指集成电路芯片与封装基板或引脚架之间粘贴固定、电路连线与密封保护的工艺，使之成为易于取放输送，并可在下一级组装进行连接的模块。就是在半导体圆片划片以后，将一个或多个集成电路芯片用适宜的封装形式封装起来，并使芯片的焊盘与封装管壳的外引脚用引线键合（Wire Bonding，WB）、载带自动焊（Tape Automated Bonding，TAB）或倒装芯片键合（Flip Chip Bonding，FCB）连接起来，使之成为有实用功能的模块或组件。一级封装包括单芯片模块（Single Chip Module，SCM）和多芯片模块（Multi Chip Module，MCM）两大类。应该说，一级封装包含了从圆片划片到电路测试的整个工艺过程，还包括单芯片模块和多芯片模块的设计和制作，这一级封装也称芯片级封装。

第二级：将数个第一级完成的封装与其他电子元器件组成一个电路板卡的工艺。二级封装就是将一级集成电路封装产品连同元器件一同安装到印刷电路板（Printed Circuit Board，PCB）或其他基板上，成为部件或子系统。这一级所采用的安装技术包括通孔安装技术（Through Hole Technology，THT）、表面安装技术（Surface Mount Technology，SMT）和芯片直接安装技术（Direct Chip Attach，DCA）。这一级封装也称板级封装。

第三级：将数个第二级完成的封装组装成的电路板卡组合在一个主电路板上使之成为一个系统的工艺。三级封装就是将二级封装的产品通过选层、互连插座或柔性电路板与母板连结起来，形成三维立体封装，构成完整的整机系统，这一级封装也称系统封装。

芯片上的元器件之间的连线工艺有时也称为零级封装。

所谓集成电路封装是个整体的概念，包括了从一级封装到三级封装的全部内容。在国际上，集成电路封装所包含的范围包括单芯片封装设计和制造，多芯片模块设计和制造，各种封装基板设计与制造,芯片互连与组装,封装电性能、机械性能、热性能和可靠性设计,封装材料、封装工模夹具以及绿色封装等多项内容。

10.1.4 封装分类

近年来集成电路的封装工程发展极为迅速,封装的种类繁多,结构多样,发展变化大,需要对其进行分类研究。

从不同的角度出发,其分类方法大致有以下几种:

(1) 按芯片的装载方式;

(2) 按芯片基板类型;

(3) 按芯片的封接或封装方式;

(4) 按芯片的外形结构;

(5) 按芯片的封装材料等。

前三类属一级封装的范畴,涉及裸芯片及其电极和引线的封接或封装;后两类属二级封装的范畴。

1. 按芯片的装载方式分类

裸芯片在装载时,有电极的一面可以朝上也可以朝下,因此,芯片就有正装片和倒装片之分。布线面朝上为正装片,反之为倒装片。另外,裸芯片在装载时,它们的电气连接方式亦有所不同,有的采用有引线键合方式,有的则采用无引线键合方式。

2. 按芯片的基板类型分类

基板的作用是搭载和固定裸芯片,同时兼有绝缘、导热、隔离及保护作用,它是芯片内外电路连接的桥梁。从材料上看,基板有有机和无机之分;从结构上看,基板有单层、双层、多层和复合结构。

3. 按芯片的封接或封装方式分类

裸芯片及其电极和引线的封接或封装方式可以分为两类,即气密性封装和树脂封装。气密性封装中,根据封装材料的不同又可分为金属封装、陶瓷封装和玻璃封装三种类型。

4. 按芯片的外形结构分类

按芯片的外形结构分大致有 DIP、S-DIP、SIP、ZIP、PGA、SOP、MSP、QFP、SVP、CLCC、PLCC、SOJ、BGA、LGA、CSP、TCP 等,其中前五种属引脚插入型,中间十种为表面安装型,最后一种是载带自动键合型。

DIP(Dual In-line Package):双列直插式封装。顾名思义,该类型的引脚在芯片两侧排列,是插入式封装中最常见的一种,引脚间距为 2.54mm,电气性能优良,易于散热,可制成大功率器件。其外形如图 10.1 从左至右的前 3 个芯片所示。

S-DIP(Shrink Dual In-line Package):收缩双列直插式封装。该类型的引脚在芯片两侧排列,引脚间距为 1.778 mm,芯片集成度高于 DIP。其外形如图 10.1 中最右侧结构所示。

图 10.1 双列直插式封装

SIP(Single In-line Package)：单列直插式封装。该类型的引脚在芯片单侧排列,引脚间距等特征与 DIP 基本相同。单列直插式封装如图 10.2 所示。

ZIP(Zigzag In-line Package)：Z 型引脚直插式封装。该类型的引脚也在芯片单侧排列,只是引脚比 SIP 粗短些,间距等特征也与 DIP 基本相同。其外形如图 10.3 所示。这种封装散热性能好,多用于大功率器件。

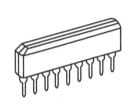

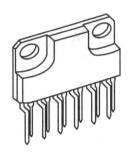

图 10.2 单列直插式封装   图 10.3 Z 型引脚直插式封装

PGA(Pin Grid Array)：针栅阵列插入式封装,外形如图 10.4 所示。封装底面垂直阵列布置引脚插脚,如同针栅。插脚间距为 2.54 mm 或 1.27mm,插脚数可达数百个,常用于高速超大规模集成电路。针栅阵列封装集成电路安装时一般直接插入专门的 PGA 插座。

SOP(Small Out-line Package)：小外形封装。表面安装型封装的一种,引脚端子从封装的两个侧面引出,呈 L 字形。引脚中心间距一般分为 1.27mm 和 0.8mm 两种。其外形如图 10.5 所示。SOP 体积小,是最普及的表面贴片封装形式。

图 10.4 针栅阵列插入式封装   图 10.5 小外形封装

MSP(Mini Square Package)：微方型封装。表面安装型封装的一种,又称 QFI(Quad Flat I-leaded package)。引脚端子从封装的四个侧面引出,呈 I 字形向下方延伸,没有向外突出的部分,占用面积小,引脚间距为 1.27mm。

QFP(Quad Flat Package)：四方扁平封装,外形如图 10.6 所示。表面安装型封装的一种,引脚端子从封装的侧面引出,呈 L 字形,引脚间距有 1.0mm、0.8mm、0.65mm、0.5mm、0.4mm、0.3mm 等多种规格,引脚数可达 300 以上。四方扁平封装外形尺寸较小,寄生参数小,适合高频应用,操作方便,可靠性高。

SVP(Surface-mounted Vertical Package)：表面安装型垂直封装。表面安装型封装的一种,引脚端子从封装的侧面引出,引脚在中间部位弯成直角,弯曲引脚的端部与 PCB 键合,为垂直安装的封装。占有面积小,引脚间距为 0.65mm、0.5mm。

CLCC(Ceramic Leaded Chip Carrier)：陶瓷有引线芯片载体。在陶瓷基板的四个侧面都设有引脚的表面安装型封装,用于高速、高频集成电路,外形如图 10.7 所示。

图 10.6　四方扁平封装　　　　　　　　图 10.7　陶瓷有引线封装载体

PLCC(Plastic Leaded Chip Carrier)：塑料有引线芯片载体。这也是一种四个侧面都设有引脚的表面安装型封装,同样用于高速、高频集成电路。与 CLCC 的区别在于它是塑料封装,外形如图 10.8 所示。

SOJ(Small Out-lined J-leaded Package)：小外形 J 引脚封装。表面安装型封装的一种,引脚端子从封装的两个侧面引出,呈 J 字形,引脚中心间距一般分为 1.27mm 和 0.8mm 两种。其外形如图 10.9 所示。

图 10.8　塑料有引线芯片载体　　　　　图 10.9　小外形 J 引脚封装

BGA(Ball Grid Array)：球栅阵列封装。表面安装型封装的一种,在基板背面布置二维阵列的球形端子作为引脚,而不采用针形引脚,如图 10.10 所示。焊球的间距通常为 1.5mm、1.0mm、0.8mm,与 PGA 相比不会出现针脚变形问题。球栅阵列封装技术的优点是体积小且引脚数多,引脚间距大,从而提高了组装成品率和可靠性。由于体积缩小和芯片引出线缩短,使得信号传输延迟、信号衰减和寄生参数减小,频率特性大大提高,同时电热性能和抗干扰性能也得到进一步改善。球栅阵列封装将在 10.3 节中详细介绍。

LGA(Land Grid Array)：触点陈列封装。即在底面制作有阵列状态电极触点的封装。组装时插入插座即可。现已实用的有 227 触点和 447 触点的陶瓷 LGA,应用于高速逻辑电路。

图 10.10　球栅阵列封装

CSP(Chip Size Package)：芯片级封装。一种超小型表面安装型封装，其引脚也是球形端子，间距为 0.8mm、0.65mm、0.5mm 等，外形如图 10.11 所示。10.3 节中将有详细介绍。

TCP(Tape Carrier Package)：载带封装。在形成布线的绝缘带上搭载裸芯片，并与布线相连接的封装。与其他表面安装型封装相比，芯片更薄，引脚间距更小，达 0.25mm，引脚数可达 500 针以上。

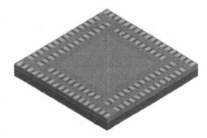

图 10.11　芯片级封装

事实上按照芯片的外形结构分，集成电路封装的种类还有很多，并且越来越多、越来越细化，而且同一种封装形式还有可能因为生产厂家或者所在国家不同而存在多个名称。

5. 按芯片的封装材料分类

按芯片的封装材料分，有金属封装、陶瓷封装、金属-陶瓷封装、塑料封装等。

金属封装：金属材料可以冲压，因此具有封装精度高，尺寸严格，便于大量生产，价格低廉等优点。

陶瓷封装：陶瓷材料的电气性能优良，适用于高密度封装。

金属-陶瓷封装：兼有金属封装和陶瓷封装的优点。

塑料封装：塑料的可塑性强，成本低廉，工艺简单，适合大批量生产。

10.1.5　集成电路封装的发展历程

1. 20 世纪 60 年代至 70 年代，双列直插式封装

集成电路封装伴随着集成电路的开始而出现。最初，整机生产以分立器件为主，集成电路为辅，此时的技术需求，只是寻求更稳定的工作。一方面，集成电路芯片的制造还处于初始阶段，集成度很低；另一方面，从电子管走向晶体管，整机体积已大大缩小，因而对集成电路封装没有更多的要求，而且采用的波峰焊方法也不需要太多条件，所以此阶段的封装以通孔插装型为主，采用了以金属圆形封装和双列直插式封装为代表的最容易实现的封装形式，辅以单列直插式封装，以及后来的陶瓷双列直插封装（CDIP）、陶瓷-玻璃双列直插封装（Ceramic-Glass DIP）和塑料双列直插封装（PDIP）等。其中，PDIP 由于性能优良、成本低廉，同时适于大批量生产而成为这一阶段的主流产品。此时引脚间距均约为 2.54mm。

2. 20 世纪 80 年代，塑封有引线芯片载体、四边引出线扁平封装的紧凑型封装

随着 1978 年表面安装技术（SMT）的提出，整机体积的缩小，线路板面积随之减少。

SMT 符合了发展潮流,以回流焊代替波峰焊,进一步提高了 PCB 的成品率,从而对集成电路封装提出了新要求。集成电路芯片制造技术发展顺应了这种要求,从通孔插装型封装向表面安装型封装转变,从平面两边引线型封装向平面四边引线型封装发展。集成电路封装开发出了以 PLCC(引线间距为 1.27mm)、QFP(引脚间距为 0.8~1.0mm)为代表的紧凑型封装形式,辅以 S-DIP(引脚间距 1.778mm)、SOP(引脚间距为 1.778mm)、载带封装 TCP等,封装形式走向多样化。但是,其目标只有一个,即缩小面积,顺应电子产品小型化、轻薄化和组装自动化的趋势。

3. 20 世纪 90 年代中前期,窄间距小外形封装、窄间距四边引出线扁平封装、球栅阵列封装

随着计算机技术的快速发展,以个人计算机为代表的计算机产业,经历了从 386 到 486再到 586 的快速发展。每前进一代,支持其发展的集成电路集成度、速度等就跨越了一个台阶。一方面,计算机向高档工作站、超级计算机延伸;另一方面,特别是微软公司推出了划时代的 Windows 操作系统,使计算机从专家使用走向平民化,由企业向家庭延伸,从而带来了计算机产业质与量的重大变化。这时,原有的 PLCC、QFP、SOP 已不能满足其发展要求,在 PCB 的 SMT 中,引入了更小更薄的封装形式,以窄间距小外形封装 SSOP(引脚间距为0.65mm)和窄间距四边引出线扁平封装 SQFP(引脚间距为 0.65mm)为代表;特别是提出了有内引线的球栅阵列 BGA 的封装形式。典型 BGA 以有机衬底替代传统的封装内引线框架,使集成电路引出脚数目大大增加,使原有 400 脚较难使用 SMT 的 QFP 形式在 BGA中容易实现,从而使得集成电路芯片的高集成度功能在实际中获得应用。

4. 20 世纪 90 年代中后期至今

随着信息技术(IT)产业的兴起、无线通信的兴旺、多媒体的出现,全球范围的信息量急剧增加,信息数据的交换和传输实现了大容量化、高速化和数字化,促使电子信息设备向着高性能、高集成、高可靠性方向迅速发展。电子信息产业迅速壮大,支持其发展进程的关键技术之一就是集成电路封装。

集成电路封装正处于高速发展期,新的封装形式不断涌现并获得应用。集成电路封装已不仅仅作为集成电路芯片的功能表现形式,对芯片起保护作用;同时还在一定成本下满足不断增加的性能、可靠性、散热、电源分配等问题,包括以下要求:

(1) 芯片速度与处理能力的增加,需要更多的引脚、更快的时钟频率和更好的电源分配;

(2) 要求实现更多的功能、更低的功耗与更小的尺寸;

(3) 组装后的电子产品更薄、更轻、更小;

(4) 更符合环保的要求;

(5) 成本更低,价格更便宜。

一方面,集成电路封装要寻求更好的封装形式;另一方面,集成电路封装要与 SMT 等相融合,甚至引入集成电路芯片的设计和制造过程中,才能找到满足上述要求的理想方案。

(1) 由于整机频率的提高,传统的引线键合技术已不能满足高频的要求。引线本身的线长、线分布电容所产生的射频效应、延迟效应等,直接影响了整机性能的提高,于是出现了倒装芯片球栅阵列(Flip Chip BGA,FCBGA)与微小球栅阵列(Micro Flip Chip Ball Grid

Array，μBGA，也 称 为 Micro BGA）。图 10.12 和
图 10.13 分别给出了 FCBGA 的封装示意图[2]和 μBGA
的外形图[3]。FCBGA 直接将芯片倒装于封装基板上，
其封装的球形引出脚间距达到 0.5mm，具有优异的引出
部小电阻、小寄生电容，满足了超级计算机、工作站等电
子设备以及无线通信中的高速、高频与高密度封装的要
求。另外，μBGA 封装越来越多地应用于消费类电子产
品中。例如：2001 年采用 μBGA 封装的闪速存储器

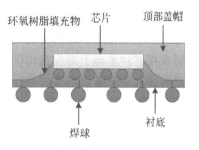

图 10.12　FCBGA 的封装示意图

（Flash Memory），外形只有 6mm×8mm，而其引出脚达到 48 球，可应用于全球定位系统、
蓝牙模块、掌中游戏机与小型硬盘驱动器等。

(a) 正面图(周围有分布电容)　　　　(b) 反面图

图 10.13　μBGA 封装的处理器外形图

（2）集成电路封装越来越与 PCB 表面安装技术相融合，出现了多样性的芯片级封装
CSP 和多芯片模块 MCM。CSP 是把裸露的芯片直接倒装于 PCB 上，封装与芯片面积比小
于 1.2，进一步减少了器件重量及所占用的空间。MCM 是把多块裸集成电路芯片安装在一
块多层高密互连 PCB 上，并封于同一管壳内，它与相同功能的单芯片封装相比，传输延时降
低 3/4，体积减小 4/5。

（3）半导体圆片制造中的布线技术与 SMT 互相融合，形成了倒装层叠的三维封装。三
维封装中除了采用传统的引线键合技术外，还采用了层叠倒装式的圆片级封装（WLP）。其
具体方法是：在圆片减薄后划片前，用圆片制造中的布线技术在圆片背面布上互连引线端，
划片后组装时，第一个芯片倒装于衬底基板上，第二片再倒装于第一片上，通过第一片芯片
的背面连线相连接，再层层重叠。此种形式现已用于逻辑与存储器件。

（4）半导体技术的发展，为系统级芯片（SoC）的出现和发展提供了技术支撑。一方面，
工艺尺寸的缩小带来了集成度提高；另一方面，电子设计自动化（EDA）技术的发展，自顶向
下的 VHDL 和 Verilog HDL 语言的设计方法，使设计效率大大提高，可以把整个系统集成
在同一芯片上，给集成电路封装带来了全新的概念。随着集成电路封装和 SMT 的进步，以
及整个信息产业的发展，集成电路封装中的圆片级、芯片级，SMT 中的板级，集成电路设计
中的系统级之间的界限已逐渐模糊，集成电路封装、SMT、集成电路设计与制造技术相互渗
透、相互促进，出现了多样化的发展趋势。

另外，历史上业界也曾试图不给集成电路任何封装。IBM 公司早在 20 世纪 60 年代开
发了可控塌陷芯片连接技术（Controlled Collapse Chip Connection），以后有板上芯片（Chip

On Board,COB)及芯片上引线(Lead On Chip,LOC)等。但裸芯片面临着质量与可靠性问题,因此,业界提出了既给集成电路加上封装又不增加"面积"的设想。1992年日本富士通公司在裸芯片基础上首先提出了芯片级封装概念,很快引起了国际上的关注,并已成为集成电路封装的一个重要热点。另一种封装形式是由贝尔实验室1962年提出,由IBM付诸实现的载带封装。它是一种以柔性带取代刚性板作为载体的封装形式,因价格昂贵、加工费时,尚未被广泛使用。

上述种类繁多的封装,其实都源自20世纪60年代诞生的封装设想。推动其发展的因素是功率、重量、引脚数、尺寸、密度、电特性、可靠性、热耗散,价格等。尽管已有多种封装可供选择,新的封装还会不断出现。同时,许多封装设计师及工程师正在努力去除封装。当然,这绝非易事,封装将至少还会存在相当长的时间。

可以这样粗略地归纳封装的发展进程:结构方面的发展是DIP-LCC-QFP-BGA-CSP;材料方面的发展则是金属-陶瓷-塑料;引脚形状是长引线直插-短引线或无引线安装-球状凸点;装配方式是通孔封装-表面安装-直接安装。

10.2　传统封装

10.2.1　三种封装形式

金属封装是半导体封装最原始的形式,它将分立器件或集成电路置于一个金属容器中[4]。金属圆形外壳采用由合金材料冲制成的金属底座,借助封接玻璃,在氮气保护气氛下将可伐合金(Kovar)引线按照规定的布线方式熔装在金属底座上,经过引线端头的切平和磨光后,再镀镍、金等惰性金属给予保护。在底座中心进行芯片安装,在引线端头用铝硅丝进行键合。组装完成后,用10号钢带冲制成的镀镍封帽进行封装,构成气密的、坚固的封装结构。金属封装的优点是气密性好,不受外界环境因素的影响。它的缺点是价格昂贵,外形灵活性小,不能满足半导体器件日益快速发展的需要。现在,金属封装所占的市场份额已越来越小,几乎已没有商品化的产品。仅少量产品用于特殊性能要求的军事或航空航天技术中。

陶瓷封装是继金属封装后发展起来的一种封装形式,与金属封装相同,它也是气密性的,但价格低于金属封装,而且,经过几十年的不断改进,陶瓷封装的性能越来越好,尤其是陶瓷流延技术的发展,使得陶瓷封装在外形、功能方面的灵活性有了较大的发展。

目前,IBM的陶瓷基板技术已经达到100多层布线,可以将无源器件如电阻、电容、电感等都集成在陶瓷基板上,实现高密度封装。陶瓷封装以其卓越的性能,在航空航天、军事及许多大型计算机方面都有广泛的应用,占据了约10%的封装市场(根据器件数量统计)。陶瓷封装除了有气密性好的优点之外,还可实现多信号、地和电源层,并具有对复杂器件结构进行一体化封装的能力。它的散热性也很好。缺点是烧结装配时尺寸精度差、介电系数高(不适用于高频电路),价格昂贵,一般主要应用于一些高端产品中。

相对而言,塑料封装自20世纪70年代以来发展极为迅猛,已占据了90%左右的封装市场份额。而且,由于塑料封装在材料和工艺方面的进一步改进,这个份额还在不断上升。塑料封装最大的优点是价格便宜,其性能价格比十分优越。随着芯片钝化层技术和塑料封装技术的不断进步,尤其是在 20 世纪 80 年代以来,半导体技术有了革命性的改进,芯片钝化层质量有了根本的提高,使得塑料封装尽管仍是非气密性的,但其抵抗因潮气侵入而引起电子器件失效的能力已经大大提高。因此,一些以前使用金属或陶瓷封装的应用,也已渐渐被塑料封装所替代。

一般所说的塑料封装,如无特别说明,都是指转移成型封装(Transfer Molding),封装工序一般可分成两部分:在用塑料包封起来以前的工艺步骤称为装配(Assemble)或前道操作(Front End Operation);在成型之后的工艺步骤称为后道操作(Back End Operation)。在前道工序中,净化室级别为 100 到 1000 级。有些成型工序也在净化室中进行。但是,机械水压机和预成型品中的粉尘,使得净化室级别很难提高。一般来讲,随着硅芯片越来越复杂和日益趋向微型化,将使更多的装配和成型工序在粉尘得到控制的环境下进行。转移成型工艺一般包括圆片减薄(Wafer Ground)、圆片切割(Wafer Dicing or Wafer Saw)、管芯贴装(Die Attach or Chip Bonding)、引线键合(Wire Bonding)、转移成型(Transfer Molding)、后固化(Post Cure)、去飞边毛刺(Deflash)、上焊锡(Solder Plating)、切筋打弯(Trim and Form)、打码(Marking)等多道工序。

圆片减薄是在专门的设备上,从圆片背面进行研磨,将圆片减薄到适合封装的程度。由于圆片的尺寸越来越大(从 4in、5in、6in、8in 到 12in),为了增加圆片的机械强度,防止圆片在加工过程中发生变形、开裂,圆片的厚度也一直在增加。但是,随着系统朝轻薄短小的方向发展,芯片封装后模块的厚度变得越来越薄,因此,在封装之前,一定要将圆片的厚度减薄到可以接受的程度,以满足芯片装配的要求。如 6in 圆片,厚度是 $675\mu m$ 左右,减薄后一般为 $150\mu m$。在圆片减薄的工序中,受力的均匀性将是关键,否则,圆片很容易变形、开裂。圆片减薄后,可以进行划片。较老式的划片机是手动操作的,现在,一般的划片机都已实现全自动化。划片机同时配备脉冲激光束、钻石尖的划片工具或是包金刚石的锯刀。无论是部分划线还是完全分割硅片,锯刀都是最好的,因为它划出的边缘整齐,很少有碎屑和裂口产生。已切割下来的芯片要贴装到框架的芯片承载盘(Die Paddle)上。焊盘的尺寸要和芯片大小相匹配,若焊盘尺寸太大,则会导致引线跨度太大,在转移成型过程中会由于流动产生的应力而造成引线弯曲及芯片位移现象。贴装的方式可以是用软焊料(指 PbSn 合金,尤其是含 Sn 的合金)、AuSi 低共熔合金等焊接到基板上。在塑料封装中最常用的方法是使用聚合物粘结剂(Polymer Die Adhesive)粘贴到金属框架上。常用的聚合物是环氧树脂和聚酰亚胺,以 Ag(颗粒或薄片)作为填充料(Filler),填充量一般在 75% 到 80% 之间,其目的是改善粘结剂的导热性,因为在塑料封装中,电路运行过程中产生的绝大部分热量将通过芯片粘结剂从框架散发出去。用芯片粘结剂贴装的工艺过程如下:用针筒或注射器将粘结剂涂布到芯片承载盘上(要有合适的厚度和轮廓),然后用自动拾片机将芯片精确地放置到芯片承载盘的粘结剂上面。

10.2.2　传统封装技术

由于塑料封装已成为最广泛的封装形式,这里主要介绍塑料封装中的技术。

1. 引线键合技术

塑料封装中,引线键合是传统的主要的互连技术,尽管现在已发展了载带自动键合

TAB、倒装芯片键合 FCB 等其他互连技术,但占主导地位的技术仍然是引线键合技术。

引线键合工艺分为 3 种:热压键合、超声波键合与热压超声波键合[5]。热压键合是引线在热压头的压力下,高温加热(>250℃)使金属线发生形变,通过对时间、温度和压力的调控而进行的键合方法。键合时,被焊接的金属无论是否加热都需施加一定的压力。金属受压后产生一定的塑性变形,而两种金属的原始交界面处几乎接近原子的范围,两种金属原子产生相互扩散,形成牢固的焊接。超声波键合不加热(通常是室温),是在施加压力的同时,在被焊件之间产生超声频率的弹性振动,破坏被焊件之间界面上的氧化层,并产生热量,使两固态金属牢固键合。这种特殊的固相焊接方法可简单地描述为:在焊接开始时,金属材料在摩擦力作用下发生强烈的塑性流动,为纯净金属表面间的接触创造了条件。而接头区的升温以及高频振动,又进一步造成了金属晶格上原子的受激活状态。因此,当有共价键性质的金属原子互相接近到纳米级的距离时,就有可能通过公共电子形成原子间的电子桥,即实现所谓的金属“键合”过程。超声波焊接时不需加电流、焊剂和焊料,对被焊件的理化性能无影响,也不会形成任何化合物而影响焊接强度,且具有焊接参数调节灵活,焊接范围较广等优点。热压超声波键合工艺是热压键合与超声波键合两种形式的组合。就是在超声波键合的基础上,采用对加热台和劈刀同时加热的方式,加热温度较低(低于热压键合温度值,大约 150℃),加热增强了金属间原始交界面的原子相互扩散和分子(原子)间作用力,金属的扩散在整个界面上进行,实现金属线的高质量焊接。热压超声波键合因其可降低加热温度、提高键合强度、有利于器件可靠性的提高而取代热压键合和超声波键合成为引线键合的主流。

引线键合有两种基本形式:球形键合与楔形键合。这两种引线键合技术的基本步骤包括:形成第一焊点(通常在芯片表面),形成线弧,最后形成第二焊点(通常在引线框架/基板上)。两种键合形式的不同之处在于:球形键合中在每次焊接循环的开始会形成一个焊球,然后把这个球焊接到焊盘上形成第一焊点,而楔形键合则是将引线在加热加压和超声能量下直接焊接到芯片的焊盘上。

球形键合时将金属线穿过键合机毛细管劈刀(Capillary),到达其顶部,利用氢氧焰或电气放电系统产生电火花以熔化金属线在劈刀外的伸出部分,在表面张力作用下熔融金属凝固形成标准的球形(Free Air Ball,FAB),球直径一般是线径的 2~3 倍,紧接着降下劈刀,在适当的压力和定好的时间内将金属球压在电极或芯片上。图 10.14 给出了毛细管劈刀的外形[5]。键合过程中,通过劈刀向金属球施加压力,同时促进引线金属和下面的芯片电极金属发生塑性变形和原子间相互扩散,并完成第一焊点,然后劈刀运动到第二点位置,第二点焊接包括楔形键合、扯线和送线,通过劈刀

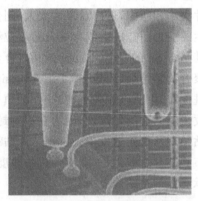

图 10.14 毛细管劈刀

外壁对金属线施加压力以楔形键合方式完成第二焊点,之后扯线使金属线断裂,劈刀升高到合适的高度送线达到要求尾线长度,然后劈刀上升到成球的高度。成球的过程是通过离子化空气间隙的打火成球(Electronic Flame Off,EFO)过程实现的。球形键合的主要步骤如图 10.15 所示[5]。球形键合是一种全方位的工艺(即第二焊点可相对第一焊点任意角度)。

球形键合一般采用直径 $75\mu m$ 以下的细金丝,因为其在高温受压状态下容易变形、抗氧化性能好、成球性好,一般用于焊盘间距大于 $100\mu m$ 的情况下。球形键合工艺设计原则:

(1)焊球的初始直径为金属线直径的 2～3 倍。应用于精细间距时为 1.5 倍,焊盘较大时为 3～4 倍;

(2)最终成球尺寸不超过焊盘尺寸的 3/4,是金属线直径的 2.5～5 倍;

(3)线弧高度一般为 $150\mu m$,取决于金属线直径及具体应用;

(4)线弧长度不应超过金属线直径的 100 倍;

(5)线弧不允许有垂直方向的下垂和水平方向的摇摆。

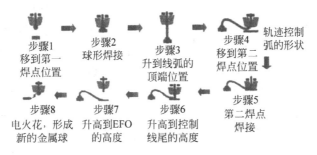

图 10.15　球形键合的主要步骤

楔形键合是用楔形劈刀(Wedge)将热、压力、超声传给金属线,并在一定时间内形成焊接,焊接过程中不出现焊球。楔形键合工艺中,金属线穿过劈刀背面的通孔,与水平的被键合表面成 30°～60°。在劈刀的压力和超声波能量的作用下,金属线和焊盘金属的纯净表面接触并最终形成连接。楔形键合是一种单一方向焊接工艺(即第二焊点必须对准第一焊点的方向)。传统的楔形键合仅仅能在线的平行方向上形成焊点,旋转的楔形劈刀能使楔形键合机适合不同角度的焊线,在完成引线操作后移动到第二焊点之前劈刀旋转到程序规定的角度。在使用金线的情况下,稳定的楔形键合能实现角度小于 35°的引线键合。楔形键合主要优点是适用于精细间距(如 $50\mu m$ 以下的焊盘间距),低线弧形状,可控制引线长度,工艺温度低。常见楔形键合工艺是室温下的铝线超声波键合,其成本和键合温度较低。而金线采用 150℃下的热压超声波键合,其主要优点是键合后不需要密闭封装。由于楔形键合形成的焊点小于球形键合,特别适用于微波器件,尤其是大功率器件的封装。但是,由于键合工具的旋转运动,其总体速度低于热压超声波球形键合。

2. 成型技术

塑料封装的成型技术也有许多种,包括转移成型技术、喷射成型技术(Inject Molding)、预成型技术(Premolding)等,但最主要的成型技术是转移成型技术。转移成型使用的材料一般为热固性聚合物(Thermosetting Polymer)。所谓的热固性聚合物是指在低温时,聚合物是塑性的或流动的,但当将其加热到一定温度时,即发生所谓的交联反应(Cross Linking),形成刚性固体。再将其加热时,只能变软而不可能熔化、流动。在塑料封装中使用的典型成型技术的工艺过程如下:将已贴装好芯片并完成引线键合的框架带置于模具中,将塑封料的预成型块在预热炉中加热(预热温度在 90～95℃之间),然后放进转移成型机的转移罐中。在转移成型活塞的压力之下,塑封料被挤压到浇道中,并经过浇口注入模腔

(在整个过程中,模具温度保持在170~175℃左右)。塑封料在模具中快速固化,经过一段时间的保压,使得模块达到一定的硬度,然后用顶杆顶出模块,成型过程就完成了。用转移成型法密封微电子器件,有许多优点。它的技术和设备都比较成熟,工艺周期短,成本低,几乎没有后整理方面的问题,适合于大批量生产。当然,它也有一些明显的缺点:塑封料的利用率不高(在转移罐、壁和浇道中的材料均无法重复使用,约有20%~40%的塑封料被浪费);使用标准的框架材料,对于扩展转移成型技术等较先进的封装技术(如TAB等)不利;对于高密度封装有限制。对于大多数塑封料来说,在模具中保压几分钟后,模块的硬度足可以达到允许顶出,但是聚合物的固化(聚合)并未全部完成。由于材料的聚合度(固化程度)强烈影响材料的玻璃化转变温度及热应力,所以促使材料全部固化以达到一个稳定的状态,对于提高器件可靠性是十分重要的。后固化就是为了提高塑封料的聚合度而必需的工艺步骤,一般后固化条件为170~175℃,2~4小时。目前,也发展了一些快速固化(Fast Cure Molding Compound)的塑封料,在使用这些材料时,就可以省去后固化工序,提高生产效率。

在封装成型过程中,塑封料可能会从两块模具的合缝处渗出来,流到模块外的框架材料上。若是塑封料只在模块外的框架上形成薄薄的一层,面积也很小,通常称为树脂溢出(Resin Bleed)。若渗出部分较多、较厚,则称为毛刺或飞边毛刺(Flash and Strain)。造成溢料或毛刺的原因很复杂,一般认为是与模具设计、注模条件及塑封料本身有关。毛刺的厚度一般要薄于10μm,它对于后续工序如切筋打弯等工艺带来麻烦,甚至会损坏机器。因此,在切筋打弯工序之前,要进行去飞边毛刺工序。随着模具设计的改进,以及严格控制注模条件,毛刺问题逐渐减弱,在一些比较先进的封装工艺中,已不再进行去飞边毛刺的工序。去飞边毛刺工序工艺主要有介质去飞边毛刺(Media Deflash)、溶剂去飞边毛刺(Solvent Deflash)、水去飞边毛刺(Water Deflash)。其中,介质和水去飞边毛刺的方法用得最多。用介质去飞边毛刺是将研磨料,如粒状的塑料球和高压空气一起冲洗模块。在去飞边毛刺过程中,介质会将框架引脚的表面轻微擦毛,这将有助于焊料和金属框的粘连。以前曾有使用天然的介质,如粉碎的胡桃壳和杏仁核,但由于它们会在框架表面残留油性物质而被放弃。用水去飞边毛刺工艺是利用高压的水流来冲击模块,有时也会将研磨料和高压水流一起使用。用溶剂来去飞边毛刺通常只适用于很薄的毛刺。溶剂包括n-甲基吡咯烷酮或二甲基呋喃。

3. 处理引脚

对封装后框架外引脚的后处理可以是上焊锡或是浸锡(Solder Dipping)工艺,该工序是在框架引脚上制作保护性镀层,以增加其抗蚀性,并增加其可焊性。电镀目前都是在流水线式的电镀槽中进行,包括首先进行清洗,然后在不同浓度的电镀槽中进行电镀,最后冲淋、吹干,然后放入烘箱中烘干。浸锡也包括清洗工序,然后放到助焊剂(Flux)中进行浸泡,再放入熔融的焊锡中浸泡,最后用热水冲淋。焊锡的成分一般是63Sn/37Pb,这是一种低共融合金,其熔点在183~184℃之间。也有些成分为85Sn/15Pb、90Sn/10Pb、95Sn/5Pb的焊料。有的日本公司甚至用98Sn/2Pb焊料。减少铅的用量,主要是出于对环境的考虑,因为铅对环境的影响正日益引起人们的高度重视。而镀钯工艺,则可以避免铅的环境污染问题。但是,由于通常钯的粘结性并不太好,须要先镀一层较厚的、致密的、富镍阻挡层。由于钯层可以承受成型温度,所以可以在成型之前完成框架的上焊锡工艺。并且钯层对于芯片粘结和引线键合都适用,可以避免在芯片粘结和引线键合之前必须对芯片承载盘和框架内引脚进行选择性镀银(以增加其粘结性)。因为镀银时所用的电镀液中含有氰化物,会给安全生产和废弃物处理带来麻烦。

4. 切筋打弯

切筋打弯其实是两道工序,但通常同时完成。所谓的切筋工艺,是指切除框架外引脚之间的连接(Dam Bar)以及在框架带上连在一起的地方;所谓的打弯工艺则是将引脚弯成一定的形状,以适合装配的需要。对于打弯工艺,最主要的问题是引脚的变形。对于电镀通孔(Plate Through Hole,PTH)装配要求来讲,由于引脚数较少,引脚又比较粗,基本上没有问题。但是对于 SMT 而言,尤其是高引脚数目框架和微细间距框架器件,一个突出的问题是引脚的非共面性。造成非共面性的原因主要有两个:一是在工艺过程中的不恰当处理,但随着生产自动化程度的提高,人为因素大大减少,使得这方面的问题几乎不复存在;二是由于成型过程中产生的热收缩应力。在成型后的降温过程中,一方面由于塑封料在继续固化收缩;另一方面由于塑封料和框架材料之间热膨胀系数失配引起的塑封料收缩程度要大于框架材料的收缩,有可能造成框架带的翘曲,引起非共面问题。所以,针对封装模块越来越薄、框架引脚越来越细的趋势,需要对框架带重新设计,包括材料的选择、框架带长度及框架形状等,以克服这一困难。

5. 打码

打码就是在封装模块的顶表面印上去不掉的、字迹清楚的字母和标识,包括制造商的信息、国家、器件代码等,主要是为了识别并可跟踪。打码的方法有多种,其中最常用的是印刷(Print)方法。它又包括油墨印码(Ink Marking)和激光印码(Laser Marking)两种。使用油墨打码,工艺过程类似于敲橡皮图章,因为一般确实是采用橡胶来刻制打码所用的标识。油墨通常是高分子化合物,常常是基于环氧或酚醛的聚合物,须要进行热固化,或使用紫外光固化。使用油墨打码,对模块表面要求比较高,若模块表面有沾污现象,油墨就不易印上去。另外,油墨比较容易被擦去。有时,为了节省生产时间和操作步骤,在模块成型之后首先进行打码,然后将模块进行后固化,这样,塑封料和油墨可以同时固化。此时,特别要注意在后续工序中不要接触模块表面,以免损坏模块表面的印码。粗糙表面有助于加强油墨的粘结性。激光印码是利用激光技术在模块表面刻写标识。与油墨印码相比,激光印码最大的优点是不易被擦去,而且,它也不涉及油墨的质量问题,对模块表面的要求相对较低,不需要后固化工序。激光印码的缺点是它的字迹较淡,即与没有打码的基底之间衬度差别不如油墨打码那样明显。当然,可以通过对塑封料着色剂的改进来解决这一问题。

6. 测试

在完成封装模块的打码工序后,所有的器件都要 100% 进行测试,在完成模块在 PCB 板上的装配之后,还要进行整块板的功能测试。这些测试包括一般的目检、老化试验(Burn In)和最终的产品测试(Final Testing)。老化试验是对封装好的集成电路进行可靠性测试(Reliability Test),它的主要目的是检出早期失效的器件。在该时期失效的器件一般是在硅制造工艺中引起的缺陷。在老化试验中,电路插在电路板上,加上偏压,并放置在高温炉中。老化试验的温度、电压负载和时间都因器件的不同而不同,同一种器件,不同的供应商也可能使用不同的条件。但比较通用的条件是在125~150℃、电压6.2~7.0V(一般高出器件工作电压20%~40%)下通电测试24~48小时。

封装质量必须是封装设计和制造中压倒一切的考虑因素。质量低劣的封装可危害集成电路的优点,如速度快、价格低廉、尺寸小等。封装质量低劣往往是由于从价格角度考虑得更多而造成的。事实上,封装的质量与集成电路的性能和可靠性有很大的关系,但封装性能更多取决于封装设计和材料选择而不是封装生产,可靠性问题却与封装生产密切相关。

10.3　新型封装技术

20世纪90年代初,集成电路发展到了超大规模阶段,要求集成电路封装向更高密度和更高速度发展,因此集成电路封装从四边引线型向平面阵列型发展,发明了焊球阵列封装,并很快成为主流产品。后来又开发出了各种封装体积更小的芯片级封装形式。也就是在同一时期,多芯片模块技术蓬勃发展起来,被称为电子封装的一场革命。多芯片模块因基板材料的不同分为多层陶瓷基板MCM(Multi Chip Module-Ceramic,MCM-C),薄膜多层基板MCM(Multi Chip Module-Deposited Thin Film,MCM-D),塑料多层印制板MCM(Multi Chip Module-Laminate,MCM-L)和厚薄膜基板MCM(MCM-C/D)。与此同时,由于电路密度和功能的需要,3D封装和系统级封装(SiP)也迅速发展起来。这里把在20世纪90年代以来发展起来的这些封装技术称为新型集成电路封装,同时,倒装芯片技术也越来越凸显其地位[6]。下面就对BGA、CSP、3D、SiP、MCM和倒装芯片技术分别进行介绍。

10.3.1　焊球阵列封装

焊球阵列封装(BGA)是20世纪90年代初发展起来的一种新型封装,其优点是:

(1) 电性能更好。BGA用焊球代替引线,引出路径短,减少了引脚延迟、电阻、电容和电感。

(2) 封装密度更高。由于焊球是整个平面排列,因此对于同样面积,引脚数更高。例如边长为31mm的BGA,当焊球间距为1mm时有900只引脚。相比之下,边长为32mm,引脚间距为0.5mm的QFP只有208只引脚。

(3) BGA的间距为1.5mm、1.27mm、1.0mm、0.8mm、0.65mm和0.5mm,与现有的表面安装工艺和设备完全相容,安装更可靠。

(4) 由于焊料熔化时的表面张力具有"自对准"效应,避免了传统封装引线变形的损失,大大提高了安装成品率。

(5) BGA引脚牢固,转运方便。

(6) 焊球引出形式同样适用于多芯片模块和系统级封装。

BGA因基板材料不同而有塑料焊球阵列封装(PBGA),陶瓷焊球阵列封装(CBGA),载带焊球阵列封装(TBGA),带散热器焊球阵列封装(EBGA),金属焊球阵列封装(MBGA),还有倒装芯片焊球阵列封装等。

PQFP也可应用于表面安装技术,这是它的主要优点。但是当PQFP的引线间距达到0.5mm时,安装复杂性将会增加。所以PQFP一般用于较低引线数(208条)和较小封装体尺寸(28mm×28mm)。因此,在引线数大于200条和封装体尺寸较大的应用中,BGA封装取代PQFP是必然的。在以上几类BGA封装中,FCBGA最有希望成为发展最快的BGA封装。后面将以它为例,介绍BGA的工艺技术和材料。FCBGA除了具有BGA的所有优点以外,还具有以下特点:

(1) 热性能优良,芯片背面可安装散热器。

(2) 可靠性高,由于芯片下填充材料的作用,使FCBGA抗疲劳寿命大大增强。

(3) 可返修性强。

FCBGA所涉及的关键技术包括芯片凸点制作技术、倒装芯片焊接技术、多层印制板制作技术(包括多层陶瓷基板和BT树脂基板)、芯片底部填充技术、焊球附接技术、散热板附接技术等。它所涉及的封装材料主要包括以下几类。凸点材料:Au、PbSn和AuSn等;凸点下金属化材料:Al/Niv/Cu、Ti/Ni/Cu或Ti/W/Au;焊接材料:PbSn焊料、无铅焊料;多层基板材料:高温共烧陶瓷基板(HTCC)、低温共烧陶瓷基板(LTCC)、BT树脂基板;底部填充材料:液态树脂;导热胶:硅树脂;散热板:铜。

10.3.2　芯片级封装

芯片级封装(CSP)和BGA是同一时代的产物,是整机小型化、便携化的结果。CSP的定义是:大规模集成电路芯片封装面积小于等于大规模集成电路芯片面积120%的封装称为CSP。由于许多CSP采用BGA的形式,所以一般可以认为,焊球间距大于等于1mm的为BGA,小于1mm的为CSP。由于CSP具有更突出的优点:

(1) 近似芯片尺寸的超小型封装;

(2) 保护裸芯片;

(3) 电、热性能优良;

(4) 封装密度高;

(5) 便于测试;

(6) 便于焊接、安装和修整更换。

因此,在20世纪90年代中期得到大跨度的发展,每年增长一倍左右。由于CSP正在处于蓬勃发展阶段,因此,它的种类有很多,如刚性基板CSP、柔性基板CSP、引线框架型CSP、微小模塑型CSP、焊区阵列CSP、微型BGA、凸点芯片载体(Ball Chip Carrier,BCC)、芯片迭层型CSP和圆片级CSP(Wafer Level Chip Size Package,WLCSP)等。CSP的引脚间距一般在1.0mm以下,有1.0mm、0.8mm、0.65mm、0.5mm、0.4mm、0.3mm和0.25mm等。

一般的CSP,都是将圆片切割成单个集成电路芯片后再实施后道封装的,而WLCSP则不同,它的全部或大部分工艺步骤是在已完成前工序的硅圆片上完成的,最后将圆片直接切割成分离的独立器件,所以这种封装也称作圆片级封装WLP。因此,除了CSP的共同优点外,它还具有独特的优点:

(1) 封装加工效率高,可以多个圆片同时加工;

(2) 具有倒装芯片封装的优点,即轻、薄、短、小;

(3) 与前工序相比,只是增加了引脚重新布线和凸点制作两个工序,其余全部是传统工艺;

(4) 减少了传统封装中的多次测试[7]。

因此世界上各大型集成电路封装公司纷纷投入这类 WLCSP 的研究、开发和生产。WLCSP 的不足是目前引脚数较低,还没有标准化和成本较高。

WLP 所涉及的关键技术除了前工序所必需的金属淀积技术、光刻技术、蚀刻技术等以外,还包括重新布线技术和凸点制作技术。通常芯片上的引出端焊盘是排在管芯周边的方形铝层。为了使 WLP 适应 SMT 二级封装较宽的焊盘间距,需将这些焊盘重新分布,使这些焊盘由芯片周边排列改为芯片有源区表面阵列排布,这就需要重新布线技术。另外将方形铝焊盘改为易于与焊料粘接的圆形铜焊盘。重新布线中溅射的凸点下金属(Under Ball Metal, UBM)如 Ti/Cu/Ni 中的 Cu 应有足够的厚度(如数百 μm),以便使焊料凸点连接时有足够的强度,也可以用电镀加厚 Cu 层。焊料凸点制作技术可采用电镀法、化学镀法、蒸发法、置球法和焊膏印刷法。目前仍以电镀法最为广泛,其次是焊膏印刷法。重新布线中 UBM 材料为 Ti/Cu/Ni 或 Ti/W/Au。所用的介质材料为苯丙环丁烯或聚酰亚胺。凸点材料有 Au、PbSn、AuSn、In 等。

10.3.3　3D 封装

3D 封装主要有三种类型:一种是在各类基板内或多层布线介质层中"埋置"R、C 或集成电路等元器件,最上层再贴装表面安装芯片(Surface Mounted Chip, SMC)和表面安装器件(Surface Mounted Device, SMD)来实现立体封装,这种结构称为埋置型 3D 封装;第二种是在硅圆片规模集成后的有源基板上再实行多层布线,最上层再贴装 SMC 和 SMD,从而构成立体封装,这种结构称为有源基板型 3D 封装;第三种是在 2D 封装的基础上,把多个裸芯片、封装芯片、多芯片模块甚至圆片进行叠层互连,构成立体封装,这种结构称作叠层型 3D 封装。在这些 3D 封装类型中,发展最快的是叠层裸芯片封装。原因有两个,一是巨大的手机和其他消费类产品市场的驱动,要求在增加功能的同时减薄封装厚度。二是它所用的工艺基本上与传统的工艺相容,经过改进很快能批量生产并投入市场。

叠层裸芯片封装有两种叠层方式,一种是金字塔式,从底层向上裸芯片尺寸越来越小;另一种是悬梁式,叠层的芯片尺寸一样大。应用于手机的初期,叠层裸芯片封装主要是把 Flash Memory 和 SRAM 叠在一起,目前已能把 Flash Memory、DRAM、逻辑集成电路和模拟集成电路等叠在一起。叠层裸芯片封装所涉及的关键技术有如下几个:

(1) 圆片减薄技术。由于手机等产品要求封装厚度越来越薄,目前封装厚度要求在 1.2mm 以下甚至 1.0mm。而叠层芯片数又不断增加,因此要求芯片必须减薄。圆片减薄的方法有机械研磨、化学刻蚀或 ADP(Atmosphere Downstream Plasma)。机械研磨减薄一般在 $150\mu m$ 左右,而用等离子刻蚀方法可达到 $100\mu m$,对于 $75 \sim 50\mu m$ 的减薄正在研发中。

(2) 低弧度键合技术。因为芯片厚度小于 $150\mu m$,所以键合弧度高必须小于 $150\mu m$。目前采用 $25\mu m$ 金丝的正常键合弧高为 $125\mu m$,而采用反向引线键合优化工艺后可以达到 $75\mu m$ 以下的弧高。与此同时,反向引线键合技术要增加一个打弯工艺以保证不同键合层的间隙。

(3) 悬梁上的引线键合技术。悬梁越长,键合时芯片变形越大,必须优化设计和工艺。

(4) 圆片凸点制作技术。

（5）键合引线无摆动模塑技术。由于键合引线密度更高，长度更长，形状更复杂，增加了短路的可能性。使用低黏度的模塑料和降低模塑料的转移速度有助于减小键合引线的摆动。目前已发明了键合引线无摆动模塑技术。

10.3.4　系统封装

实现电子整机系统的功能，通常有两个途径。一种是系统级芯片，即在单一的芯片上实现电子整机系统的功能；另一种是系统级封装（System in Package），简称SiP。即通过封装来实现整机系统的功能。从学术上讲，这是两条技术路线，就像单片集成电路和混合集成电路一样，各有各的优势，各有各的应用市场。在技术上和应用上都是相互补充的关系，一般认为，SoC应主要用于应用周期较长的高性能产品，而SiP主要用于应用周期较短的消费类产品。

SiP是使用成熟的组装和互连技术，把各种集成电路如CMOS电路、GaAs电路、SiGe电路或者光电子器件、MEMS产品以及各类无源元件如电容、电感等集成到一个封装体内，实现整机系统的功能。主要的优点包括

（1）采用现有商用元器件，制造成本较低；

（2）产品进入市场的周期短；

（3）无论设计和工艺，有较大的灵活性；

（4）把不同类型的电路和元件集成在一起，相对容易实现。

美国佐治亚理工学院PRC研究开发的单级集成模块（Single Integrated Module）简称SLIM，就是SiP的典型代表。该项目完成后，封装效率、性能和可靠性提高了10倍，而尺寸和成本下降较大。2010年布线密度达到$6000cm/cm^2$，热密度达到$100W/cm^2$，元器件密度达到$5000/cm^2$，I/O密度达到$3000/cm^2$。

尽管SiP还是一种新技术，目前尚不成熟，但仍然是一个有发展前景的技术，尤其在中国，可能是一条发展高性能整机系统的捷径。

10.3.5　多芯片模块组装技术

所谓多芯片模块组装，即将多块未封装的集成电路芯片高密度安装在同一基板上构成一个完整的部件，该部件被普遍称为多芯片模块[8]。20世纪80年代以前，所有的封装都是面向器件的，而MCM可以说是面向系统或整机的。MCM的出现为电子系统实现小型化、模块化、低功耗、高可靠性提供了更有效的技术保障。

1. MCM的种类

MCM的分类有多种形式，目前普遍认为有如下一些种类：MCM-L是采用多层印刷电路板制成的MCM，制造工艺较为成熟，生产成本较低。但是，因为芯片的安装方式和基板的结构有限，高密度布线困难，电性能较差，所以主要用于30MHz以下的产品。MCM-C是采用厚膜技术和高密度多层布线技术在陶瓷基板上制成的MCM，无论结构或制造工艺都与先进的HIC（Hybrid Integrated Circuit）极为相似，主要用于30MHz～50MHz的高可靠产品。MCM-D是采用薄膜技术将金属材料淀积到陶瓷或硅、铝基板上，光刻出信号线、电源线地线，并依次做成多层基板（可高达数十层），具有组装密度高，信号通道短，寄生效应

小,噪声低等优点,可明显地改善系统的高频性能,主要用于 500MHz 以上的高性能产品中。MCM-D 按照所使用的基板材料又分为 MCM-D/C(陶瓷基板薄膜多层布线的 MCM)、MCM-D/M(金属基板薄膜多层布线的 MCM)和 MCM-D/Si(硅基板薄膜多层布线的 MCM)。

2. MCM 的特点

(1) MCM 组装密度高,互连线长度极大缩短,与表面封装器件 SMD 相比,减小了外引线寄生效应对电路高频、高速性能的影响,芯片间的延迟减小了 75%。

(2) MCM 将多块未封装的集成电路芯片高密度地安装在同一基板上,省去了集成电路的封装材料和工艺,极大地缩小了体积。

(3) MCM 能将数字电器、模拟电路、功能器件、光电器件等合理地制作在同一部件内,构成多功能高性能子系统或系统。

(4) MCM 技术的基板多选用陶瓷材料,与 PCB 基板相比,热匹配性能和耐冷热冲击力要强得多,因而使产品的可靠性获得了极大的提高。

3. MCM 的应用

MCM 的应用范围很广,包括了从价格低廉的消费电子产品及用于军事、航天和医疗等领域的高性能电子产品。

4. MCM 的发展趋势

MCM 的发展主要体现在如下两个方面:

(1) 微波 MCM。微波 MCM 利用毫米波频率的波长及 GaAs 芯片和氧化铝衬底的微小尺寸,用电磁场耦合来取代焊接,为微波封装和互连提出一种新方法。

(2) 埋置芯片型 MCM。埋置芯片型 MCM 是为空间应用的高性能数字电路而研制的高密度互连工艺,是把未封装的芯片镶嵌在基板的腔体中,其上再进行多层聚酰亚胺/铜薄膜布线。它省略了常规的引线键合、TAB 焊料凸点,也无须芯片粘结,而且聚酰亚胺/铜互连结构具有很好的电性能,所以埋置型 MCM 可达到极高的速度,而且还具有很大的电流承载能力,具有高可靠性和高散热能力。埋置芯片 MCM 在非数字电路领域得到了广泛的应用。该工艺能把高频器件与其他元件屏蔽开,并完全避免了与输入输出焊盘有关的不连续性,所以可令人满意地用于混合电路。

MCM 为电路设计者实现更高密度、更高频率提供了良好的方法。最初的 MCM 主要用于航天及计算机领域,现在正朝着标准化、商品化方面发展。

10.3.6　倒装芯片焊接技术

1. 倒装芯片焊接技术的起源

在分立晶体管时期,起源于锗硅半导体技术的热压焊是唯一的封装技术。但是考虑到可靠性、可制造性和成本方面,当时的热压焊技术存在很多问题。通常的热压焊是温度在 $350\sim400℃$ 的加热过程,在此温度范围内焊接时,将在焊点界面形成大量的金属间化合物,金属间化合物硬脆、坚固且导电,它本身不会使焊接性能降低。但是,由于焊点下面出现空洞,会削弱焊接强度并增加电阻,从而使可靠性降低。因此,电子工业领域在不断寻找解决办法。在 IBM 公司和贝尔实验室中,尝试采用不密封芯片的方法来解决这个问题。IBM 公司采用玻璃钝化层来密封芯片表面和铝布线,通过在芯片表面电极区制作焊球实现芯片和封装衬底的互连。贝尔实验室采用氮化硅钝化层来保护芯片表面,并使用细金线互连来避免电极焊点腐蚀。他们的芯片都采用工作面向下的倒扣形式与陶瓷衬底互连,陶瓷衬底上采用薄膜或厚膜技术制作电路并贴装无源器件,最后芯片用硅胶灌封,以避免形成水膜而引起芯片裸露电极间的电解退化,这种器件倒扣封装形式就是最早的倒装芯片焊接互连技术[9]。

2. 倒装芯片焊接技术的优点

与常用的芯片级互连技术引线键合和载带焊相比,倒装焊芯片级互连技术有很多优点,例如:焊球自对准效应,全阵列焊球结构,高速高质信号处理功能。

(1) 焊球自对准效应。焊球自对准效应来源于熔融焊料较高的表面张力。倒装芯片结构中,芯片焊接和衬底焊盘尺寸最小的直径为几十 μm 量级,倒装片过程中,衬底对应的焊接图形表面被遮挡,对芯片的定位及检查产生较大的影响,另外贴片机的偶然误差等因素也会对芯片的定位造成困难。当芯片焊盘与衬底焊盘之间偏移不超过焊球平均半径,并且熔融焊球与衬底焊盘部分浸润时,在熔融焊料表面张力的作用下,焊球的自对准效应可以矫正对位过程中发生的偏移,将芯片拉回正常位置,回流过程结束后形成对准良好的焊点,而且随着焊球数目的增多效果不断变好。这样为大规模芯片的封装制造提供了极大的便利。

(2) 全阵列焊球结构。在早期平面集成电路中使用厚膜电路制作技术,芯片上制作的电极焊接点均采用芯片边缘分布,类似对应的引线键合结构。到 20 世纪 70 年代中期,随着薄膜技术在陶瓷金属化中的有效使用,可制作电路布线的线宽和间距减小,间距可以达到 $60\mu m$。产生了在芯片边缘制作双排输入输出电极焊盘,并且芯片内部有许多内互连点的集成电路,集成电路芯片工作面电极焊盘开始采用分散球栅分布结构。随着芯片集成度的快速增长,相应地出现了全阵列焊球结构。在全阵列焊球结构中,芯片上电极焊盘采用平面球栅阵列排列,结构中每个格栅交叉点设计一个焊球,这种结构相应地需要在共烧陶瓷衬底上使用复杂的多层膜制作技术,进行微孔过桥和多层埋线的制作。最早的全阵列焊球结构仅有 120 个 I/O 口,为 11×11 阵列,直径为 $125\mu m$ 的焊球以间距 $250\mu m$ 定位于每个格栅交叉点,中心位子为了方便芯片定位没有设计焊球。可以看到,芯片工作面焊球的全阵列结构可以满足芯片封装密度提高而封装尺寸减小的技术要求。

(3) 快速和高质量的信号处理功能[10]。在芯片封装里信号的传输路径在芯片内芯片器件经电路布线到芯片电极焊点;在芯片外芯片电极焊点到封装衬底引出线。芯片内部的传输途径由芯片的设计决定,而信号在芯片外部的传播则直接与芯片的封装有着密切的联系。芯片的工作性能通常受到封装互连产生的附加电阻、电容和电感的影响。对金属引线键合技术而言,芯片外部信号传输路径是由芯片电极焊点经焊丝到引线框架焊点,然后到封装衬底出线。当增大焊点密度时,会导致附加电阻、电容和电感的大幅度增加,信号延迟和衰减也随之加大。倒装芯片焊接采用焊球互连技术,用低电阻的焊球取代高电阻的焊丝,并且芯片焊点直接与封装衬底引出线相连,缩短了信号在芯片外部的传输路径,由封装引起的附加电阻、电容、电感相对减小。因此,倒装芯片焊接特有的全阵列结构可以在提高封装密度的同时,相对缩短信号在封装中的传输路径,因此采用倒装芯片焊接结构的电路的信号处理功能要优于金属引线键合或载带焊。

3. 倒装芯片焊接技术的发展

1）焊球的发展

焊球是芯片工作面钝化层对外的连接通道,是提供芯片电极与封装衬底的信号连接,是芯片与封装衬底间的结构支撑点,也是芯片工作期间进行热量散发的重要途径,在倒装芯片焊接技术中极其重要。最早 IBM 公司采用的是硬质铜球心焊球结构,即在芯片覆盖 $1.5\sim 5\mu m$ 的玻璃钝化层,然后腐蚀出电极,在电极上蒸发几个 μm 的球限金属层（Ball Limited Metallurgy,BLM）,最后蒸发一层焊料,在焊料层上放置铜球,经 350℃ 回流后形成焊球。该技术对铜球的制作有一定的要求,难以控制,因此并没有得到广泛的使用。随后 Miller 设计了可控塌陷法（Controlled Collapse Chip Connection,C4）方案,其重点是在舍弃硬质铜球而使用高铅焊料后,如何限制芯片焊球与衬底的浸润区域。其焊球的制作与铜球法类似,在焊接过程中,通过在氧化铝陶瓷衬底上制作玻璃坝来防止焊料坍塌,并阻挡焊料溢出而与邻近导体短路,利用熔融焊料的表面张力来支撑芯片的重量,从而形成高度和形状均匀的焊点。该项技术由于工艺过程简单,操作方便被广泛使用,现在使用的倒装芯片焊接大多采用这种可控塌陷焊球的结构和工艺方法。除以上方法外,还有其他焊球结构和制作方法,目的都是为了提高焊球的可靠性和整体封装性能。

2）衬底材料与底充胶工艺

选择衬底材料考虑的主要因素是材料的热膨胀系数（Coefficient of Thermal Expansion,CTE）,当保持与芯片热膨胀系数相匹配时,可以获得较大的焊点寿命。由于硅芯片 CTE 较低,为协调芯片和衬底的热膨胀系数匹配,在早期倒装焊芯片封装中衬底常常使用昂贵的氧化铝陶瓷板,从而保证焊点的可靠性。除陶瓷板外,研制的纯硅衬底也在某些场合使用,硅衬底采用多层铝布线,利用聚合物作绝缘层。但是,纯硅衬底由于工艺的原因而限制信号过桥的增加,只能制成边缘分布电极,用于引线键合或载带焊;而且相比球栅阵列类型衬底的多层铜布线,纯硅衬底里薄膜铝布线电阻较大、线路较长,这些对优化封装性能不利。还有研制开发的 NiFe 合金、Cu/Mo/Cu 及石英纤维复合材料等新型基板材料也取得了较好的效果,但工艺复杂,价格相对昂贵,实用性仍然受到限制。

近年来,倒装芯片焊接技术最有创意的发展是底充胶工艺（Under Fill）的开发使用,由此可以使用有机基板衬底,或将芯片直接倒装于具有价格优势的 FR4 印制电路板。Tsukada[11] 等首次将低膨胀系数的硅芯片直接倒装焊于有高膨胀系数的 FR4 印制电路板上,采用底充胶工艺方法,可靠性良好。至今,倒装芯片技术已经成为成熟工艺。

10.4　总结与展望

纵观集成电路封装的发展可以看出,尽管集成电路封装的发展以时间划分为四个阶段,但是,对于寻找其关键性步骤,则应以技术的突破与功能的转换来划分。在集成电路封装的历史中,关键步骤应是：①尺寸的缩小,以 20 世纪 70 年代至 80 年代的 DIP、SOP、QFP 为第一关键步骤。②功能转换与性能的提高,以 20 世纪 90 年代中后期的 SSOP、SQFP、FCBGA、CSP、μBGA 为第二关键步骤。而第三关键步骤还未形成,正处于突破阶段,有待于更进一步发展。

　　封装的发展内因是技术的进步与突破。首先,集成电路封装位于集成电路芯片技术与整机技术中间,它是集成电路芯片实现其功能的保证；其次,整机技术位于顶端,集成电路封装与集成电路制造最终为整机技术服务；第三,整机技术的发展,一方面依赖于集成电路封装与集成电路芯片的发展,另一方面,又产生反作用,从而促使三者共同发展。最后,随着时间的推移,技术的相关性越来越强,技术的融合成为发展之必然。

　　另外,集成电路封装发展之路,就是对社会需求的反应,它与社会需求同步。从技术层面看,集成电路封装从 DIP 发展到至今的 WLP、CSP、SiP,实现了从表层到内层的功能转换,从简单到复杂的进步。未来的封装技术,将与 SMT、集成电路芯片制造相融合,这使集成电路封装发展将会产生两个结果：①对复杂的多功能的电子设备来讲,由于要实现多功能的集合,其封装将会更趋复杂,技术的融合将进一步加剧。②由于产生了 SoC,对于普通功能的电子设备来讲,系统的集成将使其外部的表现形式变得简单。

　　从社会需求层面上看,从简单的收音机到个人计算机,再到现今复杂的超级计算机,IT 产业方兴未艾,对电子产品的要求也将走向两极：

　　(1) 功能更强大、更复杂的公众信息传输电子设备,架起了信息高速传递的桥梁。

　　(2) 以最终的大众需求为目标的个人电子消费品,诸如个人计算机、手机、电子办公用品等,向着微型化、多样化、个性化的方向发展。

　　此外,社会需求还要求电子产品向绿色化方向延伸。

　　从以上的规律可以看出,集成电路封装一方面向着更高层次方向延伸：高密度、高速度、高可靠性、多样化与环保,这是它发展的趋势,也是今后的主流。另一方面,发展过程中的某些封装形式由于其功能和经济适用性,还将在一定时期内存在。

　　总之,随着集成电路产业的飞速发展及向各行业的渗透,集成电路封装技术与其他技术的融合,必将带来集成电路封装的革命,使集成电路封装进入一个新的时代。

复习题

　　(1) 简述集成电路封装的功能。

　　(2) 简述集成电路封装发展的基本历程,并总结发展的基本方向。

　　(3) 简述集成电路封装的不同分类方式和不同种类,并尽可能找到实物样品进行观察和辨别,从而充分了解其特点。

　　(4) 以塑料封装为例,简述传统封装技术的基本工序。

　　(5) 说出你接触过的新型封装,并举例说明。

　　(6) 查阅资料,了解 SiP 和 SoC 的异同。

　　(7) 简述封装业发展和设计与工艺发展的相互作用。

　　(8) 查找封装业发展的最新信息,了解我国封装业发展的现状,并谈一谈你的看法。

参考文献

[1]　李可为.集成电路芯片封装技术.北京：电子工业出版社,2007.

[2]　从 PQFP 到 FC-BGA 浅谈显卡芯片封装技术.http://tech.sina.com.cn/h/2006-03-21/0046872165.shtml.2006-03-21.

[3]　Intel 处理器封装全识别.http://www.yesky.com/acceessory/361133498926366720/20030616/1708066_3.shtml.2003-06-16.

[4]　李薇薇,王胜利等.微电子工艺基础.北京：化学工业出版社,2007.

[5]　黄玉财.集成电路封装中的引线键合技术.电子与封装,2006,6(7)：16~20.

[6]　吴德馨,钱鹤等.现代微电子技术.北京：化学工业出版社,2002.

[7]　郭大琪,华丞.CSP 封装技术.电子与封装,2003,3(4)：14~19.

[8]　王思培.多芯片模块(MCM)技术综述.印制电路与贴装,2001,7：52~54.

[9]　刘汉成.低成本倒装芯片技术——DCA,WLCSP 和 PBGA 芯片的贴装技术.北京：化学工业出版社,2006.

[10]　高峰.倒装焊接技术及其发展.印制电路信息.2007,6：14~18.

[11]　Tsukada Y. Solder bumped Flip Chip Attach on SLC Board and Multi-chip Module in Chip on Board Technologies for Multi-chip Modules, edited by J. H. Lan, van Nostrnad Reinhold, New York, 1994：410~443.